普通高等教育农业农村部"十三五"规划教材
全国高等农林院校"十三五"规划教材

应用概率统计

第二版

肖　莉　张国权　主编

中国农业出版社

北　京

内 容 简 介

　　本教材共分 10 章，主要内容包括：随机事件及其概率、随机变量及其概率分布、二维随机变量及其分布、随机变量的数字特征、样本与统计量、参数估计、假设检验、方差分析、相关分析与回归分析、SPSS 软件的使用．书中各章结合实际给出了大量例题、习题以及相关知识点的配套视频，书中提供了用 SPSS 进行概率统计分析的结果，书末配有习题和练习答案．

　　全书内容完整，论述严谨，通俗易懂，注重应用．本教材可作为高等学校非数学专业的概率统计课程教材，适合于农、工、理(非数学专业)、经、管、法等专业的本科学生使用，可作为有关技术人员及管理工作者的参考书．

第二版编写人员名单

主　编　肖　莉　张国权

副主编　杨志程　丁仕虹　杨德贵

参　编　李　凤　陆　琪　夏英俊　岑冠军

　　　　李芳凤　陈　思　周　燕

第一版编写人员名单

主　编　张国权　刘金山

副主编　肖　莉　杨志程　杨吉会

参　编　李　凤　吕小欢　徐　妤　王学会

序

    数学是一门基础学科，是描述大自然与社会规律的语言，是科学与技术的基础，是推动科学技术发展的重要力量，"当前如此称颂的高科技，本质上是数学技术"。在 20 世纪后半叶，随着计算机技术的发展，现代化信息技术迅速向农业、生物学领域渗透，用数学模型来研究生命现象已成为一种发展趋势，计算生物学应运而生，很多生物学领域中的重要理论和应用问题都可以用计算机模拟实现。

    面对本世纪科学技术的突飞猛进，数学学科将发生更大的变化，数学的教学体系、教学内容与教学方法将面临一场深刻的变革。从 1998 年开始，由华南农业大学张国权教授领衔的课题组对农科数学教学内容与课程体系进行了改革探索，根据现代农业、生物科学技术对数学知识、能力和素质的需要，构建了农林类本科数学的四大基础（即微积分与常微分方程为主体的连续量基础、以线性代数为主体的离散量基础、以概率论与数理统计为主体的随机量基础以及以数学建模和数据处理为主体的数学应用基础）数学教学体系，并持续地进行了试验与探索，该项改革曾获国家教学成果二等奖和国家级精品课程。根据课程建设规划，依托课题组 15 年来的优质教学资源沉淀与积累，精心编写了这套数学基础系列教材，包括《大学数学》《应用概率统计》和《数学实验》三本教材，以满足新形势下教学的需要和培养创新人才素质的要求。

    这套教材有以下特点：紧密结合农林院校和学生的特点，在坚持数学的系统性的基础上突出重点，夯实数学基础，知识面宽，难易适度，便于自学，重在数学思维的培养，提高数学素质；既保持数学系统的完整性，又强化农林特色的应用，所介绍的数学基本概念注意联系农林专业的实际背景和案例，增加与农业、生物领域的数学建模内容，提高应用数学解决实际问题的能力；充分利用现代计算机技术资源和数学软件包工具，通过开设数学实验课，可以提高学生利用计算机求解数学模型的效率和使用计算机解决实际问题的能力。

    数学也是农业工程学科的重要基础，在我们的研究工作中曾得到张国权教授团队的支持。特为之作序。

中国工程院 院士

华南农业大学 教授 罗锡文

2013 年 6 月于广州五山

第 二 版 前 言

为实现我国"两个一百年"的奋斗目标，高校教育都围绕这个工作主线开启改革建设新征程，把"引领世界研究前沿、回应国家重大需求的创新驱动战略"和"坚持立德树人、培养拔尖创新人才"作为根本任务。作为本科基础课程的大学数学理应为这个根本任务做出贡献，把培养学生数学核心素养作为定位目标，使学生通过学习懂得用数学观点观察问题，用数学思维思考问题，用数学模型解决问题。数字化、智能化的应用与推广加速了数学与其他学科的融合，本系列教材强调创新型、复合型、应用型人才的培养特色，教材修订小组成员长期坚持数学学科教学改革与研究，并取得一系列成果。

根据教育部对农学类等相关专业数学课程提出的基本要求，结合多年数学教学改革与研究的新实践体会，对大学数学系列教材第一版进行认真修订，更新了部分例题、习题，增加了教学案例等，优化了教材内容。

信息化教学作为一种全新的教学方式，在推动高校教学改革的同时，也对教学的重要载体——教材的内容和功能提出了新的要求，本次修订为《应用概率统计》教材增加视频资源，将纸质教材、在线课程和教学资源库等线下线上教学资源有机衔接起来。

修订后的系列教材，保留了第一版教材的优点，我们期望为提高教学质量起到促进作用，能促进新农科建设与教学成果的推广。由于编者水平有限，教材中难免有错误和不妥之处，敬请读者批评指正。

再次衷心感谢中国工程院院士罗锡文教授对我们教学改革的支持与指导，感谢本系列教材第一版编写组为第一版教材的编写和出版所做的贡献，感谢中国农业出版社对教材的关心与扶植。

张国权

2022 年 1 月于广州

第 一 版 前 言

随着计算机技术的广泛应用，现代科学技术的发展正出现"数学化"的趋势，数学已广泛融入各个学科中，当今农业、生物领域迫切需要"数学技术"和"计算机技术"渗透到其研究和应用中．面对当今科学技术的发展，数学学科面貌将发生更大的变化，数学的教学体系、教学内容与教学方法将面临一场深刻的变革．依托我校15年来在数学改革与优质教学资源建设方面的沉淀和积累，精心编写出这套数学基础系列教材，我们构建以微积分与常微分方程为主体的连续量基础和以线性代数为主体的离散量基础融合而成的《大学数学》，以概率论与数理统计为主体的随机量基础的《应用概率统计》，以数学建模和数据处理为主体的《数学实验》作为数学应用基础．通过学习，使学生日后在处理实验数据的过程中，学会用自己的专业准则去寻找灵感，从数学模型中获取引导，从现代计算机技术中领受支持，增强分析问题与解决问题的能力．

本教材具有以下特点：

1. 夯实基础、拓宽知识

在构建基础课内容体系上注重打好扎实基础，适度介绍数学的基础知识，在此基础上拓宽知识面．采用经典与现代相结合，经典的内容用现代观点介绍，并逐步引入一些数学新技术、新方法及新观念，力求做到数学内容的现代化．

2. 深入浅出、针对性强

根据农林院校本科生学生的实际情况，教材内容深入浅出，内容适度，注重数学素质培养．既满足传统的课程讲授需求，又为学生自主学习提供学习资源与实验平台，同时能结合开发新的优质教学资源(视频公开课程、精品课程等)进行学习，以提高教学质量．

3. 特色突出、应用性强

既顾及数学的系统性，又注重数学与生命科学的融合，注重与计算机的结合，加强实践环节，强化能力培养，激发学生求知欲与创新潜力．在数学基本概念的描述中注意联系其农业、生物的背景，各章均选取多年积累的生物数学案例，以实际问题为切入点，以数学方法与数学软件为工具，以解决问题作为目标，切实把数学建模与数学实验引入数学教学中．

我们期望这三本教材的出版能促进实施精品课程建设和教学成果推广，为提高教学质量起到促进作用．由于我们水平有限，书中难免有不足之处，尤其是在一些内容安排上，恐有偏颇，恳请读者批评指正．十分感谢中国工程院院士罗锡文教授多年来对我们教学改革的支持和指导，并在百忙之中亲自为教材作序；十分感谢课题组的老师们 15 年来为教学改革与课程建设的辛勤劳动；十分感谢编写组的全体人员的辛勤劳动；对协助编写做了大量工作的研究生何湘湘同学，在此深表谢意．

张国权

2014 年 6 月于广州

目　　录

序
第二版前言
第一版前言

第一章　随机事件及其概率 ……………………………………………………… 1

第一节　随机事件 ……………………………………………………………… 1
第二节　随机事件的概率 ……………………………………………………… 7
第三节　概率的公理化定义及其基本性质 ………………………………… 18
第四节　条件概率与乘法公式 ……………………………………………… 21
第五节　事件的独立性与独立事件概型 …………………………………… 28
习题一 …………………………………………………………………………… 35

第二章　随机变量及其概率分布 ……………………………………………… 40

第一节　随机变量及其分布函数 …………………………………………… 40
第二节　离散型随机变量及其概率分布 …………………………………… 42
第三节　连续型随机变量及其概率分布 …………………………………… 47
第四节　一维随机变量函数的分布 ………………………………………… 57
习题二 …………………………………………………………………………… 61

第三章　二维随机变量及其分布 ……………………………………………… 65

第一节　二维随机变量及其联合分布 ……………………………………… 65
第二节　边缘分布与独立性 ………………………………………………… 70
第三节　条件分布 …………………………………………………………… 76
第四节　两个随机变量的函数的分布 ……………………………………… 81
习题三 …………………………………………………………………………… 88

第四章　随机变量的数字特征 ………………………………………………… 91

第一节　数学期望 …………………………………………………………… 91
第二节　方差 ………………………………………………………………… 102
第三节　协方差与相关系数 ………………………………………………… 108
第四节　极限定理 …………………………………………………………… 113

习题四 …………………………………………………………………………… 119

第五章　样本与统计量 ………………………………………………………… 123

第一节　样本与统计量 …………………………………………………………… 123
第二节　三个重要的抽样分布 …………………………………………………… 128
第三节　样本均值与样本方差的分布 …………………………………………… 132
习题五 …………………………………………………………………………… 136

第六章　参数估计 ………………………………………………………………… 137

第一节　参数的点估计 …………………………………………………………… 137
第二节　估计量的优良性准则 …………………………………………………… 143
第三节　区间估计 ………………………………………………………………… 145
习题六 …………………………………………………………………………… 154

第七章　假设检验 ………………………………………………………………… 157

第一节　假设检验的基本概念与思想 …………………………………………… 157
第二节　正态总体参数的假设检验 ……………………………………………… 160
第三节　χ^2 拟合优度检验 …………………………………………………………… 172
习题七 …………………………………………………………………………… 178

第八章　方差分析 ………………………………………………………………… 180

第一节　单因素试验的方差分析 ………………………………………………… 180
第二节　双因素试验的方差分析 ………………………………………………… 185
第三节　正交试验设计及其统计分析 …………………………………………… 194
习题八 …………………………………………………………………………… 200

第九章　相关分析与回归分析 ………………………………………………… 202

第一节　定量变量的相关分析 …………………………………………………… 202
第二节　一元线性回归分析 ……………………………………………………… 206
第三节　多重线性回归分析 ……………………………………………………… 217
习题九 …………………………………………………………………………… 222

第十章　SPSS 软件的使用 ……………………………………………………… 226

第一节　SPSS 软件包概述 ……………………………………………………… 226
第二节　SPSS 统计分析前的准备 ……………………………………………… 229
第三节　SPSS 描述性统计分析命令 …………………………………………… 237
第四节　SPSS 概率计算 ………………………………………………………… 240
第五节　SPSS 参数区间估计 …………………………………………………… 243
第六节　SPSS 假设检验 ………………………………………………………… 245

第七节　SPSS 方差分析 ·· 251

第八节　SPSS 线性回归分析 ·· 253

习题参考答案 ·· 256

附表 ··· 265

附表 1　标准正态分布函数 $\Phi(x)$ 数值表 ···················· 265

附表 2　泊松分布表 ·· 266

附表 3　χ^2 分布上侧分位数表 ··· 268

附表 4　t 分布上侧分位数表 ·· 269

附表 5　F 分布上侧分位数表 ··· 270

附表 6　相关系数的临界值表 ··· 275

附表 7　常用正交表 ··· 276

参考文献 ·· 280

第一章　随机事件及其概率

视频 1：
概率论的起源

第一节　随机事件

一、随机事件与样本空间

视频 2：
三个基本概念

在自然界与人类的实践活动中经常遇到各种各样的现象，这些现象大体可以分为两类：一类是事前可预言的，即在一定的条件下，它的结果总是肯定的．例如，"一标准大气压下，水加热到 $100℃$，必会沸腾""平面三角形的内角和是 $180°$"等就是这类现象．这种在一定条件下有确定结果的现象称为**确定性现象**或**必然现象**．研究这类现象的数学工具有微积分、线性代数、微分方程等．

另一类则不然，它是事前不可预言的，即在相同条件下重复进行试验，每次结果未必相同，或知道事物过去的状况，但未来的发展却不能完全肯定．例如，以同样的方式抛掷一硬币可能出现正面向上，也可能出现反面向上，即一次抛掷前无法预言哪个面向上，但若大量重复进行此试验却可呈现一定的规律性，出现正面的结果占一半左右．又如，在遗传学中，单个后代是男是女无法肯定，但对于成群的后代，我们大致知道男女的百分比．再如，美国人寿保险公司虽然无法预卜美国哪些人将在 50 岁死去，却可以十分满意地预告美国将有多少人在 50 岁死．这类在单独一次的不确定性和积累结果遵循某些规律性的现象称为**随机现象**或**偶然现象**，这种规律性称为**统计规律**．概率统计正是研究这类随机现象数量规律的科学．

在一给定的条件组 S 下，对随机现象不论主动设计的实验还是被动进行的观察，都称为**试验**．在概率论中，把满足以下条件的试验称为**随机试验**．

（1）在相同的条件下可以重复进行；

（2）试验的所有可能结果是预先知道的，且不止一个；

（3）每做一次试验总会出现可能结果中的一个，但在试验之前，不能预知会出现哪个结果．

随机试验常简称为**试验**，一般用大写字母 E 表示．

每次试验都有一定的目的，根据试验的目的，观察到多种不同的可能结果，我们把在一条件组 S 下，随机试验的每一个可能出现的基本结果称为**样本点**，记作 ω 或 ω_i，由所有样本点组成的集合叫作**样本空间**，记作 Ω．样本点是我们研究的基本单元，认识随机现象首先要列出它的样本点和构建出它的样本空间，譬如，抛掷一颗骰子，观察朝上的面出现的点数，那么有"出现 1 点"，"出现 2 点"，…，"出现 6 点"的基本结果．若以数字 1，2，3，4，5，6 分别表示抛掷出的点数为 1，2，3，4，5，6，则 1，2，3，4，5，6 都是样本点，$\{1，2，3，4，5，6\}$ 是由全体可能出现的结果组成的集合，故其样本空间为 $\Omega = \{1，2，3，4，5，6\}$．我们把样本空间 Ω 的一个子集称为**随机事件**，简称**事件**，通常用大写字母 $A，B，C$ 等表示．仅含一个样本点的结果称为**基本事件**（能直接观察得到且不能再分的事件），由若干个样本点组合而成的结果称为**复合事件**(或称**事件**). 一个事件,若在一条件组 S 下必然会发生,则称为**必然事件**,也用 Ω 表示;一个事件,若在一条件组 S 下必然不发生,则称为**不可能事件**,常用 $\varnothing$ 表示. 譬如,在抛掷一颗骰子的试验中,事件"出现偶数点"可表示为 $A=\{$出现偶数点$\}$ 或 $A=\{2,4,6\}$,事件"出现奇数点"可表示为 $B=\{1,3,5\}$,事件"掷出的点数不少于 5"可表示为 $C=\{5,6\}$,而事件"出现的点数大于 6"是不可能事件,记为 $\varnothing$. 从随机试验中所产生的 $\varnothing,A,B,C,\cdots,\Omega$ 等是我们要研究的感兴趣的一类事件系列.

根据上面讨论知,样本空间 Ω 是全集,而一般事件可理解为 Ω 的由若干样本点组成的某个子集,进一步考虑把样本空间 Ω 中我们感兴趣的一些子集归到一类集合中,作为我们研究具体的随机现象的工具.

例 1.1.1 观察分析下面试验 $E_k(k=1,2,\cdots,7)$ 的情况,并写出其样本空间 Ω.

(1)E_1:抛一枚硬币,记正面向上为 H,反面向上为 T.

掷一枚均匀的硬币,一次试验就是将硬币上抛一次,试验的可能结果有两个:"正面向上",记 $\omega_1=\{H\}$,或"反面向上",记 $\omega_2=\{T\}$,即仅有两个基本事件,故这个随机试验的样本空间为 $\Omega=\{\omega_1,\omega_2\}$ 或 $\Omega=\{H,T\}$.

(2)E_2:将一枚硬币抛掷三次,观察正面向上 H,反面向上 T 出现的情况.

E_2 的一次试验是将一枚硬币抛掷三次,试验的所有可能结果共有 2^3 个,其基本事件分别为 HHH, HHT, HTH, THH, HTT, THT, TTH, TTT,故这个随机试验的样本空间为 $\Omega=\{$HHH, HHT, HTH, THH, HTT, THT, TTH, TTT$\}$.

(3)E_3:将一枚硬币抛掷三次,观察出现正面向上的次数的情况.

E_3 的一次试验是将一枚硬币抛掷三次,出现正面 H 的可能次数分别为 0,1,2,3,故这个随机试验的样本空间为 $\Omega=\{0,1,2,3\}$.

(4)E_4:抛掷两颗骰子,观察其朝上面出现的点数.

E_4 属于重复排列问题,共有 $6^2=36$ 种结果,它们是 $\Omega=\{(1,1),(1,2),(1,3),(1,4),(1,5),(1,6),\cdots,(6,1),(6,2),\cdots,(6,6)\}$.

(5)E_5:在适宜的条件下,每穴播种两粒玉米种子,观察其出苗情况.

若用甲、乙代表这两粒种子,则出苗情况有四种基本可能:$\omega_1=$(甲出,乙出),$\omega_2=$(甲出,乙不出),$\omega_3=$(甲不出,乙出),$\omega_4=$(甲不出,乙不出),样本空间为 $\Omega=\{\omega_1,\omega_2,\omega_3,\omega_4\}$.

(6)E_6:考察某品种小麦的高度.

以 h(单位:cm)表示小麦的高度,测得该品种小麦的高度范围是 100~120cm,则其样本空间为 $\Omega=\{h\,|\,100\leqslant h\leqslant 120\}$.

(7)E_7:考察某种品牌电视机的寿命.

以时间 t 表示电视机的寿命,则其样本空间为 $\Omega=\{t\,|\,t\geqslant 0\}$.

注意到,样本空间的元素是由试验的目的所确定的. 例如,E_2 和 E_3 中同是将一枚硬币抛三次,由于试验目的不一样,其样本空间也不一样.

二、事件的关系与运算

下面的讨论总是假设在一组固定的条件组 S 下(或在同一样本空间 Ω 中),研究某些由

事件 A，B，…所确定的关系与运算的记号、意义和运算规律．因为事件是样本空间的子集，所以事件的关系与事件的运算和集合的关系与运算是完全相似的，而这个相似在建立概率论时就有严格的数学基础，不过在我们的学习中，更应注重学会用概率论的语言来解释这些关系和运算，并且会用这些运算关系表示一些事件．

（一）事件的关系

（1）如果事件 A 发生必然导致事件 B 发生，或事件 A 的样本点都是事件 B 的样本点，则称**事件 B 包含事件 A**，或称**事件 A 包含于事件 B**，此时，也称**事件 A 是事件 B 的子事件**，记作 $A\subseteq B$ 或 $B\supseteq A$．

视频3：
事件的关系

$A\subseteq B$ 换一种说法就是：事件 B 不发生必导致事件 A 也不发生．

譬如，对例 1.1.1 中的 E_4，取 $A=\{$两颗骰子的点数一个为 1，一个为偶数$\}$，$B=\{$两颗骰子的点数为一奇一偶$\}$．若事件 A 发生，则其所含样本点 $(1，2)$，$(1，4)$，$(1，6)$ 也都是"一奇一偶"，故必属于 B，故有 $A\subseteq B$．

（2）如果事件 A 发生必然导致事件 B 发生，且事件 B 发生也必然导致事件 A 发生，即 $B\supseteq A$ 且 $A\supseteq B$，则称**事件 A 与事件 B 相等**，记作 $A=B$．

对于例 1.1.1 中的 E_4，抛掷两颗骰子，$B=\{$两颗骰子的点数为一奇一偶$\}$，$C=\{$两颗骰子的点数之和为奇数$\}$．容易证明：$B\subseteq C$，$C\subseteq B$，即 $B=C$．

由于必然事件在每一次试验中都发生，所以对任何一个随机事件 A，有

$$\varnothing \subseteq A\subseteq\Omega.$$

（3）如果事件 A 与事件 B 没有相同的样本点，则称**事件 A 与事件 B 是互不相容事件**（或称**互斥事件**）．事件 A 与事件 B 互不相容就是事件 A 与事件 B 不可能同时发生．如图 1.1 所示．

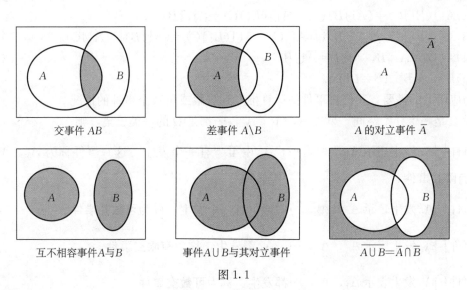

交事件 AB　　差事件 $A\backslash B$　　A 的对立事件 $\bar{A}$

互不相容事件 A 与 B　　事件 $A\cup B$ 与其对立事件　　$\overline{A\cup B}=\bar{A}\cap\bar{B}$

图 1.1

譬如，例 1.1.1 中的 E_6，观测某品种小麦的高度，以 A_1 表示事件"高度低于 105cm"，即 $\{h\,|\,0\leqslant h<105\}$，以 A_2 表示事件"高度大于 115cm"，则 A_1 与 A_2 互斥．

（二）事件的运算

设 A，B 都是事件，

(1)称事件 $A \cup B$ 为 A 与 B 的**并**(或和).其含义是"由事件 A 或事件 B 的所有样本点(相同的只计入一次)组成的新事件".用概率论的语言来说,就是"事件 A 与事件 B 至少有一个发生"的事件.如图1.1所示.

视频4:
事件的运算规则
综合例题讲解

当事件 A 与事件 B 互斥时, $A \cup B$ 可简记作 $A+B$.

(2)称事件 $A \cap B$ 为 A 与 B 的**交**(或积).其含义是"由事件 A 与 B 中公共的样本点组成的新事件".用概率论的语言来说,就是"事件 A 与 B 同时发生"的事件.通常把 $A \cap B$ 简记为 AB.如图1.1所示.

当事件 A, B 互斥时, $A \cap B$ 必为不可能事件,即 $A \cap B = \varnothing$,反之亦然.这表明 $A \cap B = \varnothing$ 就意味着 A, B 是互斥事件.

(3)称事件 $A \backslash B$ 为 A 与 B 的**差**.其含义是"由事件 A 中不在事件 B 中的样本点组成的新事件".用概率论的语言来说,就是"事件 A 发生而事件 B 不发生"的事件.如图1.1所示.

(4)称事件 $\bar{A} = \Omega \backslash A$ 为 A 的**对立事件**.其含义是"由在 Ω 中而不在事件 A 中的样本点组成的新事件".用概率论的语言来说就是, $\bar{A}$ 表示"事件 A 不发生"的事件.显然,有 $A\bar{A} = \varnothing$, $\bar{\bar{A}} = A$, $A \backslash B = A\bar{B}$, $A \cup \bar{A} = \Omega$,如图1.1所示.

譬如,抛掷一颗均匀的骰子,观察正面朝上的点数,记 A 表示"出现偶数点", B 表示"出现的点数大于3",则 $A \cup B = \{2, 4, 5, 6\}$, $A \cap B = \{4, 6\}$, $A \backslash B = \{2\}$, $B \backslash A = \{5\}$, $\bar{A}$ 表示"出现奇数点", $\bar{B} = \{1, 2, 3\}$ 表示"出现的点数不大于3".

不难验证事件之间有以下的运算性质:

设 A, B, C 都是事件,则

(1) $A \cup B = B \cup A$, $A \cap B = B \cap A$. (交换律)

(2) $A \cup (B \cup C) = (A \cup B) \cup C$, $A \cap (B \cap C) = (A \cap B) \cap C$. (结合律)

(3) $A \cap (B \cup C) = (A \cap B) \cup (A \cap C)$, $A \cup (B \cap C) = (A \cup B) \cap (A \cup C)$. (分配律)

(4) $\overline{A \cup B} = \bar{A} \cap \bar{B}$, $\overline{A \cap B} = \bar{A} \cup \bar{B}$. (对偶律)

(5) $B \backslash A = B \backslash AB = B \cap \bar{A}$.

为应用上的需要,我们将事件的运算推广到有限或可数个事件的情况.

设 Ω 是一个样本空间,事件 A, A_1, A_2, $\cdots$ 都是 Ω 的一类子集,则

事件 $\bigcup\limits_{i=1}^{n} A_i$ 发生表示 A_1, A_2, $\cdots$, A_n 中至少有一个发生,这一事件称为 A_1, A_2, $\cdots$, A_n 的**有限并事件**.

事件 $\bigcup\limits_{i=1}^{\infty} A_i$ 发生表示 A_1, A_2, $\cdots$ 中至少有一个发生,称为**可数并事件**.

事件 $\bigcap\limits_{i=1}^{n} A_i$ 发生表示 A_1, A_2, $\cdots$, A_n 都发生,称为**有限交事件**.

事件 $\bigcap\limits_{i=1}^{\infty} A_i$ 发生表示 A_1, A_2, $\cdots$ 都发生,称为**可数交事件**.

若事件 A_1, A_2, $\cdots$, A_n 中,对任意的 $i \neq j$, $i = 1, 2, \cdots, n$; $j = 1, 2, \cdots, n$,有 $A_i \cap A_j = \varnothing$,则事件 A_1, A_2, $\cdots$, A_n 两两互不相容(对可数个事件也类似).

若事件 A_1, A_2, $\cdots$, A_n 两两互不相容,且 $A_1 \cup A_2 \cup \cdots \cup A_n = \bigcup\limits_{i=1}^{n} A_i = \Omega$,则称 A_1,

A_2，…，A_n 构成一个**完备事件组**.

类似地，下面的分配律和对偶律也成立：

$$A \cap \left(\bigcup_{i=1}^{n} A_i \right) = \bigcup_{i=1}^{n} (A \cap A_i)， \quad A \cap \left(\bigcup_{i=1}^{\infty} A_i \right) = \bigcup_{i=1}^{\infty} (A \cap A_i)，$$

$$A \cup \left(\bigcap_{i=1}^{n} A_i \right) = \bigcap_{i=1}^{n} (A \cup A_i)， \quad A \cup \left(\bigcap_{i=1}^{\infty} A_i \right) = \bigcap_{i=1}^{\infty} (A \cup A_i)，$$

$$\overline{\bigcup_{i=1}^{n} A_i} = \bigcap_{i=1}^{n} \overline{A_i}， \quad \overline{\bigcup_{i=1}^{\infty} A_i} = \bigcap_{i=1}^{\infty} \overline{A_i}，$$

$$\overline{\bigcap_{i=1}^{n} A_i} = \bigcup_{i=1}^{n} \overline{A_i}， \quad \overline{\bigcap_{i=1}^{\infty} A_i} = \bigcup_{i=1}^{\infty} \overline{A_i}.$$

例 1.1.2 在例 1.1.1 的试验 E_2 中，若事件"第一次出现的是 H"记为 A_1，事件"三次出现同一面"记为 A_2，分别求 $A_1 \cup A_2$，$A_1 \cap A_2$，$A_1 \backslash A_2$，$A_2 \backslash A_1$，$\overline{A_1}$，$\overline{A_1 \cup A_2}$.

解 依题意 $A_1 = \{HHH, HHT, HTH, HTT\}$，$A_2 = \{HHH, TTT\}$，故

$$A_1 \cup A_2 = \{HHH, HHT, HTH, HTT, TTT\}，$$

$$A_1 \cap A_2 = \{HHH\}，\quad A_1 \backslash A_2 = \{HHT, HTH, HTT\}，$$

$$A_2 \backslash A_1 = \{TTT\}，\quad \overline{A_1} = \{THH, THT, TTH, TTT\}，$$

$$\overline{A_1 \cup A_2} = \{THT, TTH, THH\}.$$

例 1.1.3 向指定目标射三枪，观察射中目标的情况，用 A_1，A_2，A_3 分别表示事件"第一、二、三枪击中目标"，试用 A_1，A_2，A_3 表示以下各事件：

(1)只击中第一枪；(2)只击中一枪；(3)三枪都没击中；(4)至少击中一枪.

解 (1)事件"只击中第一枪"，意味着第二枪不中，第三枪也不中，所以可以表示成 $A_1 \overline{A_2} \overline{A_3}$.

(2)事件"只击中一枪"，并不指定哪一枪击中，三个事件"只击中第一枪""只击中第二枪""只击中第三枪"中任意一个发生，都意味着事件"只击中一枪"发生. 同时，因为上述三个事件互不相容，所以可以表示成 $A_1 \overline{A_2} \overline{A_3} \cup \overline{A_1} A_2 \overline{A_3} \cup \overline{A_1} \overline{A_2} A_3$.

(3)事件"三枪都没击中"，就是事件"第一、二、三枪都未击中"，所以可以表示成 $\overline{A_1} \overline{A_2} \overline{A_3}$.

(4)事件"至少击中一枪"，就是事件"第一、二、三枪至少有一次击中"，所以可以表示成 $A_1 \cup A_2 \cup A_3$ 或 $A_1 \overline{A_2} \overline{A_3} \cup \overline{A_1} A_2 \overline{A_3} \cup \overline{A_1} \overline{A_2} A_3 \cup A_1 A_2 \overline{A_3} \cup A_1 \overline{A_2} A_3 \cup \overline{A_1} A_2 A_3 \cup A_1 A_2 A_3$.

例 1.1.4 设 A，B，C 为三个事件，用 A，B，C 的运算关系表示下列各事件：

(1)A 发生，B 与 C 不发生；

(2)A 与 B 都发生，C 不发生；

(3)A，B，C 至少有一个发生；

(4)A，B，C 都发生；

(5)A，B，C 都不发生；

(6)A，B，C 中至少有两个发生.

解 以下分别用 $D_i (i = 1, 2, \cdots, 6)$ 表示(1)、(2)、(3)、(4)、(5)、(6)中所给出的事件，注意到一个事件不发生即为它的对立事件发生，例如，A 不发生即为 $\overline{A}$ 发生.

(1)A 发生，B 与 C 不发生，表示 A，$\bar{B}$，$\bar{C}$ 同时发生，故 $D_1=A\bar{B}\bar{C}$ 或 $D_1=A\setminus B\setminus C$；

(2)A 与 B 都发生，C 不发生，故 $D_2=AB\bar{C}$ 或 $D_2=AB\setminus C$；

(3)由和事件的定义知 $D_3=A\cup B\cup C$；

(4)$D_4=ABC$；

(5)$D_5=\overline{ABC}$；

(6)$D_6=AB\cup BC\cup AC$.

*三、事件域

我们把事件 A 定义为 Ω 的一个子集，但一般我们并不把 Ω 的一切子集作为事件类，因为这将对给定概率带来困难，譬如，当样本空间是实数轴上的一个区间时，可以人为的构造出无法测量其长度的子集，如果将这些也看成是事件，那么这些事件将无概率可言，为了避免这种现象出现，我们如把 Ω 中表示事件的某些子集全部归为一类，并用 F 表示，则称 F 为**事件域**，即 $F=\{A\,|\,A\subseteq\Omega,\ A\ 是事件\}$. 现在要进一步探讨的是概率论应对哪些子集感兴趣，F 应由哪些元素组成？首先，应该包括样本空间和空集；其次，应该保证事件经过并、交、差、对立各种运算后仍然是事件，即其对集合的运算有封闭性. 为此，我们进一步给出定义：

定义 1.1 假设 Ω 是某一样本空间，F 为 Ω 的一些子集组成的事件类，如果满足下列条件：

(1)$\Omega\in F$，即 Ω 是 F 的一个元素；

(2)若 $A\in F$，则对立事件 $\bar{A}\in F$；

(3)若 $A_i\in F$，$i=1,2,\cdots$，则可数并 $\bigcup\limits_{i=1}^{\infty}A_i\in F$，

则称 F 为一个**事件域**.

所谓**事件域**，直观地讲就是由样本空间 Ω 的某些子集作为元素的集合，它是概率 P 的定义域，以后我们以 F 表示事件域. F 中的元素称为事件，对任一事件 A，则有 $A\in F$. 事件域是概率统计最重要的概念之一，它为定义事件的概率奠定了必要的基础.

由定义 1.1 可以得到 F 具有以下性质：

性质 (1)$\varnothing\in F$；

(2)若 $A_i\in F$，$i=1,2,\cdots$，则 $\bigcap\limits_{i=1}^{\infty}A_i\in F$.

证 由定义 1.1 和对偶律知

$$\varnothing=\bar{\Omega}\in F,\quad \bigcup_{i=1}^{\infty}\bar{A}_i\in F,\quad \bigcap_{i=1}^{\infty}A_i=\overline{\bigcup_{i=1}^{\infty}\bar{A}_i}\in F.$$

例 1.1.5 几个基本的事件域.

(1)如果样本空间只含两个样本点：$\Omega=\{\omega_1,\omega_2\}$，记 $A=\{\omega_1\}$，$\bar{A}=\{\omega_2\}$，则其事件域为 $F=\{\varnothing,A,\bar{A},\Omega\}$.

(2)如果样本空间含有限个样本点：$\Omega=\{\omega_1,\omega_2,\cdots,\omega_n\}$，若无特别声明，其事件域 F 总由 Ω 的所有事件构成，即由 $\varnothing$，n 个单元素集，C_n^2 个双元素集，C_n^3 个三元素集，$\cdots$，Ω

组成的事件域，这时 F 中共有 $\sum_{k=0}^{n} C_n^k = 2^n$ 个元素．

（3）如果样本空间含可数个样本点：$\Omega = \{\omega_1, \omega_2, \cdots, \omega_n, \cdots\}$，类似于（2），取 Ω 的所有子集构建 F，这时 F 由可数个事件组成．

（4）如果样本空间为欧氏空间，一般不能将 Ω 的全部子集选入 F，这会对定义概率带来困难，而只能取 Ω 的部分子集．可以验证，若为欧氏空间（区间或某区域），则可取 Ω 中全体 Borel 点集构成 F，在 F 上定义概率 P．有关 Borel 点集的讨论已超出本书范围，有兴趣的读者可阅读相关专著．

在实际应用中，即使是样本空间仅含有限个样本点，其事件域 F 也不一定非取这个全部事件构成的事件域不可，譬如，在例 1.1.1 的 E_5 中：每穴播种两粒玉米种子，若用甲、乙代表这两粒种子，则出苗情况有四种基本可能：$\omega_1 = $（甲出，乙出），$\omega_2 = $（甲出，乙不出），$\omega_3 = $（甲不出，乙出），$\omega_4 = $（甲不出，乙不出），而其样本空间自然即为 $\Omega = \{\omega_1, \omega_2, \omega_3, \omega_4\}$．此时其事件域含有 2^4 个事件，即

$$F = \{\varnothing, \{\omega_1\}, \{\omega_2\}, \{\omega_3\}, \{\omega_4\}, \{\omega_1, \omega_2\}, \{\omega_1, \omega_3\}, \cdots,$$
$$\{\omega_1, \omega_2, \omega_3\}, \cdots, \{\omega_1, \omega_2, \omega_3, \omega_4\}\}.$$

但根据研究的需要，F 不用取 Ω 的全部子集．例如，也可取 $F = \{\varnothing, \{\omega_1, \omega_2\}, \{\omega_3, \omega_4\}, \Omega\}$．确定了事件域 F 后，就可以去考虑 F 中元素（事件）的**概率**．

第二节　随机事件的概率

视频5：
频率及概率
的定义

对于随机现象，仅讨论它可能出现什么结果，价值不大，而指出各种结果出现的可能性的大小才有较大意义．事实上，对随机事件 A，虽然一次试验结果不能肯定，但积累的结果却是可以预言的，它的可能性大小是客观存在且可以设法度量的．本章中，我们先根据不同的随机现象介绍几种确定或计算概率的方法，最后以公理化形式引入适合所有随机现象的概率的一般定义．

第一节引入了样本空间 Ω 与事件域 F，一般地，对给定的事件 $A \in F$，我们用一个数 $P(A)$ 来表示该事件发生可能性的大小，这个数 $P(A)$ 就称为随机事件的**概率 P**．它本质上是定义在 F 上的集合函数，$P(A)$ 是从事件域 F 到实数区间 $[0, 1]$ 上的一个映射．

我们先回忆一下概率论的起源，在 17 世纪中期，瓦拉・德・梅尔向法国数学家巴斯加尔（Blaise Pascal）提出一个问题：甲、乙两人以 6 元打赌而抛掷一枚硬币，硬币落下后，带有徽花的一面向上，算是甲赢；带有数字的一面向上，算是乙赢；约定：谁先胜三次，则谁拿走全部 6 元．现已投完三次，甲胜二次，乙胜一次．之后双方同意中止赌博，那么问这 6 元要如何分，才算公平？

这个问题使巴斯加尔费了不少脑筋．平均分，对甲欠公平；全归甲，则对乙欠公平．有人提出：按已经赢得的次数的比例分，即甲拿 2/3（4 元），乙拿 1/3（2 元）．这一分法看起来好像是可以接受的方法，仔细分析，却发现这种分法并不合理，它没有考虑发展的前景．1654 年 8 月，巴斯加尔写信给数学家皮埃尔・德・费马（P. De Fermat）商讨该问题，他与费马的共同看法如下：该赌博至多再可继续赌两次就可以见分晓了，则结果无非以下四种情况之一：

$$甲甲，甲乙，乙甲，乙乙，$$

其中"甲乙"表示第四局甲胜第五局乙胜，依此类推．把前面已赌过的三局的结果，与上面四个结果结合（即甲、乙赌完五局）分析，可以看出：对前三个结果都是甲先胜三局，因而得 6元，只在最后一个结果才是乙得 6 元．对抛掷硬币赌博而言，上面的四个结果应有等可能性，因此，甲、乙最终获胜可能性大小之比为 3：1．全部赌本应按这个比例分，即应分给甲 $6 \times \frac{3}{4} = 4.5$（元），而分给乙 $6 \times \frac{1}{4} = 1.5$（元），才算公正合理．

这个例子颇给人启发，即表面上看来简单自然的东西，经过深入一层的分析而揭示了其不合理之处．1657 年荷兰数学家惠更斯(Christian Huygens)在巴斯加尔和费马通信的基础上于 1657 年出版了《论赌博中的计算》一书，惠更斯这一著作是概率论产生的标志之一，它是概率论发展史上的第一部专著，因此可以说早期概率论与数理统计的创立者是巴斯加尔、费马和惠更斯．

一、确定概率的频率方法

频率方法是度量事件发生可能性最常用的方法，当要考察的事件 A 的随机现象时，可在同一条件组 S 下重复进行 n 次试验，其样本空间 $\Omega = \{\omega_1, \omega_2, \cdots, \omega_n\}$，$F$ 为 Ω 的所有子集组成的事件域，在这 n 次试验中，事件 A 发生的次数 n_A 称为事件 A 发生的**频数**．比值 $\frac{n_A}{n}$ 称为事件 A 发生的**频率**，并记成 $f_n(A)$．

显然，随机事件 A 在 n 次试验中出现频数 n_A 必有 $0 \leqslant n_A \leqslant n$，所以 $0 \leqslant \frac{n_A}{n} \leqslant 1$，即频率 $f_n(A)$ 总是介于 0 与 1 之间的一个数，当 $n_A = n$ 时为必然事件，当 $n_A = 0$ 时为不可能事件，则满足：

(1) $0 \leqslant f_n(A) \leqslant 1$；

(2) $f_n(\Omega) = 1$，$f_n(\varnothing) = 0$．

若 $A_1, A_2, \cdots, A_n, \cdots$ 是可数个两两互斥（或称互不相容）的事件，设事件 A_i 在 n 次试验中发生了 m_i 次，$i = 1, 2, \cdots$，则事件 $\bigcup\limits_{i=1}^{\infty} A_i$ 发生了 $\sum\limits_{i=1}^{\infty} m_i$ 次，事件 A_i 的频率为 $f(A_i) = \frac{m_i}{n}$，事件 $\bigcup\limits_{i=1}^{\infty} A_i$ 的频率为

$$f\left(\bigcup_{i=1}^{\infty} A_i\right) = \frac{1}{n} \sum_{i=1}^{\infty} m_i = \sum_{i=1}^{\infty} \frac{m_i}{n} = \sum_{i=1}^{\infty} f(A_i),$$

故有

(3) 若 $A_1, A_2, \cdots, A_n, \cdots$ 是可数个两两互斥的事件，则

$$f_n(A_1 \bigcup A_2 \bigcup \cdots \bigcup A_k \bigcup \cdots) = f_n(A_1) + f_n(A_2) + \cdots + f_n(A_k) + \cdots,$$

即

$$f\left(\bigcup_{i=1}^{\infty} A_i\right) = \sum_{i=1}^{\infty} f(A_i).$$

由于事件 A 发生的频率是它发生的次数与试验次数之比，其大小表示 A 发生的频繁程度．频率越大，事件 A 的发生越频繁，这意味着 A 在一次试验中发生的可能性越大．直观的想法是用频率来估计 A 在一次试验中发生的可能性的大小．

例 1.2.1 （1）抛掷硬币试验：

抛掷一枚均匀的硬币，事件 $A = \{正面向上\}$，为确定这一事件的概率，将硬币抛掷 n 次，若在此 n 次重复试验中，"出现正面"的次数为 m，则称比值 $\frac{m}{n}$ 为"出现正面"的**频率**，记作 $f_n(A)$．历史上，不少人做过成千上万次的抛掷硬币的试验，表 1.1 列出了它们的试验记录．

表 1.1

试验者	抛掷次数 n	出现正面的次数 m	出现正面的频率 m/n
德·摩根	2048	1061	0.5181
蒲丰	4040	2048	0.5069
K. 皮尔逊	12000	6019	0.5016
K. 皮尔逊	24000	12012	0.5005
维尼	30000	14994	0.4998

从表 1.1 中可以看出，不管什么人抛掷，当试验次数逐渐增多时，出现"正面向上"的频率逐渐接近 0.5．而试验次数 n 越大，m/n 越逐渐稳定在 0.5 这个数值上．因而，数值 0.5 的确反映了抛掷一枚均匀硬币时出现"正面向上"这一事件发生的可能性大小．

（2）女婴出生频率：

研究女婴出生频率，对人口统计是很重要的．历史上较早研究这个问题的是拉普拉斯（1794—1827），他对伦敦、圣彼得堡、柏林和法国的情形进行了研究，得到了庞大的统计资料．表 1.2 是 1927—1932 年波兰每年出生婴儿的统计数据．

表 1.2

出生年份	出生婴儿总数	出生女婴总数	女婴出生的频率
1927	958733	462189	0.4821
1928	990993	477339	0.4817
1929	994101	479336	0.4822
1930	1022811	494739	0.4837
1931	964573	465787	0.4848
1932	934663	452232	0.4838
合计	5865874	2833422	0.4830

人们可以由表 1.2 估计新生婴儿是女婴的可能性大约是 0.483.

（3）某种小麦的发芽情况试验：

为了了解某品种小麦的发芽情况，从一大批种子中抽取 10 批种子做发芽试验，其结果见表 1.3：

表 1.3

种子粒数	2	5	10	70	130	310	700	1500	2000	3000
发芽粒数	2	4	9	60	116	282	639	1339	1806	2715
发芽率	1	0.8	0.9	0.857	0.892	0.910	0.913	0.893	0.903	0.905

从表 1.3 可看出，发芽率在 0.9 附近摆动，随着 n 的增大，将逐渐稳定在 0.9 这个数值上．

例 1.2.1 的试验(1)、(2)中，频率在 0.5 附近摆动，当 n 增大时，逐渐分别稳定于 0.5，0.483；试验(3)中，频率在 0.9 附近摆动，当 n 增大时，逐渐稳定于 0.9. 这就是说，当试验次数 n 充分大时，事件 A 出现的频率常在一个确定的数值附近摆动．当 n 较小时，频率 $f_n(A)$ 在 0 与 1 之间随机波动，其幅度较大，当 n 逐渐增大时，频率 $f_n(A)$ 逐渐稳定于某个常数．在 n 次试验中，事件 A 出现的次数 n_A 不确定，因而事件 A 的频率 $\frac{n_A}{n}$ 也不确定．但是当试验重复多次时，事件 A 出现的频率具有一定的稳定性．因而，当 n 较小时，用频率来表示事件发生的可能性大小显然是不合适的．对于每一个事件 A 都有这样一个客观存在的常数与之对应，这种"频率稳定性"即通常所说的统计规律性．

如果试验是在相同的条件下重复进行的，则随着试验次数的不断增大，频率会在某一个确定值附近趋于稳定，下面把这一"确定值"定义为概率．

定义 1.2（确定概率的频率方法）　设在不变的一组条件 S 下，重复进行试验，则随着试验次数的不断增大，事件 A 的频率会稳定在某一确定值 p 附近，这一"确定值 p"就是我们所求的**概率**，记为 $P(A)=p$.

应该指出，与其说定义 1.2 给出了概率的**统计定义**，倒不如说是给出了"概率的频率解释"，它只能是概率的随机表现．它给人们提供了一种通过重复试验去估计概率的方法，人们可以通过大量的试验，用频率值作为概率的近似值．以后我们将会看到，这种做法大有好处．

例 1.2.2　从某池塘中抽取 50 条鱼，做上记号再放入池塘中，现从池塘中任意提来 40 条鱼，发现其中有 2 条有记号，问池塘大约有多少条鱼？

解　设池塘中有 n 条鱼，则在池塘中捉到有记号的概率为 $\frac{50}{n}$，它近似等于 $\frac{2}{40}$，即近似看成

$$\frac{50}{n}=\frac{2}{40},$$

解之得 $n=1000$，即池塘大约有 1000 条鱼．

二、古典概型

对于某些随机事件，我们不必通过大量的试验去确定它的概率，而是在经验事实的基础上，通过研究它的内在规律去确定它的概率．

视频 6：
古典概率

譬如，抛掷一枚均匀的硬币，只有"正面向上"和"反面向上"两种结果，而且这两种结果出现的可能性相同，均为 50%．掷一颗骰子，"朝上面的点数"的所有可能结果是 6 个，每个点出现面向上的机会都相等．又如，从 100 件同类型的产品中，任意抽取 1 件进行质量检查，则共有 100 种抽法，且每种出现的可能性大小相同，均是 1%．

这几个试验的共同特点是：

(1)所涉及的随机现象只有有限个样本点，即 $\Omega=\{\omega_1,\ \omega_2,\ \cdots,\ \omega_n\}$；

(2)每个样本点发生的可能性是相同的，即

$$P(\{\omega_i\})=\frac{1}{n},\ i=1,\ 2,\ \cdots,\ n.$$

满足这两个条件的数学模型称为**等可能概型**，显然 $\omega_1,\ \omega_2,\ \cdots,\ \omega_n$ 构成完备事件组．因等可能概型是概率论发展初期的主要研究对象，故又称为**古典概型**．根据古典概型的特点，我们可以定义任一随机事件 A 的概率．

定义 1.3（确定概率的古典方法） 设 Ω 为样本空间，又设样本空间 Ω 共有 n 个样本点，即 $\Omega=\{\omega_1,\ \omega_2,\ \cdots,\ \omega_n\}$，且每个结果 ω_i 的出现都是等可能的．若事件 A 包含的样本点的个数是 m，则事件 A 的概率为

$$P(A)=\frac{\text{事件 } A \text{ 所含样本点的个数}}{\Omega \text{ 中所有样本点的个数}}=\frac{m}{n}. \tag{1.1}$$

用这种方法得到的概率也可称为**古典概率**．

古典概率具有如下性质：

性质 1 对任一事件 A，有 $0\leqslant P(A)\leqslant 1$．

性质 2 $P(\Omega)=1$，$P(\varnothing)=0$．

性质 3 若 $A_1,\ A_2,\ \cdots,\ A_n$ 是有限个两两互斥的事件，则

$$P\left(\bigcup_{i=1}^{n}A_i\right)=\sum_{i=1}^{n}P(A_i).$$

事实上，因为 $0\leqslant m\leqslant n$，故 $0\leqslant \dfrac{m}{n}\leqslant 1$，即 $0\leqslant P(A)\leqslant 1$．

因为 Ω 为必然事件，所以 $m=n$，故 $\dfrac{n}{n}=1$，即 $P(\Omega)=1$．

又因 $\varnothing$ 为不可能事件，所以 $m=0$，故 $\dfrac{0}{n}=0$，即 $P(\varnothing)=0$．

若 $A_1,\ A_2,\ \cdots,\ A_n$ 是有限个两两互斥的事件，设事件 A_i 在试验中发生了 m_i 次，$i=1,\ 2,\ \cdots$，则事件 $\bigcup\limits_{i=1}^{n}A_i$ 发生了 $\sum\limits_{i=1}^{n}m_i$ 次，事件 A_i 的概率为 $P(A_i)=\dfrac{m_i}{n}$，事件 $\bigcup\limits_{i=1}^{n}A_i$ 的概率为

$$P\left(\bigcup_{i=1}^{n}A_i\right)=\frac{1}{n}\sum_{i=1}^{n}m_i=\sum_{i=1}^{n}\frac{m_i}{n}=\sum_{i=1}^{n}P(A_i).$$

古典概率的计算主要基于排列组合，一般可以按照以下的步骤计算事件 A 的概率：先确定样本空间 Ω，并计算出样本点的总数 n，再求出事件 A 所含的样本点的个数 m，于是事件 A 的概率就是 $P(A)=\dfrac{m}{n}$．

例 1.2.3 抛掷一颗匀质骰子，观察出现的点数，求"出现的点数是不小于 3 的偶数"的概率．

解 设 A 表示"出现的点数是不小于 3 的偶数"，则抛掷一颗匀质骰子，样本空间 Ω 的样本点总数 $n=6$，A 包含的样本点是"出现 4 点"和"出现 6 点"，即 $m=2$，故

$$P(A)=\frac{2}{6}=\frac{1}{3}.$$

例 1.2.4 设有一箱产品，共有 100 件，其中有 4 件次品，其余均为正品，求：

(1)从箱中任取 1 件，取到次品的概率；

(2)从箱中任取 3 件，取到的全是正品的概率；

(3)从箱中任取 3 件，取到的恰有 2 件正品的概率.

解 设 $A=\{$任取 1 件，取到次品$\}$，$B=\{$任取 3 件，取到的全是正品$\}$，$C=\{$任取 3 件，取到的恰有 2 件正品$\}$，则

(1)由于抽样是从箱中任取 1 件，故其样本空间 Ω 的样本点总数 $n_1=C_{100}^1=100$，A 包含的样本点个数 $m_1=4$，故

$$P(A)=\frac{4}{100}=0.04.$$

(2)由于抽样是从箱中任取 3 件，故此样本空间 Ω 的样本点总数 $n_2=C_{100}^3$，而 B 包含的样本点数为 $m_2=C_{96}^3$，故

$$P(B)=\frac{C_{96}^3}{C_{100}^3}\approx0.8836.$$

(3)该样本空间 Ω 的样本点总数 $n_3=C_{100}^3$，C 包含的样本点数为 $m_3=C_{96}^2C_4^1$，故

$$P(C)=\frac{C_{96}^2C_4^1}{C_{100}^3}\approx0.1128.$$

注：从例 1.2.6 中我们可以进一步抽象出更一般的**抽样模型**，设一批产品共 N 件，其中 M 件为次品，$(N-M)$ 件为正品，若从中任取 n 件，恰好取得 m 件次品的概率(设 A_m 表示恰有 m 件次品的事件)为

$$P(A_m)=\frac{C_M^mC_{N-M}^{n-m}}{C_N^n}, \quad m=0,1,2,\cdots,r, \quad r=\min\{n,M\}.$$

例 1.2.5 设一口袋中有 7 个均匀的球，其中有 3 个白球和 4 个黑球. 从这个口袋中取球，每个球被取到的可能性都相同.

(1)每次取一个球，取后放回，共取两次，求两次都取到黑球的概率；

(2)每次取一个球，取后不放回，共取两次，求两次都取到黑球的概率.

解 (1)设 A 表示试验(1)中"两次都取到黑球"的事件，有放回地取两次，每次都可能取到口袋中的 7 个球中的任一个，取球两次会有 $7^2=49$ 个结果，故该 Ω 的样本点总数为 49. 如果两次都取到黑球，则每次都可能取到口袋中的 4 个黑球中的任一个，取球两次会有 $4\times4=16$ 个结果，即事件 A 所含的样本点个数为 16. 故所求的概率为

$$P(A)=\frac{16}{49}\approx0.326.$$

(2)设 B 表示试验(2)中"两次都取到黑球"的事件，无放回地取两次，第一次可能取到口袋中的 7 个球中的任一个，第二次可能取到剩下的 6 个球中的任一个，取球两次会有 $7\times6=42$ 个结果，故 $n=42$. 如果两次都取到黑球，则第一次可能取到口袋中的 4 个黑球中的任一个，第二次可能取到剩下的 3 个黑球中的任一个，取球两次会有 $4\times3=12$ 个结果，故 $m=12$. 故所求的概率为

$$P(B)=\frac{12}{42}\approx0.286.$$

注：例 1.2.5 中的第一种取球方式称为**有放回抽取**，第二种取球方式称为**无放回抽取**. 从例 1.2.5 可以看到，抽取的方式不同，计算概率的方式也不同.

例 1.2.6 箱中有 a 个白球及 b 个黑球，每次取一个，从中任意地接连取出 k 个球($k \leqslant a+b$)，每球被取出后不放回，求事件 $A=$"第 k 次取出的球是白球"的概率 $P(A)$.

解 1 设从这 $(a+b)$ 个球中选出 k 个的每个排列都是样本点，则样本点总数就是排列数 P_{a+b}^k. 第 k 次取出的白球可以是 a 个白球中的任一个，有 a 种选法，而前 $(k-1)$ 次取出的球可以是其余 $(a+b-1)$ 个球中的任意 $(k-1)$ 个，有 P_{a+b-1}^{k-1} 种选法，因而事件 A 共含有 aP_{a+b-1}^{k-1} 个样本点，于是

$$P(A) = \frac{aP_{a+b-1}^{k-1}}{P_{a+b}^k} = a \cdot \frac{\frac{(a+b-1)!}{(a+b-k)!}}{\frac{(a+b)!}{(a+b-k)!}} = \frac{a}{a+b}.$$

下面的另外两个解法都可以解释为什么 $P(A)$ 与 k 无关.

解 2 把球编号为 $1, 2, \cdots, a+b$，若把取出的球放在排列成一直线的 $(a+b)$ 个位置上，则可能的排列法相当于 $(a+b)$ 个元素进行全排列，总数为 $(a+b)!$，把它们作为样本点的全体，而"第 k 次取出白球"有 a 种取法，故另外 $(a+b-1)$ 次取球相当于 $(a+b-1)$ 个球进行全排列，则事件 A 含有 $a(a+b-1)!$ 个样本点，所以

$$P(A) = \frac{a(a+b-1)!}{(a+b)!} = \frac{a}{a+b}.$$

*解 3** 设在取出 k 个球之后，还继续依次取球，直到全部 $(a+b)$ 个球都被取出为止. 对于这种取法，以 B 记事件"第 k 次取出的球是白球"，则 $P(A)=P(B)$. 下面求 $P(B)$. 连续 $(a+b)$ 次取球相当于把球放在编号为 $1 \sim (a+b)$ 的 $(a+b)$ 个盒子里，每个盒子放一个球. 我们不区分放有白球的盒子都是一样的两种放球方法. 从这 $(a+b)$ 个盒子中选出 a 个来放置白球的选法有 C_{a+b}^a 种，故样本点总数为 C_{a+b}^a，在第 k 个盒子放置一个白球以后，在其余的 $(a+b-1)$ 个盒子中选出 $(a-1)$ 个来放置白球的选法有 C_{a+b-1}^{a-1} 种，因而事件 B 共含有 C_{a+b-1}^{a-1} 个样本点. 故

$$P(A) = P(B) = C_{a+b-1}^{a-1} / C_{a+b}^a = \frac{\frac{(a+b-1)!}{(a-1)! \ b!}}{\frac{(a+b)!}{a! \ b!}} = \frac{a}{a+b}.$$

注：在例 1.2.6 的三种解法中样本点和样本空间都不同，可见从不同的角度考虑同一个问题会对应于不同的样本点和样本空间.

例 1.2.7 用 1，2，3，4，5 这五个数字排成三位数，求：

(1)没有相同数字的三位数的概率；(2)没有相同数字的三位偶数的概率.

解 设 $A=\{$没有相同数字的三位数$\}$，$B=\{$没有相同数字的三位偶数$\}$，则基本事件总数为 $n=5^3$.

(1)事件 A 所包含的基本事件数为 $m_A=P_5^3$，所以 $P(A)=\dfrac{P_5^3}{5^3}=0.48$.

(2)事件 B 包含的基本事件数为 $m_B=P_4^2 P_2^1$，所以 $P(B)=\dfrac{P_4^2 P_2^1}{5^3}=0.192$.

例 1.2.8（盒子模型） 设有 n 个球，每个球都等可能地被放到 $N(n \leqslant N)$ 个不同盒子中的任一个，试求下列各事件的概率：

A：指定的 n 个盒子中各有一球；

B：恰有 n 个盒子中各有一球；

C：指定的某个盒子恰好有 $m(m \leqslant n)$ 个球.

解 设试验为"把 n 个球放到 N 个盒子中的一个"，则共有 N^n 种可能的放法. 把每个可能的放法都设为样本点，则共有 N^n 个样本点.

(1)因为各有一球的 n 个盒子已指定，余下的 $(N-n)$ 个盒子也同时被指定，所以只要考虑 n 球在指定的 n 个盒子中各有一球的放法，故有 $P_n^n = n!$ 种放法，因而事件 A 含有 $n!$ 个样本点，于是

$$P(A) = \frac{n!}{N^n}.$$

(2)在 N 个盒子中指定 n 个盒子有 C_N^n 种方式，把指定的 n 个盒子各放一球，有 $P_n^n = n!$ 种放法，因而事件 B 含有 $n! \, C_N^n$ 个样本点，于是

$$P(B) = \frac{n! \, C_N^n}{N^n} = \frac{N!}{N^n (N-n)!}.$$

(3)放到指定盒子的 m 个球可从 n 个球中任意选出，有 C_n^m 种选法，把其余的 $(n-m)$ 个球放到其余的 $(N-1)$ 个盒子里，有 $(N-1)^{n-m}$ 种分配方法，因而事件 C 含有 $C_n^m (N-1)^{n-m}$ 个样本点，于是

$$P(C) = \frac{C_n^m (N-1)^{n-m}}{N^n}.$$

例 1.2.9（生日问题） 某班有 50 个学生，求他们的生日各不相同的概率(设一年 365 天).

解 此问题可以用投球入盒问题来模拟，按照例 1.2.8 中第二问，50 个学生看作 50 个球，365 天看作 365 个盒子，所以他们生日各不相同的概率为

$$P(A) = \frac{C_{365}^{50} \cdot 50!}{365^{50}} \approx 0.03.$$

三、几何概型

古典概率是在一种特殊情形下给出的算法，它只适用于全部试验结果为有限个，且等可能成立的情况，现在我们稍作引申：以等可能性为基础，将古典概型中的有限性推广到无限性，其基本思想为

视频 7：
几何概率

(1)把无限个试验结果用欧氏空间的某一区域 Ω 表示；

(2)试验 E 看成在 Ω 中随机地投掷一点；

(3)事件 A 就是所投掷的点等可能地落在 Ω 中的可几何度量的图形 A 中.

这就是所谓的"**几何概型**". 如图 1.2 所示，其几何度量一维空间是长度，二维空间是面积，三维空间是体积，…，度量的大小分别用 $L(\Omega)$ 和 $L(A)$ 表示.

定义 1.4 设 Ω 是一几何区域上的集合，其度量大小可用 $L(\Omega)$ 表示，若事件 A 为 Ω 中的子区域，其度量大小可用 $L(A)$ 表示. 向 Ω 内随机投掷一个质点，如果质点落在每个度量相同子区域是等可能的，则每一个事件 A 的概率为

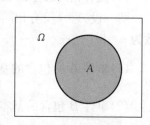

图 1.2

$$P(A) = \frac{\text{对 } A \text{ 的几何度量}}{\text{对 } \Omega \text{ 的几何度量}} = \frac{L(A)}{L(\Omega)}. \tag{1.2}$$

这个概率称为"几何概率"，就是把事件与几何区域对应，利用几何区域的度量来计算事件发生的概率，不难验证几何概率满足如下性质：

性质 1　对任一事件 A，有 $0 \leqslant P(A) \leqslant 1$.

性质 2　$P(\Omega) = 1$，$P(\varnothing) = 0$.

性质 3　若 A_1，A_2，$\cdots$，A_n，$\cdots$ 是有限个两两互斥的事件，则 $P\left(\bigcup\limits_{i=1}^{\infty} A_i\right) = \sum\limits_{i=1}^{\infty} P(A_i)$.

例 1.2.10　一个质地均匀的陀螺的圆周上均匀地刻有 $[0, 5)$ 上诸数字（图 1.3），在桌面上旋转它，求当它停下来时，圆周与桌面接触处的刻度位于区间 $[2, 3]$ 上的概率. 由质地及刻度的均匀性，它停下时其圆周上各点与桌面接触的可能性相等，接触点的刻度位于区间 $[2, 3]$ 内的可能性与这个区间的长度成比例，我们取

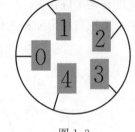

图 1.3

$$\Omega = [0, 5), \quad A = [2, 3],$$

且　　　　　$L(\Omega) = 5 - 0 = 5$，$L(A) = 3 - 2 = 1$，

故所求的概率为

$$P(A) = \frac{L(A)}{L(\Omega)} = \frac{1}{5}.$$

注：必然事件的概率为 1，不可能事件的概率为 0. 但下面说明，概率为 0 的事件不一定是不可能事件，概率为 1 的事件不一定是必然事件.

在上例中，线段陀螺的圆周的某数字可与桌面接触，但它的长度为 0，如事件 B＝"数字 4 与桌面接触"，按公式计算概率 $P(B) = 0$，但 B 不是不可能事件. 由此进一步可知 $P(\bar{B}) = 1$，但 $\bar{B}$ 不是必然事件.

例 1.2.11　甲、乙两人每天都到某个小食店吃早餐. 甲到达的时间是 7：00～8：00，在小食店逗留 30min，乙到达的时间是 7：30～9：00，在小食店逗留 15min. 设两人到达的时刻互不影响，且在上述时间内在各个时刻到达的机会是均等的，求一天中两人能在这个小食店相遇的概率.

解　设两人到达的时间分别是 $7 + X$ 和 $7 + Y$，两人能相遇的充分必要条件是

$$\begin{cases} Y \leqslant X + \dfrac{1}{2}, \\ X \leqslant Y + \dfrac{1}{4}, \end{cases}$$

令　　　　　$\Omega = \left\{ (x, y) \mid 0 \leqslant x \leqslant 1, \dfrac{1}{2} \leqslant y \leqslant 2 \right\}$，

$$A = \left\{ (x, y) \in \Omega \mid y \leqslant x + \frac{1}{2}, x \leqslant y + \frac{1}{4} \right\},$$

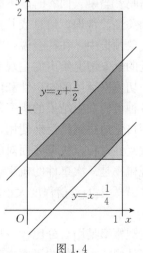

图 1.4

如图 1.4 所示，则两人能会面的概率为

$$P(A) = \frac{L(A)}{L(\Omega)} = \frac{\frac{1}{2} \times 1^2 - \frac{1}{2} \times \left(\frac{1}{4}\right)^2}{1 \times 1.5} = \frac{5}{16}.$$

几何概型的一个著名例子是蒲丰(Buffon)投针试验. 通过这个试验还可以求圆周率 π 的近似值.

例 1.2.12（蒲丰投针试验）　在平面上画有平行线束, 两条相邻的平行线的距离均为 $2a$, 向平面随机投掷一枚长度为 $2l$ 的针, 假定 $0 < l < a$, 求针与平行线相交的概率 p.

解　设 M 为针的中点, Y 为 M 与最近平行线的距离, θ 为针与平行线的交角(图 1.5), 则点 (Y, θ) "均匀地" 散布在矩形 $\Omega = \{(Y, \theta) \mid 0 \leqslant Y \leqslant a, 0 \leqslant \theta \leqslant \pi\}$ 上. 不难知道针与平行线相交的充要条件是 $Y \leqslant l\sin\theta$, 即 (Y, θ) 落在图 1.6 中的阴影上, 故针与平行线相交的概率 p 为阴影面积与矩形面积之比, 即

$$p = \frac{1}{\pi a} \int_0^\pi l\sin\theta \, \mathrm{d}\theta = \frac{2l}{\pi a}.$$

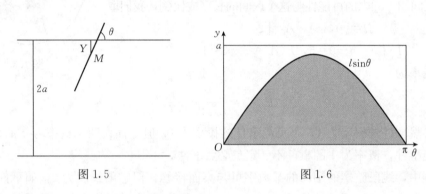

图 1.5　　　　　　　　　　　　图 1.6

四、主观概率

在实践中, 有些随机事件的概率既不能按等可能性来计算, 也不能从大量重复试验中得出. 如当被问到, "某企业新产品对市场的占领度如何?" "患者的治愈率有多大?" "明天会下雨吗?" 当事人回答时既不能做试验又不可能有相关频率作证, 但又不得不回答, 他必须依据相关经验常识、信息或其他因素, 运用自己最精明的判断力, 做出回答. 对第三个问题, 在气象预报中, 往往会说: "明天下雨的概率为 90%", 这是气象专家根据气象专业知识和最近的气象情况给出的主观概率估计. 听到这一消息的人, 大多数出门会带伞. 这类个人利用一切可以运用的知识性和信息对事物出现的可能性的一种主观心理判断, 依据主观判断确定各种可能发生结果的概率称为**主观概率**. 随着贝叶斯统计的推广, 主观概率的方法自觉地或不自觉地得到广泛地使用, 特别是在充满不确定因素的社会领域、经济领域中, 不存在大量重复性过程, 决策者面对的往往是仅发生了一次的事件, 常需要运用主观概率. 可以说, 主观概率是一次事件的概率, 也可以说, 主观概率就是基于对各种信息的掌握, 某人对某一事件 A 发生的置信程度大小的主观评价, 也是个人信念的度量, 可记为

$$P(A) = \{\text{个人对 } A \text{ 发生的置信程度}\}.$$

主观概率是用百分比(0~1 之间的一个数)进行度量的, 即 $0 \leqslant P(A) \leqslant 1$. 经验判断所需全部事件中各个事件的概率之和等于 1.

主观概率与主观臆造有着本质上的不同，前者要求当事人对所考察的事有透彻的了解和丰富的经验，甚至是这一行的专家，他们利用历史和现状的信息进行分析，体现一定的客观背景，终究不是信口雌黄，故不能把主观概率看成为纯主观的东西．主观概率是一种心理评价，当然，对同一事件，由于经验与利益上的差异，不同人对其发生的概率判断是不同的．为了减少单个人判别上的不足，防止任意、轻率地由一两个人拍脑袋估测，加强严肃性、科学性、提倡集体的思维判断．一般采用专家组各自用主观概率所判别的事件做主观判断的度量，然后计算它们的平均值，以此作为测度该事件的结论，是一种稳妥的方法．

例 1.2.13（主观概率法的教学评估简单模型）　假设学校教务处组织学生对任课教师作教学评价，一般按其有关条目的操作定义，主观地对教育现象和事物的程度进行等级评价，然后将等级折算为数值，以统计的方法建立模型，再对每个教师作排序处理．其优点是把大量原来不可直接测量的教育现象和事物，转化为可进行测量与统计的形式．

进行主观概率统计时可分三级与四级程度评价，其方法是一样的，而数值略有区别．三级程度评价一般分 A，B，C 三等，四级程度评价则为 A，B，C，D 四等．根据对评估的优先程度，可给各级别赋值．如若评估要保护优等，学生对教师教学整体满意程度，在三级程度评价时可分为非常满意、满意、不满意三等，其赋值就是 5，3，2 分；在四级程度评价时可分为非常满意、满意、基本满意、不满意四等，其赋值就是 4，3，2，1 分．具体步骤为

（1）首先让学生在对某一教师问卷中的非常满意、满意、不满意三等（或非常满意、满意、基本满意、不满意四等）选取认可的**最大可能性一项**打"√"．

（2）分别统计参评学生评出的三等（四等）人数，其中记 N 是参加评价的学生总人数，N_A 为评价教师非常满意程度的人数，N_B 为评价教师满意程度的人数，N_C 为评价教师不满意程度的人数．

（3）计算各教师平均权重 X：

三级程度评价公式为

$$X = \frac{5N_A + 3N_B + 2N_C}{N}.$$

（4）把各教师的平均权重 X 排序后，再划分在各等级的状况．

四级程度评价公式为

$$X = \frac{4N_A + 3N_B + 2N_C + N_D}{N},$$

其中 N 是参加评价教师的总人数，N_A 为评价教师非常满意程度的人数，N_B 为评价教师满意程度的人数，N_C 为评价教师基本满意程度的人数，N_D 为评价教师不满意程度的人数．

例 1.2.14　某企业根据市场销售的历史和现状，聘请 5 位专家，对市场趋势分析期内的经营情况及可能出现的自然状态，分别提出估计值和概率，见表 1.4.

表 1.4

参加评议专家	估　计　值						期望值
	最高值	概率	中等值	概率	最低值	概率	
1	2500	0.3	2220	0.5	2000	0.2	2250
2	2400	0.2	2200	0.6	1900	0.2	2180

（续）

参加评议专家	估 计 值						期望值
	最高值	概率	中等值	概率	最低值	概率	
3	2400	0.2	2180	0.6	1800	0.2	2148
4	2340	0.1	2120	0.7	1900	0.2	2098
5	2300	0.2	2000	0.6	1790	0.2	2018

下面利用主观概率对销售的状况进行市场趋势分析(分析用到的期望值是概率论的一个重要概念，我们将在第四章做详细介绍，这里先给出计算公式，也可把它理解为销售均值).

期望值 $X=$ 最高估计值×概率＋中等估计值×概率＋最低估计值×概率.

各个市场趋势分析人员的期望值为

$$X_1=2500\times0.3+2200\times0.5+2000\times0.2=2250(台),$$

$$X_2=2400\times0.2+2200\times0.6+1900\times0.2=2180(台),$$

$$X_3=2400\times0.2+2180\times0.6+1800\times0.2=2148(台),$$

$$X_4=2340\times0.1+2120\times0.7+1900\times0.2=2098(台),$$

$$X_5=2300\times0.2+2000\times0.6+1790\times0.2=2018(台).$$

先用算术平均法求出平均市场综合趋势分析值为

$$(2250+2180+2148+2098+2018)/5\approx2139(台).$$

以平均市场趋势分析值 2139 台作为企业的市场趋势分析结果.

然后再用加权平均法求出加权平均值作为调整的方案.考虑到各位市场趋势分析人员的地位、作用和权威性的不同，分别给予 1 号和 2 号人员较大权数是 3，3 号和 4 号的权数是 2，5 号是 1，则综合预测值为

$$\frac{2250\times3+2180\times3+2148\times2+2098\times2+2018\times1}{3+3+2+2+1}\approx2164(台).$$

上述不同的计算方法得出的市场趋势分析结果不同，需要根据实际情况进行调整，或以某一个市场趋势分析值作为市场趋势分析的最后结果，或者以一区间估计值作为市场趋势分析结果.

第三节 概率的公理化定义及其基本性质

一、概率的公理化定义

定义 1.5 设随机试验 E 对应的样本空间为 Ω，对每一个事件 A，定义一个实值集函数 P 满足：

公理 1 非负性：对于每个事件 A，均有 $P(A)\geqslant0$.

公理 2 规范性：$P(\Omega)=1$.

公理 3 可列可加性：若事件 A_1，A_2，$\cdots$ 两两互斥，即 $A_iA_j=\varnothing$，$i\neq j$，i，$j=1$，2，$\cdots$，有

$$P\left(\bigcup_{i=1}^{\infty}A_i\right)=\sum_{i=1}^{\infty}P(A_i),$$

则称 $P(A)$ 为事件 A 的**概率**.

综上所述，从严格意义上来说 $A \in F$，实际上描述一个随机试验的数学模型应有三元素：样本空间 Ω、事件域 F 和 F 上的概率测度 P，我们称三元总体 (Ω, F, P) 为一个**概率空间**，以后的讨论都是在概率空间内展开的.

二、概率的基本性质

由概率的定义，可以推得概率的一些重要性质.

性质 1 $P(\varnothing) = 0$.

视频 8：
概率的基本性质

*证 由于可数个不可能事件的并仍为不可能事件，所以
$$\Omega = \Omega \cup \varnothing \cup \varnothing \cup \cdots \cup \varnothing.$$
又因为不可能事件与任意事件是互斥的，由定义 1.5 的公理 3 的可数可加性知
$$P(\Omega) = P(\Omega) + P(\varnothing) + P(\varnothing) + \cdots + P(\varnothing) + \cdots,$$
由定义 1.5 的公理 2 知
$$P(\Omega) = 1,$$
故
$$P(\varnothing) = 0.$$

性质 2 若 $A_1, A_2, \cdots, A_n$ 是两两互斥事件，则有
$$P(A_1 \cup A_2 \cup \cdots \cup A_n) = P(A_1) + P(A_2) + \cdots + P(A_n), \tag{1.3}$$
称为概率的有限可加性.

证 设 $A_{n+1} = A_{n+2} = \cdots = \varnothing$，故有
$$A_1 \cup A_2 \cup \cdots \cup A_n = A_1 \cup A_2 \cup \cdots \cup A_n \cup A_{n+1} \cup A_{n+2} \cup \cdots$$
$$= A_1 \cup A_2 \cup \cdots \cup A_n \cup \varnothing \cup \varnothing \cup \cdots,$$
据公理 3 有
$$P(A_1 \cup A_2 \cup \cdots \cup A_n) = P(A_1) + P(A_2) + \cdots + P(A_n) + P(\varnothing) + P(\varnothing) + \cdots.$$
又由性质 1 知 $P(\varnothing) = 0$，故有
$$P(A_1 \cup A_2 \cup \cdots \cup A_n) = P(A_1) + P(A_2) + \cdots + P(A_n).$$

性质 3 设 A, B 为两个事件，

(1) 若 $A \subseteq B$，则有
$$P(B \setminus A) = P(B) - P(A); \tag{1.4}$$
$$P(B) \geqslant P(A).$$

(2) 对于任意两个事件 A, B，
$$P(B \setminus A) = P(B\overline{A}) = P(B \setminus AB) = P(B) - P(AB).$$

证 当 $A \subseteq B$ 时，有
$$B = A \cup (B \setminus A), \text{ 且 } A \cap (B \setminus A) = \varnothing,$$
由有限可加性有
$$P(B) = P(A \cup (B \setminus A)) = P(A) + P(B \setminus A),$$
即
$$P(B \setminus A) = P(B) - P(A).$$
由非负性知 $P(B \setminus A) \geqslant 0$，等价于
$$P(B) - P(A) \geqslant 0,$$
即可推得若 $A \subseteq B$，则 $P(B) \geqslant P(A)$.

性质 4 对于任一事件 A，$P(A) \leqslant 1$.

证 对于任一事件 A，必有 $A \subseteq \Omega$，由性质 3 知
$$P(A) \leqslant P(\Omega) = 1,$$
即 $P(A) \leqslant 1$.

性质 5 对于任一事件 A，有
$$P(\overline{A}) = 1 - P(A). \tag{1.5}$$

证 由于 A 与 $\overline{A}$ 互不相容，且 $A \cup \overline{A} = \Omega$. 由性质 2 和公理 2 有
$$1 = P(\Omega) = P(A \cup \overline{A}) = P(A) + P(\overline{A}),$$
所以
$$P(A) + P(\overline{A}) = 1,$$
即有
$$P(\overline{A}) = 1 - P(A).$$

性质 6（加法公式） （1）对于任意两事件 A，B 有
$$P(A \cup B) = P(A) + P(B) - P(AB). \tag{1.6}$$

（2）对任意 n 个事件 A_1，A_2，$\cdots$，A_n，则有
$$P(A_1 \cup A_2 \cup \cdots \cup A_n)$$
$$= \sum_{1 \leqslant i \leqslant n} P(A_i) - \sum_{1 \leqslant i < j \leqslant n} P(A_i A_j) + \sum_{1 \leqslant i < j < k \leqslant n} P(A_i A_j A_k) - \cdots + (-1)^{n-1} P(A_1 A_2 \cdots A_n).$$
$$\tag{1.7}$$

证 （1）因为 $\quad A \cup B = A \cup (B \setminus A) = A \cup (B \setminus AB)$，
且 $\quad A \cap (B \setminus AB) = \varnothing$，$B \supseteq AB$，
所以由有限可加性知
$$P(A \cup B) = P(A \cup (B \setminus AB)) = P(A) + P(B \setminus AB),$$
而 $AB \subseteq B$，由性质 3 得
$$P(B \setminus AB) = P(B) - P(AB),$$
所以
$$P(A \cup B) = P(A) + P(B) - P(AB).$$

对于（2），我们可以通过数学归纳法得到，请读者自行证明.

推论 1（次可加性） 对任意两个事件 A，B，有
$$P(A \cup B) \leqslant P(A) + P(B);$$
对任意 n 个事件 A_1，A_2，$\cdots$，A_n，有
$$P(A_1 \cup A_2 \cup \cdots \cup A_n) \leqslant P(A_1) + P(A_2) + \cdots + P(A_n).$$

例 1.3.1 利用加法公式（1.6）证明：对于任意的三个随机事件 A，B，C，有
$$P(A \cup B \cup C) = P(A) + P(B) + P(C) - P(AB) - P(AC) - P(BC) + P(ABC). \tag{1.8}$$

证 $P(A \cup B \cup C) = P[A \cup (B \cup C)] = P(A) + P(B \cup C) - P[A(B \cup C)]$
$$= P(A) + P(B \cup C) - P(AB \cup AC)$$
$$= P(A) + [P(B) + P(C) - P(BC)] - [P(AB) + P(AC) - P(ABC)]$$
$$= P(A) + P(B) + P(C) - P(AB) - P(AC) - P(BC) + P(ABC).$$

例 1.3.2 设事件 A，B 的概率分别为 $\dfrac{1}{3}$，$\dfrac{1}{2}$，在下列三种情况下分别求 $P(B\overline{A})$ 的值：

（1）A 与 B 互斥；（2）$A \subseteq B$；（3）$P(AB) = \dfrac{1}{8}$.

解 由性质 5
$$P(B\overline{A}) = P(B) - P(AB).$$

(1)因为 A 与 B 互斥，所以 $AB=\varnothing$，所以

$$P(B\bar{A})=P(B)-P(AB)=P(B)=\frac{1}{2};$$

(2)因为 $A\subseteq B$，所以

$$P(B\bar{A})=P(B)-P(AB)=P(B)-P(A)=\frac{1}{2}-\frac{1}{3}=\frac{1}{6};$$

(3) $P(B\bar{A})=P(B)-P(AB)=\frac{1}{2}-\frac{1}{8}=\frac{3}{8}.$

例 1.3.3 设 A，B 为两个随机事件，已知 $P(A)=0.7$，$P(A\bar{B})=0.3$，求 $P(\overline{AB})$ 的值.

解 因为 $A=A\bar{B}\cup AB$，且 $A\bar{B}$ 与 AB 互斥，由性质 2 有

$$P(A)=P(A\bar{B})+P(AB),$$

即

$$P(AB)=P(A)-P(A\bar{B})=0.7-0.3=0.4,$$

故

$$P(\overline{AB})=1-P(AB)=1-0.4=0.6.$$

例 1.3.4 袋中有 20 个球，其中 15 个白球，5 个黑球，从中任取 3 个，求至少取到一个白球的概率.

解 设 A 表示"至少取到一个白球"，A_i 表示"刚好取到 i 个白球"，$i=0$，1，2，3，则

方法 1(用互不相容事件和的概率等于概率之和)

$$P(A)=P(A_1+A_2+A_3)=P(A_1)+P(A_2)+P(A_3)$$

$$=\frac{C_{15}^1 C_5^2}{C_{20}^3}+\frac{C_{15}^2 C_5^1}{C_{20}^3}+\frac{C_{15}^3}{C_{20}^3}$$

$$\approx 0.1316+0.4605+0.3991$$

$$=0.9912.$$

方法 2(利用对立事件的概率关系) A 的对立事件 $\bar{A}$ 表示"没有一个是白球"，即三个全是黑球，故 $\bar{A}=A_0$，所以

$$P(A)=1-P(\bar{A})=1-P(A_0)=1-\frac{C_5^3}{C_{20}^3}=0.9912.$$

通过例 1.3.4 可以看出，当直接计算一个事件的概率比较复杂时，可用(1.5)式转化为计算其对立事件的概率，这样往往可以简化运算. 这点说明对立事件之间的概率关系式(1.5)虽然简单，但很有用.

例 1.3.5 某城市的调查表明，该城市家庭中有 65% 订阅日报，有 55% 订阅晚报，有 35% 既订阅日报又订阅晚报. 问该城市的家庭中至少订阅一份日报或晚报的家庭占百分之几？

解 设 $A=\{$订阅晚报$\}$，$B=\{$订阅日报$\}$，则 $AB=\{$既订阅日报又订阅晚报$\}$，$A\cup B=\{$至少订阅一份日报或晚报$\}$，则所求的百分数是

$$P(A\cup B)=P(A)+P(B)-P(AB)=65\%+55\%-35\%=85\%.$$

第四节 条件概率与乘法公式

一、条件概率

一个事件的发生有时会对另一个事件发生的概率有影响，请看下面的例子.

例 1.4.1 在盒子里有红色卡片和白色卡片各 15 张，红色卡片中有 6 张是兑奖券，白色卡片中有 10 张是兑奖券(图 1.7)，从中任意抽取一张. 记 $A=\{$取到红色卡片$\}$，$B=\{$取到兑奖券$\}$，易知

$$P(A)=\frac{15}{30}=0.5,\quad P(B)=\frac{16}{30}=\frac{8}{15},\quad P(AB)=\frac{6}{30}=0.2,$$

但是如果已经知道抽中红色卡片，那么该卡片兑奖券的概率是多少？

因为兑奖券有 16 张，其中有 6 张是红色的兑奖券，故抽中红色卡片，它是兑奖券的概率是 $\frac{6}{15}=0.4$.

我们把这种在事件 A 发生的前提下，事件 B 发生的概率(此概率记为 $P(B|A)$)称为条件概率.

注意到 $\dfrac{P(AB)}{P(A)}=\dfrac{0.2}{0.5}=0.4=P(B|A)$.

下面给出一般的条件概率的定义.

视频9：　　　视频10：
条件概率的定义　条件概率的应用

红	红	红		
红	红	红		
红	红，奖	红，奖	奖	奖
红	红，奖	红，奖	奖	奖
红	红，奖	红，奖	奖	奖
	奖	奖	奖	奖

图 1.7

定义 1.6 若(Ω, F, P)为一概率空间，$A\in F$，且 $P(A)>0$，则对任意的 $B\in F$，称

$$P(B|A)=\frac{P(AB)}{P(A)} \tag{1.9}$$

为在已知事件 A 发生的条件下，事件 B 发生的条件概率，或 A 对 B 的**条件概率**.

一般地讲，条件概率是在原条件组 S 上附加一定条件之下所计算的概率，其形式归结为"已知某事件发生了". 定义 1.6 是条件概率的一般定义，但在计算概率时并不一定要有它，有时直接加入条件后用改变了的样本空间也很方便. 下面的例子中，给出了求条件概率的两种解法，一种是直接利用定义 1.6 来求解，另一种是利用改变样本空间的方法求解.

例 1.4.2 施用甲、乙两种药物灭杀螟虫，结果见表 1.5.

表 1.5

	螟虫死亡数(A)	螟虫存活数($\bar{A}$)	总　数
甲种药物(B)	96	24	120
乙种药物($\bar{B}$)	64	16	80
总　数	160	40	200

从这 200 只虫任取一只，设 $A=\{$取到死螟虫$\}$，$B=\{$施用甲种药物$\}$，则 $\bar{A}=\{$取到活螟虫$\}$，$\bar{B}=\{$施用乙种药物$\}$，求 $P(A)$，$P(B)$，$P(AB)$，$P(B|A)$.

解 这是古典概型问题，由定义得

$$P(A)=\frac{160}{200}=0.80,\quad P(B)=\frac{120}{200}=0.60.$$

施用甲种药且螟虫死亡的概率为

$$P(AB)=\frac{96}{200}=0.48.$$

在死亡螟虫中，接受施用甲种药物的概率为

$$P(B|A)=\frac{P(AB)}{P(A)}=\frac{0.48}{0.80}=0.60 \text{ 或 } P(B|A)=\frac{96}{160}=0.60.$$

例 1.4.3　在一副 52 张的扑克牌中任意抽出两张.

(1)已知第一张是红桃,求两张都是红桃的条件概率;

(2)已知两张中至少有一张是红桃,求第二张是红桃的条件概率.

解　设 $A=\{$第一张是红桃$\}$,$B=\{$第二张是红桃$\}$,则

$$P(A)=\frac{1}{4},\ P(B)=\frac{1}{4},\ P(AB)=\frac{C_{13}^2}{C_{52}^2}=\frac{1}{17},$$

$$P(A\cup B)=\frac{C_{13}^1 C_{39}^1}{C_{52}^2}+\frac{C_{13}^2}{C_{52}^2}=\frac{15}{34},$$

或

$$P(A\cup B)=P(A)+P(B)-P(AB)=\frac{1}{4}+\frac{1}{4}-\frac{1}{17}=\frac{15}{34}.$$

(1)所求的条件概率为

$$P(AB|A)=\frac{P(ABA)}{P(A)}=\frac{P(AB)}{P(A)}=\frac{1/17}{1/4}=\frac{4}{17}.$$

另外的解法:

"在第一张是红桃的条件下,两张都是红桃的条件概率"也就是"在第一张是红桃的条件下,第二张也是红桃的条件概率"$P(B|A)$.

第一张是红桃,则剩下的 51 张牌中有 12 张红桃,故所求的条件概率为

$$P(B|A)=\frac{12}{51}=\frac{4}{17}.$$

(2)所求的条件概率为

$$P(B|A\cup B)=\frac{P(B(A\cup B))}{P(A\cup B)}=\frac{P(B)}{P(A\cup B)}=\frac{1/4}{15/34}=\frac{17}{30}.$$

例 1.4.4　设大熊猫能活 20 年以上的概率为 80%,活 25 年以上的概率为 40%,现有一只成活 20 年的大熊猫,问它能活 25 年以上的概率.

解　设事件 $A=\{$能活 20 岁以上$\}$,事件 $B=\{$能活 25 岁以上$\}$.按题意,$P(A)=0.8$,$P(B)=0.4$.由于 $B\subseteq A$,因此 $P(AB)=P(B)=0.4$,由条件概率有

$$P(B|A)=\frac{P(AB)}{P(A)}=\frac{0.4}{0.8}=0.5.$$

可以证明,对 $P(A)>0$,条件概率满足以下性质:

$$0\leqslant P(B|A)\leqslant 1,\ P(\Omega|A)=1,\ P(\varnothing|A)=0,$$

$$P(B_1\cup B_2|A)=P(B_1|A)+P(B_2|A)-P(B_1 B_2|A).$$

二、乘法公式

从定义 1.6 可以直接得到以下**乘法公式**.

命题 1.4.1　设 A,B 都是事件,若 $P(A)>0$,则有

$$P(AB)=P(A)P(B|A). \tag{1.10}$$

将 A,B 的位置对换,若 $P(B)>0$,则得乘法公式的另一种形式

$$P(AB)=P(B)P(A|B). \tag{1.11}$$

视频 11:
乘法公式

例 1.4.5　一批产品中有 4% 的不合格品,而合格品中一等品占 45%,从这批产品中任取一件,求该产品是一等品的概率.

解 设 A 表示"取到的产品是一等品"，B 表示"取到的产品是合格品"，则
$$P(A|B)=45\%, \quad P(\bar{B})=4\%,$$
于是
$$P(B)=1-P(\bar{B})=96\%,$$
所以
$$P(A)=P(AB)=P(B)P(A|B)=96\%\times45\%=43.2\%.$$

例 1.4.6 一个盒子中有 6 个白球、4 个黑球，从中不放回地每次任取 1 个，连取 2 次，求：

(1)第一次取得白球的概率；

(2)第一、第二次都取得白球的概率；

(3)第一次取得黑球而第二次取得白球的概率.

解 设 A 表示"第一次取得白球"，B 表示"第二次取得白球"，则

(1)$P(A)=\dfrac{6}{10}=0.6.$

(2)$P(AB)=P(A)P(B|A)=\dfrac{6}{10}\times\dfrac{5}{9}\approx0.33.$

(3)$P(\bar{A}B)=P(\bar{A})P(B|\bar{A})=\dfrac{4}{10}\times\dfrac{6}{9}\approx0.27.$

以下命题是乘法公式的推广.

命题 1.4.2 设 A_1，$\cdots$，A_n 为事件，如果 $P(A_1\cdots A_{n-1})>0$，则
$$P(A_1\cdots A_n)=P(A_1)P(A_2|A_1)P(A_3|A_1A_2)\cdots P(A_n|A_1\cdots A_{n-1}). \quad (1.12)$$

证 由于
$$A_1\supseteq A_1A_2\supseteq\cdots\supseteq A_1\cdots A_{n-1},$$
故
$$P(A_1)\geqslant P(A_1A_2)\geqslant\cdots\geqslant P(A_1\cdots A_{n-1})>0,$$
因此
$$P(A_1\cdots A_n)=P(A_1)\cdot\frac{P(A_1A_2)}{P(A_1)}\cdot\frac{P(A_1A_2A_3)}{P(A_1A_2)}\cdot\cdots\cdot\frac{P(A_1\cdots A_n)}{P(A_1\cdots A_{n-1})}$$
$$=P(A_1)P(A_2|A_1)P(A_3|A_1A_2)\cdots P(A_n|A_1\cdots A_{n-1}).$$

下例中的解 1 直接用古典概型来求解，解 2 用条件概率和乘法公式来求解.

例 1.4.7 设箱内有 6 个白球和 4 个黑球，从中接连取球 3 次，每次取 1 个球，取后不放回，求取到的 3 个球都是白球的概率.

解 1 不区分球被取到的顺序，从箱内的 10 个球中取 3 个球有 C_{10}^3 种取法，其中取到的 3 个球都是白球的取法有 C_6^3 种，故所求的概率为
$$\frac{C_6^3}{C_{10}^3}=\frac{6\times5\times4/3!}{10\times9\times8/3!}=\frac{6\times5\times4}{10\times9\times8}=\frac{1}{6}.$$

解 2 令 $A_i=\{$第 i 次取得白球$\}$，$i=1$，2，3，则要求的概率是 $P(A_1A_2A_3)$. 显然
$$P(A_1)=6/10.$$
如第一次取得白球，则箱内剩下 5 个白球和 4 个黑球，故
$$P(A_2|A_1)=5/9.$$
类似地，如第一次和第二次都取得白球，则箱内剩下 4 个白球和 4 个黑球，故
$$P(A_3|A_1A_2)=4/8.$$
从而由乘法公式可得
$$P(A_1A_2A_3)=P(A_1)P(A_2|A_1)P(A_3|A_1A_2)=\frac{6}{10}\times\frac{5}{9}\times\frac{4}{8}=\frac{1}{6}.$$

三、全概率公式和贝叶斯公式

（一）全概率公式

例 1.4.8　设箱内有 6 个白球和 4 个黑球，从中接连取球 2 次，每次取 1 个球，取后不放回，求第二次取到白球的概率．

解　设 $A=\{$第一次取到白球$\}$，$B=\{$第二次取到白球$\}$，则

$$P(A)=\frac{6}{10},\ P(\overline{A})=\frac{4}{10};\ P(B|A)=\frac{5}{9},\ P(B|\overline{A})=\frac{6}{9}.$$

因为

$$B=B\Omega=B(A\cup\overline{A})=BA\cup B\overline{A},\ BA\cap B\overline{A}=\varnothing,$$

所以

$$P(B)=P(BA)+P(B\overline{A})=P(A)P(B|A)+P(\overline{A})P(B|\overline{A})$$

$$=\frac{6}{10}\times\frac{5}{9}+\frac{4}{10}\times\frac{6}{9}=0.6.$$

此例的**解题思想**是：将较复杂的随机事件 B 分解成比较容易求概率的互不相容事件的和（AB 与 $\overline{A}B$），然后利用有限可加性和乘法公式，就可求出事件 B 的概率．这种解题思想具有一般性．

定理 1.1　设 A_1，A_2，$\cdots$，A_n 构成一个完备事件组，且 $P(A_i)>0$，$i=1$，2，$\cdots$，n，则对任一随机事件 B，有

$$P(B)=\sum_{i=1}^{n}P(A_i)P(B|A_i). \qquad (1.13)$$

视频 12：
全概率公式

视频 13：
全概率公式
例题讲解

证　因为 $B=B\Omega=B(A_1\cup A_2\cup\cdots\cup A_n)=BA_1\cup BA_2\cup\cdots\cup BA_n$，由于完备事件组中 A_1，A_2，$\cdots$，A_n 两两互不相容，所以 BA_1，BA_2，$\cdots$，BA_n 也两两互不相容，由有限可加性，有

$$P(B)=\sum_{i=1}^{n}P(A_iB).$$

又根据乘法法则，得

$$P(B)=\sum_{i=1}^{n}P(A_iB)=\sum_{i=1}^{n}P(A_i)P(B|A_i).$$

公式（1.13）叫作**全概率公式**，公式（1.13）对应的图为图 1.8．

例 1.4.9　设播种用麦种中混有一等、二等、三等、四等四个等级的种子，分别各占 95.5%，2%，1.5%，1%，用一等、二等、三等、四等种子长出的穗含 50 颗以上麦粒的概率分别为 0.5，0.15，0.1，0.05，求这批种子所结的穗含有 50 颗以上麦粒的概率．

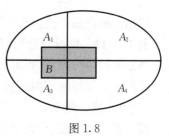

图 1.8

解　设从这批种子中任选一颗是一等、二等、三等、四等种子的事件分别是 A_1，A_2，A_3，A_4，则它们构成完备事件组，又设 B 表示任选一颗种子所结的穗含有 50 粒以上麦粒这一事件，则由全概率公式：

$$P(B)=\sum_{i=1}^{4}P(A_i)P(B|A_i)$$

$$=95.5\%\times0.5+2\%\times0.15+1.5\%\times0.1+1\%\times0.05$$

$$=0.4825,$$

即这批种子所结的穗含有 50 颗以上麦粒的概率为 0.4825.

(二)贝叶斯(Bayes)公式

定理 1.2　设事件 A_1，A_2，$\cdots$，A_n 互不相容且 $\bigcup\limits_{i=1}^{n} A_i = \Omega$（即事件 A_1，A_2，$\cdots$，A_n 中必有一个发生且至多有一个发生），$P(A_i) > 0$，$i = 1$，2，$\cdots$，n，又设 B 为任意事件，若还有 $P(B) > 0$，则对 $j = 1$，2，$\cdots$，n，有

视频 14：　视频 15：
贝叶斯公式　贝叶斯公式
　　　　　例题讲解

$$P(A_j \mid B) = \frac{P(A_j)P(B \mid A_j)}{\sum\limits_{i=1}^{n} P(A_i)P(B \mid A_i)}. \qquad (1.14)$$

上式称为**贝叶斯(Bayes)公式**或**逆概率公式**.

证　由条件概率公式和全概率公式可得

$$P(A_j \mid B) = \frac{P(A_j B)}{P(B)} = \frac{P(A_j)P(B \mid A_j)}{P(B)} = \frac{P(A_j)P(B \mid A_j)}{\sum\limits_{i=1}^{n} P(A_i)P(B \mid A_i)}.$$

实用上，称 $P(A_1)$，$P(A_2)$，$\cdots$，$P(A_n)$ 的值为**验前概率**，称 $P(A_1 \mid B)$，$P(A_2 \mid B)$，$\cdots$，$P(A_n \mid B)$ 的值为**验后概率**，贝叶斯公式便是从验前概率推算验后概率的公式.

例 1.4.10　设某工厂有甲、乙、丙三个车间生产同一种产品，已知各车间的产量分别占全厂产量的 25%，35%，40%，而且各车间的次品率依次为 5%，4%，2%. 现从待出厂的产品中检查出一个次品，试判断它是由甲车间生产的概率.

解　设 A_1，A_2，A_3 分别表示"产品由甲、乙、丙车间生产"，B 表示"产品为次品". 显然，A_1，A_2，A_3 构成完备事件组. 依题意，有

$$P(A_1) = 25\%，P(A_2) = 35\%，P(A_3) = 40\%，$$
$$P(B \mid A_1) = 5\%，P(B \mid A_2) = 4\%，P(B \mid A_3) = 2\%，$$

所以 $P(A_1 \mid B) = \dfrac{P(A_1)P(B \mid A_1)}{\sum\limits_{i=1}^{3} P(A_i)P(B \mid A_i)} = \dfrac{0.25 \times 0.05}{0.25 \times 0.05 + 0.35 \times 0.04 + 0.4 \times 0.02} \approx 0.362,$

即从待出厂的产品中检查出一个次品，它是由甲车间生产的概率为 36.2%.

例 1.4.11　发报台分别以概率 0.6 和 0.4 发出信号"."和"—"，由于通信系统受到干扰，当发出信号"."时，收报台未必收到信号"."，而是分别以 0.8 和 0.2 的概率收到"."和"—"；同样，发出"—"时，分别以 0.9 和 0.1 的概率收到"—"和"."，求如果收报台收到"."，它没收错的概率.

解　设 $A = \{$发报台发出信号"."$\}$，$\overline{A} = \{$发报台发出信号"—"$\}$，$B = \{$收报台收到"."$\}$，$\overline{B} = \{$收报台收到"—"$\}$，于是，

$$P(A) = 0.6，P(\overline{A}) = 0.4，P(B \mid A) = 0.8，P(\overline{B} \mid A) = 0.2，$$
$$P(B \mid \overline{A}) = 0.1，P(\overline{B} \mid \overline{A}) = 0.9，$$

由贝叶斯公式有

$$P(A \mid B) = \frac{P(AB)}{P(B)} = \frac{P(A)P(B \mid A)}{P(A)P(B \mid A) + P(\overline{A})P(B \mid \overline{A})}$$

$$=\frac{0.6\times0.8}{0.6\times0.8+0.4\times0.1}=\frac{12}{13},$$

所以没收错的概率为 $\frac{12}{13}$.

例 1.4.12 根据以往的记录，某种诊断肝炎的试验有如下效果：对肝炎病人的试验呈阳性的概率为 0.95，对非肝炎病人的试验呈阴性的概率为 0.95. 对自然人群进行普查的结果为：有 0.5% 的人患有肝炎，现有某人做此试验结果为阳性，问此人确有肝炎的概率为多少？

解 设 $A=\{某人做此试验结果为阳性\}$，$B=\{某人确有肝炎\}$，由已知条件有
$$P(A|B)=0.95,\quad P(\overline{A}|\overline{B})=0.95,\quad P(B)=0.005,$$
从而
$$P(\overline{B})=1-P(B)=0.995,\quad P(A|\overline{B})=1-P(\overline{A}|\overline{B})=0.05,$$
由贝叶斯公式有
$$P(B|A)=\frac{P(AB)}{P(A)}=\frac{P(B)P(A|B)}{P(B)P(A|B)+P(\overline{B})P(A|\overline{B})}=0.087.$$

本题的结果表明，虽然 $P(A|B)=0.95$，$P(\overline{A}|\overline{B})=0.95$，这两个概率都很高，但若将此试验用于普查，则有 $P(B|A)=0.087$，即其正确性只有 8.7%，如果不注意到这一点，将会经常得出错误的诊断. 这也说明若将 $P(A|B)$ 和 $P(B|A)$ 搞混了会造成不良的后果.

例 1.4.13 某小组 3 个人轮流抽签分配 2 张足球票，求每个人能抽到球票的概率.

解 以 A_1，A_2，A_3 分别记第 1，第 2，第 3 个人抽到足球票，则
$$P(A_1)=\frac{2}{3},$$
$$P(A_2)=P(A_1)P(A_2|A_1)+P(\overline{A_1})P(A_2|\overline{A_1})=\frac{2}{3}\times\frac{1}{2}+\frac{1}{3}\times\frac{2}{2}=\frac{2}{3},$$
$$P(A_3)=P(A_1A_2)P(A_3|A_1A_2)+P(\overline{A_1}A_2)P(A_3|\overline{A_1}A_2)+P(A_1\overline{A_2})P(A_3|A_1\overline{A_2})$$
$$=P(A_1)P(A_2|A_1)P(A_3|A_1A_2)+P(\overline{A_1})P(A_2|\overline{A_1})P(A_3|\overline{A_1}A_2)+$$
$$P(A_1)P(\overline{A_2}|A_1)P(A_3|A_1\overline{A_2})$$
$$=\frac{2}{3}\times\frac{1}{2}\times0+\frac{1}{3}\times\frac{2}{2}\times1+\frac{2}{3}\times\frac{1}{2}\times1=\frac{2}{3}.$$

例 1.4.14（综合案例——说谎的孩子） 故事"说谎的孩子"讲的是一个孩子每天到山上放羊，山里时常有狼出没，有一天，他在山上喊："狼来了，狼来了!"山下的村民闻声赶来，可是到了山上却发现狼并没有来，放羊的孩子感到很可笑，这么多人都上了自己的当；第二天仍然如此；第三天，狼真的来了，可是无论放羊的孩子怎么叫喊，也没有人来解救他，因为前两次他说了谎话，人们再也不相信他了，狼把他的羊吃了，放羊的孩子也差点丢了性命. 这个故事如何用数学知识去理解呢？

在学完本章之后，我们来解决这个看似与数学无关的问题. 现在用贝叶斯公式来分析本章开篇故事中村民对放羊孩子的诚实性的判断，或者说村民的心理活动. 首先，假设村民们对放羊孩子的印象一般，他说谎话（记为事件 A）和可信（记为事件 B）的概率，不妨设村民对过去小孩的印象为 $P(B)=0.8$，则 $P(\overline{B})=0.2$. 另外，再假设 $P(A|B)=0.1$，$P(A|\overline{B})=0.5$，即可信的孩子说谎的概率和不可信的孩子说谎的概率. 当第 1 次村民上山打狼发现狼没有来时，村民对说谎的孩子的认识集中体现在条件概率 $P(B|A)$ 上，根据以上假设，由贝

叶斯公式可得

$$P(B|A)=\frac{P(B)P(A|B)}{P(B)P(A|B)+P(\overline{B})P(A|\overline{B})}=\frac{0.8\times0.1}{0.8\times0.1+0.2\times0.5}=0.444,$$

这表明村民认为孩子可信的概率由 0.8 调整到 0.444，从而改写概率

$$P(B)=0.444,\quad P(\overline{B})=0.556.$$

在此基础上，村民听到喊狼来了再次上山打狼，狼还是没有来，这时村民再次调整，对放羊孩子说谎的认识，即

$$P(B|A)=\frac{P(B)P(A|B)}{P(B)P(A|B)+P(\overline{B})P(A|\overline{B})}=\frac{0.444\times0.1}{0.444\times0.1+0.556\times0.5}=0.138,$$

这表明村民经过两次上当，认为放养孩子可信的概率由 0.444 调整到 0.138，即 10 句话中，有近 9 句在说谎，放羊孩子给村民留下了这样的印象，当他们第 3 次听到喊狼来了，就不再会上山帮助他了．

第五节　事件的独立性与独立事件概型

一、两个事件的独立性

例 1.5.1　一个袋子中装有 6 个黑球、4 个白球，采用有放回的方式摸球，求：

视频 16：
两个事件的
独立性

(1)第一次摸到黑球的条件下，第二次摸到黑球的概率；

(2)第二次摸到黑球的概率．

解　设 B 表示"第一次摸到黑球"，A 表示"第二次摸到黑球"，则

(1)$P(B)=\frac{6}{10}$，$P(BA)=\frac{6^2}{10^2}$，则

$$P(A|B)=\frac{\frac{6^2}{10^2}}{\frac{6}{10}}=\frac{6}{10}.$$

$$
\begin{aligned}
(2)\,P(A)&=P(AB+A\overline{B})=P(BA)+P(\overline{B}A)\\
&=P(B)P(A|B)+P(\overline{B})P(A|\overline{B})\\
&=\frac{6}{10}\times\frac{6}{10}+\frac{4}{10}\times\frac{6}{10}=\frac{6}{10}.
\end{aligned}
$$

注意到这里的 $P(A|B)=P(A)$，即事件 B 的发生与否对事件 A 发生的概率没有影响．从直观上看，这是很自然的，因为我们采用的是有放回的方式摸球，第二次摸球时袋中球的构成与第一次摸球时完全相同，因此，第一次摸球的结果当然不会影响第二次摸球．

定义 1.7　设 A，B 为任意两个随机事件，如果 $P(A|B)=P(A)$，则称事件 A 对于事件 B **独立**．

从定义可看出事件 A 发生的可能性不受事件 B 的影响．由该定义，可得以下性质：

(1)若事件 A 对事件 B 是独立的，则

$$P(AB)=P(A)P(B).\tag{1.15}$$

事实上，由乘法公式 $P(AB)=P(BA)=P(B)P(A|B)$，由于已知事件 A 对事件 B 独立，则有 $P(A|B)=P(A)$，故有

$$P(AB)=P(B)P(A\mid B)=P(B)P(A),$$

即
$$P(AB)=P(A)P(B).$$

(2)若事件 A 对事件 B 是独立的,反过来事件 B 对事件 A 也是独立的.

这是因为
$$P(B\mid A)=\frac{P(AB)}{P(A)}=\frac{P(A)P(B)}{P(A)}=P(B),$$

这就是说,若事件 A 对事件 B 是独立的,则事件 A 与事件 B 是相互独立的,即 A, B 相互独立,则有如下关系:

$$P(A\mid B)=P(A)\xleftarrow{P(B)>0}P(AB)=P(A)P(B)\xrightarrow{P(A)>0}P(B\mid A)=P(B).$$

由以上讨论知,若事件 A 与事件 B 相互独立,则必有 $P(AB)=P(A)P(B)$ 成立. 反之,如果该式成立,则 A, B 必相互独立,所以,两个事件相互独立与(1.15)式成立是等价的,即充分必要条件.

(3)若 A 与 B 相互独立,则 A 与 $\overline{B}$, $\overline{A}$ 与 B, $\overline{A}$ 与 $\overline{B}$ 也相互独立.

证 这里仅证明" A, B 独立 $\Rightarrow A$, $\overline{B}$ 独立",其余的证明是类似的. 因为
$$A\overline{B}=A\setminus AB,\quad AB\subseteq A,$$

故
$$P(A\overline{B})=P(A\setminus AB)=P(A)-P(AB)=P(A)-P(A)P(B)$$
$$=P(A)(1-P(B))=P(A)P(\overline{B}),$$

因而 A, $\overline{B}$ 独立.

(4)若 $P(A)=0$ 或 $P(A)=1$,则 A 与任意事件 B 独立.

在实际问题中,我们一般不用其充分必要条件判断事件 A, B 间的独立性,而是可根据具体问题中独立性的实际意义及经验来判断. 比如,两个人去射击,则"甲击中"与"乙击中"可以认为相互没有影响,即可以认为相互独立. 但像"甲地下雨"与"乙地下雨"就不能轻易判定是相互独立的,因为它们可能存在着内在的联系.

二、有限多个事件的独立性

下面我们讨论 n 个事件 A_1, A_2, $\cdots$, A_n 的独立性,我们先定义三个事件的独立性.

视频 17:
多个事件
的独立性

定义 1.8 对于三个事件 A, B, C,如果有
$$\begin{cases}P(AB)=P(A)P(B),\\ P(AC)=P(A)P(C),\\ P(BC)=P(B)P(C)\end{cases}\qquad(1.16)$$

成立,则称事件 A, B, C **两两独立**,如果还有
$$P(ABC)=P(A)P(B)P(C)\qquad(1.17)$$

成立,则称事件 A, B, C **相互独立**.

乍一看,定义 A, B, C 相互独立用四个式子似乎不太必要,有人问,只用前三个式子作定义行不行(即由(1.16)式能否推出(1.17)式)? 或是单用最后一个(1.17)式可不可以? 回答是否定的,我们可从下面两个例子中看出.

例 1.5.2 设有 4 个球，1 号球被涂上红色，2 号球被涂上黄色，3 号球被涂上蓝色，4 号球被涂上红、黄、蓝三种颜色．从中任取一个球，各个球被取到的可能性是相同的．分别以 1，2，3，4 表示取到 1 号，2 号，3 号，4 号球，分别以 A，B，C 表示取中的球带有红、黄、蓝色，则样本空间 $\Omega=\{1,2,3,4\}$，$A=\{1,4\}$，$B=\{2,4\}$，$C=\{3,4\}$．而

$$P(\{1\})=P(\{2\})=P(\{3\})=P(\{4\})=\frac{1}{4},$$

$$P(A)=P(B)=P(C)=\frac{1}{2},$$

$$P(AB)=P(BC)=P(AC)=P(ABC)=P(\{4\})=\frac{1}{4}.$$

$$\frac{1}{4}=P(ABC)\neq P(A)P(B)P(C)=\frac{1}{8},$$

由上可知，A，B，C 两两独立，但 A，B，C 不相互独立．

例 1.5.3 若有一个正均匀八面体，其第 1，2，3，4 面涂上红色，第 1，2，3，5 面涂上白色，第 1，6，7，8 面涂上黑色，现以

$$A=\{抛一次正八面体朝下一面出现红色\},$$
$$B=\{抛一次正八面体朝下一面出现白色\},$$
$$C=\{抛一次正八面体朝下一面出现黑色\},$$

则

$$P(A)=P(B)=P(C)=\frac{4}{8}=\frac{1}{2},$$

$$P(ABC)=P(A)P(B)P(C)=\frac{1}{8},$$

$$P(AB)=\frac{3}{8}\neq P(A)P(B)=\frac{1}{4}.$$

这表明用最后一个式子成立不能推出前三个式子成立，换句话说，就是最后一个式子成立不能保证事件 A，B，C 两两独立．

综合可知，由事件 A，B，C 两两独立并不能推出事件 A，B，C 相互独立，而事件 A，B，C 相互独立可推出事件 A，B，C 两两独立．

定义 1.9 对于 n 个事件 A_1，A_2，$\cdots$，A_n，对所有可能的组合 $1\leqslant i<j<k<\cdots\leqslant n$，如果以下式子均成立

$$\begin{cases} P(A_iA_j)=P(A_i)P(A_j), \\ P(A_iA_jA_k)=P(A_i)P(A_j)P(A_k), \\ \cdots\cdots\cdots\cdots\cdots\cdots \\ P(A_1A_2\cdots A_n)=P(A_1)P(A_2)\cdots P(A_n), \end{cases} \tag{1.18}$$

则称这 n 个事件 A_1，A_2，$\cdots$，A_n **相互独立**．

这里第一行有 C_n^2 个式子，第二行有 C_n^3 个式子，$\cdots$，第 n 行有 C_n^n 个式子，因此共应满足 $\sum\limits_{i=2}^{n}C_n^i=2^n-n-1$ 个等式，显然若 n 个事件相互独立，则它们中任意 $m(2\leqslant m<n)$ 个事件也相互独立．

与上面三个事件的讨论一样，当 n 个事件 A_1，A_2，$\cdots$，A_n 相互独立时，它们一定两两独立；但事件 A_1，A_2，$\cdots$，A_n 两两独立，并不能保证它们相互独立．在实际问题中，往往

根据实际经验判知事件 A_1，A_2，$\cdots$，A_n 相互独立，然后利用公式 $P(A_1A_2\cdots A_n)=P(A_1)$ $P(A_2)\cdots P(A_n)$ 来计算，

对满足相互独立要求的多个事件，利用下面结论可大大简化运算．

（1）若 A_1，A_2，$\cdots$，A_n 相互独立，则

$$P(A_1A_2\cdots A_n)=P(A_1)P(A_2)\cdots P(A_n)=\prod_{i=1}^{n}P(A_i). \tag{1.19}$$

（2）若 A_1，A_2，$\cdots$，A_n 相互独立，则

$$P(\bigcup_{i=1}^{n}A_i)=1-\prod_{i=1}^{n}P(\overline{A_i}). \tag{1.20}$$

例 1.5.4（系统的可靠性问题） 系统由多个元件组成，通常称元件能正常工作的概率为元件的可靠性，称由多个元件组成的系统能正常工作的概率为系统的可靠性．假定构成系统的各个元件能否正常工作是彼此独立的，又设每个元件正常工作的概率为 $p(0<p<1)$．

令 $S_j=\{$第 j 个系统正常工作$\}$，其中 $j=1$，2，$A_i=\{$第 i 个元件正常工作$\}$，$i=1$，2，3，试分别求下面系统的可靠性．

（1）串联系统：

对串联系统而言，"系统正常工作"相当于"所有元件都正常工作"，即 $S_1=A_1A_2A_3$，所以
$$P(S_1)=P(A_1A_2A_3)=P(A_1)P(A_2)P(A_3)=p^3.$$

（2）并联系统：

对并联系统而言，"系统正常工作"相当于"至少有一个元件正常工作"，即 $S_2=A_1\bigcup A_2$，所以
$$P(S_2)=P(A_1\bigcup A_2)=1-P(\overline{A_1\bigcup A_2})=1-P(\overline{A_1})P(\overline{A_2})=1-(1-p)^2.$$

（3）串并系统：

对串并系统（图 1.9）而言，"系统正常工作"相当于 $S_3=A_1A_2A_3A_4\bigcup B_1B_2B_3B_4$，所以
$$P(S_3)=P(A_1A_2A_3A_4\bigcup B_1B_2B_3B_4)$$
$$=P(A_1A_2A_3A_4)+P(B_1B_2B_3B_4)-P(A_1A_2A_3A_4B_1B_2B_3B_4)$$
$$=[P(A_1)]^4+[P(B_1)]^4-[P(A_1)]^4[P(B_1)]^4$$
$$=p^4(2-p^4).$$

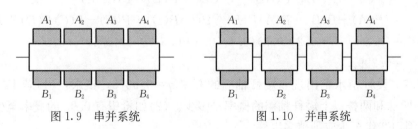

图 1.9　串并系统　　　　　　　　　图 1.10　并串系统

（4）并串系统：

对并串系统（图 1.10）而言，"系统正常工作"相当于 $S_4=(A_1\bigcup B_1)\bigcap(A_2\bigcup B_2)\bigcap(A_3\bigcup B_3)\bigcap(A_4\bigcup B_4)$，所以
$$P(S_4)=P[(A_1\bigcup B_1)(A_2\bigcup B_2)(A_3\bigcup B_3)(A_4\bigcup B_4)]=[P(A_1\bigcup B_1)]^4$$

$$=(p+p-pp)^4=p^4(2-p)^4.$$

例 1.5.5 加工某一种零件需要经过三道工序，设三道工序的次品率分别为 2%，1%，5%，假设各道工序是互不影响的，求加工出来的零件的次品率.

解 设 A_1，A_2，A_3 分别表示第一、第二、第三道工序出现次品，则依题意：A_1，A_2，A_3 相互独立，且 $P(A_1)=2\%$，$P(A_2)=1\%$，$P(A_3)=5\%$，又设 A 表示加工出来的零件是次品，则 $A=A_1\bigcup A_2\bigcup A_3$.

方法 1（用加法公式）

$$
\begin{aligned}
P(A) &= P(A_1\bigcup A_2\bigcup A_3)\\
&= P(A_1)+P(A_2)+P(A_3)-P(A_1A_2)-P(A_2A_3)-P(A_1A_3)+P(A_1A_2A_3)\\
&\xlongequal{\text{相互独立}} P(A_1)+P(A_2)+P(A_3)-P(A_1)P(A_2)-P(A_2)P(A_3)-\\
&\qquad P(A_1)P(A_3)+P(A_1)P(A_2)P(A_3)\\
&= 2\%+1\%+5\%-2\%\times1\%-2\%\times5\%-1\%\times5\%+2\%\times1\%\times5\%\\
&= 0.0783.
\end{aligned}
$$

方法 2（用对立事件的概率关系）

$$
\begin{aligned}
P(A) &= 1-P(\bar{A})=1-P(\overline{A_1\bigcup A_2\bigcup A_3})\\
&= 1-P(\bar{A}_1\bigcap\bar{A}_2\bigcap\bar{A}_3)=1-P(\bar{A}_1)P(\bar{A}_2)P(\bar{A}_3)\\
&= 1-(1-0.02)(1-0.01)(1-0.05)=0.0783.
\end{aligned}
$$

显然，方法 2 较简单.

例 1.5.6 设线路中有元件 A，B，C，D，E，如图 1.11 所示，各个元件的断路（即不让电流通过）是独立的事件，断路的概率分别是 0.2，0.3，0.4，0.5，0.6，求线路断路的概率.

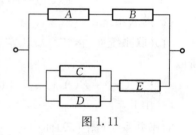

图 1.11

解 设 $A=\{A$ 断路$\}$，$B=\{B$ 断路$\}$，$C=\{C$ 断路$\}$，$D=\{D$ 断路$\}$，$E=\{E$ 断路$\}$，$T=\{$线路断路$\}$，则

$$P(A)=0.2,\ P(B)=0.3,\ P(C)=0.4,$$
$$P(D)=0.5,\ P(E)=0.6,$$

$$
\begin{aligned}
P(T) &= P\{(A\bigcup B)(CD\bigcup E)\}=P(A\bigcup B)P(CD\bigcup E)\\
&= [P(A)+P(B)-P(AB)][P(CD)+P(E)-P(CDE)]\\
&= [P(A)+P(B)-P(A)P(B)][P(C)P(D)+P(E)-P(C)P(D)P(E)]\\
&= (0.2+0.3-0.2\times0.3)(0.4\times0.5+0.6-0.4\times0.5\times0.6)\\
&= 0.2992.
\end{aligned}
$$

例 1.5.7 设种植水稻出现非矮秆籼糯的概率 $q=0.9375$，试求：(1)若 F2 代种植 20 株，则获得两株和两株以上矮秆籼糯的概率是多少？(2)如希望有 0.99 的概率至少获得一株矮秆籼糯，则 F2 代至少应种植多少株？

解 （1）用 A_i 表示"第 i 株为矮秆籼糯"（$i=1$，2，$\cdots$，20），用 A 表示"获得两株和两株以上矮秆籼糯"，则

$$P(A_1)=P(A_2)=\cdots=P(A_{20})=1-q=0.0625.$$
$$P(A)=1-P(\bar{A}_1\bar{A}_2\cdots\bar{A}_{20}\bigcup A_1\bar{A}_2\cdots\bar{A}_{20}\bigcup\bar{A}_1A_2\cdots\bar{A}_{20}\bigcup\cdots\bigcup\bar{A}_1\cdots\bar{A}_{19}A_{20})$$

$$=1-0.9375^{20}-C_{20}^1 \times 0.9375^{19} \times 0.0625=0.3582.$$

(2)设至少需要种植 F2 代 n 株，用 A_i 表示"第 i 株为矮秆籼糯"($i=1$，2，…，n)，则

$$P(A_1)=P(A_2)=\cdots=P(A_n)=1-q=0.0625.$$

令 $B=A_1 \cup A_2 \cup \cdots \cup A_n$，$B$ 表示"至少获得 1 株矮秆籼糯"，则

$$
\begin{aligned}
P(B) &=1-P(\bar{B}) \\
&=1-P(\overline{A_1 \cup A_2 \cup \cdots \cup A_n}) \\
&=1-P(\bar{A_1})P(\bar{A_2})\cdots P(\bar{A_n}) \\
&=1-(1-0.0625)^n \\
&=1-0.9375^n \geqslant 0.99,
\end{aligned}
$$

即 $0.9375^n \leqslant 0.01$，于是 $n \geqslant \dfrac{\lg 0.01}{\lg 0.9375} \approx 71.4$，取 $n=72$，即至少需要种植 F2 代 72 株．

应该注意的是，A，B 相互独立与 A，B 互不相容是完全不同的两个概念．事件 A 与 B 相互独立，是指事件 A 发生的概率与事件 B 是否发生没有一点联系．而事件 A 与 B 互不相容，是指若 A 发生，则 B 一定不会发生，因而 A 发生的概率与 B 是否发生紧密相关．

三、独立试验概型

在许多问题中，我们对试验感兴趣的是试验中某事件 A 是否发生．例如，在产品抽样检查中注意的是抽到次品，还是抽到正品；在抛硬币时注意的是出现正面还是反面．在这类问题中，我们可以把事件域取为 $F=\{\varnothing, A, \bar{A}, \Omega\}$，并称出现 A 为"成功"，出现 $\bar{A}$ 为"失败"，这种只有两个结果的试验称为**伯努利试验**．

在伯努利试验中，首先是要给出下面的概率

$$P(A)=p, \quad P(\bar{A})=q,$$

显然，$p \geqslant 0$，$q \geqslant 0$，且 $p+q=1$．

现考虑在相同条件下重复进行 n 次伯努利试验，每次试验只有 A 发生或 A 不发生两种情况，且每次试验的结果互不影响(即 A 与 $\bar{A}$ 发生的概率都不受其他试验影响)，这种试验称为 n **重伯努利试验**．

例 1.5.8　一批产品的次品率为 5%，从中每次任取一个，检验后放回，再取一个，连取 4 次，求 4 次中恰有 2 次取到次品的概率．

解　这一问题显然属于 $n=4$ 的伯努利试验概型．

设 $B=\{恰好有 2 次取到次品\}$，$A=\{取到次品\}$，则 $\bar{A}=\{取到正品\}$，于是

$$p=P(A)=5\%，\quad q=P(\bar{A})=1-P(A)=1-p=95\%.$$

我们以 A_i 表示"在第 i 次抽取中事件 A 发生了"，用 $\bar{A}_i$ 表示"在第 i 次试验中出现事件 $\bar{A}$"，$i=1$，2，3，4，则

$$P(A_1)=P(A_2)=P(A_3)=P(A_4)=5\%,$$
$$P(\bar{A}_1)=P(\bar{A}_2)=P(\bar{A}_3)=P(\bar{A}_4)=95\%,$$

在 4 次抽样中，事件 A 恰好发生两次的所有可能为

$$A_1 A_2 \bar{A}_3 \bar{A}_4，\ A_1 \bar{A}_2 A_3 \bar{A}_4，\ A_1 \bar{A}_2 \bar{A}_3 A_4，\ \bar{A}_1 A_2 A_3 \bar{A}_4，\ \bar{A}_1 A_2 \bar{A}_3 A_4，\ \bar{A}_1 \bar{A}_2 A_3 A_4，$$

即 4 次抽样中，A 恰好发生两次(有两次取到次品)的可能共有 $C_4^2=6$ 种情况．

因为 A_1，A_2，A_3，A_4 相互独立，所以

$$P(A_1A_2\overline{A}_3\overline{A}_4)=P(A_1)P(A_2)P(\overline{A}_3)P(\overline{A}_4)=p^2q^{4-2}.$$

同样，
$$P(A_1\overline{A}_2A_3\overline{A}_4)=P(A_1\overline{A}_2\overline{A}_3A_4)=\cdots=P(\overline{A}_1\overline{A}_2A_3A_4)=p^2q^{4-2},$$

所以
$$P(B)=P(A_1A_2\overline{A}_3\overline{A}_4+A_1\overline{A}_2A_3\overline{A}_4+\cdots+\overline{A}_1\overline{A}_2A_3A_4)$$
$$=P(A_1A_2\overline{A}_3\overline{A}_4)+P(A_1\overline{A}_2A_3\overline{A}_4)+\cdots+P(\overline{A}_1\overline{A}_2A_3A_4)$$
$$=C_4^2p^2q^{4-2}=6\times0.05^2\times0.95^2=0.0135.$$

一般地，可得如下**伯努利定理**.

定理 1.3 设在一次试验中事件 A 发生的概率为 $p(0<p<1)$，则 A 在 n 次伯努利试验中恰好发生 k 次的概率为

$$P_n(k)=C_n^kp^kq^{n-k},\ k=0,1,2,\cdots,n, \tag{1.21}$$

其中 $q=1-p$.

证 由假设，在该伯努利试验中事件 A 发生的概率 $P(A)=p$，且 $P(\overline{A})=1-p=q$. 我们用 A_i 表示"在第 i 次试验中出现事件 A"，用 $\overline{A}_i$ 表示"在第 i 次试验中出现事件 $\overline{A}$"($i=1$, 2，$\cdots$，n)，则 A 在 n 次伯努利试验中恰好发生 k 次的事件为

$$A_1A_2\cdots A_k\overline{A}_{k+1}\overline{A}_{k+2}\cdots\overline{A}_n\bigcup A_1\cdots A_{k-1}\overline{A}_kA_{k+1}\overline{A}_{k+2}\cdots\overline{A}_n\bigcup\cdots\bigcup\overline{A}_1\overline{A}_2\cdots\overline{A}_{n-k}A_{n-k+1}\cdots A_n.$$

它的每一项表示某 k 次试验出现事件 A，在另外 $(n-k)$ 次试验中出现事件 $\overline{A}$，由独立事件的乘法公式知，其概率为 p^kq^{n-k}，这种项共有 C_n^k 个，而且各项间两两互不相容，由互不相容加法定理知

$$P_n(k)=C_n^kp^kq^{n-k},\ k=0,1,2,\cdots,n.$$

例 1.5.9 有一批棉花种子，其出苗率为 0.67，现每穴种 4 粒种子，

(1)求恰有 k 粒出苗的概率($0\leqslant k\leqslant4$)；

(2)求至少有两粒出苗的概率.

解 (1)把穴中每粒种子出苗或不出苗视为一次试验，而各粒种子是否出苗互不影响，所以这是一个 4 重伯努利试验，这里 $n=4$，$p=0.67$，所以有

$$P_4(k)=C_4^kp^kq^{4-k}(0\leqslant k\leqslant4),$$

经计算得

$$P_4(0)=C_4^0(0.67)^0(0.33)^4=0.0119,$$
$$P_4(1)=C_4^1(0.67)(0.33)^3=0.0963,$$
$$P_4(2)=C_4^2(0.67)^2(0.33)^2=0.2933,$$
$$P_4(3)=C_4^3(0.67)^3(0.33)=0.3970,$$
$$P_4(4)=(0.67)^4=0.2015.$$

(2)设 B 表示至少有 2 粒出苗的事件，则

$$P(B)=P_4(2)+P_4(3)+P_4(4)\approx0.2933+0.3970+0.2015=0.8918.$$

例 1.5.10 在相同条件下对事件 A 不断做重复伯努利试验，证明：只要 $P(A)>0$，则 A 迟早会发生的概率为 1.

证 设 $A_k=\{$第 k 次试验中 A 发生$\}$，$B=\{A$ 迟早会发生$\}$，则

$$B=A_1\bigcup\overline{A}_1A_2\bigcup\overline{A}_1\overline{A}_2A_3\bigcup\cdots\bigcup\overline{A}_1\overline{A}_2\cdots\overline{A}_{k-1}A_k\bigcup\cdots,$$

且各项互不相容，则

$$P(B)=P(A_1\bigcup\overline{A}_1A_2\bigcup\overline{A}_1\overline{A}_2A_3\bigcup\cdots\bigcup\overline{A}_1\overline{A}_2\cdots\overline{A}_{k-1}A_k\bigcup\cdots),$$
$$=P(A_1)+P(\overline{A}_1A_2)+P(\overline{A}_1\overline{A}_2A_3)+\cdots+P(\overline{A}_1\overline{A}_2\cdots\overline{A}_{k-1}A_k)+\cdots.$$

又由试验的独立性知

$$P(B) = P(A_1) + P(\overline{A}_1)P(A_2) + P(\overline{A}_1)P(\overline{A}_2)P(A_3) + \cdots +$$
$$P(\overline{A}_1)P(\overline{A}_2)\cdots P(\overline{A}_{k-1})P(A_k) + \cdots$$
$$= p + (1-p)p + (1-p)^2 p + (1-p)^3 p + \cdots + (1-p)^{k-1} p + \cdots$$
$$= p[1 + (1-p) + (1-p)^2 + (1-p)^3 + \cdots + (1-p)^{k-1} + \cdots].$$

由于上式是一个无穷等比数列的和，且 $1-p < 1$，故有

$$P(B) = p \cdot \frac{1}{1-(1-p)} = 1.$$

根据人们长期总结出来的一条原理：**概率很小的事件在一次试验中实际上是几乎不可能发生的**，而此例又告诉我们，即使是**在一次试验中概率很小的事件，若不断重复做，则该事件迟早会发生**.

例 1.5.11　在伯努利试验中，某人做试验成功的概率为 p，则在第 n 次成功之前恰好失败了 m 次的概率是多少？

解　第 n 次成功之前失败了 m 次意味着第 n 次成功之前有 $n-1$ 次成功和 m 次失败，总共做了 $(n+m)$ 次试验，最后一次是成功，前 $(n+m-1)$ 次试验中有 m 次失败和 $n-1$ 次成功，故事件概率为

$$P(A) = C_{n+m-1}^{n-1} p^{n-1}(1-p)^m p = C_{n+m-1}^{n-1} p^n (1-p)^m.$$

习　题　一

1. 写出下列试验的样本空间.

(1)抛掷两枚硬币，记正面向上为 H，反面向上为 T，观察正、反面出现的情况；

(2)同时掷 3 颗骰子，记录 3 颗骰子所得点数之和；

(3)袋中有大小均匀的红、白、黄球各一个，从中任取两个；

(4)连续抛掷一枚硬币，直到出现反面为止；

(5)考察在时间 $(0, t]$ 内通过某桥的汽车辆数；

(6)考察某种品牌电视机的寿命.

2. 设 A，B，C 都是事件，试用对 A，B，C，$\overline{A}$，$\overline{B}$，$\overline{C}$ 中的一些事件的交及并的运算式表示下列事件.

(1) A，B，C 中仅有 A 发生；

(2) A，B 中至少有一个发生，但 C 不发生；

(3) A，B，C 中至多有两个发生；

(4) A，B，C 中恰好有两个发生；

(5) A，B，C 中至少有一个发生.

3. 袋中有 15 个白球 5 个黑球，从中有放回地抽取 4 次，每次 1 个. 设 A_i 表示"第 i 次取到白球"$(i=1, 2, 3, 4)$，B 表示"至少有 3 次取到白球"，试用文字叙述下列事件：

(1) $A = \bigcup_{i=1}^{4} A_i$；(2) $\overline{A}$；(3) $\overline{B}$；(4) $A_2 \cup A_3$.

4. 指出下列各式中哪些成立，哪些不成立.

(1) $A \cup B = (A\overline{B}) \cup B$；(2) $\overline{AB} = A \cup B$；

(3) $\overline{A \cup BC} = \overline{A}\ \overline{BC}$;

(4) $(A \cup B) \backslash B = A$;

(5) 若 $A \subseteq B$，则 $A = AB$.

5. 设盒中有 8 个球，其中红球 3 个，白球 5 个.

(1) 若从中随机取出一球，用 A 表示"取出的是红球"，B 表示"取出的是白球"，求 $P(A)$，$P(B)$；

(2) 若从中随机取出两球，用 C 表示"两个都是白球"，D 表示"一红一白"，求 $P(C)$，$P(D)$；

(3) 若从中随机取出 5 球，设 E 表示"取到的 5 个球中恰有 2 个白球"，求 $P(E)$.

6. 已知 10 个产品中有两个次品，从中不放回地取两次，每次取一个，求下列事件的概率：$A = \{$两个都是正品$\}$，$B = \{$两个都是次品$\}$，$C = \{$一个是正品，一个是次品$\}$，$D = \{$第二次取到次品$\}$.

7. 袋中装有外形完全相同的 2 个白球和 2 个黑球，依次从中摸出两球，记 $A = \{$第一次摸得白球$\}$，$B = \{$第二次摸得白球$\}$，$C = \{$两次均摸得白球$\}$，求 A，B，C 的概率.

8. 在一本英汉词典中，由两个不同的字母组成的单词共有 55 个，现从 26 个英文字母中随机抽取两个排在一起，求能排成上述单词的概率.

9. 把 10 本书任意地放在书架上，求其中指定的三本书放在一起的概率是多少？

10. 电话号码由 6 位数字组成，每个数字可以是 0，1，2，3，4，5，6，7，8，9 共 10 个数字中的任何一个数字（不考虑电话局的具体规定），求：

(1) 电话号码中 6 个数字全不相同的概率；

(2) 若某一用户的电话号码为 283125，如果不知道电话号码，问一次能打通电话的概率是多少？

11. 50 粒牧草种子中混有 3 粒杂草种子，从中任取 4 粒，求杂草种子数分别为 0，1，2，3 粒的概率.

12. 有 9 个学生，其中有 3 个女生，把他们任意分到 3 个小组，每组 3 人，求每组都有一个女生的概率.

13. 俱乐部有 5 名一年级学生，2 名二年级学生，3 名三年级学生，2 名四年级学生，

(1) 在其中任选 4 名学生，求一、二、三、四年级学生各一名的概率；

(2) 在其中任选 5 名学生，求一、二、三、四年级学生均包含在内的概率.

14. 某人忘记了电话号码的最后一个数字，因而他随意拨号，求他拨号不超过三次而接通所需电话的概率. 若已知最后一个数字是奇数，那么此概率又是多少？

15. 某种产品的商标为"MAXAM"，其中有 2 个字母脱落，有人捡起随意放回，求放回后仍为"MAXAM"的概率.

16. (生日问题) 有 r 个人，设每个人的生日是 365 天的任何一天是等可能的，试求事件"至少有两人生日相同"的概率.

17. 两人相约 5:00～6:00 在某地会面，先到者等候 20 min 后离去. 设两人在约定的时间内在各个时刻的到达是机会均等的，求这两人能会面的概率.

18. 从 $[0，1]$ 中随机取两个数，求两数之和小于 $\dfrac{6}{5}$ 的概率.

19. 两艘轮船都要停靠同一泊位，它们可能在一昼夜的任意时间到达，设两船停靠泊位的时间分别为 1 h 与 2 h，求一艘轮船停靠时，需要等待空出码头的概率．

20. 在一条线段上随意放两点把这条线段一分为三，求得到的三条线段能成为一个三角形的三条边的概率．

21. 某城市调查表明，该城市的家庭中有 65% 订阅日报，55% 订阅晚报，75% 订阅杂志，有 30% 订阅日报和晚报，50% 订阅日报和杂志，40% 订阅晚报和杂志，有 20% 日报、晚报和杂志都订阅．该城市的家庭中至少订阅有一份报纸或杂志的家庭占百分之几？

22. 设 A，B 是两个事件，且满足 $P(AB)=P(\bar{A} \cap \bar{B})$，已知 $P(A)=p$，求 $P(B)$ 的值．

23. 已知 $P(A)=0.3$，$P(B)=0.6$，试在下列两种情形下分别求出 $P(A\bar{B})$ 与 $P(\bar{A}B)$.
(1)事件 A，B 互不相容；(2)事件 A，B 有包含关系．

24. 设 A，B 是两个事件，且满足 $P(A)=P(B)=\dfrac{1}{2}$，试证明：$P(AB)=P(\bar{A} \cap \bar{B})$.

25. 已知 $P(A)=0.4$，$P(B)=0.25$，$P(A-B)=0.25$，求 $P(AB)$，$P(A\cup B)$，$P(B \setminus A)$，$P(\overline{AB})$.

26. 某一品牌的灯泡用满 5000h 未坏的概率为 $\dfrac{3}{4}$，用满 10000h 未坏的概率为 $\dfrac{1}{2}$，现有一灯泡已用了 5000h，现求该灯泡能用到 10000h 而未坏的概率．

27. 由长期的统计资料表明，某一地区 6 月份下雨(记作事件 A)的概率为 $\dfrac{4}{15}$，刮风(用 B 表示)的概率为 $\dfrac{7}{15}$，既刮风又下雨的概率为 $\dfrac{1}{10}$，求 $P(A|B)$，$P(B|A)$，$P(A\cup B)$.

28. 为防止意外，在矿内设有两种报警系统，单独使用时，系统 A 有效的概率为 0.92，系统 B 有效的概率为 0.93，在系统 A 失灵的条件下，系统 B 有效的概率为 0.85，求：
(1)发生意外时，这两种系统至少有一个系统有效的概率；
(2)系统 B 失灵的条件下，系统 A 有效的概率．

29. 100 件产品中有 10 件次品，用不放回的方式从中每次取 1 件，连取 3 次，求第三次才取得正品的概率．

30. 在空战中，甲机先向乙机开火，击落乙机的概率为 0.4；若乙机未被击落，就进行还击，击落甲机的概率为 0.5；若甲机仍未被击落，则再进攻乙机，击落乙机的概率为 0.6，求在这几个回合中，
(1)甲机被击落的概率；(2)乙机被击落的概率．

31. 一个袋子中装有 6 个白球，4 个黑球，从中任取一个，然后放回，并同时加进 2 个与取出的球同色的球，再取第二个球，求第二个球是白色的概率．

32. 设 $P(U)=\dfrac{1}{6}$，$P(V)=\dfrac{5}{12}$，$P(U|V)+P(V|U)=\dfrac{7}{10}$，求概率 $P(UV)$.

33. 某人下午 5:00 下班，他所积累的资料表明：

到家时间	5:35～5:39	5:40～5:44	5:45～5:49	5:50～5:54	迟于 5:54
乘地铁的概率	0.10	0.25	0.45	0.15	0.05
乘汽车的概率	0.30	0.35	0.20	0.10	0.05

某日他抛一硬币决定乘地铁还是乘汽车，结果他是 5：47 到家的，试求他是乘地铁回家的概率．

34. 有两种花籽，发芽率分别为 0.8，0.9，从中各取一颗，设各花籽是否发芽相互独立，求：

(1)这两颗花籽都能发芽的概率；

(2)至少有一颗能发芽的概率；

(3)恰有一颗能发芽的概率．

35. 三人独立地去破译一份密码，已知各人能译出的概率分别为 $\frac{1}{5}$，$\frac{1}{3}$，$\frac{1}{4}$，问三人中至少有一人能将此密码译出的概率是多少？

36. 10 张娱乐票中有 4 张电影票，10 个人依次抽签，问第一个人与第二个人抽到电影票的概率是否相同？

37. 某工厂有甲、乙两车间生产同一种产品，两车间产品的次品率分别为 0.03 和 0.02，生产出来的产品放在一起，且知甲车间的产量比乙车间的产量多一倍，求：

(1)该厂产品的合格率；

(2)如果任取一个产品，经检验是次品，求它是由甲车间生产的概率．

38. 已知某种病菌在全人口的带菌率为 10%．在检测时，带菌者呈阳性和阴性反应的概率分别为 95% 和 5%，而不带菌者呈阳性和阴性反应的概率分别为 20% 和 80%．

(1)随机地抽出一个人进行检测，求结果为阳性的概率．

(2)已知某人检测的结果为阳性，求这个人是带菌者的条件概率．

39. 同卵双胞胎有相同的性别，异卵双胞胎中有一半有相同的性别，双胞胎中同卵双胞胎的概率是 p．如果某对双胞胎有相同的性别，求他们是同卵双胞胎的概率．

40. 设 A，B，C 都是事件，又 A 和 B 独立，B 和 C 独立，A 和 C 互不相容，$P(A)=\frac{1}{2}$，$P(B)=\frac{1}{4}$，$P(C)=\frac{1}{8}$，求概率 $P(A\cup B\cup C)$．

41. 小张、小李和小王三位朋友射击的命中率分别是 0.2，0.3，0.4，每人射击一次，求至多有一人没有命中的概率．

42. 应聘某项工作要先后过 4 道关，各道关的淘汰率分别是 60%，50%，50%，20%，求应聘失败的概率．

43. 如图 1.12 所示，线路中有元件 A，B，C，D，E，它们是否断开是独立的，断开的概率分别是 0.6，0.5，0.4，0.3，0.2，求线路断开的概率．

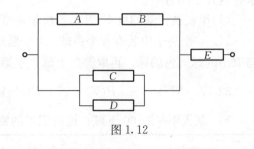

图 1.12

44. 加工一个零件要经过三道工序，各道工序的合格率分别为 0.95，0.9，0.85，设各道工序是否合格是独立的，求加工出来的零件的合格率．

45. 某厂用两种工艺生产一种产品，第一种工艺有三道工序，各道工序出现废品的概率为 0.05，0.1，0.15；第二种工艺有两道工序，各道工序出现废品的概率都是 0.15，各道工序独立工作．设用这两种工艺在合格品中得到优等品的概率分别为 0.95，0.85．试比较用哪种工艺得到优等品的概率更大．

46．三个人轮流抛一个骰子，约定谁先抛出 6 点谁为胜者，求先抛者获胜的概率．

47．甲、乙两人轮流在罚球区投篮，甲先投，约定先投中者为胜．甲的命中率为 $\frac{1}{3}$，乙的命中率为 $\frac{1}{4}$，求两人获胜的概率．

第二章　随机变量及其概率分布

第一节　随机变量及其分布函数

在随机现象中，有许多问题与实数之间存在某种客观的联系，其试验结果可直接用实数值来描述，另外，还有些初看起来与实数无直接关联的随机现象，也常常通过数量化方法引入实数值来描述，由于试验结果的随机性，我们把对应的实数称为随机变量．随机变量取一切可能值或范围的概率或概率的规律称为概率分布(简称分布)．这些概率分布可以用表或各种图来表示，也可以用公式来表示，概率分布是一个总体概念，给出了概率分布就等于知道了总体．

例 2.1.1　掷一枚均匀的硬币，观察正面、背面的出现情况．

这一试验的样本空间为 $\Omega=\{\omega_1,\omega_2\}$，其事件域为 $F=\{\varnothing,\{\omega_1\},\{\omega_2\},\Omega\}$，其中 ω_1 表示"正面朝上"，ω_2 表示"背面朝上"．该试验结果不是数值，如果做数量化处理，引入随机变量 X，将 X 的值分别规定为 1 和 0，即

$$X=\begin{cases}1,&\omega=\omega_1,\\0,&\omega=\omega_2.\end{cases}$$

由于试验结果是随机的，变量 $X(\omega_i)$ 的取值也是随机的，但其概率值是确定的，如

$$P\{X=0\}=\frac{1}{2},\ P\{X=1\}=\frac{1}{2},\ P\{X\leqslant1\}=P\{X=1\}+P\{X=0\}=1.$$

例 2.1.2　投掷一颗骰子一次，观察出现的点数．

该试验的样本空间为 $\Omega=\{\omega_1,\omega_2,\omega_3,\omega_4,\omega_5,\omega_6\}$，共有 6 个样本点，其中，$\omega_i$ 表示"出现的点数为 i"，$i=1,2,3,4,5,6$，引入变量

$$X(\omega_i)=i,\ i=1,2,3,4,5,6.$$

由于试验结果是随机的，$X(\omega_i)$ 的取值也是随机的，而其概率值为

$$P\{X=i\}=\frac{1}{6},\ i=1,2,3,4,5,6.$$

若求事件"出现的点数不大于 3"的概率，由于事件 $\{X\leqslant3\}=\{X=1\}\bigcup\{X=2\}\bigcup\{X=3\}$，故概率值 $P\{X\leqslant3\}=\frac{1}{6}+\frac{1}{6}+\frac{1}{6}=\frac{1}{2}$，而 $P\{X\leqslant10\}=1$．

例 2.1.3　设有一试验田种植某品种玉米 50 株，最高的一株是 1.8m，最矮的一株是 1.2m，若从试验田中任意抽取一株测其株高，并用 X 表示，记该抽样检查的样本空间为 $\Omega=\{\omega\,|\,1.2\leqslant\omega\leqslant1.8\}$，则株高 X 随 ω 而变，取它为定义在 Ω 上的实值函数：

$$X(\omega)=\omega,\ \omega\in\Omega.$$

由于 X 是随机的，与上例讨论类似，若对任意给定的实数 x，该试验中的事件 $\{X\leqslant x\}$ 必有确定的概率值．

由上述例子可看出，试验的结果可用一个数来表示，由随机试验的随机性知，与其对应

的数值 X 也是随机的，它是在 Ω 上定义的，而对于一般的随机事件，我们通过选取实数集的某些子集 $B \subseteq \mathbf{R}$ 满足 $\{\omega \mid \omega \in \Omega$ 且 $X(\omega) \in B\}$，就能用随机变量描述一般的随机事件了.

定义 2.1 设 E 是随机试验，其样本空间为 Ω，若对每一个样本点 $\omega \in \Omega$，都有一个实数 $X(\omega)$ 与之对应，则称 $X(\omega)$ 为**随机变量**. 常用大写字母 X，Y，Z 等表示随机变量，其取值用小写字母 x，y，z 等表示.

$X(\omega)$ 为定义在 Ω 上的实值函数. 它与普通实函数是有所区别的，普通实函数无需做试验便可依据自变量的值确定函数值，而随机变量的取值在做试验之前是不确定的，只有在做了试验之后，依据所出现的结果才能确定. 对一般的随机事件，当取 $B = (-\infty, x]$ 时，则对任一实数 x，有事件 $\{\omega \mid X(\omega) \leqslant x\}$ 存在. 换句话说，$\{X \leqslant x\}$ 是一个事件，它有确定的概率 $P\{X \leqslant x\}$，这将是我们可用随机变量研究事件的概率规律的一个出发点，为此，我们引入随机变量的分布函数的概念.

视频 18：
随机变量的定义

定义 2.2 设 $X(\omega)$ 是概率空间 (Ω, F, P) 上的一个随机变量，称函数
$$F(x) = P\{X \leqslant x\}, \quad -\infty < x < +\infty \tag{2.1}$$
为 X 的**分布函数**，且称 X 服从 $F(x)$，记为 $X \sim F(x)$，有时 $F(x)$ 也可用 $F_X(x)$ 表示，以标示它是 X 的分布函数，故 (2.1) 式常记为
$$F_X(x) = P\{X \leqslant x\}, \quad -\infty < x < +\infty.$$

分布函数是随机变量最重要的概率特征，它可以完整地描述随机变量的概率规律，并且确定了随机变量的一切其他概率特征.

视频 19：
分布函数的定义

根据定义，显然对任意实数 a，$b(a < b)$，有
$$P\{a < X \leqslant b\} = P\{X \leqslant b\} - P\{X \leqslant a\} = F(b) - F(a), \tag{2.2}$$
这说明，如果知道随机变量 X 的分布函数，我们就能求出 X 落在任意区间 $(a, b]$ 上的概率.

例 2.1.4（续例 2.1.1） 投掷一枚硬币的试验中，其随机变量 X 的可能取值是 0 和 1，它们的概率依次为 0.5，0.5，求 X 的分布函数.

解 当 $x < 0$ 时，$\{X \leqslant x\}$ 为不可能事件，所以 $F\{x\} = P\{X \leqslant x\} = 0$；

当 $0 \leqslant x < 1$ 时，$\{X \leqslant x\}$ 就是 $\{X = 0\}$，所以 $F\{x\} = P\{X \leqslant x\} = 0.5$；

当 $x \geqslant 1$ 时，$\{X \leqslant x\}$ 就是 $\{X = 0\}$ 或 $\{X = 1\}$，所以 $F\{x\} = P\{X \leqslant x\} = 0.5 + 0.5 = 1$.

总括起来，$F(x)$ 的表达式为
$$F(x) = \begin{cases} 0, & x < 0, \\ 0.5, & 0 \leqslant x < 1, \\ 1, & x \geqslant 1. \end{cases}$$

例 2.1.5 某公共汽车站每隔 5min 有一辆公共汽车通过，乘客到达汽车站的任一时刻是等可能的，求乘客候车时间 X（单位：min）的分布函数，并求乘客候车不超过 3min 的概率.

解 为讨论方便，我们取样本空间 $\Omega = (0, 5]$，下面计算 X 的分布函数.

当 $x < 0$ 时，$\{X \leqslant x\}$ 为不可能事件，$F(x) = P\{X \leqslant x\} = 0$；

当 $0 \leqslant x < 5$ 时，由几何概率知 $F(x) = P\{X \leqslant x\} = \dfrac{x - 0}{5 - 0} = \dfrac{x}{5}$；

当 $x \geqslant 5$ 时，由几何概率知 $F(x) = P\{X \leqslant x\} = \dfrac{x-0}{5-0} = \dfrac{5-0}{5} = 1$.

总括起来，对任意实数 x 都有分布函数

$$F(x) = \begin{cases} 0, & x < 0, \\ \dfrac{x}{5}, & 0 \leqslant x < 5, \\ 1, & x \geqslant 5, \end{cases}$$

故乘客候车不超过 3min 的概率为

$$P\{0 \leqslant X \leqslant 3\} = \frac{3}{5} - \frac{0}{5} = \frac{3}{5}.$$

定理 2.1 任一分布函数 $F(x)$ 都具有如下性质：

(1)单调不减性：若 $a < b$，则 $F(a) \leqslant F(b)$；

(2)有界性：对任意的 x，有 $0 \leqslant F(x) \leqslant 1$；

(3) $\lim\limits_{x \to +\infty} F(x) = 1$，$\lim\limits_{x \to -\infty} F(x) = 0$；

(4)右连续性：$F(x)$ 是 x 的右连续函数，即对任意的一点 a，有

$$\lim_{x \to a^+} F(x) = F(a),$$

记 $F(a^+)$ 为函数 $F(x)$ 在点 a 的右极限，则 $F(a^+) = F(a)$.

事实上，

(1)因为 $F(x)$ 为某一随机变量 X 的分布函数，由于

$$F(b) - F(a) = P\{X \leqslant b\} - P\{X \leqslant a\} = P\{a < X \leqslant b\} \geqslant 0,$$

故有 $F(b) \geqslant F(a)$.

(2)由于 $F(x)$ 是事件 $\{X \leqslant x\}$ 的概率，即 $0 \leqslant P\{X \leqslant x\} \leqslant 1$，所以 $0 \leqslant F(x) \leqslant 1$.

(3)直观地，$x \to +\infty$ 表示点 x 沿 x 轴无限向右移动，代表随机变量 X 的点落在 x 右边的事件是必然事件，因此它的概率趋向于 1，即 $\lim\limits_{x \to +\infty} F(x) = 1$. $x \to -\infty$ 表示点 x 沿 x 轴无限向左移动，这时代表随机变量 X 的点落在 x 左边的事件是不可能事件，因此它的概率趋向于 0，即 $\lim\limits_{x \to -\infty} F(x) = 0$.

(4)证明从略.

推论 设随机变量 X 有分布函数 $F(x)$，则对任意实数 a，

$$P\{X = a\} = F(a) - F(a^-).$$

特别地，$P\{X = a\} = 0$ 的充分必要条件是 a 为 $F(x)$ 的连续点.

第二节 离散型随机变量及其概率分布

视频 20：
离散型随机
变量的定义

在实际应用中，根据随机变量的取值情况，我们可以把随机变量分为两类：**离散型随机变量**和**非离散型随机变量**. 对随机变量 X，如果它只可能取有限个或可数无穷个值，则称 X 是**离散型随机变量**. 例如：若试验为"连续掷一枚匀称的硬币 n 次"，则正面向上的次数 X 也是一个随机变量，其可能取值为 0，1，2，$\cdots$，n，故 X 是离散型随机变量. 非离散型随机变量的范围很广，其中最重要的是连续型随机变量. 若随机变量 X 的所有可能取值不能一一列举出来，而是依照一

定的概率规律在数轴上的某个区间上取值，则 X 为连续型随机变量.

学习随机变量应主要搞清楚下面两个问题：

(1)随机变量在 Ω 中的所有可能取值是什么？

(2)它的取值的概率规律是什么？

一、离散型随机变量的概率分布

设离散型随机变量 X 的所有可能取值只取有限个值 x_1，x_2，$\cdots$，x_n 或可列个值 x_1，x_2，$\cdots$，且 X 取这些值的概率为

$$P\{X=x_k\}=p_k,\ k=1,\ 2,\ \cdots,\ n(\text{或}\ k=1,\ 2,\ \cdots). \tag{2.3}$$

它体现了离散型随机变量 X 取各可能值的概率分布情况，称为 X 的**概率分布**或分布列. 离散型随机变量 X 的分布也常常用表格来表示：

x	x_1	x_2	$\cdots$	x_n
$P\{X=x\}$	p_1	p_2	$\cdots$	p_n

或

x	x_1	x_2	$\cdots$
$P\{X=x\}$	p_1	p_2	$\cdots$

我们称此表为离散型随机变量 X 的**概率分布表**.

由概率的定义知，离散型随机变量 X 的概率分布具有以下两个性质：

(1)非负性：$p_k \geqslant 0(k=1,\ 2,\ \cdots)$；

(2)规范性：$\sum\limits_{k=1}^{\infty} p_k = 1$.

以上两条是分布列必须具有的基本性质，也是判别某个数列是否成为分布列的充要条件.

由离散型随机变量 X 的分布列容易写出 X 的分布函数：

$$F(x) = \sum_{x_i \leqslant x} p(x_i). \tag{2.4}$$

例 2.2.1 某汽车公司日销量记录显示，在过去的 300 天中，其中 54 天一辆汽车都没有卖出，有 117 天只卖出一辆汽车，有 72 天卖出两辆，有 42 天卖出三辆，有 12 天卖出 4 辆，有 3 天卖出 5 辆. 定义 X 为某一天卖出汽车数量，求 X 的概率分布和分布函数.

解 X 可以取 0，1，2，3，4，5，而且根据已知，$P\{X=0\}=0.18$，$P\{X=1\}=0.39$，$P\{X=2\}=0.24$，$P\{X=3\}=0.14$，$P\{X=4\}=0.04$，$P\{X=5\}=0.01$，所以 X 的概率分布为

X	0	1	2	3	4	5
P	0.18	0.39	0.24	0.14	0.04	0.01

当 $x<0$ 时，为不可能事件，所以 $F(x)=P\{X \leqslant x\}=0$；

当 $0 \leqslant x<1$ 时，$\{X \leqslant x\}$ 就是 $\{X=0\}$，所以 $F(x)=P\{X \leqslant x\}=0.18$；

当 $1 \leqslant x<2$ 时，$\{X \leqslant x\}$ 就是 $\{X=0\} \bigcup \{X=1\}$，所以 $F(x)=P\{X \leqslant x\}=0.18+0.39=0.57$；

当 $2 \leqslant x < 3$ 时，$\{X \leqslant x\}$ 就是 $\{X=0\} \bigcup \{X=1\} \bigcup \{X=2\}$，所以 $F(x)=P\{X \leqslant x\}=0.18+0.39+0.24=0.81$；

当 $3 \leqslant x < 4$ 时，$\{X \leqslant x\}$ 就是 $\{X=0\} \bigcup \{X=1\} \bigcup \{X=2\} \bigcup \{X=3\}$，所以 $F(x)=P\{X \leqslant x\}=0.18+0.39+0.24+0.14=0.95$；

当 $4 \leqslant x < 5$ 时，$\{X \leqslant x\}$ 就是 $\{X=0\} \bigcup \{X=1\} \bigcup \{X=2\} \bigcup \{X=3\} \bigcup \{X=4\}$，所以 $F(x)=P\{X \leqslant x\}=0.18+0.39+0.24+0.14+0.04=0.99$；

当 $x \geqslant 5$ 时，$\{X \leqslant x\}$ 就是 $\{X=0\} \bigcup \{X=1\} \bigcup \{X=2\} \bigcup \{X=3\} \bigcup \{X=4\} \bigcup \{X=5\}$，所以 $F(x)=P\{X \leqslant x\}=0.18+0.39+0.24+0.14+0.04+0.01=1$。

综上，

$$F(x)=\begin{cases} 0, & x<0, \\ 0.18, & 0 \leqslant x < 1, \\ 0.57, & 1 \leqslant x < 2, \\ 0.81, & 2 \leqslant x < 3, \\ 0.95, & 3 \leqslant x < 4, \\ 0.99, & 4 \leqslant x < 5, \\ 1, & x \geqslant 5. \end{cases}$$

例 2.2.2 设随机变量 X 只取非负整数值 $0，1，2，\cdots$，且 $P\{X=k\}=c \cdot 3^{-k}$，其中 c 是未知参数，求 X 的概率分布．

解 根据规范性

$$1=\sum_{k=0}^{\infty} P\{X=k\} = \sum_{k=0}^{\infty} c \cdot 3^{-k} = c \sum_{k=0}^{\infty} 3^{-k} = c\left(1+\frac{1}{3}+\frac{1}{3^2}+\cdots\right)=\frac{3c}{2},$$

因而 $c=\dfrac{2}{3}$，而 X 的分布列为

$$P\{X=k\}=2 \times 3^{-(k+1)}, \quad k=0，1，2，\cdots.$$

二、常见离散型随机变量

下面介绍几种常用的离散型随机变量的概率分布(简称分布)．

1. 0—1 分布

如果随机变量 X 只可能取 0 和 1 两个值，且它的概率分布为

$$P\{X=k\}=p^k(1-p)^{1-k}, \quad k=0，1(0<p<1), \tag{2.5}$$

则称 X 服从参数为 p 的 **0—1 分布**(或**两点分布**)，记为 $X \sim B(1，p)$．

两点分布的概率分布表为

X	1	0
P	p	q

视频 21：
两点分布和
二项分布

其中，$q=1-p$，其分布函数为

对 $x \in \mathbf{R}$，

$$F(x)=P\{X \leqslant x\}=\begin{cases} 0, & x<0, \\ P\{X=0\}=q, & 0 \leqslant x < 1, \\ P\{X=0\}+P\{X=1\}=p+q=1, & x \geqslant 1. \end{cases}$$

2. 二项分布

设在一次试验中我们只考虑两个互逆的结果：A 或 $\overline{A}$，或者形象地把两个互逆结果叫作"成功"和"失败". 再设我们重复地进行 n 次独立试验（"重复"是指试验中各次试验条件相同），每次试验成功的概率都是 p，失败的概率都是 $q=1-p$. 这样的 n 次独立重复试验称作 n **重伯努利试验**，简称**伯努利试验**或**伯努利概型**，且有

$$P_n(k)=C_n^k p^k q^{n-k}, \quad k=0,\ 1,\ \cdots,\ n,\ 0<p<1,\ q=1-p.$$

二项分布描述的是 n 重伯努利试验中出现"成功"次数 X 的概率分布.

如果随机变量 X 的可能取值为 0，1，2，$\cdots$，n，它的分布列为

$$p_k=P\{X=k\}=C_n^k p^k q^{n-k} \quad (k=0,\ 1,\ 2,\ \cdots,\ n), \tag{2.6}$$

其中 $0<p<1$，$q=1-p$，则称 X 服从参数为 n，p 的**二项分布**，记为 $X\sim B(n,\ p)$.

二项分布常适用于产品检查、婴儿性别调查等. 当 $n=1$ 时，二项分布就是两点分布.

例 2.2.3　设某种农作物的种子的出苗率为 0.67，现做一批试验，每穴种 6 粒，求：

(1)每穴中有 $k(0\leqslant k\leqslant 6)$ 粒种子出苗的概率；

(2)出苗的种子数不超过 2 粒的概率；

(3)至少有 3 粒种子出苗的概率.

解　(1)把一穴中每粒种子看作一次试验，而它们发芽与否是互不影响的，所以 6 次试验是相互独立的. 记 X 是每穴中 6 粒种子出苗的种子数，那么 $X\sim B(6,\ 0.67)$，故每穴中 k 粒种子发芽的概率为

$$P\{X=k\}=C_6^k(0.67)^k(0.33)^{6-k} \quad (k=0,\ 1,\ 2,\ 3,\ 4,\ 5,\ 6),$$

或列表表示如下：

X	0	1	2	3	4	5	6
P	0.0013	0.0157	0.0799	0.2162	0.3292	0.2673	0.0904

(2)出苗的种子数不超过 2 粒的概率为

$$P\{X\leqslant 2\}=P\{X=0\}+P\{X=1\}+P\{X=2\}=0.0969.$$

(3)由对立事件概率的关系式，出苗的种子数至少有 3 粒的概率为

$$P\{X\geqslant 3\}=1-P\{X<3\}=1-P\{X\leqslant 2\}=1-0.0969=0.9031.$$

例 2.2.4　设家蚕原种母蛾微粒子病的发病率为 0.4%，原种母蛾微粒子病的集团检验法以 28 只母蛾作为一个集团进行检验，如果一个集团没有发现微粒子病，则这个集团是及格的，否则不及格. 对于一批蚕种，抽出 n 个集团进行检验，计算检验集团的及格率（没有发现微粒子病集团数/n），如果及格率大于或者等于一个集团中未发现微粒子病的概率，则此批蚕种合格，否则不合格. 现有一批蚕种，抽出 50 个集团进行检验，检验出无病的集团数为 45 个，有一个病蛾的集团数为 4 个，有两个病蛾的集团数为 1 个，问此批蚕种合格吗？

解　令 X 表示一个集团中有微粒子病的母蛾数，那么 $X\sim B(28,\ 0.004)$，即

$$P\{X=k\}=C_{28}^k(0.004)^k(0.996)^{28-k},\quad k=0,\ 1,\ 2,\ \cdots,\ 28,$$

而一个集团中未发现微粒子病的概率为

$$P\{X=0\}=C_{28}^0(0.004)^0(0.996)^{28}=89.38\%,$$

而此批蚕种的检验集团及格率为

$$\frac{45}{50}=90\%>89.38\%,$$

故此批蚕种合格.

例 2.2.5（拓展应用：药效试验） 设某种鸭在正常情况下感染某种传染病的概率为 20%，现新发明两种疫苗，疫苗 A 在注射给 9 只健康鸭后无一只感染传染病，疫苗 B 注射给 25 只健康鸭后仅有一只感染. 试问应如何评价这两种疫苗，能否初步估计哪种较为有效.

解 若疫苗 A 完全无效，则注射后鸭受感染的概率为 0.2，故 9 只鸭中无一只感染的概率为

$$(0.8)^9=13.42\%.$$

若疫苗 B 完全无效，则 25 只鸭中至多一只感染的概率为

$$(0.8)^{25}+C_{25}^1(0.2)^1(0.8)^{24}=2.74\%.$$

因为 2.74% 这样的概率很小，并且比 13.42% 小得多，因此，可以初步认为疫苗 B 是有效的，并且比疫苗 A 有效.

3. 泊松分布

如果随机变量 X 的取值为 0，1，2，$\cdots$，其相应的概率为

$$P\{X=k\}=\frac{\lambda^k}{k!}e^{-\lambda}\ (k=0,\ 1,\ 2,\ \cdots,\ \lambda>0), \qquad (2.7)$$

则称 X 服从参数为 λ 的**泊松分布**，记为 $X\sim P(\lambda)$.

泊松分布在各领域中有着广泛的应用，例如，某段时间内电话机接到的呼叫次数；候车的乘客数；单位时间内走进商店的顾客数；放射性物质在某段时间内放射的粒子数；纺纱机的断头数；某页书上的印刷错误的个数等都可以用泊松分布来描述. 前面已知当 n 较大、p 很小，且 np 是一个大小适当的数（通常 $0<np<8$）时，可以用泊松分布近似代替二项分布（取 $\lambda=np$）.

视频 22：
泊松分布

定理 2.2（泊松定理） 设在 n 重伯努利试验中，事件 A 在一次试验中出现的概率为 p_n（p_n 与 n 有关），若 $n\to\infty$ 时，$np_n\to\lambda$（$\lambda>0$，常数），则有

$$\lim_{n\to\infty}B(k;\ n,\ p_n)=\frac{\lambda^k}{k!}e^{-\lambda},\ k=0,\ 1,\ 2,\ \cdots. \qquad (2.8)$$

证 令 $\lambda_n=np_n$，则 $\lambda_n\to\lambda$，且 $p_n=\dfrac{\lambda_n}{n}$.

$$B(k;\ n,\ p_n)=C_n^k p_n^k(1-p_n)^{n-k}$$

$$=\frac{n(n-1)\cdots(n-k+1)}{k!}\left(\frac{\lambda_n}{n}\right)^k\left(1-\frac{\lambda_n}{n}\right)^{n-k}$$

$$=\frac{\lambda_n^k}{k!}\frac{n(n-1)\cdots(n-k+1)}{n^k}\frac{\left(1-\frac{\lambda_n}{n}\right)^n}{\left(1-\frac{\lambda_n}{n}\right)^k}.$$

对固定的 k，当 $n\to\infty$ 时，

$$\frac{n(n-1)\cdots(n-k+1)}{n^k}=\frac{n}{n}\frac{n-1}{n}\cdots\frac{n-k+1}{n}=1\left(1-\frac{1}{n}\right)\cdots\left(1-\frac{k-1}{n}\right)\to1,$$

$$\left(1-\frac{\lambda_n}{n}\right)^n\to e^{-\lambda},\ \left(1-\frac{\lambda_n}{n}\right)^k\to1,\ \lambda_n^k\to\lambda^k,$$

故 $B(k;n,p_n) \to \dfrac{\lambda^k}{k!}\mathrm{e}^{-\lambda}$, 当 $n \to \infty$ 时, 有了这个定理, 再用二项分布来解决实际问题时, 当 n 较大, p 较小时, 有

$$B(k;n,p_n) = \frac{(np)^k}{k!}\mathrm{e}^{-np}. \tag{2.9}$$

例 2.2.6 若一年中某类保险者里面每个意外死亡的概率为 0.005, 现有 1000 个这类人参加人寿保险, 试求在未来一年中在这些保险者里面,

(1)有 10 个人死亡的概率; (2)死亡人数不超过 15 个的概率.

解 我们把一年中每个人是否死亡看作 $p=0.005$ 的伯努利试验, 则 1000 个这类人在这一年中的死亡人数 $X \sim B(1000,p)$.

(1)$B(10;1000,0.005) = C_{1000}^{10}(0.005)^{10}(0.995)^{990}$.

因为 n 较大, p 较小, 可用泊松分布近似二项分布, $\lambda = np = 5$, 即

$$B(10;1000,0.005) \approx P\{X=10\} = P\{X \geqslant 10\} - P\{X \geqslant 11\}$$
$$= 0.032 - 0.014 = 0.018(查附表 2 泊松分布表).$$

而二项分布计算得到的结果为

$$B(10;1000,0.005) = 0.017996.$$

(2) $P\{X \leqslant 15\} = 1 - P\{X > 15\} = 1 - \sum_{k=16}^{\infty} \dfrac{5^k}{k!}\mathrm{e}^{-5} \approx 1 - 0.001 = 0.999.$

一般来说, n 较大, p 接近 0 与 1($p < 0.1$ 或 $p > 0.9$), 公式(2.8)的近似程度都较高.

第三节　连续型随机变量及其概率分布

前面研究的离散型随机变量的取值只限于有限个或可数无穷多个值, 而实际问题研究中还有一类重要的随机试验, 这类随机变量的取值是某个区间或整个实数集, 如产品的使用寿命、测量误差、降雨量、旅客候车时间等. 这种类型的随机变量为**连续型随机变量**, 连续型随机变量的所有可能取值无法像离散型随机变量那样一一列出, 因而也就不能用离散型随机变量的分布律来描述它的概率分布. 刻画这种随机变量的概率分布可以用分布函数, 但在理论上和实践中更常用的方法是用所谓的概率密度函数.

定义 2.3 设 X 为随机变量, $F(x)$ 为其分布函数, 如果存在非负可积函数 $f(x)$, 使对一切实数 x, 有

$$F(x) = \int_{-\infty}^{x} f(u)\mathrm{d}u,$$

则称 X 为**连续型随机变量**, 称函数 $f(x)$ 为 X 的**概率密度函数**, 简称**密度函数(或密度)**.

视频 23: 连续型随机变量的定义

由概率密度函数的定义及概率的性质可知, 概率密度函数 $f(x)$ 必须满足以下性质:

(1)$f(x) \geqslant 0$. (2.10)

从几何上看, 概率密度函数的曲线在横轴的上方.

(2)$\displaystyle\int_{-\infty}^{+\infty} f(x)\mathrm{d}x = 1$. (2.11)

这是因为 $-\infty < x < +\infty$ 是必然事件，所以

$$\int_{-\infty}^{+\infty} f(x)\mathrm{d}x = P\{-\infty < X < +\infty\} = 1.$$

从几何上看，对于任一连续型随机变量，概率密度函数与数轴所围成的面积是 1.

视频 24：密度函数例题讲解

(3)对于任意实数 a，b，且 $a \leqslant b$，有

$$P\{a < X \leqslant b\} = F(b) - F(a) = \int_a^b f(x)\mathrm{d}x. \tag{2.12}$$

(4)当 x 是 $f(x)$ 的连续点时，有

$$F'(x) = f(x). \tag{2.13}$$

(5)对于任一连续型随机变量，

$$P\{X = a\} = 0. \tag{2.14}$$

事实上，对任意给定的 $\varepsilon > 0$，因为

$$P\{a - \varepsilon < X \leqslant a\} = F(a) - F(a - \varepsilon) = \int_{a-\varepsilon}^a f(x)\mathrm{d}x,$$

令 $\varepsilon \to 0$，则有

$$P\{X = a\} = \int_a^a f(x)\mathrm{d}x = 0.$$

这个性质说明，连续型随机变量取任意一点的值的概率为零，同时说明，从 $P(A) = 0$ 并不能推出事件 A 是不可能事件. 因为在这里，虽然 $P\{X = a\} = 0$，但事件 $\{X = a\}$ 并非不可能事件. 这样，连续型随机变量 X 落在区间 (a, b)，$[a, b)$，$(a, b]$，$[a, b]$ 上的概率都相等，即

$$P\{a < X < b\}, \ P\{a \leqslant X < b\}, \ P\{a < X \leqslant b\}, \ P\{a \leqslant X \leqslant b\}.$$

例 2.3.1 设连续型随机变量 X 的概率密度函数为

$$f(x) = \begin{cases} c\mathrm{e}^{-5x}, & x > 0, \\ 0, & x \leqslant 0, \end{cases}$$

求：(1)常数 c；(2)X 取值于区间 $(0.2, +\infty)$ 内的概率.

解 (1)由性质(2)：$\int_{-\infty}^{+\infty} f(x)\mathrm{d}x = 1$，可得

$$\int_{-\infty}^0 0\mathrm{d}x + \int_0^{+\infty} c\mathrm{e}^{-5x}\mathrm{d}x = 1,$$

解得

$$\frac{1}{5}c = 1, \ c = 5,$$

所以

$$f(x) = \begin{cases} 5\mathrm{e}^{-5x}, & x > 0, \\ 0, & x \leqslant 0. \end{cases}$$

(2) $P\{X > 0.2\} = \int_{0.2}^{+\infty} f(x)\mathrm{d}x = \int_{0.2}^{+\infty} 5\mathrm{e}^{-5x}\mathrm{d}x = -\mathrm{e}^{-5x}\Big|_{0.2}^{+\infty} = \mathrm{e}^{-1} = 0.3679.$

例 2.3.2 设随机变量 X 的概率密度函数为

$$f(x) = \begin{cases} x, & 0 \leqslant x < 1, \\ 2 - x, & 1 \leqslant x < 2, \\ 0, & \text{其他,} \end{cases}$$

求：(1)X 的分布函数；(2)$P\{0.5 < X \leqslant 1.5\}$.

解 (1)计算 X 的分布函数：

当 $x < 0$ 时，$f(x) = 0$，则

$$F(x) = \int_{-\infty}^{x} 0 \mathrm{d}x = 0;$$

当 $0 \leqslant x < 1$ 时，$f(x) = x$，则

$$F(x) = \int_{-\infty}^{x} f(x) \mathrm{d}x = \int_{-\infty}^{0} 0 \mathrm{d}x + \int_{0}^{x} x \mathrm{d}x = \frac{1}{2}x^2;$$

当 $1 \leqslant x < 2$ 时，$f(x) = 2-x$，则

$$F(x) = \int_{-\infty}^{x} f(x) \mathrm{d}x = \int_{0}^{1} x \mathrm{d}x + \int_{1}^{x} (2-x) \mathrm{d}x = -\frac{1}{2}x^2 + 2x - 1;$$

当 $x \geqslant 2$ 时，$f(x) = 0$，则

$$F(x) = \int_{-\infty}^{x} f(x) \mathrm{d}x = \int_{0}^{1} x \mathrm{d}x + \int_{1}^{2} (2-x) \mathrm{d}x = 1.$$

总括起来，对任意实数 x 都有分布函数

$$F(x) = \begin{cases} 0, & x < 0, \\ \dfrac{x^2}{2}, & 0 \leqslant x < 1, \\ -\dfrac{x^2}{2} + 2x - 1, & 1 \leqslant x < 2, \\ 1, & x \geqslant 2. \end{cases}$$

(2)由(2.2)式得

$$P\{0.5 < X \leqslant 1.5\} = F(1.5) - F(0.5) = \left(-\frac{1.5^2}{2} + 3 - 1\right) - \frac{0.5^2}{2} = 0.75.$$

或由连续型随机变量的概率密度函数的性质(3)得

$$P\{0.5 < X \leqslant 1.5\} = \int_{0.5}^{1.5} f(x) \mathrm{d}x = \int_{0.5}^{1} x \mathrm{d}x + \int_{1}^{1.5} (2-x) \mathrm{d}x = 0.75.$$

例 2.3.3 已知连续型随机变量 X 的分布函数为

$$F(x) = A + B\arctan x, \quad -\infty < x < +\infty,$$

试求：(1)常数 A 和 B；(2)随机变量 X 的概率密度函数.

解 (1)根据分布函数的性质，有

$$0 = F(-\infty) = \lim_{x \to -\infty} (A + B\arctan x) = A - B \cdot \frac{\pi}{2},$$

$$1 = F(+\infty) = \lim_{x \to +\infty} (A + B\arctan x) = A + B \cdot \frac{\pi}{2},$$

将两式联立，并解方程组得

$$A = \frac{1}{2}, \quad B = \frac{1}{\pi},$$

故

$$F(x) = \frac{1}{2} + \frac{1}{\pi}\arctan x, \quad -\infty < x < +\infty.$$

(2)$f(x) = F'(x) = \dfrac{1}{\pi(1+x^2)}, \quad -\infty < x < +\infty.$

下面我们介绍几种常见的连续型随机变量的分布．

1. 均匀分布

若随机变量 X 的概率密度函数为

$$f(x)=\begin{cases} \dfrac{1}{b-a}, & a\leqslant x\leqslant b, \\ 0, & \text{其他,} \end{cases} \tag{2.15}$$

视频 25：
均匀分布

则称 X 在区间 $[a, b]$ 上服从**均匀分布**，记为 $X\sim U[a, b]$．

下面计算 X 的分布函数．

当 $x<a$ 时，$f(x)=0$，则

$$F(x)=\int_{-\infty}^{x} 0\mathrm{d}x=0;$$

当 $a\leqslant x<b$ 时，$f(x)=\dfrac{1}{b-a}$，则

$$F(x)=\int_{-\infty}^{x} f(x)\mathrm{d}x=\int_{-\infty}^{a} 0\mathrm{d}x+\int_{a}^{x}\frac{1}{b-a}\mathrm{d}x=\frac{x-a}{b-a};$$

当 $x\geqslant b$ 时，$f(x)=0$，则

$$F(x)=\int_{-\infty}^{x} f(x)\mathrm{d}x=\int_{-\infty}^{a} 0\mathrm{d}x+\int_{a}^{b}\frac{1}{b-a}\mathrm{d}x+\int_{b}^{x} 0\mathrm{d}x=1.$$

总括起来，对任意实数 x 都有分布函数

$$F(x)=\begin{cases} 0, & x<a, \\ \dfrac{x-a}{b-a}, & a\leqslant x<b, \\ 1, & x\geqslant b. \end{cases} \tag{2.16}$$

例 2.3.4 2021 年某公司推出了新款平板电脑，假设新款平板电脑的电池可用时间服从在 8.5～12 h 区间上的均匀分布，求：

(1)电池可用时间 X 的概率密度函数；

(2)新款平板电脑电池可用时间小于等于 11 h 的概率．

解 (1)由题意可知 $X\sim U(8.5, 12)$，所以

$$f(x)=\begin{cases} \dfrac{1}{3.5}, & 8.5\leqslant x<12, \\ 0, & \text{其他.} \end{cases}$$

(2) $P\{x\leqslant 11\}=\displaystyle\int_{-\infty}^{11} f(x)\mathrm{d}x=\int_{8.5}^{11}\frac{1}{3.5}\mathrm{d}x=\frac{5}{7}$．

2. 指数分布

若随机变量 X 的概率密度函数形如：

$$f(x)=\begin{cases} \lambda\mathrm{e}^{-\lambda x}, & x>0, \\ 0, & x\leqslant 0, \end{cases} \quad \lambda>0, \tag{2.17}$$

视频 26：
指数分布

则称 X 服从参数为 λ 的**指数分布**，记为 $X\sim E(\lambda)$．

指数分布常用于各种"寿命"分布的近似，如某些电子元件的寿命服从指数分布，为简便起见，我们讨论，对于 $s>0$，我们来比较该元件使用了 sh 而不坏的概率，以及使用了 sh 不坏的条件下再使用 sh 不坏的概率．

$$P\{X > s\} = 1 - P\{X \leqslant s\} = 1 - \int_0^s \lambda e^{-\lambda x} dx = 1 + e^{-\lambda x} \big|_0^s = e^{-\lambda s},$$

$$P\{X > s + s \mid X > s\} = \frac{P\{(X > 2s) \bigcap (X > s)\}}{P\{X > s\}} = \frac{P\{X > 2s\}}{P\{X > s\}}$$

$$= \frac{1 - \int_0^{2s} e^{-\lambda x} dx}{e^{-\lambda s}} = \frac{e^{-\lambda \cdot 2s}}{e^{-\lambda s}} = e^{-\lambda s} = P\{X > s\}.$$

以上结果说明,元件的寿命 $X > s$ 的概率与该元件使用了 s h 而不坏再使用 s h 不坏的概率相同,而与以前使用情况无关,我们称指数分布的这种性质为"无记忆性",更一般地,对任意的 $s > 0$,$t > 0$,读者可容易证明

$$P\{X > s + t \mid X > s\} = P\{X > t\},$$

统计学中常称指数分布为"永远年轻"的分布.

下面计算 X 的分布函数.

当 $x < 0$ 时,$f(x) = 0$,则

$$F(x) = \int_{-\infty}^x 0 dx = 0;$$

当 $x \geqslant 0$ 时,$f(x) = \lambda e^{-\lambda x}$,则

$$F(x) = \int_{-\infty}^x f(x) dx = \int_0^x \lambda e^{-\lambda x} dx = 1 - e^{-\lambda x}.$$

总括起来,对任意实数 x 都有分布函数

$$F(x) = \begin{cases} 0, & x < 0, \\ 1 - e^{-\lambda x}, & x \geqslant 0. \end{cases}$$

3. 正态分布

若随机变量 X 的概率密度函数为

$$f(x) = \frac{1}{\sqrt{2\pi}\sigma} e^{-\frac{(x-\mu)^2}{2\sigma^2}}, \quad -\infty < x < +\infty, \quad (2.18)$$

视频27:
正态分布的定义

其中常数 μ,σ 满足 $-\infty < \mu < +\infty$,$\sigma > 0$,则称 X 服从参数为 μ,σ 的**正态分布**,记作 $X \sim N(\mu, \sigma^2)$,其概率密度函数 $f(x)$ 的图形如图 2.1 所示,它对应的分布函数为

$$F(x) = \int_{-\infty}^x \frac{1}{\sqrt{2\pi}\sigma} e^{-\frac{(t-\mu)^2}{2\sigma^2}} dt, \quad -\infty < x < +\infty, \quad (2.19)$$

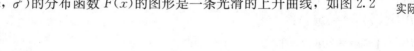

视频28:
正态分布的
实际应用

正态分布 $N(\mu, \sigma^2)$ 的分布函数 $F(x)$ 的图形是一条光滑的上升曲线,如图 2.2 所示.

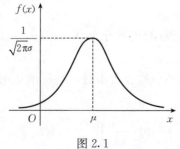

图 2.1

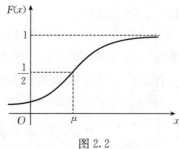

图 2.2

特别地，称 $\mu=0$，$\sigma=1$ 的正态分布 $N(0,1)$ 为**标准正态分布**，通常记标准正态随机变量为 U，其概率密度函数记为 $\varphi(x)$，相应的分布函数记为 $\Phi(x)$，即

$$\varphi(x)=\frac{1}{\sqrt{2\pi}}\mathrm{e}^{-\frac{x^2}{2}},\ \Phi(x)=\int_{-\infty}^{x}\frac{1}{\sqrt{2\pi}}\mathrm{e}^{-\frac{t^2}{2}}\mathrm{d}t,\ -\infty<x<+\infty,\quad(2.20)$$

其图形如图 2.3 所示.

（1）正态分布的概率密度函数的性质：

① $N(\mu,\sigma^2)$ 的概率密度函数 $f_X(x)$ 描述的曲线称为正态曲线，它是以 $x=\mu$ 为对称轴的钟形曲线.

② 在 $x=\mu$ 处，曲线取得最大值 $\frac{1}{\sqrt{2\pi}\sigma}$.

③ 当 $|x|\to\infty$ 时，曲线以 x 轴为渐近线.

④ 曲线的拐点为 $(\mu-\sigma,\ f(\mu-\sigma))$，$(\mu+\sigma,\ f(\mu+\sigma))$.

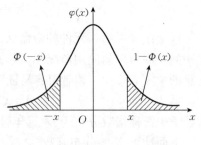

图 2.3

σ 决定曲线的形状，σ 越大，曲线越矮胖，X 的分布越平缓，σ 越小，曲线越高瘦，X 越是集中取值于 μ 的附近.

正态分布是概率论中最重要的一种分布，它所呈现的"两头小，中间高"是自然界一般事物在正常情况下的状态. 例如，各种测量的误差，人体的身高、体重，农作物的收获量，产品的尺寸（直径、长度、宽度、高度）等都近似服从正态分布. 一般来说，如果影响某一数量指标的随机因素很多，而每个因素所起的作用不太大，则这个指标服从正态分布. 另外，由于正态分布具有许多良好的性质，所以许多分布都可用正态分布来近似表示. 因此，正态分布在理论和实际应用中有着极其重要的作用.

（2）标准正态分布：

设随机变量 $U\sim N(0,1)$，则当 $x\geqslant 0$ 时，

$$\Phi(x)=\int_{-\infty}^{x}\varphi(t)\mathrm{d}t=\int_{-\infty}^{x}\frac{1}{\sqrt{2\pi}}\mathrm{e}^{-\frac{t^2}{2}}\mathrm{d}t.$$

一般概率论著中，都用 $\Phi(x)$ 来记一个特定的变上限积分，并把它的函数值作为标准正态分布表，以便实际计算，利用 $\Phi(x)$ 不难推出：

① $P\{a<U\leqslant b\}=\Phi(b)-\Phi(a)$；　　　　　　　　　　　　　　　　　（2.21）

② $\Phi(-x)=1-\Phi(x)$；　　　　　　　　　　　　　　　　　　　　　　（2.22）

③ $P\{U>x\}=1-\Phi(x)$；　　　　　　　　　　　　　　　　　　　　　　（2.23）

④ $P\{|U|<c\}=2\Phi(c)-1$.　　　　　　　　　　　　　　　　　　　　　（2.24）

（3）一般正态分布的标准化：

标准正态分布之所以重要，一个原因在于：任意的正态分布 $X\sim N(\mu,\sigma^2)$ 的概率计算很容易转化为标准正态分布 $N(0,1)$ 进行计算.

定理 2.3 若以 $F(x)$ 表示随机变量 $X\sim N(\mu,\sigma^2)$ 的分布函数，且标准正态分布函数为 $\Phi(x)$，则对任意的 $a,b(a<b)$，有

$$P\{a<X\leqslant b\}=\Phi\left(\frac{b-\mu}{\sigma}\right)-\Phi\left(\frac{a-\mu}{\sigma}\right).\quad(2.25)$$

证 $P\{a<X\leqslant b\}=\int_a^b\dfrac{1}{\sqrt{2\pi}}\mathrm{e}^{-\frac{(x-\mu)^2}{2\sigma^2}}\mathrm{d}x\xRightarrow{\text{令}\ t=\frac{x-\mu}{\sigma}}\int_{\frac{a-\mu}{\sigma}}^{\frac{b-\mu}{\sigma}}\dfrac{1}{\sqrt{2\pi}}\mathrm{e}^{-\frac{t^2}{2}}\mathrm{d}t$

$$=\int_{\frac{a-\mu}{\sigma}}^{-\infty}\frac{1}{\sqrt{2\pi}}\mathrm{e}^{-\frac{t^2}{2}}\mathrm{d}t+\int_{-\infty}^{\frac{b-\mu}{\sigma}}\frac{1}{\sqrt{2\pi}}\mathrm{e}^{-\frac{t^2}{2}}\mathrm{d}t$$

$$=\int_{-\infty}^{\frac{b-\mu}{\sigma}}\frac{1}{\sqrt{2\pi}}\mathrm{e}^{-\frac{t^2}{2}}\mathrm{d}t-\int_{-\infty}^{\frac{a-\mu}{\sigma}}\frac{1}{\sqrt{2\pi}}\mathrm{e}^{-\frac{t^2}{2}}\mathrm{d}t$$

$$=\Phi\left(\frac{b-\mu}{\sigma}\right)-\Phi\left(\frac{a-\mu}{\sigma}\right).$$

推论 若以 $F(x)$ 表示 $X\sim N(\mu,\sigma^2)$ 的分布函数,且标准正态分布函数记为 $\Phi(x)$,则

$$F(x)=\Phi\left(\frac{x-\mu}{\sigma}\right). \tag{2.26}$$

事实上,我们只要对(2.25)式取 $b=x$,$a=-\infty$,则(2.25)式的左边为

$$P\{-\infty<X\leqslant x\}=F(x),$$

其右边为 $\qquad\Phi\left(\dfrac{x-\mu}{\sigma}\right)-\Phi\left(\dfrac{-\infty-\mu}{\sigma}\right)=\Phi\left(\dfrac{x-\mu}{\sigma}\right),$

故有 $\qquad\qquad F(x)=\Phi\left(\dfrac{x-\mu}{\sigma}\right).$

利用(2.25)式和(2.26)式,将对一般正态分布 $X\sim N(\mu,\sigma^2)$ 的概率计算化为对标准正态分布的分布函数 $\Phi(x)$ 的计算. 本书后面的附表1中列出了 $\Phi(x)$ 的部分值,可供查用.

例 2.3.5 设 $X\sim N(0,1)$,查表计算 $P\{1<X<2\}$,$P\{|X|\leqslant1\}$,$P\{X\leqslant-1\}$,$P\{|X|>2\}$.

解 $P\{1<X<2\}=\Phi(2)-\Phi(1)=0.9772-0.8413=0.1359$,

$\qquad P\{|X|\leqslant1\}=\Phi(1)-\Phi(-1)=2\Phi(1)-1=2\times0.8413-1=0.6826$,

$\qquad P\{X\leqslant-1\}=\Phi(-1)=1-\Phi(1)=1-0.8413=0.1587$,

$\qquad P\{|X|>2\}=P\{X>2\}+P\{X<-2\}=1-\Phi(2)+\Phi(-2)=2-2\Phi(2)$

$\qquad\qquad =2-2\times0.9772=0.0456.$

例 2.3.6 若 $X\sim N(1,2^2)$,求 $P\{-2\leqslant X\leqslant2\}$.

解 $P\{-2\leqslant X\leqslant2\}=\Phi\left(\dfrac{2-1}{2}\right)-\Phi\left(\dfrac{-2-1}{2}\right)=\Phi(0.5)-\Phi(-1.5)$

$\qquad\qquad =\Phi(0.5)-1+\Phi(1.5)=0.6915-1+0.9332$

$\qquad\qquad =0.6247.$

例 2.3.7 已知 $X\sim N(\mu,\sigma^2)$,查表求

$$P\{|X-\mu|\leqslant k\sigma\}=P\{\mu-k\sigma\leqslant X\leqslant\mu+k\sigma\},\ k=1,2,3.$$

解 $P\{|X-\mu|\leqslant\sigma\}=P\{\mu-\sigma\leqslant X\leqslant\mu+\sigma\}=\Phi\left(\dfrac{\mu+\sigma-\mu}{\sigma}\right)-\Phi\left(\dfrac{\mu-\sigma-\mu}{\sigma}\right)$

$\qquad\qquad =\Phi(1)-\Phi(-1)=2\Phi(1)-1=2\times0.8413-1=0.6826$,

$\qquad P\{|X-\mu|\leqslant2\sigma\}=2\Phi(2)-1=2\times0.9772-1=0.9544$,

$\qquad P\{|X-\mu|\leqslant3\sigma\}=2\Phi(3)-1=2\times0.99865-1=0.9973.$

由上面的三个概率可以看到,正态变量 X 虽然取值范围在 $(-\infty,+\infty)$ 内,但它的

99.73%的值落在$(\mu-3\sigma, \mu+3\sigma)$内，在$(\mu-3\sigma, \mu+3\sigma)$外取值的可能性极小，这个性质称为正态变量 X 的 3σ 原则，它在工业质量控制上有着广泛的应用，现代质量控制已发展到使用 6σ 原则．

例 2.3.8 将一温度调节器放置在装有某种液体的容器内，调节器调定在 d℃，液体的温度 X 是一个随机变量，且 $X \sim N(d, 0.5^2)$，求：

(1)若 $d=90$，求 X 介于 89℃ 和 91℃ 之间的概率；

(2)若要求保持液体温度不低于 80℃ 的概率在 0.99 以上，问应将温度调节器设定为多少度为宜？

解 (1)若 $X \sim N(90, 0.5^2)$，那么所求概率为

$$P\{89 < X \leqslant 91\} = \Phi\left(\frac{91-90}{0.5}\right) - \Phi\left(\frac{89-90}{0.5}\right) = 2\Phi(2) - 1$$
$$= 2 \times 0.9772 - 1 = 0.9544.$$

(2)由题意，要求 d 满足

$$0.99 \leqslant P\{X \geqslant 80\} = 1 - P\{X < 80\} = 1 - F(80) = 1 - \Phi\left(\frac{80-d}{0.5}\right),$$

即

$$\Phi\left(\frac{80-d}{0.5}\right) \leqslant 1 - 0.99 = 0.01,$$

查附表 1 得

$$\frac{80-d}{0.5} \leqslant -2.33,$$

解不等式得 $d \geqslant 81.165$，故取 $d = 82$℃ 时可满足要求．

例 2.3.9 假设某地区成年男性的身高（单位：cm）$X \sim N(173, 7.70^2)$，求该地区成年男性的身高超过 176cm 的概率．

解 根据假设 $X \sim N(173, 7.70^2)$，且 $\{X > 176\}$ 表示该地区成年男性的身高超过 176cm，则

$$P\{X > 176\} = 1 - P\{X \leqslant 176\} = 1 - \Phi\left(\frac{176-173}{7.70}\right)$$
$$= 1 - \Phi(0.39) = 1 - 0.6517 = 0.3483,$$

即该地区成年男性的身高超过 176cm 的概率为 0.3483.

例 2.3.10 十年寒窗无人问，一举成名天下知．每年的七、八月份是各高校放榜的日子，也是高三学子们最忐忑的一段时间．大家知道高考录取分数线是如何确定的吗？以某省为例，2021 年参加高考的人数为 78 万，经统计全国高考平均分为 430 分，标准差约为 70 分，一本院校拟录取 10 万人，那么一本录取分数线如何确定呢？

解 假设某省高考分数总体 $X \sim N(430, 70^2)$，一本录取人数 10 万，总人数 78 万，则要求的是一个分数线 X_0，使得 $P\{X \geqslant X_0\} = \frac{10}{78} = 0.1282$，由一般正态分布的标准化知

$$P\{X \geqslant X_0\} = 1 - P\{X < X_0\} = 1 - \Phi\left(\frac{X_0-430}{70}\right) = 0.1282,$$

所以

$$\Phi\left(\frac{X_0-430}{70}\right) = 1 - 0.1282 = 0.8718,$$

查表得 $\frac{X_0-430}{70} = 1.1349$，则

$$X_0 = 1.1349 \times 70 + 430 = 509.443,$$

即一本线在 509 分左右. 当然，实际的分数线模型远比我们这里的模型复杂，但是基本原理是一样的.

例 2.3.11（正态分布的应用案例）　六西格玛(6σ)管理法是一种统计评估法，核心是追求零缺陷服务，防范服务责任风险，降低成本，提高服务率和服务市场占有率，提高顾客满意度和忠诚度. 6σ 管理既着眼于服务、服务质量，又关注过程的改进. "σ"原是概率统计学中的标准差的概念，但现在质量管理中的六西格玛概念早已超出了最初的统计学上的意义. 它事实上指的是一套管理方法，不仅是指过程或产品业绩的一个统计量，更是指公司业绩改进趋于完美的一个目标，是能实现持续领先和世界级业绩的一个管理系统，是系统解决问题的方法和工具，是基于大数据的一种决策方法. 六西格玛最早是在 20 世纪 80 年代由制造业领域的摩托罗拉公司作为一种管理战略付诸实践，使产品质量不合格率大幅度下降.

下面我们利用正态分布解释六西格玛管理法的概率含义.

假设有一指标 X 服从正态分布 $N(\mu, \sigma^2)$，这里的 σ 即是上面提到的西格玛，我们来计算如下概率：

$$P\{\mu - 6\sigma < X < \mu + 6\sigma\} = \Phi\left(\frac{\mu + 6\sigma - \mu}{\sigma}\right) - \Phi\left(\frac{\mu - 6\sigma - \mu}{\sigma}\right) = 2\Phi(6) - 1 = 0.9999966,$$

也就是说，指标 X 落到以 μ 为中心、以 6σ 为半径的区间以外的可能性为百万分之 3.4.

也有人把六西格玛管理思想应用到企业经营状态判定上. 用 X 表示企业的利润率，并假设 X 服从正态分布 $N(\mu, \sigma^2)$，以 2009 年为例，研究者根据自己的专业知识，得到 $\mu = 0.06307377$，$\sigma = 0.024300696$，研究者根据六西格玛管理思想按照表 2.1 的判定标准来划分企业的经营状态.

表 2.1　基于利润率的工业企业经营状态判定标准

企业利润率所在区间	企业经营状态级别	企业经营状态判定
$(-\infty, \mu - 6\sigma)$	-3	严重亏损
$(\mu - 6\sigma, \mu - 3\sigma)$	-2	亏损
$(\mu - 3\sigma, \mu - 2\sigma)$	-1	较亏
$(\mu - 2\sigma, \mu - \sigma)$	0	微利润
$(\mu - \sigma, \mu + \sigma)$	1	一般利润
$(\mu + \sigma, \mu + 2\sigma)$	2	较高利润
$(\mu + 2\sigma, \mu + 3\sigma)$	3	高利润
$(\mu + 3\sigma, \mu + 6\sigma)$	4	超高利润
$(\mu + 6\sigma, +\infty)$	5	暴利

不难得到，对于 2009 年工业企业经营状态的判定标准见表 2.2.

表 2.2　2009 年工业企业经营状态判定标准

企业利润率所在区间	企业经营状态级别	企业经营状态判定
$(-\infty, -0.0827304)$	-3	严重亏损
$(-0.0827304, -0.0098283)$	-2	亏损

(续)

企业利润率所在区间	企业经营状态级别	企业经营状态判定
(−0.0098283, 0.0144723)	−1	较亏
(0.0144723, 0.0387731)	0	微利润
(0.0387731, 0.0873745)	1	一般利润
(0.0873745, 0.1116752)	2	较高利润
(0.1116752, 0.1359759)	3	高利润
(0.1359759, 0.2088779)	4	超高利润
(0.2088779, +∞)	5	暴利

按照《中国统计年鉴》求得 2009 年规模以上工业企业(分行业)年平均利润率见表 2.3.

表 2.3 2009 年规模以上工业企业(分行业)年平均利润率

行业	2009 年
水的生产和供应业	0.026233274
黑色金属冶炼及压延加工业	0.031338279
电力、热力的生产和供应业	0.038208380
通信设备、计算机及其他电子设备制造业	0.039719386
其他采矿业	0.041520056
石油加工、炼焦及核燃料加工业	0.043828256
有色金属冶炼及压延加工业	0.044027984
化学纤维制造业	0.044970230
文教体育用品制造业	0.045157977
废弃资源和废旧材料回收加工业	0.045620965
纺织业	0.048562761
农副食品加工业	0.054341283
家具制造业	0.054907925
金属制品业	0.055414473
工艺品及其他制造业	0.056715958
塑料制品业	0.057152397
化学原料及化学制品制造业	0.060204160
纺织服装、鞋、帽制造业	0.060273043
木材加工及木、竹、藤、棕、草制品业	0.061481238
造纸及纸制品业	0.063073770
皮革、毛皮、羽毛(绒)及其制品业	0.065517877
电气机械及器材制造业	0.066976034
通用设备制造业	0.067003374
橡胶制品业	0.069389303

（续）

行业	2009 年
专用设备制造业	0.071897404
交通运输设备制造业	0.074550827
仪器仪表及文化、办公用机械制造业	0.076216062
非金属矿物制品业	0.077097168
食品制造业	0.080854866
印刷业和记录媒介的复制	0.082321371
非金属矿采选业	0.082966115
燃气生产和供应业	0.093985500
饮料制造业	0.097627041
医药制造业	0.109382635
有色金属矿采选业	0.118620651
黑色金属矿采选业	0.121741275
煤炭开采和洗选业	0.127060853
烟草制品业	0.133529190
石油和天然气开采业	0.240667641

对照表 2.2 我们可以得到 2009 年 39 个行业中微利润的有 3 个，一般利润的有 28 个，较高利润有 3 个，高利润的有 4 个，暴利的（石油和天然气开采业）有 1 个，其他状态的都为 0 个.

第四节　一维随机变量函数的分布

视频 29：
一维离散型
随机变量函数
的分布及其计算

设 $g(x)$ 是定义在随机变量 X 的一切可能值 x 的集合上的函数，若存在随机变量 Y，当随机变量 X 取值 x 时，Y 有唯一值 $y=g(x)$ 与之对应，则称 Y 是随机变量 X 的函数，记为 $Y=g(X)$.

一、一维离散型随机变量函数的分布

设随机变量 X 的概率分布为

X	x_1	x_2	$\cdots$	x_n	$\cdots$
$P\{X=x_i\}$	p_1	p_2	$\cdots$	p_n	$\cdots$

当随机变量 X 取它的某一可能值 x_i 时，其函数 $Y=g(X)$ 取值为 $y_i=g(x_i)$，$i=1$，2，$\cdots$，n. 若合并后 $g(x_i)$ 的值两两不等，则随机变量函数 Y 的概率分布为

y	$y_1=g(x_1)$	$y_2=g(x_2)$	$\cdots$	$y_n=g(x_n)$	$\cdots$
$P\{Y=y_i\}$	p_1	p_2	$\cdots$	p_n	$\cdots$

若 $g(x_i)$ 中有相等的值，则将这些相等的值分别合并，并由概率的可加性把相应的概率 p_i 相加，从而得 $Y=g(X)$ 的概率分布．

例 2.4.1 设随机变量 X 的概率分布为

X	-2	-1	0	1	2	3
$P\{X=x_i\}$	0.10	0.20	0.25	0.20	0.15	0.10

求：(1)随机变量 $Y=-2X$ 的概率分布；(2)随机变量 $Y=X^2$ 的概率分布．

解 (1)由于随机变量 $Y=-2X$ 的取值均不相等，故其概率分布为

$Y=-2X$	4	2	0	-2	-4	-6
$P\{Y=y_i\}$	0.10	0.20	0.25	0.20	0.15	0.10

(2)由于随机变量 $Y=X^2$ 的取值 $Y=1$ 与 $Y=4$ 各有相等的值，则把取值 $Y=1$ 与 $Y=4$ 的概率分别相加得

$Y=X^2$	4	1	0	1	4	9
$P\{Y=y_i\}$	0.10	0.20	0.25	0.20	0.15	0.10

故其概率分布为

$Y=X^2$	0	1	4	9
$P\{Y=y_i\}$	0.25	0.40	0.25	0.10

二、一维连续型随机变量函数的分布

我们先考察实际上已用到过的例子．

例 2.4.2 设 $X \sim N(\mu, \sigma^2)$，试证：$Y = \dfrac{X-\mu}{\sigma} \sim N(0, 1)$．

视频 30：
一维连续型
随机变量函数
的分布计算
之一

视频 31：
一维连续型
随机变量函数
的分布计算
之二

证 设随机变量 X 的分布函数为 $F_X(x)$，概率密度函数为 $f_X(x)$，Y 的分布函数为 $F_Y(y)$，概率密度函数为 $f_Y(y)$，根据分布函数的定义有

$$F_Y(y) = P\{Y \leqslant y\} = P\left\{\frac{X-\mu}{\sigma} \leqslant y\right\} = P\{X \leqslant \sigma y + \mu\} = F_X(\sigma y + \mu).$$

根据概率密度函数是分布函数的导数的关系，将上式两端对 y 求导，得

$$f_Y(y) = F_Y'(y) = \frac{\partial F_X(\sigma y + \mu)}{\partial y} = f_X(\sigma y + \mu) \cdot \sigma$$

$$= \frac{\sigma}{\sqrt{2\pi}\sigma} e^{-\frac{(\sigma y + \mu - \mu)^2}{2\sigma^2}} = \frac{1}{\sqrt{2\pi}} e^{-\frac{y^2}{2}}, \quad -\infty < y < +\infty,$$

即

$$Y = \frac{X-\mu}{\sigma} \sim N(0, 1).$$

例 2.4.2 的证明是直接从 Y 的分布函数出发求出的，我们不妨称此方法为"**分布函数**

法，该方法的关键在于把事件$\{\omega \,|\, Y(\omega) \leqslant y\}$等价地转化为用$X(\omega)$表示的事件(即如本例中，$\{\omega \,|\, Y(\omega) \leqslant y\} = \{\omega \,|\, X(\omega) \leqslant \sigma y + \mu\}$)，然后利用已知的$X(\omega)$的分布，求出$Y = g(X)$的分布.

已知连续型随机变量X的分布函数为$F_X(x)$，概率密度函数为$f_X(x)$，又设$y = g(x)$可导，则$Y = g(X)$是一个连续型随机变量，"**直接法**"求Y的概率密度函数的基本步骤是：

(1)利用分布函数的定义求$Y = g(X)$的分布函数.

设Y的分布函数为$F_Y(y)$，概率密度函数为$f_Y(y)$，根据分布函数的定义有
$$F_Y(y) = P\{Y \leqslant y\} = P\{g(X) \leqslant y\} = P\{X \in I\},$$
其中，I为由所有能使$g(x) \leqslant y$的值x组成的集合：$I = \{x \,|\, g(x) \leqslant y\}$，于是
$$F_Y(y) = \int_I f_X(x)\mathrm{d}x.$$

特殊地，若$y = g(x)$是严格单调函数，
$$I = \{x \,|\, x \leqslant g^{-1}(y),\ g'(x) > 0\} \text{或} I = \{x \,|\, x \geqslant g^{-1}(y),\ g'(x) < 0\},$$
则
$$F_Y(y) = \int_{-\infty}^{g^{-1}(y)} f_X(x)\mathrm{d}x,\ g'(x) > 0,$$
或
$$F_Y(y) = \int_{g^{-1}(y)}^{+\infty} f_X(x)\mathrm{d}x,\ g'(x) < 0.$$

(2)根据概率密度函数是分布函数的导数的关系，将上式两端对y求导，得
$$f_Y(y) = F_Y'(y).$$

例 2.4.3 若$X \sim N(\mu,\ \sigma^2)$，试证明：随机变量$Y = AX + B(A > 0,\ B$为常数$)$仍然服从正态分布.

证 根据分布函数的定义
$$F_Y(y) = P\{Y \leqslant y\} = P\{AX + B \leqslant y\}$$
$$= P\left\{X \leqslant \frac{y - B}{A}\right\} = \int_{-\infty}^{\frac{y-B}{A}} \frac{1}{\sqrt{2\pi}\sigma} \mathrm{e}^{-\frac{(x-\mu)^2}{2\sigma^2}} \mathrm{d}x.$$

利用微积分知识，将上式两端对y求导，得
$$f_Y(y) = \frac{1}{\sqrt{2\pi}\sigma} \mathrm{e}^{-\frac{\left(\frac{y-B}{A}-\mu\right)^2}{2\sigma^2}} \left(\frac{y-B}{A}\right)' = \frac{1}{\sqrt{2\pi}\sigma} \mathrm{e}^{-\frac{(y-B-A\mu)^2}{2(A\sigma)^2}} \cdot \frac{1}{A} = \frac{1}{\sqrt{2\pi}(A\sigma)} \mathrm{e}^{-\frac{[y-(B+A\mu)]^2}{2(A\sigma)^2}},$$
即$Y \sim N(B + A\mu,\ A^2\sigma^2)$.

不难推得，对单调递减函数$Y = AX + B(A < 0,\ B$为常数$)$，有
$$f_Y(y) = \frac{1}{\sqrt{2\pi}(|A|\sigma)} \mathrm{e}^{-\frac{[y-(B+A\mu)]^2}{2(|A|\sigma)^2}}.$$

综合地，对任意的$Y = AX + B(A \neq 0,\ B$为常数$)$都有$Y \sim N(A\mu + B,\ |A|^2\sigma^2)$，这个结果表明服从正态分布的随机变量$X$的线性函数仍然服从正态分布.

例 2.4.4 设随机变量$X \sim N(0,\ 1)$，求$Y = X^2$的分布.

解 由题设$f_X(x) = \dfrac{1}{\sqrt{2\pi}} \mathrm{e}^{-\frac{x^2}{2}}$，$-\infty < x < +\infty$，而$y = x^2$不是单调函数，但分别在$I_1 = (-\infty,\ 0)$，$I_2 = [0,\ +\infty)$上严格单调，其反函数分别为$h_1(y) = -\sqrt{y}$，$h_2(y) = \sqrt{y}$，因为
$$F_Y(y) = P\{Y \leqslant y\} = P\{X^2 \leqslant y\}.$$

(1)如果$y < 0$，则事件$\{X^2 \leqslant y\}$为不可能事件，所以

$$F_Y(y) = P\{Y \leqslant y\} = P\{X^2 \leqslant y\} = 0,$$

因此 Y 的概率密度函数为 $f_Y(y) = F'_Y(y) = 0$.

(2) 如果 $y > 0$, 则事件 $\{X^2 \leqslant y\} = \{-\sqrt{y} \leqslant X \leqslant \sqrt{y}\}$, 所以

$$F_Y(y) = P\{Y \leqslant y\} = P\{X^2 \leqslant y\} = P\{-\sqrt{y} \leqslant X \leqslant \sqrt{y}\} = \int_{-\sqrt{y}}^{\sqrt{y}} f_X(x) \mathrm{d}x,$$

因此 Y 的概率密度函数为

$$f_Y(y) = F'_Y(y) = \frac{1}{2\sqrt{y}} \left[f_X(-\sqrt{y}) + f_X(\sqrt{y}) \right] = \frac{1}{\sqrt{2\pi y}} \mathrm{e}^{-\frac{y}{2}}.$$

(3) 如果 $y = 0$, 则 $F_Y(y) = P\{Y \leqslant y\} = P\{X^2 \leqslant y\} = 0$, 所以 Y 的概率密度函数为 $f_Y(y) = 0$.

综合得

$$f_Y(y) = F'_Y(y) = \begin{cases} \dfrac{1}{\sqrt{2\pi y}} \mathrm{e}^{-\frac{y}{2}}, & y > 0, \\ 0, & y \leqslant 0. \end{cases}$$

对于所有严格单调函数 $y = g(x)$, 下面的定理提供了计算 $Y = g(X)$ 的概率密度函数的简便方法.

定理 2.4 若已知连续型随机变量 X 的概率密度函数为 $f_X(x)$, 若函数 $y = g(x)$ 严格单调, 其反函数 $x = h(y)$ 有连续的导函数 $h'(y)$, 则 $Y = g(X)$ 也是一个连续型随机变量, 其概率密度函数为

$$f_Y(y) = \begin{cases} f_X[h(y)] \cdot |h'(y)|, & a < y < b, \\ 0, & \text{其他}, \end{cases} \tag{2.27}$$

其中 $a = \min\{g(-\infty), g(+\infty)\}$, $b = \max\{g(-\infty), g(+\infty)\}$.

证 我们不妨假设 $y = g(x)$ 严格单调递减, 这时它的反函数 $h(y)$ 也严格单调递减, 且 $h'(y) < 0$, 此时 $a = g(+\infty)$, $b = g(-\infty)$, 这意味着 $y = g(x)$ 的值域是 (a, b), 于是

当 $y \leqslant a$ 时, $F_Y(y) = P\{Y \leqslant y\} = P\{g(X) \leqslant y\} = 0$, 则 $f_Y(y) = F'_Y(y) = 0$;

当 $y \geqslant b$ 时, $F_Y(y) = P\{Y \leqslant y\} = P\{g(X) \leqslant y\} = 1$, 则 $f_Y(y) = F'_Y(y) = 0$;

当 $a < y < b$ 时, $F_Y(y) = P\{Y \leqslant y\} = P\{g(X) \leqslant y\} = P\{X \geqslant h(y)\} = \int_{h(y)}^{+\infty} f_X(x) \mathrm{d}x,$

由此, 得

$$f_Y(y) = \frac{1}{\mathrm{d}y} \int_{h(y)}^{+\infty} f_X(x) \mathrm{d}x = -f_X[h(y)] \cdot h'(y) = f_X[h(y)] \cdot |h'(y)|, \quad a < y < b.$$

故

$$f_Y(y) = \begin{cases} f_X[h(y)] \cdot |h'(y)|, & a < y < b, \\ 0, & \text{其他}, \end{cases}$$

其中 $a = g(+\infty)$, $b = g(-\infty)$.

同理, 当 $y = g(x)$ 严格单调递增时, 结论也成立, 此时 $h(y)$ 严格单调递增, 且 $h'(y) > 0$, 此时,

$$f_Y(y) = \frac{1}{\mathrm{d}y} \int_{-\infty}^{h(y)} f_X(x) \mathrm{d}x = f_X[h(y)] \cdot h'(y), \quad a = g(-\infty) < y < g(+\infty) = b.$$

综合以上讨论, 得

$$f_Y(y)=\begin{cases} f_X[h(y)]\cdot|h'(y)|, & a<y<b, \\ 0, & \text{其他}, \end{cases}$$

其中 $a=\min\{g(-\infty),\ g(+\infty)\}$, $b=\max\{g(-\infty),\ g(+\infty)\}$.

例 2.4.5 对圆的直径 X 作近似度量, 设其在 $[a, b]$ 上服从均匀分布 $(b>a>0)$, 试求圆面积 S 的概率密度函数.

解 圆的面积公式为 $S=\dfrac{1}{4}\pi x^2$, 已知 X 的概率密度函数为

$$f_X(x)=\begin{cases} \dfrac{1}{b-a}, & a\leqslant x\leqslant b, \\ 0, & \text{其他}. \end{cases}$$

由于 X 的取值 x 非负, 故 $S=\dfrac{1}{4}\pi x^2$ 在 $[a, b]$ 内有唯一反函数

$$h(S)=x=\sqrt{\frac{4S}{\pi}},$$

且

$$h'(S)=x'=\sqrt{\frac{1}{\pi S}}.$$

由定理 2.4 知, 随机变量 $S=\dfrac{1}{4}\pi X^2$ 的概率密度函数为

$$f_S(S)=\begin{cases} f_X[h(S)]\cdot h'(S), & \dfrac{1}{4}\pi a^2\leqslant S\leqslant\dfrac{1}{4}\pi b^2, \\ 0, & \text{其他} \end{cases}$$

$$=\begin{cases} \dfrac{1}{b-a}\cdot\dfrac{1}{\sqrt{\pi S}}, & \dfrac{1}{4}\pi a^2\leqslant S\leqslant\dfrac{1}{4}\pi b^2, \\ 0, & \text{其他}. \end{cases}$$

例 2.4.6 设 $X\sim N(\mu,\ \sigma^2)$, 求 $Y=\mathrm{e}^X$ 的概率密度函数.

解 设 $F_Y(y)$ 和 $f_Y(y)$ 分别表示随机变量 Y 的分布函数与概率密度函数, 则
当 $y\leqslant0$ 时, $F_Y(y)=P\{Y\leqslant y\}=P\{\mathrm{e}^X\leqslant y\}=0$, 从而

$$f_Y(y)=F_Y'(y)=0.$$

当 $y>0$ 时, 因为 $g(x)=\mathrm{e}^x$ 是 x 的严格单调递增函数, 它的反函数为 $x=\ln y=h(y)$, 则 $h'(y)=x_y'=\dfrac{1}{y}$, 所以由定理 2.4 有

$$f_Y(y)=f_X[h(y)]\cdot|h'(y)|=\frac{1}{\sqrt{2\pi}\sigma}\mathrm{e}^{-\frac{(\ln y-\mu)^2}{2\sigma^2}}\cdot\frac{1}{y}=\frac{1}{\sqrt{2\pi}\sigma y}\mathrm{e}^{-\frac{(\ln y-\mu)^2}{2\sigma^2}}.$$

综合得

$$f_Y(y)=\begin{cases} \dfrac{1}{\sqrt{2\pi}\sigma y}\mathrm{e}^{-\frac{(\ln y-\mu)^2}{2\sigma^2}}, & y>0, \\ 0, & y\geqslant0, \end{cases}$$

这个分布称为**对数正态分布**, 记为 $LN(\mu,\ \sigma^2)$.

习 题 二

1. 五张卡片上分别写有号码 1, 2, 3, 4, 5, 随机地抽取出其中三张. 设随机变量 X

表示取出三张卡片上的最大号码.

(1)写出 X 的所有可能取值；　　(2)求 X 的分布律.

2. 下面表中列出的是否是某个随机变量的分布律？

(1)

X	1	3	5
P	0.5	0.3	0.2

(2)

X	1	2	3
P	0.7	0.1	0.1

3. 一批产品共有 N 件，其中 M 件次品. 从中任意取出 $n(n \leqslant M)$ 件产品，求这 n 件产品中次品数 X 的分布律(此分布律为超几何分布).

4. 设随机变量 X 的分布律为 $P\{X=k\}=\dfrac{k}{15}$，$k=1$, 2, 3, 4, 5，求：

(1)$P\{X=1$ 或 $X=2\}$；　　(2)$P\left\{\dfrac{1}{2}<X<\dfrac{5}{2}\right\}$；　　(3)$P\{1\leqslant X\leqslant 2\}$.

5. 一批产品共 10 件，其中 7 件正品，3 件次品. 从该批产品中每次任取一件，在下列两种情况下，分别求直至取得正品为止所需次数 X 的分布律.

(1)每次取后不放回；　　(2)每次取后放回.

6. 某射手每发子弹命中目标的概率为 0.8，现相互独立地射击 5 发子弹，求：

(1)命中目标弹数的分布律；　　(2)命中目标的概率.

7. 设随机变量 X 服从泊松分布 $P(\lambda)$，且 $P\{X=1\}=P\{X=2\}$，求 $P\{X=4\}$.

8. 设随机变量 X 的分布律为

(1)$P\{X=k\}=\dfrac{a}{N}$，$k=1$, 2, $\cdots$, N；

(2)$P\{X=k\}=a\dfrac{\lambda^k}{k!}$，$k=0$, 1, 2, $\cdots$,

试确定常数 a.

9. 汽车沿某街道行驶，需通过三个设有红绿灯的交通道口，已知道口信号灯之间相互独立，且红绿信号显示时间相等，以 X 表示该车首次遇到红灯前所通过的道口数，求随机变量 X 的概率分布.

10. 设一只股票预计在一段时期内每天上涨的概率为 0.6，下跌的概率为 0.4，连续观察这段时间里 5 个交易日，求这 5 个交易日中该股票上涨的天数的概率分布.

11. 某车间有同类设备 100 台，各台设备工作互不影响. 如果每台设备发生故障的概率是 0.01，且一台设备的故障可由一个人来处理，问至少配备多少维修工人，才能保证设备发生故障但不能及时维修的概率小于 0.01(利用泊松定理近似计算).

12. 设随机变量 X 的概率密度函数为 $f(x)=ce^{-|x|}$ $(-\infty<x<+\infty)$，求：

(1)常数 c；　　(2)X 落在区间$(0, 1)$内的概率；　　(3)$P\{|X|\geqslant 5\}$.

13. 设随机变量 X 的概率密度函数为 $f(x)=\begin{cases} cx, & x\in(0, 1), \\ 0, & \text{其他}, \end{cases}$ 求：

(1)常数 c；　　(2)$P\{0.3<X<0.7\}$；　　(3)常数 a，使得 $P\{X>a\}=P\{X<a\}$；

(4)常数 b，使得 $P\{X>b\}=0.64$；　　(5)X 的分布函数.

14. 已知 X 的分布律为

X	-1	0	1
P	$\dfrac{1}{6}$	$\dfrac{1}{3}$	$\dfrac{1}{2}$

求 X 的分布函数，并画出它的图形.

15. 设随机变量 X 的分布函数为 $F(x)=\begin{cases}1-\mathrm{e}^{-x}, & x\geqslant0,\\ 0, & x<0,\end{cases}$ 求：

(1)$P\{X\leqslant2\}$，$P\{X>2\}$；　(2)X 的概率密度函数.

16. 设连续型随机变量 X 的分布函数为 $F(x)=A+B\arctan x$，$-\infty<x<+\infty$，求：

(1)系数 A 与 B；　(2)$P\{-1\leqslant X<1\}$；　(3)X 的概率密度函数.

17. 设随机变量 X 的分布函数为 $F(x)=\begin{cases}a+\dfrac{b}{(1+x^2)}, & x>0,\\ c, & x\leqslant0,\end{cases}$ 求常数 a，b，c 的值.

18. 设随机变量 X 的概率密度函数为 $f(x)=\begin{cases}\dfrac{1}{2}\cos x, & |x|\leqslant\dfrac{\pi}{2},\\ 0, & \text{其他},\end{cases}$ 求 X 的分布函数 $F(x)$，并作出它的图形.

19. 已知随机变量 X 的概率密度函数为 $f(x)=\begin{cases}c\mathrm{e}^{-\frac{x}{\theta}}, & x>0,\\ 0, & x\leqslant0,\end{cases}$ 求：

(1)常数 c；　(2)常数 a，使得 $P\{X>a\}=\dfrac{1}{2}$.

20. 某公共汽车站每隔 5min 有一辆汽车通过，乘客到达该汽车站的任一时刻是等可能的，求乘客候车时间不超过 3min 的概率.

21. 设 X 在 $[-2,5]$ 上服从均匀分布，求方程 $4\mu^2+4\mu X+X+2=0$ 有实根的概率.

22. 在区间 $[a,b]$ 上任意投掷一个点，以 X 表示这个点的坐标. 设这个点落在 $[a,b]$ 中任意小区间的概率与这个小区间的长度成正比，求 X 的概率密度.

23. 设随机变量 $X\sim U(2,5)$，现对 X 进行三次独立观测，试求至少有两次观测值大于 3 的概率.

24. $X\sim U(a,b)(a>0)$，且 $P\{0<X<3\}=\dfrac{1}{4}$，$P\{X>4\}=\dfrac{1}{2}$，求：

(1)X 的概率密度；(2)$P\{1<X<5\}$.

25. 设 $X\sim N(2,0.3^2)$，查表计算 $P\{X>1\}$，$P\{-1\leqslant X<1.2\}$.

26. 设 $X\sim N(\mu,\sigma^2)$，查表求下列各题中满足条件的 k 值：

(1)$P\{\mu-k\sigma<X<\mu+k\sigma\}=0.8$；(2)$P\{X>\mu+k\sigma\}=0.95$.

27. 设 $X\sim N(3,2^2)$，求 c，使得 $P\{X>c\}=P\{X\leqslant c\}$.

28. 设随机变量 $X\sim N(5000,\sigma^2)$，且(1)$P\{4500<X<5500\}=0.9$；(2)$P\{X\geqslant4000\}=0.95$，分别求上述两题中允许 σ 取得的最大值.

29. 某种配件的长度 X(单位：cm)服从正态分布 $N(10.05,0.06^2)$，规定其长度在范围 $(10.05-0.12,10.05+0.12)$ 内为合格品，求生产该种配件是合格品的概率.

30. 已知电源电压 X 服从正态分布 $N(220,25^2)$，在电源电压处于 $X\leqslant200\mathrm{V}$，$200\mathrm{V}<X\leqslant240\mathrm{V}$，$X>240\mathrm{V}$ 三种情况下，某电子元件损坏的概率分别为 0.1，0.01，0.2.

(1)试求该电子元件损坏的概率；

(2)该电子元件损坏时，电源电压在 200～240V 的概率．

31. 某班数学考试成绩呈正态分布 $N(70，10^2)$，老师将成绩的前 5% 定为优秀，那么成绩为优秀的最少成绩是多少？

32. 设随机变量 X 的概率密度函数为

$$f_X(x)=\begin{cases} 3x^2， & 0<x<1， \\ 0， & 其他， \end{cases}$$

求 $Y=1-X$ 的概率密度函数．

33. 测量某一目标的距离，测量误差 X（单位：cm）服从正态分布 $N(50，100^2)$，求：

(1)测量误差的绝对值不超过 150cm 的概率；

(2)在三次测量中至少有一次误差的绝对值不超过 150cm 的概率；

(3)测得的距离不小于真实距离的概率．

第三章 二维随机变量及其分布

在第二章中，我们详细地讨论了一维随机变量及其分布，但在实际应用中，许多随机现象仅用一个随机变量是无法描述的，需要多个随机变量共同来完成．比如，在打靶射击中，弹着点的位置需由它的横坐标 X 和纵坐标 Y 确定，则 (X, Y) 就是两个随机变量构成的整体．又如，研究某地区气候情况 E 可由温度 X、湿度 Y 和雨量 Z 来描述，此时 $E=(X, Y, Z)$ 是三维随机变量．再如，某品种荔枝栽培生长状况 Y 可通过肥料种类 X_1、农药种类 X_2、气候条件 X_3、栽培技术 X_4 等多个随机变量来刻画．因此，研究多维随机变量的概率分布是非常必要的．一般地，我们会将它们作为一个整体 $(X_1, X_2, \cdots, X_n)$ 来研究，这不仅可以帮助我们更全面、更准确地把握所研究的随机现象，而且可以对其中任何一个随机变量的概率分布及它们之间的相互依赖关系有更加清晰地认识．

本章主要讨论二维随机变量，其所有的理论都可以平行推广到 $n(>2)$ 维随机变量．

第一节 二维随机变量及其联合分布

一、二维随机变量的联合分布函数

视频32：
二维随机变量
的联合分布

设随机试验 E 的样本空间为 Ω，X，Y 是定义在 Ω 上的随机变量，由它们所构成的向量 (X, Y) 称为**二维随机向量**，如上所述，X，Y 定义在同一样本空间，且有着相互联系，因此把它们分别作为单独的两个随机变量研究是不够的，而应把它们作为一个整体来研究．为此，我们引入二维随机变量分布函数的概念．

定义 3.1 设 (X, Y) 是二维随机变量，对于任意实数 x，y，二元函数
$$F(x, y)=P\{X \leqslant x, Y \leqslant y\} \tag{3.1}$$
称为**二维随机变量 (X, Y) 的联合分布函数**或**二维分布函数**．

事件 $\{X \leqslant x, Y \leqslant y\}=\{X \leqslant x\} \bigcap \{Y \leqslant y\}$，即分布函数 $F(x, y)$ 表示事件 $\{X \leqslant x\}$ 和事件 $\{Y \leqslant y\}$ 同时发生的概率，如果将二维随机变量 (X, Y) 看成平面上随机点的坐标，那么分布函数 $F(x, y)$ 在 (x, y) 处的函数值，就是随机点 (X, Y) 落在以点 (x, y) 为顶点的左下无穷矩形域内的概率，如图 3.1 所示．

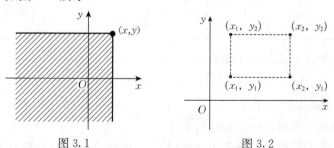

图 3.1　　　　　　　　　　　图 3.2

当给定联合分布函数后，借助于图 3.2 容易算出：随机点 (X, Y) 落在矩形域 $\{x_1 < X \leqslant x_2, y_1 < Y \leqslant y_2\}$ 内的概率为

$$P\{x_1<X\leqslant x_2, y_1<Y\leqslant y_2\}=F(x_2, y_2)-F(x_2, y_1)+F(x_1, y_1)-F(x_1, y_2).$$
$$\tag{3.2}$$

二维分布函数 $F(x, y)$ 具有下列性质:

(1) $F(x, y)$ 分别关于 x 和 y 单调不减,即

对于任意固定的 y,当 $x_1<x_2$ 时,$F(x_1, y)\leqslant F(x_2, y)$;

对于任意固定的 x,当 $y_1<y_2$ 时,$F(x, y_1)\leqslant F(x, y_2)$.

(2) $F(x, y)$ 关于 x 右连续,关于 y 也右连续,即
$$F(x+0, y)=F(x, y), F(x, y+0)=F(x, y).$$

(3) $0\leqslant F(x, y)\leqslant 1$,且

对任意固定的 y,$F(-\infty, y)=\lim_{x\to-\infty}F(x, y)=0$;

对任意固定的 x,$F(x, -\infty)=\lim_{y\to-\infty}F(x, y)=0$;

$$F(-\infty, -\infty)=\lim_{\substack{x\to-\infty\\y\to-\infty}}F(x, y)=0;$$

$$F(+\infty, +\infty)=\lim_{\substack{x\to+\infty\\y\to+\infty}}F(x, y)=1.$$

(4) 对任意的 $x_1<X\leqslant x_2$,$y_1<Y\leqslant y_2$,下述不等式成立:
$$F(x_2, y_2)-F(x_2, y_1)+F(x_1, y_1)-F(x_1, y_2)\geqslant 0.$$

此性质由(3.2)式即可得到.

与一维随机变量一样,经常讨论的二维随机变量的两种类型:离散型与连续型.

二、二维离散型随机变量

定义 3.2 如果二维随机变量 (X, Y) 的可能取值只有有限个或可数个实数对,则称 (X, Y) 为**二维离散型随机变量**.

设二维离散型随机变量 (X, Y) 的所有可能取值为 (x_i, y_j),且取这些值的概率为

视频33:
二维离散型
随机变量

$$P\{X=x_i, Y=y_j\}=p_{ij}, \tag{3.3}$$

这里 $i, j=1, 2, \cdots$. 一般地,称(3.3)式为 (X, Y) 的(**联合**)概率分布或(**联合**)分布列.

(X, Y) 的联合分布列也可用如下的表格来表示:

X \ Y	y_1	y_2	$\cdots$	y_j	$\cdots$
x_1	p_{11}	p_{12}	$\cdots$	p_{1j}	$\cdots$
x_2	p_{21}	p_{22}	$\cdots$	p_{2j}	$\cdots$
$\vdots$	$\vdots$	$\vdots$		$\vdots$	
x_i	p_{i1}	p_{i2}	$\cdots$	p_{ij}	$\cdots$
$\vdots$	$\vdots$	$\vdots$		$\vdots$	

由概率的定义知,p_{ij} 满足如下条件:

(1) $p_{ij}\geqslant 0$;

(2) $\sum\limits_{i,j}p_{ij}=\sum\limits_i\sum\limits_j p_{ij}=1.$ $\tag{3.4}$

(1)和(2)又称为二维联合分布列的基本性质.

根据分布列,我们可得到二维随机向量 (X, Y) 落在 Ω 的任一子集 D 上的概率为

$$P\{(X, Y)\in D\}=\sum_{(x_i,y_j)\in D}p_{ij}, \tag{3.5}$$

其中，和式是对一切满足 $(x_i, y_j) \in D$ 的 i, j 求和.

同时，也不难得到二维随机向量 (X, Y) 的联合分布函数为

$$F(x, y) = \sum_{x_i \leqslant x} \sum_{y_j \leqslant y} p_{ij}, \tag{3.6}$$

其中，和式是对一切满足 $x_i \leqslant x, y_j \leqslant y$ 的 i, j 求和.

例 3.1.1 一个口袋中有 6 个球，其中 4 个标有数字 1，2 个标有数字 2，从中任取一个，不放回袋中，再任取一个，设每次取球时，各球被取到的可能性相等. 以 X, Y 分别记第一次和第二次取到的球上标有的数字，求 (X, Y) 的联合分布列及其分布函数.

解 由题意，(X, Y) 的可能取值为 $(1, 1), (1, 2), (2, 1), (2, 2)$.

由概率的乘法公式可得

$$P\{X=1, Y=1\} = \frac{4}{6} \times \frac{3}{5} = \frac{6}{15},$$

$$P\{X=1, Y=2\} = \frac{4}{6} \times \frac{2}{5} = \frac{4}{15},$$

$$P\{X=2, Y=1\} = \frac{2}{6} \times \frac{4}{5} = \frac{4}{15},$$

$$P\{X=2, Y=2\} = \frac{2}{6} \times \frac{1}{5} = \frac{1}{15},$$

即 (X, Y) 的联合分布列为

X \ Y	1	2
1	$\frac{6}{15}$	$\frac{4}{15}$
2	$\frac{4}{15}$	$\frac{1}{15}$

下面求 (X, Y) 的分布函数：

当 $x<1$ 或 $y<1$ 时，$F(x, y) = P\{X \leqslant x, Y \leqslant y\} = P\{\varnothing\} = 0$；

当 $1 \leqslant x<2$ 且 $1 \leqslant y<2$ 时，$F(x, y) = P\{X \leqslant x, Y \leqslant y\} = P\{(1, 1)\} = \frac{6}{15}$；

当 $1 \leqslant x<2$ 且 $y \geqslant 2$ 时，$F(x, y) = P\{X \leqslant x, Y \leqslant y\} = P\{(1, 1), (1, 2)\} = \frac{10}{15}$；

当 $x \geqslant 2$ 且 $1 \leqslant y<2$ 时，$F(x, y) = P\{X \leqslant x, Y \leqslant y\} = P\{(1, 1), (2, 1)\} = \frac{10}{15}$；

当 $x \geqslant 2$ 且 $y \geqslant 2$ 时，$F(x, y) = P\{X \leqslant x, Y \leqslant y\} = P\{\Omega\} = 1$.

综合地，(X, Y) 的分布函数为

$$F(x, y) = \begin{cases} 0, & x<1 \text{ 或 } y<1, \\ \frac{6}{15}, & 1 \leqslant x<2, 1 \leqslant y<2, \\ \frac{10}{15}, & 1 \leqslant x<2, y \geqslant 2, \\ \frac{10}{15}, & x \geqslant 2, 1 \leqslant y<2, \\ 1, & x \geqslant 2, y \geqslant 2. \end{cases}$$

例 3.1.2 设随机变量 X 在 1，2，3 三个整数中等可能地取一个值，随机变量 Y 在 $1 \sim X$ 中等可能地取一整数值，试求 (X, Y) 的联合分布列及 $P\{X=Y\}$.

解 由题意，(X, Y) 的可能取值为

$$(1, 1), (2, 1), (2, 2), (3, 1), (3, 2), (3, 3).$$

记 i 为 X 的取值，j 为 Y 的取值，则

当 $j>i$ 时，有 $P\{X=i, Y=j\}=P(\varnothing)=0$；

当 $1 \leqslant j \leqslant i \leqslant 3$ 时，由概率的乘法公式，得

$$P\{X=i, Y=j\}=P\{X=i\}P\{Y=j \mid X=i\}=\frac{1}{3} \times \frac{1}{i}.$$

于是 (X, Y) 的联合分布列为

X \ Y	1	2	3
1	$\dfrac{1}{3}$	0	0
2	$\dfrac{1}{6}$	$\dfrac{1}{6}$	0
3	$\dfrac{1}{9}$	$\dfrac{1}{9}$	$\dfrac{1}{9}$

由此可以算得

$$P\{X=Y\}=p_{11}+p_{22}+p_{33}=\frac{1}{3}+\frac{1}{6}+\frac{1}{9}=\frac{11}{18}.$$

把上例略加推广便可导出二维离散型分布中一种应用很广的三项分布：

设一次试验只有三个可能的结果：A_1 发生或 A_2 发生或 A_3 发生，且 $P(A_1)=p_1$，$P(A_2)=p_2$，于是 $P\{A_3\}=1-(p_1+p_2)$，$0<p_1+p_2<1$，将此试验独立重复地进行 n 次，记其中 A_1 出现的次数为 X，A_2 出现的次数为 Y，易得 (X, Y) 的联合分布为

$$p_{ij}=P\{X=i, Y=j\}=\frac{n!}{i!\, j!\, (n-i-j)!}p_1^i p_2^j (1-p_1-p_2)^{n-i-j},$$

其中，$0 \leqslant i, j \leqslant n$，$0 \leqslant i+j \leqslant n$，$p_1>0$，$p_2>0$，$0<p_1+p_2<1$，并称该分布为**三项分布**，更一般地，该结果还可以推广到多项分布.

三、二维连续型随机变量

定义 3.3 对于任意实数 x，y，如果存在非负函数 $f(x, y)$，使得二维随机变量 (X, Y) 的联合分布函数 $F(x, y)$ 可以表示为

$$F(x, y)=\int_{-\infty}^{y} \int_{-\infty}^{x} f(u, v)\mathrm{d}u\mathrm{d}v, \tag{3.7}$$

则称 (X, Y) 为**二维连续型随机变量**，称函数 $f(x, y)$ 为 (X, Y) 的**（联合）概率密度函数**或**（联合）分布密度**.

视频 34：
二维连续型
随机变量

按定义，概率密度函数 $f(x, y)$ 具有以下性质：

(1) $f(x, y) \geqslant 0$. $\tag{3.8}$

(2) $\displaystyle\int_{-\infty}^{+\infty} \int_{-\infty}^{+\infty} f(x, y)\mathrm{d}x\mathrm{d}y=F(+\infty, +\infty)=1$. $\tag{3.9}$

（3）如果 $f(x, y)$ 在点 (x, y) 连续，则有

$$\frac{\partial^2 F(x, y)}{\partial x \partial y} = f(x, y). \tag{3.10}$$

（4）设 D 是 xOy 平面上的一个平面区域，(X, Y) 落在 D 内的概率为

$$P\{(X, Y) \in D\} = \iint\limits_{D} f(x, y)\mathrm{d}x\mathrm{d}y. \tag{3.11}$$

在几何上，二维概率密度函数 $z = f(x, y)$ 的图形是空间的一个曲面，通常把这一曲面叫作**分布曲面**，这样，性质（2）的几何解释是：介于分布曲面 $z = f(x, y)$ 和 xOy 平面之间的全部体积等于 1；而性质（4）中，$P\{(X, Y) \in D\}$ 的几何意义是：以 D 为底，以曲面 $z = f(x, y)$ 为顶的曲顶柱体的体积，如图 3.3 所示.

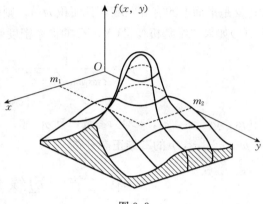

图 3.3

例 3.1.3　设二维随机变量 (X, Y) 的概率密度函数为

$$f(x, y) = \begin{cases} k\mathrm{e}^{-(2x+3y)}, & x>0, \ y>0, \\ 0, & \text{其他}, \end{cases}$$

（1）确定常数 k；

（2）求 (X, Y) 的分布函数；

（3）求 $P\{0<X\leqslant 4, \ 0<Y\leqslant 1\}$；

（4）求 $P\{X<Y\}$.

解　（1）由性质（2），有

$$\int_{-\infty}^{+\infty}\int_{-\infty}^{+\infty} f(x, y)\mathrm{d}x\mathrm{d}y = \int_0^{+\infty}\int_0^{+\infty} k\mathrm{e}^{-(2x+3y)}\mathrm{d}x\mathrm{d}y = k\int_0^{+\infty} \mathrm{e}^{-2x}\mathrm{d}x\int_0^{+\infty} \mathrm{e}^{-3y}\mathrm{d}y$$

$$= k\left[-\frac{1}{2}\mathrm{e}^{-2x}\right]_0^{+\infty}\left[-\frac{1}{3}\mathrm{e}^{-3y}\right]_0^{+\infty} = k\cdot\frac{1}{6} = 1,$$

于是 $k=6$.

（2）由定义，有

$$F(x, y) = \int_{-\infty}^y\int_{-\infty}^x f(u, v)\mathrm{d}u\mathrm{d}v$$

$$= \begin{cases} \int_0^y\int_0^x 6\mathrm{e}^{-(2u+3v)}\mathrm{d}u\mathrm{d}v = (1-\mathrm{e}^{-2x})(1-\mathrm{e}^{-3y}), & y>0, \ x>0, \\ 0, & \text{其他}. \end{cases}$$

（3）$P\{0<X\leqslant 4, \ 0<Y\leqslant 1\} = \int_0^1\int_0^4 6\mathrm{e}^{-(2x+3y)}\mathrm{d}x\mathrm{d}y = (1-\mathrm{e}^{-8})(1-\mathrm{e}^{-3}) \approx 0.95.$

本题也可按公式（3.2）来求，请读者自己验算.

（4）$P\{X<Y\} = \iint\limits_{D} f(x, y)\mathrm{d}x\mathrm{d}y = \iint\limits_{x<y} f(x, y)\mathrm{d}x\mathrm{d}y$

$$= \int_0^{+\infty}\left[\int_0^y 6\mathrm{e}^{-(2x+3y)}\mathrm{d}x\right]\mathrm{d}y = \int_0^{+\infty} 3\mathrm{e}^{-3y}(1-\mathrm{e}^{-2y})\mathrm{d}y$$

$$= \int_0^{+\infty} 3e^{-3y}dy - \int_0^{+\infty} 3e^{-5y}dy = 1 - \frac{3}{5} = \frac{2}{5}.$$

最常见的二维连续型分布是二维均匀分布和二维正态分布. 现分别介绍如下:

(1)设二维随机变量(X,Y)的概率密度函数为

$$f(x,y)=\begin{cases} \dfrac{1}{A}, & (x,y)\in D, \\ 0, & \text{其他}, \end{cases} \tag{3.12}$$

其中D是平面上的有界区域,其面积为A,则称(X,Y)在D上服从**均匀分布**.

(2)如果二维随机变量(X,Y)的概率密度函数为

$$f(x,y)=\frac{1}{2\pi\sigma_1\sigma_2\sqrt{1-\rho^2}}e^{\frac{-1}{2(1-\rho^2)}\left[\frac{(x-\mu_1)^2}{\sigma_1^2}-2\rho\frac{(x-\mu_1)(y-\mu_2)}{\sigma_1\sigma_2}+\frac{(y-\mu_2)^2}{\sigma_2^2}\right]}$$
$$(-\infty<x<+\infty, -\infty<y<+\infty), \tag{3.13}$$

其中μ_1,μ_2,σ_1,σ_2,ρ均为参数,且$\sigma_1>0$,$\sigma_2>0$,$-1<\rho<1$,则称(X,Y)服从参数为μ_1,μ_2,σ_1,σ_2,ρ的**二维正态分布**.

第二节　边缘分布与独立性

一、边缘分布

二维随机变量(X,Y)作为一个整体,具有联合分布函数$F(x,y)$,其分量X,Y又都是随机变量,也都有各自的分布函数,分别记为$F_X(x)$,$F_Y(y)$,依次称它们为二维随机变量(X,Y)关于X和Y的**边缘分布函数**.

事实上,对于一个二维随机变量(X,Y),事件$\{X\leqslant x\}$就是指事件$\{X\leqslant x,Y<+\infty\}$,因此,边缘分布函数可以由$(X,Y)$的联合分布函数$F(x,y)$来确定.

$$F_X(x)=P\{X\leqslant x\}=P\{X\leqslant x,Y<+\infty\}=F(x,+\infty),$$

即
$$F_X(x)=F(x,+\infty). \tag{3.14}$$

同理
$$F_Y(y)=F(+\infty,y). \tag{3.15}$$

下面分别讨论离散型和连续型分布中的边缘分布.

1. 二维离散型随机变量的边缘分布

设(X,Y)为二维离散型随机变量,若已知其联合分布列为

$$P\{X=x_i,Y=y_j\}=p_{ij},\ i,j=1,2,\cdots,$$

由(3.14)式和(3.15)式可得

$$F_X(x)=F(x,+\infty)=\sum_{x_i\leqslant x}\sum_{y_j<+\infty}p_{ij}=\sum_{x_i\leqslant x}\sum_j p_{ij},$$

进一步可得X的边缘分布列为

$$P\{X=x_i\}=\sum_{j=1}^{\infty}p_{ij}\quad(i=1,2,\cdots).$$

同样,Y的边缘分布列为

$$P\{Y=y_j\}=\sum_{i=1}^{\infty}p_{ij}\quad(j=1,2,\cdots).$$

视频35:
离散型随机变量
的边缘分布

记
$$p_{i.} = \sum_{j=1}^{\infty} p_{ij} = P\{X = x_i\} \ (i=1, 2, \cdots), \tag{3.16}$$

$$p_{.j} = \sum_{i=1}^{\infty} p_{ij} = P\{Y = y_j\} \ (j=1, 2, \cdots), \tag{3.17}$$

并分别称 $p_{i.}$，$p_{.j}$，i，$j=1$，2，$\cdots$为$(X，Y)$**关于 X 和 Y 的边缘概率分布**或**边缘分布列**. 于是关于 X 的边缘分布列可表示为

X	x_1	x_2	$\cdots$	x_i	$\cdots$
P	$p_{1.}$	$p_{2.}$	$\cdots$	$p_{i.}$	$\cdots$

关于 Y 的边缘分布列可表示为

Y	y_1	y_2	$\cdots$	y_j	$\cdots$
P	$p_{.1}$	$p_{.2}$	$\cdots$	$p_{.j}$	$\cdots$

显然，离散型随机变量$(X，Y)$的边缘分布列也是离散型的.

例 3.2.1 设袋中有 4 个白球和 5 个红球，现从中随机地抽取两次，每次取一个，定义随机变量 X，Y 如下：

$$X = \begin{cases} 0, & \text{第一次摸出白球,} \\ 1, & \text{第一次摸出红球,} \end{cases}$$

$$Y = \begin{cases} 0, & \text{第二次摸出白球,} \\ 1, & \text{第二次摸出红球,} \end{cases}$$

写出下列两种试验的随机变量$(X，Y)$的联合分布与边缘分布.

(1)有放回摸球；(2)无放回摸球.

解 (1)采取有放回摸球时，$(X，Y)$的联合分布与边缘分布由下表给出：

X \ Y	0	1	$P\{X=x_i\}=p_{i.}$
0	$\frac{4}{9} \times \frac{4}{9} = \frac{16}{81}$	$\frac{4}{9} \times \frac{5}{9} = \frac{20}{81}$	$\frac{4}{9}$
1	$\frac{5}{9} \times \frac{4}{9} = \frac{20}{81}$	$\frac{5}{9} \times \frac{5}{9} = \frac{25}{81}$	$\frac{5}{9}$
$P\{Y=y_j\}=p_{.j}$	$\frac{4}{9}$	$\frac{5}{9}$	

故(1)中关于 X 的边缘分布列可表示为

X	0	1
$p_{i.}$	$\frac{4}{9}$	$\frac{5}{9}$

而(1)中关于 Y 的边缘分布列可表示为

Y	0	1
$p_{.j}$	$\frac{4}{9}$	$\frac{5}{9}$

(2)采取无放回摸球时，$(X，Y)$的联合分布与边缘分布由下表给出：

Y X	0	1	$P\{X=x_i\}=p_i.$
0	$\frac{4}{9}\times\frac{3}{8}=\frac{12}{72}$	$\frac{4}{9}\times\frac{5}{8}=\frac{20}{72}$	$\frac{4}{9}$
1	$\frac{5}{9}\times\frac{4}{8}=\frac{20}{72}$	$\frac{5}{9}\times\frac{4}{8}=\frac{20}{72}$	$\frac{5}{9}$
$P\{Y=y_j\}=p._j$	$\frac{4}{9}$	$\frac{5}{9}$	

故(2)中关于 X 的边缘分布列可表示为

X	0	1
$p_i.$	$\frac{4}{9}$	$\frac{5}{9}$

而(2)中关于 Y 的边缘分布列可表示为

Y	0	1
$p._j$	$\frac{4}{9}$	$\frac{5}{9}$

在上例的表中,中间部分是(X,Y)的联合分布列,而边缘部分是 X 和 Y 的边缘分布列,它们由联合分布经同一行或同一列的和而得到,"边缘"二字即由上表的外貌得来. 另外,上例的(1)和(2)中的 X 和 Y 的边缘分布是相同的,但它们的联合分布却完全不同,由此可见,联合分布不能由边缘分布唯一确定,也就是说,二维随机变量的性质不能由它的两个分量的个别性质来确定,此时,还必须考虑它们之间的联系,这进一步说明了多维随机变量的作用.

2. 二维连续型随机变量的边缘分布

设(X,Y)为二维连续型随机变量,其概率密度函数为 $f(x,y)$,由(3.14)式得 X 的边缘分布函数为

$$F_X(x)=F(x,+\infty)=\int_{-\infty}^{x}\left[\int_{-\infty}^{+\infty}f(u,y)\mathrm{d}y\right]\mathrm{d}u,$$

视频36:
连续型随机变量
的边缘分布

从而知 X 是一个连续型随机变量,且其概率密度函数为

$$f_X(x)=\int_{-\infty}^{+\infty}f(x,y)\mathrm{d}y. \qquad (3.18)$$

同样,Y 也是一个连续型随机变量,且其概率密度函数为

$$f_Y(y)=\int_{-\infty}^{+\infty}f(x,y)\mathrm{d}x, \qquad (3.19)$$

并分别称 $f_X(x)$ 和 $f_Y(y)$ 为(X,Y)关于 X 和 Y 的**边缘概率密度函数**或**边缘分布密度**.

在 $f_X(x)$ 和 $f_Y(y)$ 的连续点处,有

$$\frac{\mathrm{d}F_X(x)}{\mathrm{d}x}=\lim_{h\to0}\frac{F_X(x+h)-F_X(x)}{h}=f_X(x),$$

$$\frac{\mathrm{d}F_Y(y)}{\mathrm{d}y}=\lim_{h\to0}\frac{F_Y(y+h)-F_Y(y)}{h}=f_Y(y). \qquad (3.20)$$

例 3.2.2 设二维随机变量(X,Y)的联合分布函数为

$$F(x,\ y)=\begin{cases}1-\mathrm{e}^{-x}-\mathrm{e}^{-y}+\mathrm{e}^{-x-y-\lambda xy}, & x>0,\ y>0,\\ 0, & \text{其他},\end{cases}$$

其中，参数 $\lambda>0$，求随机变量 X 和 Y 的边缘分布函数.

解 根据边缘分布函数和联合分布函数之间的关系(3.14)式，可得

$$F_X(x)=F(x,\ +\infty)=\lim_{y\to+\infty}F(x,\ y)=\begin{cases}1-\mathrm{e}^{-x}, & x>0,\\ 0, & x\leqslant0.\end{cases}$$

同理，根据(3.15)式，有

$$F_Y(y)=F(+\infty,\ y)=\lim_{x\to+\infty}F(x,\ y)=\begin{cases}1-\mathrm{e}^{-y}, & y>0,\\ 0, & y\leqslant0.\end{cases}$$

例 3.2.3 设二维随机变量 $(X,\ Y)$ 的联合密度函数为

$$f(x,\ y)=\begin{cases}\dfrac{1}{2}xy, & 0\leqslant x\leqslant1,\ 1\leqslant y\leqslant3,\\ 0, & \text{其他},\end{cases}$$

求 $(X,\ Y)$ 的边缘概率密度函数.

解 由(3.18)式，得

$$f_X(x)=\int_{-\infty}^{+\infty}f(x,\ y)\mathrm{d}y.$$

当 $x<0$ 或 $x>1$ 时，$f(x,\ y)=0$，从而 $f_X(x)=\displaystyle\int_{-\infty}^{+\infty}0\mathrm{d}y=0$；

当 $0\leqslant x\leqslant1$ 时，$f(x,\ y)=\dfrac{1}{2}xy$，此时 $f_X(x)=\displaystyle\int_{1}^{3}\dfrac{1}{2}xy\mathrm{d}y=2x$.

所以 X 的边缘密度函数为

$$f_X(x)=\begin{cases}2x, & 0\leqslant x\leqslant1,\\ 0, & \text{其他}.\end{cases}$$

同理可得，Y 的边缘密度函数为

$$f_Y(y)=\begin{cases}\dfrac{1}{4}y, & 1\leqslant y\leqslant3,\\ 0, & \text{其他}.\end{cases}$$

例 3.2.4 设二维随机变量 $(X,\ Y)$ 在区域 D 上服从均匀分布，其中 D 是由曲线 $y=x^2$ 和 $y=x$ 所围成的区域，试求 $(X,\ Y)$ 的联合概率密度函数和边缘概率密度函数.

解 (1)求联合概率密度函数. 因为区域 D 的面积 S 为

$$S=\int_{0}^{1}(x-x^2)\mathrm{d}x=\frac{1}{6},$$

故 $(X,\ Y)$ 的联合概率密度函数为

$$f(x,\ y)=\begin{cases}6, & x^2\leqslant y\leqslant x,\\ 0, & \text{其他}.\end{cases}$$

(2)求 $f_X(x)$ 及 $f_Y(y)$.

当 $x<0$ 或 $x>1$ 时，$f(x,\ y)=0$，从而

$$f_X(x)=\int_{-\infty}^{+\infty}f(x,\ y)\mathrm{d}y=\int_{-\infty}^{+\infty}0\mathrm{d}y=0;$$

当 $0\leqslant x\leqslant1$ 时，$f(x,\ y)=6$，从而

$$f_X(x) = \int_{-\infty}^{+\infty} f(x,\ y)\mathrm{d}y = \int_{x^2}^{x} 6\mathrm{d}y = 6(x - x^2).$$

所以 X 的概率密度函数为

$$f_X(x) = \begin{cases} 6(x - x^2), & 0 \leqslant x \leqslant 1, \\ 0, & \text{其他}. \end{cases}$$

同理可得，Y 的概率密度函数为

$$f_Y(y) = \int_{-\infty}^{+\infty} f(x,\ y)\mathrm{d}x = \begin{cases} \int_y^{\sqrt{y}} 6\mathrm{d}x, & 0 \leqslant y \leqslant 1, \\ 0, & \text{其他} \end{cases} = \begin{cases} 6(\sqrt{y} - y), & 0 \leqslant y \leqslant 1, \\ 0, & \text{其他}. \end{cases}$$

例 3.2.5 设 $(X,\ Y)$ 服从参数为 $\mu_1 = \mu_2 = 0$，$\sigma_1 = \sigma_2 = 1$，ρ 的二维正态分布，求 $(X,\ Y)$ 关于 X 和 Y 的边缘概率密度函数.

解 由 (3.13) 式知，其二维正态分布的联合概率密度函数为

$$f(x,\ y) = \frac{1}{2\pi \sqrt{1 - \rho^2}} e^{\frac{-1}{2(1 - \rho^2)}(x^2 + y^2 - 2\rho xy)} \quad (-\infty < x < +\infty,\ -\infty < y < +\infty).$$

又

$$f_X(x) = \int_{-\infty}^{+\infty} f(x,\ y)\mathrm{d}y,$$

由于

$$x^2 + y^2 - 2\rho xy = (y - \rho x)^2 + (1 - \rho^2)x^2,$$

于是

$$f_X(x) = \frac{1}{2\pi} e^{-\frac{x^2}{2}} \int_{-\infty}^{+\infty} \frac{1}{\sqrt{1 - \rho^2}} e^{-\frac{1}{2(1 - \rho^2)}(y - \rho x)^2} \mathrm{d}y.$$

令 $t = \frac{1}{\sqrt{1 - \rho^2}}(y - \rho x)$，则有

$$f_X(x) = \frac{1}{2\pi} e^{-\frac{x^2}{2}} \int_{-\infty}^{+\infty} e^{-\frac{t^2}{2}} \mathrm{d}t = \frac{1}{\sqrt{2\pi}} e^{-\frac{x^2}{2}},\ -\infty < x < +\infty.$$

同理

$$f_Y(y) = \frac{1}{\sqrt{2\pi}} e^{-\frac{y^2}{2}},\ -\infty < y < +\infty.$$

更一般地，如果 $(X,\ Y)$ 服从参数为 μ_1，μ_2，σ_1，σ_2，ρ 的二维正态分布，由 (3.13) 式即知

$$f(x,\ y) = \frac{1}{2\pi\sigma_1\sigma_2 \sqrt{1 - \rho^2}} e^{\frac{-1}{2(1 - \rho^2)}\left[\frac{(x - \mu_1)^2}{\sigma_1^2} - 2\rho\frac{(x - \mu_1)(y - \mu_2)}{\sigma_1\sigma_2} + \frac{(y - \mu_2)^2}{\sigma_2^2}\right]}.$$

我们不难用上例方法分别求得 $(X,\ Y)$ 的边缘概率密度函数为

$$f_X(x) = \frac{1}{\sqrt{2\pi}\sigma_1} e^{-\frac{(x - \mu_1)^2}{2\sigma_1^2}}, \tag{3.21}$$

$$f_Y(y) = \frac{1}{\sqrt{2\pi}\sigma_2} e^{-\frac{(y - \mu_2)^2}{2\sigma_2^2}}. \tag{3.22}$$

由此可见，若 $(X,\ Y)$ 服从参数为 μ_1，μ_2，σ_1，σ_2，ρ 的二维正态分布，则它的边缘分布都服从一维正态分布，且都不依赖于参数 ρ，即 $X \sim N(\mu_1,\ \sigma_1^2)$，$Y \sim N(\mu_2,\ \sigma_2^2)$. 这一事实也表明，仅由关于 X 及关于 Y 的边缘分布，一般来说是不能确定二维随机变量 $(X,\ Y)$ 的联合分布的.

二、随机变量的独立性

下面我们借助于随机事件的相互独立性的概念，引进随机变量的相互独立性.

定义 3.4　设 $F(x, y)$ 及 $F_X(x)$，$F_Y(y)$ 分别是二维随机变量 (X, Y) 的联合分布函数及边缘分布函数，若对一切 x, y，都有

$$P\{X \leqslant x, Y \leqslant y\} = P\{X \leqslant x\} P\{Y \leqslant y\},$$

即

$$F(x, y) = F_X(x) F_Y(y), \qquad (3.23)$$

视频 37：
随机变量的
独立性

则称**随机变量 X 和 Y 是相互独立的**.

如果 (X, Y) 是二维连续型随机变量，则有以下定理：

定理 3.1　若二维随机变量 (X, Y) 的概率密度函数为 $f(x, y)$，$f_X(x)$，$f_Y(y)$ 分别是 X 和 Y 的边缘概率密度函数，则 X 与 Y 相互独立的充要条件是：对于一切 x，y，有

$$f(x, y) = f_X(x) f_Y(y). \qquad (3.24)$$

事实上，只要将 (3.23) 式两边对 x，y 求混合偏导数即得 (3.24) 式，即必要性得证. 而将 (3.24) 式两边积分就得到 (3.23) 式，即充分性得证.

对 (X, Y) 是离散型随机变量的情形，不难得到：

定理 3.2　当 (X, Y) 是离散型随机变量时，X 和 Y 相互独立的充要条件是：对于 (X, Y) 的所有可能取值 (x_i, y_j)，有

$$P\{X = x_i, Y = y_j\} = P\{X = x_i\} P\{Y = y_j\}, \quad i, j = 1, 2, \cdots, \qquad (3.25)$$

即

$$p_{ij} = p_{i\cdot} \cdot p_{\cdot j}, \quad i, j = 1, 2, \cdots.$$

例 3.2.6（续例 3.2.1）　对 (1) 和 (2) 两种试验，问 X 与 Y 是否相互独立？

$$p_{11} = \frac{16}{81} = \frac{4}{9} \times \frac{4}{9} = p_{1\cdot} \cdot p_{\cdot 1}, \quad p_{12} = \frac{20}{81} = \frac{4}{9} \times \frac{5}{9} = p_{1\cdot} \cdot p_{\cdot 2},$$

$$p_{21} = \frac{20}{81} = \frac{5}{9} \times \frac{4}{9} = p_{2\cdot} \cdot p_{\cdot 1}, \quad p_{22} = \frac{25}{81} = \frac{5}{9} \times \frac{5}{9} = p_{2\cdot} \cdot p_{\cdot 2},$$

即对所有的 i，j 均有

$$p_{ij} = p_{i\cdot} \cdot p_{\cdot j}, \quad i, j = 1, 2.$$

故对有放回的两次摸球试验，X 和 Y 是相互独立的. 而 (2) 无放回摸球时有

$$p_{11} = \frac{12}{72} \neq \frac{4}{9} \times \frac{4}{9} = p_{1\cdot} \cdot p_{\cdot 1},$$

即不满足 (3.25) 式，故 X 与 Y 不是相互独立的.

例 3.2.7（续例 3.2.3）　因为 $f(x, y) = f_X(x) f_Y(y)$，故随机变量 X 与 Y 是相互独立的.

例 3.2.8（续例 3.2.4）　由于在区域 D 上，$f(x, y) \neq f_X(x) f_Y(y)$，故随机变量 X 与 Y 不是相互独立的.

再来考察一般的二维正态随机变量 (X, Y)，它的概率密度函数为

$$f(x, y) = \frac{1}{2\pi\sigma_1\sigma_2\sqrt{1-\rho^2}} e^{\frac{-1}{2(1-\rho^2)}\left[\frac{(x-\mu_1)^2}{\sigma_1^2} - 2\rho\frac{(x-\mu_1)(y-\mu_2)}{\sigma_1\sigma_2} + \frac{(y-\mu_2)^2}{\sigma_2^2}\right]},$$

而由 (3.21) 式及 (3.22) 式知，边缘概率密度函数 $f_X(x)$ 与 $f_Y(y)$ 的乘积为

$$f_X(x) f_Y(y) = \frac{1}{2\pi\sigma_1\sigma_2} e^{-\frac{1}{2}\left[\frac{(x-\mu_1)^2}{\sigma_1^2} + \frac{(y-\mu_2)^2}{\sigma_2^2}\right]}.$$

比较这两个式子知，使关系式 (3.24) 成立的充要条件是：$\rho = 0$. 即对于二维正态随机变量 (X, Y)，X 与 Y 相互独立的充要条件是参数 $\rho = 0$.

例 3.2.9 设 X 和 Y 相互独立，且它们的概率密度函数分别为

$$f_X(x) = \begin{cases} e^{-x}, & x \geqslant 0, \\ 0, & x < 0, \end{cases} \quad f_Y(y) = \begin{cases} e^{-y}, & y \geqslant 0, \\ 0, & y < 0, \end{cases}$$

求二维随机变量 $(X，Y)$ 的联合概率密度函数.

解 由 (3.24) 式，二维随机变量 $(X，Y)$ 的联合概率密度函数为

$$f(x，y) = f_X(x)f_Y(y) = \begin{cases} e^{-(x+y)}, & x \geqslant 0, \ y \geqslant 0, \\ 0, & \text{其他}. \end{cases}$$

例 3.2.10 设 $(X，Y)$ 的联合密度函数为

$$f(x，y) = \begin{cases} e^{-y}, & 0 < x < y, \\ 0, & \text{其他}, \end{cases}$$

请判断 $X，Y$ 的相互独立性.

解 (1) 求 $f_X(x)$.

当 $x \leqslant 0$ 时，$f(x，y) = 0$，从而 $f_X(x) = 0$；

当 $x > 0$ 时，有

$$f_X(x) = \int_{-\infty}^{+\infty} f(x，y)\mathrm{d}y = \int_x^{+\infty} e^{-y}\mathrm{d}y = e^{-x},$$

所以
$$f_X(x) = \begin{cases} e^{-x}, & x > 0, \\ 0, & \text{其他}. \end{cases}$$

(2) 求 $f_Y(y)$.

$$f_Y(y) = \int_{-\infty}^{+\infty} f(x，y)\mathrm{d}x = \begin{cases} \int_0^y e^{-y}\mathrm{d}x, & y > 0, \\ 0, & \text{其他} \end{cases} = \begin{cases} ye^{-y}, & y > 0, \\ 0, & \text{其他}. \end{cases}$$

(3) 判断独立性. 由于当 $0 < x < y$ 时，

$$f_X(x) \cdot f_Y(y) = e^{-x} \cdot ye^{-y} = ye^{-(x+y)}, \quad f(x，y) = e^{-y},$$

显然，$f(x，y) \neq f_X(x)f_Y(y)$，所以 X 与 Y 不是相互独立的.

第三节　条件分布

在第一章中，我们定义过条件概率，即在事件 B 发生的条件下事件 A 发生的条件概率为

$$P(A \mid B) = \frac{P(AB)}{P(B)}, \quad P(B) > 0.$$

下面我们以条件概率为基础来定义随机变量的"条件分布".

一、离散型随机变量的条件分布列

若记离散型随机变量 $(X，Y)$ 的联合概率密度函数为 p_{ij} 及边缘概率密度函数为 $p_{i \cdot}$，$p_{\cdot j}$，则下面给出在 $Y = b_j$ 的条件下，$X = a_i$ 的条件分布的定义.

定义 3.5 设 $(X，Y)$ 是二维离散型随机变量，对固定的 j，若 $P\{Y = b_j\} > 0$，则称

$$P\{X = a_i \mid Y = b_j\} = \frac{P\{X = a_i, Y = b_j\}}{P\{Y = b_j\}} = \frac{p_{ij}}{p_{\cdot j}}, \quad i = 1, 2, \cdots \tag{3.26}$$

为在 $Y=b_j$ 的条件下，随机变量 X 的**条件分布列**.

这组等式给出了一个一维离散型分布，它表示在事件 $\{Y=b_j\}$ 的条件下，X 的概率分布.
(3.26)式又可以用表格表示为

X	a_1	a_2	$\cdots$	a_i	$\cdots$
P	$\dfrac{p_{1j}}{p\cdot_j}$	$\dfrac{p_{2j}}{p\cdot_j}$	$\cdots$	$\dfrac{p_{ij}}{p\cdot_j}$	$\cdots$

表中 j 可以取 1，2，$\cdots$ 中的任意值.

定义 3.6 设 (X,Y) 是二维离散型随机向量，对固定的 i，若 $P\{X=a_i\}>0$，则称

$$P\{Y=b_j\mid X=a_i\}=\frac{P\{X=a_i,\ Y=b_j\}}{P\{X=a_i\}}=\frac{p_{ij}}{p_i.},\ j=1,\ 2,\ \cdots \qquad (3.27)$$

为在 $X=a_i$ 的条件下，随机变量 Y 的**条件分布列**.

在 $X=a_i$ 的条件下，随机变量 Y 的条件分布，也可用表格形式表示为

Y	b_1	b_2	$\cdots$	b_j	$\cdots$
P	$\dfrac{p_{i1}}{p_i.}$	$\dfrac{p_{i2}}{p_i.}$	$\cdots$	$\dfrac{p_{ij}}{p_i.}$	$\cdots$

表中 i 可以取 1，2，$\cdots$ 中的任意值.

条件分布是一种概率分布，具有概率分布的一切性质.例如，

$$P\{Y=b_j\mid X=a_i\}\geqslant 0,\ j=1,\ 2,\ \cdots;\ P\{X=a_i\mid Y=b_j\}\geqslant 0,\ i=1,\ 2,\ \cdots,$$

$$\sum_j P\{Y=b_j\mid X=a_i\}=1;\ \sum_i P\{X=a_i\mid Y=b_j\}=1.$$

例 3.3.1 为了进行吸烟与肺癌关系的研究，随机抽查了 9925 人，其结果见下表：

肺癌 吸烟	患	不患	合计
吸	39	2089	2128
不吸	32	7765	7797
合计	71	9854	9925

为研究方便，我们引入随机向量 (X,Y)，记

$$X=\begin{cases}1,& \text{被调查者不吸烟,}\\ 0,& \text{被调查者吸烟,}\end{cases} \qquad Y=\begin{cases}1,& \text{被调查者未患肺癌,}\\ 0,& \text{被调查者患肺癌,}\end{cases}$$

求出在 $X=0$ 和 $X=1$ 的条件下，Y 的条件分布（见下表）.

$\ \ \ \ \ \ Y$ X	0	1	$P\{X=x_i\}=p_i.$
0	0.00393	0.21048	0.21441
1	0.00322	0.78237	0.78559
$P\{Y=y_j\}=p\cdot_j$	0.00715	0.99285	1

解 在 $X=0$ 的条件下，

$$P\{Y=0\,|\,X=0\}=\frac{P\{X=0,\ Y=0\}}{P\{X=0\}}=\frac{0.00393}{0.21441}=0.01833,$$

$$P\{Y=1\,|\,X=0\}=\frac{P\{X=0,\ Y=1\}}{P\{X=0\}}=\frac{0.21048}{0.21441}=0.98167.$$

在 $X=1$ 的条件下,

$$P\{Y=0\,|\,X=1\}=\frac{P\{X=1,\ Y=0\}}{P\{X=1\}}=\frac{0.00322}{0.78559}=0.00410,$$

$$P\{Y=1\,|\,X=1\}=\frac{P\{X=1,\ Y=1\}}{P\{X=1\}}=\frac{0.78237}{0.78559}=0.99590.$$

由概率计算知

(1) $P\{X=0\}=p_{1.}=0.21441$,$P\{X=1\}=p_{2.}=0.78559$,说明被抽样人群中抽烟率约为 21.441%,不抽烟率约为 78.559%.

(2) $P\{Y=0\}=p_{.1}=0.00715$,$P\{Y=1\}=p_{.2}=0.99285$,说明被抽样人群中患肺癌率约为 0.715%,未患肺癌率约为 99.285%.

(3) $P\{Y=0\,|\,X=0\}=0.01833$,$P\{Y=0\,|\,X=1\}=0.00410$,说明被抽样人群中在吸烟条件下患肺癌率(约为 1.933%)是不吸烟条件下患肺癌率(约为 0.410%)的 4.7 倍.

二、连续型随机变量的条件概率密度函数

设 (X,Y) 是二维连续型随机变量,对任意 x,y,由于 $P\{X=x\}=0$,$P\{Y=y\}=0$,所以不能直接用条件概率公式得到条件分布,这时要使用极限的方法得到条件概率密度函数.

定义 3.7 给定 y,对任意固定的正数 $h>0$,极限

$$\lim_{h\to0}P\{X\leqslant x\,|\,y<Y\leqslant y+h\}=\lim_{h\to0}\frac{P\{X\leqslant x,\ y<Y\leqslant y+h\}}{P\{y<Y\leqslant y+h\}} \qquad (3.28)$$

存在,则称此极限为在 $Y=y$ 的条件下 X 的**条件分布函数**,记为

$$F_{X|Y}(x\,|\,y)=P\{X\leqslant x\,|\,Y=y\}.$$

若存在 $f_{X|Y}(x\,|\,y)$ 使得

$$F_{X|Y}(x\,|\,y)=\int_{-\infty}^{x}f_{X|Y}(\mu\,|\,y)\mathrm{d}\mu, \qquad (3.29)$$

则称 $f_{X|Y}(x\,|\,y)$ 为在条件 $Y=y$ 下 X 的**条件概率密度函数**,简称**条件密度**.

定理 3.3 设随机变量 (X,Y) 的联合概率密度函数为 $f(x,y)$,Y 的边缘概率密度函数为 $f_Y(y)$. 若 $f(x,y)$ 在点 (x,y) 处连续,当 $f_Y(y)>0$ 时,

$$f_{X|Y}(x\,|\,y)=\frac{f(x,\ y)}{f_Y(y)}. \qquad (3.30)$$

证 设随机变量 (X,Y) 的联合分布函数为 $F(x,y)$,其概率密度函数为 $f(x,y)$,Y 的边缘概率密度函数为 $f_Y(y)>0$,由定义有

$$F_{X|Y}(x\,|\,y)=\lim_{h\to0}\frac{P\{X\leqslant x,\ y<Y\leqslant y+h\}}{P\{y<Y\leqslant y+h\}}$$

$$=\frac{\lim\limits_{h\to0}[F(x,\ y+h)-F(-\infty,\ y+h)-F(x,\ y)+F(-\infty,\ y)]}{\lim\limits_{h\to0}[F(y+h)-F(y)]}$$

$$=\frac{\lim\limits_{h\to0}[F(x,\ y+h)-F(x,\ y)]}{\lim\limits_{h\to0}[F(y+h)-F(y)]}$$

$$= \frac{\lim\limits_{h \to 0}\{[F(x, y+h) - F(x, y)]/h\}}{\lim\limits_{h \to 0}\{[F(y+h) - F(y)]/h\}}$$

$$= \frac{\partial F(x, y)/\partial y}{\mathrm{d}F_Y(y)/\mathrm{d}y} = \frac{\int_{-\infty}^{x} f(\mu, y)\mathrm{d}\mu}{f_Y(y)} = \int_{-\infty}^{x} \frac{f(\mu, y)}{f_Y(y)}\mathrm{d}\mu,$$

故有
$$f_{X|Y}(x|y) = \frac{f(x, y)}{f_Y(y)}.$$

同理，若连续型随机变量(X, Y)的联合概率密度函数$f(x, y)$在点(x, y)处连续，边缘概率密度函数$f_X(x)$为x的连续函数，且$f_X(x) > 0$，则在$X = x$的条件下，Y的条件概率密度函数为

$$f_{Y|X}(y|x) = \frac{f(x, y)}{f_X(x)}. \tag{3.31}$$

例 3.3.2 若$(X, Y) \sim N(\mu_1, \mu_2, \sigma_1^2, \sigma_2^2, \rho)$，求条件概率密度函数$f_{Y|X}(y|x)$.

解 $f(x, y) = \dfrac{1}{2\pi\sigma_1\sigma_2\sqrt{1-\rho^2}}\mathrm{e}^{\frac{-1}{2(1-\rho^2)}\left[\frac{(x-\mu_1)^2}{\sigma_1^2} - 2\rho\frac{(x-\mu_1)(y-\mu_2)}{\sigma_1\sigma_2} + \frac{(y-\mu_2)^2}{\sigma_2^2}\right]}.$

由二维正态分布的性质及例 3.2.5 知
$$f_X(x) = \frac{1}{\sqrt{2\pi}\sigma_1}\mathrm{e}^{-\frac{(x-\mu_1)^2}{2\sigma_1^2}}, \quad -\infty < x < +\infty,$$

则
$$f_{Y|X}(y|x) = \frac{f(x, y)}{f_X(x)} = \frac{\dfrac{1}{2\pi\sigma_1\sigma_2\sqrt{1-\rho^2}}\mathrm{e}^{\frac{-1}{2(1-\rho^2)}\left[\frac{(x-\mu_1)^2}{\sigma_1^2} - 2\rho\frac{(x-\mu_1)(y-\mu_2)}{\sigma_1\sigma_2} + \frac{(y-\mu_2)^2}{\sigma_2^2}\right]}}{\dfrac{1}{\sqrt{2\pi}\sigma_1}\mathrm{e}^{-\frac{(x-\mu_1)^2}{2\sigma_1^2}}}$$

$$= \frac{1}{\sqrt{2\pi}\sigma_2\sqrt{1-\rho^2}}\mathrm{e}^{-\frac{\{y - [\mu_2 + \rho\sigma_1^{-1}\sigma_2(x-\mu_1)^2]\}^2}{2(1-\rho^2)\sigma_2^2}}.$$

表明$f_{Y|X}(y|x)$是正态分布$N(\mu_2 + \rho\sigma_1^{-1}\sigma_2(x-\mu_1)^2, (1-\rho^2)\sigma_2^2)$的概率密度函数.

例 3.3.3 设(X, Y)的联合概率密度函数为
$$f(x, y) = \begin{cases} x+y, & 0 \leqslant x \leqslant 1, 0 \leqslant y \leqslant 1, \\ 0, & \text{其他,} \end{cases}$$

(1)求X和Y的边缘分布；

(2)求条件概率密度函数$f_{X|Y}(x|y)$；

(3)求概率$P\left\{X > \dfrac{1}{2}\right\}$和$P\{X+Y > 1\}$；

(4)求条件概率$P\left\{X > \dfrac{1}{2} \mid X+Y > 1\right\}$.

解 (1)求出X和Y的边缘概率密度函数.
当$x \notin [0, 1]$时，
$$f_X(x) = \int_{-\infty}^{+\infty} f(x, y)\mathrm{d}y = \int_{-\infty}^{+\infty} 0 \cdot \mathrm{d}y = 0;$$

当$x \in [0, 1]$时，

$$f_X(x) = \int_{-\infty}^{+\infty} f(x, y)\mathrm{d}y = \int_0^1 (x+y)\mathrm{d}y = \left(xy + \frac{y^2}{2}\right)\Big|_0^1 = x + \frac{1}{2}.$$

故
$$f_X(x) = \begin{cases} x + \frac{1}{2}, & 0 \leqslant x \leqslant 1, \\ 0, & \text{其他}. \end{cases}$$

类似可得

$$f_Y(y) = \begin{cases} y + \frac{1}{2}, & 0 \leqslant y \leqslant 1, \\ 0, & \text{其他}. \end{cases}$$

(2)当 $0 \leqslant y \leqslant 1$ 时,

$$f_{X|Y}(x|y) = \frac{f(x, y)}{f_Y(y)} = \begin{cases} \dfrac{x+y}{y+\dfrac{1}{2}}, & 0 \leqslant x \leqslant 1, \\ 0, & \text{其他}. \end{cases}$$

(3) $P\left\{X > \dfrac{1}{2}\right\} = \int_{\frac{1}{2}}^{+\infty} f_X(x)\mathrm{d}x = \int_{\frac{1}{2}}^1 \left(x + \dfrac{1}{2}\right)\mathrm{d}x = \dfrac{5}{8}$,

$$P\{X+Y > 1\} = \iint_{x+y>1} f(x, y)\mathrm{d}x\mathrm{d}y = \int_0^1 \mathrm{d}x \int_{1-x}^1 (x+y)\mathrm{d}y$$
$$= \int_0^1 \left(x + \frac{x^2}{2}\right)\mathrm{d}x = \frac{2}{3}.$$

(4)因为

$$P\left\{X+Y > 1, X > \frac{1}{2}\right\} = \iint_{\substack{x+y>1 \\ x>\frac{1}{2}}} f(x, y)\mathrm{d}x\mathrm{d}y = \int_{\frac{1}{2}}^1 \mathrm{d}x \int_{1-x}^1 (x+y)\mathrm{d}y$$
$$= \int_{\frac{1}{2}}^1 \left(x + \frac{x^2}{2}\right)\mathrm{d}x = \frac{25}{48},$$

故
$$P\left\{X > \frac{1}{2} \,\Big|\, X+Y > 1\right\} = \frac{P\{X+Y>1, X>1/2\}}{P\{X+Y>1\}} = \frac{25/48}{2/3} = \frac{25}{32}.$$

例 3.3.4 设二维随机变量 (X, Y) 的联合密度函数为
$$f(x, y) = \begin{cases} \dfrac{21}{4}x^2y, & x^2 \leqslant y \leqslant 1, \\ 0, & \text{其他}, \end{cases}$$

求条件密度函数 $f_{X|Y}(x|y)$, $f_{Y|X}(y|x)$ 及条件概率 $P\left\{Y > \dfrac{1}{2} \,\Big|\, X = \dfrac{1}{2}\right\}$.

解 (1)求 $f_{X|Y}(x|y)$.
Y 的边缘密度函数为

$$f_Y(y) = \int_{-\infty}^{+\infty} f(x, y)\mathrm{d}x = \begin{cases} \displaystyle\int_{-\sqrt{y}}^{\sqrt{y}} \frac{21}{4}x^2y\mathrm{d}x, & 0 \leqslant y \leqslant 1, \\ 0, & \text{其他} \end{cases} = \begin{cases} \dfrac{7}{2}y^{\frac{5}{2}}, & 0 \leqslant y \leqslant 1, \\ 0, & \text{其他}, \end{cases}$$

从而当 $0 < y \leqslant 1$ 时, $f_Y(y) \neq 0$, 所以 X 的条件密度函数为

$$f_{X|Y}(x|y) = \frac{f(x, y)}{f_Y(y)} = \begin{cases} \dfrac{3}{2}x^2 y^{-\frac{3}{2}}, & -\sqrt{y} \leqslant x \leqslant \sqrt{y}, \\ 0, & \text{其他}. \end{cases}$$

(2)求 $f_{Y|X}(y|x)$.

X 的边缘密度函数为

$$f_X(x) = \int_{-\infty}^{+\infty} f(x, y)\mathrm{d}y = \begin{cases} \int_{x^2}^{1} \dfrac{21}{4}x^2 y\mathrm{d}y, & -1 \leqslant x \leqslant 1, \\ 0, & \text{其他} \end{cases}$$

$$= \begin{cases} \dfrac{21}{8}x^2(1-x^4), & -1 \leqslant x \leqslant 1, \\ 0, & \text{其他}, \end{cases}$$

从而当 $-1 < x < 1$ 时，$f_X(x) \neq 0$，所以 Y 的条件密度函数为

$$f_{Y|X}(y|x) = \frac{f(x, y)}{f_X(x)} = \begin{cases} \dfrac{2y}{1-x^4}, & x^2 \leqslant y \leqslant 1, \\ 0, & \text{其他}. \end{cases}$$

(3)求 $P\left\{Y > \dfrac{1}{2} \middle| X = \dfrac{1}{2}\right\}$.

当 $x = \dfrac{1}{2}$ 时，有

$$f_{Y|X}\left(y \middle| \frac{1}{2}\right) = \begin{cases} \dfrac{32y}{15}, & \dfrac{1}{4} \leqslant y \leqslant 1, \\ 0, & \text{其他}, \end{cases}$$

所以 $\qquad P\left\{Y > \dfrac{1}{2} \middle| X = \dfrac{1}{2}\right\} = \int_{\frac{1}{2}}^{1} f_{Y|X}\left(y \middle| \frac{1}{2}\right)\mathrm{d}y = \int_{\frac{1}{2}}^{1} \dfrac{32}{15}y\mathrm{d}y = \dfrac{4}{5}.$

最后，让我们指出，如果两个随机变量 X 和 Y 是相互独立的，那么不论是否已知某个关于 X 的条件，都不会影响 Y 的概率分布，也就是说，Y 在 $X = x$ 条件下的条件分布函数与 Y 的无条件分布函数是一样的，即

$$P\{Y \leqslant y | X = x\} = P\{Y \leqslant y\}.$$

事实上，

$$F_{Y|X}(y|x) = \lim_{h \to 0} \frac{P\{x < X \leqslant x+h, Y \leqslant y\}}{P\{x < X \leqslant x+h\}} = \lim_{h \to 0} \frac{F(x+h, y) - F(x, y)}{F_X(x+h) - F_X(x)}$$

$$= \lim_{h \to 0} \frac{F_X(x+h)F_Y(y) - F_X(x)F_Y(y)}{F_X(x+h) - F_X(x)}$$

$$= \lim_{h \to 0} \frac{[F_X(x+h) - F_X(x)]F_Y(y)}{F_X(x+h) - F_X(x)} = F_Y(y).$$

对 $P\{X \leqslant x | Y = y\} = P\{X \leqslant x\}$ 有同样的讨论.

第四节 两个随机变量的函数的分布

在第二章中，我们曾经讨论过一个随机变量的函数的分布. 现简单介绍二维离散型和连续型随机变量的函数的分布.

一、二维离散型随机变量函数的分布

设 (X, Y) 是二维离散型随机变量，其联合分布列为

$$P\{X = a_i, Y = b_j\} = p_{ij}, \quad i = 1, 2, \cdots; \; j = 1, 2, \cdots,$$

且 $Z=g(X,Y)$ 是一维离散型随机变量,其分布列为

$$P\{Z=g(a_i,b_j)\}=p_{ij},\ i=1,2,\cdots;\ j=1,2,\cdots.\qquad(3.32)$$

若 $g(a_i,b_j)$ 有相等的值,则将这些相等的值合并,并根据概率的可加性把相应的概率相加即可. 下面我们通过一个例子说明如何求离散型随机变量的函数的分布列.

例 3.4.1 设二维离散型随机变量 (X,Y) 的分布列为

X \ Y	-1	1	2
-1	$\frac{1}{10}$	$\frac{2}{10}$	$\frac{3}{10}$
2	$\frac{2}{10}$	$\frac{1}{10}$	$\frac{1}{10}$

求下列随机变量的分布列:

$(1)Z_1=X-Y$;$(2)Z_2=XY$;$(3)Z_3=\dfrac{X}{Y}$;$(4)Z_4=\min\{X,Y\}$;$(5)Z=X+Y$.

解 因为

(X,Y)	$(-1,-1)$	$(-1,1)$	$(-1,2)$	$(2,-1)$	$(2,1)$	$(2,2)$
P	$\frac{1}{10}$	$\frac{2}{10}$	$\frac{3}{10}$	$\frac{2}{10}$	$\frac{1}{10}$	$\frac{1}{10}$
$X-Y$	0	-2	-3	3	1	0
XY	1	-1	-2	-2	2	4
$\dfrac{X}{Y}$	1	-1	$-\dfrac{1}{2}$	-2	2	1
$\min\{X,Y\}$	-1	-1	-1	-1	1	2

$(1)Z_1=X-Y$ 的分布列为

$Z_1=X-Y$	-3	-2	0	1	3
P	$\frac{3}{10}$	$\frac{2}{10}$	$\frac{2}{10}$	$\frac{1}{10}$	$\frac{2}{10}$

$(2)Z_2=XY$ 的分布列为

$Z_2=XY$	-2	-1	1	2	4
P	$\frac{5}{10}$	$\frac{2}{10}$	$\frac{1}{10}$	$\frac{1}{10}$	$\frac{1}{10}$

$(3)Z_3=\dfrac{X}{Y}$ 的分布列为

$Z_3=\dfrac{X}{Y}$	-2	-1	$-\dfrac{1}{2}$	1	2
P	$\frac{2}{10}$	$\frac{2}{10}$	$\frac{3}{10}$	$\frac{2}{10}$	$\frac{1}{10}$

(4)$Z_4 = \min\{X, Y\}$ 的分布列为

$Z_4 = \min\{X, Y\}$	-1	1	2
P	$\dfrac{8}{10}$	$\dfrac{1}{10}$	$\dfrac{1}{10}$

(5)现我们用一般的方法求它们的和 $Z = X + Y$ 的概率分布.

X 的可能取值为 -1，2，Y 的可能取值为 -1，1，2，容易看出，$Z = X + Y$ 的可能取值为 -2，0，1，3，4.

$$P\{Z = -2\} = P\{X + Y = -2\} = P\{X = -1, Y = -1\} = 0.1,$$
$$P\{Z = 0\} = P\{X + Y = 0\} = P\{X = -1, Y = 1\} = 0.2,$$
$$P\{Z = 1\} = P\{X + Y = 1\} = P\{X = -1, Y = 2\} + P\{X = 2, Y = -1\} = 0.3 + 0.2 = 0.5,$$
$$P\{Z = 3\} = P\{X + Y = 3\} = P\{X = 2, Y = 1\} = 0.1,$$
$$P\{Z = 4\} = P\{X + Y = 4\} = P\{X = 2, Y = 2\} = 0.1,$$

所以 $Z = X + Y$ 的概率分布为

$Z = X + Y$	-2	0	1	3	4
P	0.1	0.2	0.5	0.1	0.1

例 3.4.2 设随机变量 X，Y 相互独立，$X \sim B(n_1, p)$，$Y \sim B(n_2, p)$，证明：
$$Z = X + Y \sim B(n_1 + n_2, p).$$

证 由于 $X \sim B(n_1, p)$，$Y \sim B(n_2, p)$，所以 X，Y 的概率分布分别为
$$P\{X = i\} = C_{n_1}^i p^i (1-p)^{n_1 - i}, \quad i = 0, 1, 2, \cdots, n_1$$
和
$$P\{Y = j\} = C_{n_2}^j p^j (1-p)^{n_2 - j}, \quad j = 0, 1, 2, \cdots, n_2.$$

因为 X，Y 相互独立，所以 $Z = X + Y$ 的概率分布为

$$
\begin{aligned}
P\{Z = k\} &= \sum_{i=0}^{k} P\{X = i, Y = k - i\} = \sum_{i=0}^{k} P\{X = i\} P\{Y = k - i\} \\
&= \sum_{i=0}^{k} C_{n_1}^i p^i (1-p)^{n_1 - i} C_{n_2}^{k-i} p^{k-i} (1-p)^{n_2 - k + i} \\
&= \sum_{i=0}^{k} C_{n_1}^i C_{n_2}^{k-i} p^k (1-p)^{n_1 + n_2 - k} \\
&= p^k (1-p)^{n_1 + n_2 - k} \sum_{i=0}^{k} C_{n_1}^i C_{n_2}^{k-i} \\
&= C_{n_1 + n_2}^k p^k (1-p)^{n_1 + n_2 - k}, \quad i = 0, 1, 2, \cdots, n_1 + n_2,
\end{aligned}
$$

因此 $Z = X + Y \sim B(n_1 + n_2, p)$.

注意到，在证明中用到组合公式 $\displaystyle\sum_{i=0}^{k} C_{n_1}^i C_{n_2}^{k-i} = C_{n_1 + n_2}^k$.

二、二维连续型随机变量函数的分布

设二维连续型随机变量 (X, Y) 的联合概率密度函数为 $f(x, y)$，且 $Z = g(X, Y)$ 是随机变量 X，Y 的二元函数，现对 Z 的分布做讨论.

因为 (X, Y) 的概率密度函数为 $f(x, y)$，所以 $Z = g(X, Y)$ 的分布函数为

$$F_Z(z) = P\{Z \leqslant z\} = \iint\limits_{g(x, y) \leqslant z} f(x, y) \mathrm{d}x\mathrm{d}y, \qquad (3.33)$$

其概率密度函数为

$$f_Z(z) = F_Z'(z). \qquad (3.34)$$

例 3.4.3 设 (X, Y) 是二维连续型随机变量, 其概率密度函数为

$$f(x, y) = \frac{1}{2\pi} \mathrm{e}^{-\frac{x^2+y^2}{2}},$$

求 $Z = \sqrt{X^2+Y^2}$ 的概率密度函数.

解 Z 的分布函数为 $F_Z(z) = P\{Z \leqslant z\}$.

当 $z < 0$ 时, $F_Z(z) = P\{\sqrt{X^2+Y^2} \leqslant z\} = 0$;

当 $z \geqslant 0$ 时,

$$F_Z(z) = P\{\sqrt{X^2+Y^2} \leqslant z\} = \iint\limits_{\sqrt{x^2+y^2} \leqslant z} f(x, y)\mathrm{d}x\mathrm{d}y = \iint\limits_{\sqrt{x^2+y^2} \leqslant z} \frac{1}{2\pi}\mathrm{e}^{-\frac{x^2+y^2}{2}}\mathrm{d}x\mathrm{d}y,$$

利用极坐标作变换, 令 $x = r\cos\theta$, $y = r\sin\theta$, 则 $x^2+y^2 = r^2$, 二重积分可化为

$$F_Z(z) = \int_0^{2\pi}\left(\int_0^z \frac{1}{2\pi}\mathrm{e}^{-\frac{r^2}{2}}r\mathrm{d}r\right)\mathrm{d}\theta = \frac{1}{2\pi}\int_0^{2\pi}\left[-\mathrm{e}^{-\frac{r^2}{2}}\right]_0^z \mathrm{d}\theta = \frac{1}{2\pi}\int_0^{2\pi}(1-\mathrm{e}^{-\frac{z^2}{2}})\mathrm{d}\theta = 1-\mathrm{e}^{-\frac{z^2}{2}}.$$

综合得分布函数为

$$F_Z(z) = \begin{cases} 0, & z < 0, \\ 1-\mathrm{e}^{-\frac{z^2}{2}}, & z \geqslant 0, \end{cases}$$

其概率密度函数为

$$f_Z(z) = F_Z'(z) = \begin{cases} 0, & z < 0, \\ z\mathrm{e}^{-\frac{z^2}{2}}, & z \geqslant 0. \end{cases}$$

实际上, 在上例中, 我们已给出了求连续型二维随机变量函数分布的一般方法, 下面我们就两种特殊的且应用较广的函数关系做介绍.

1. $Z = X + Y$ 的分布

设 (X, Y) 的概率密度函数为 $f(x, y)$, 求 $Z = X + Y$ 的概率密度函数.

先求 $Z = X + Y$ 的分布函数 $F_Z(z)$:

$$F_Z(z) = P\{Z \leqslant z\} = P\{X+Y \leqslant z\} = \iint\limits_G f(x, y)\mathrm{d}x\mathrm{d}y,$$

式中, G 是 xOy 平面内由不等式 $x+y \leqslant z$ 所确定的区域, 如图 3.4 所示, 化二重积分为二次积分, 得

$$F_Z(z) = \int_{-\infty}^{+\infty}\left[\int_{-\infty}^{z-x} f(x, y)\mathrm{d}y\right]\mathrm{d}x.$$

令 $y = t-x$, 则 $\mathrm{d}y = \mathrm{d}t$,

$$F_Z(z) = \int_{-\infty}^{+\infty}\left[\int_{-\infty}^{z} f(x, t-x)\mathrm{d}t\right]\mathrm{d}x$$

$$= \int_{-\infty}^{z}\left[\int_{-\infty}^{+\infty} f(x, t-x)\mathrm{d}x\right]\mathrm{d}t,$$

所以 $Z = X + Y$ 的概率密度函数为

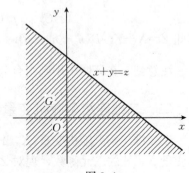

图 3.4

$$f_Z(z) = F'_Z(z) = \int_{-\infty}^{+\infty} f(x, z-x) \mathrm{d}x. \tag{3.35}$$

由于 X，Y 是对称的，$f_Z(z)$ 亦可写成

$$f_Z(z) = \int_{-\infty}^{+\infty} f(z-y, y) \mathrm{d}y. \tag{3.36}$$

特别地，当 X 和 Y 相互独立时，由(3.24)式有

$$f_Z(z) = \int_{-\infty}^{+\infty} f_X(x) f_Y(z-x) \mathrm{d}x \tag{3.37}$$

或

$$f_Z(z) = \int_{-\infty}^{+\infty} f_X(z-y) f_Y(y) \mathrm{d}y, \tag{3.38}$$

(3.37)式和(3.38)式称为**卷积公式**.

例 3.4.4 设 X 和 Y 相互独立，且都服从分布 $N(0，1)$，求 $Z=X+Y$ 的概率密度函数.

解 由题意知，X 和 Y 的概率密度函数分别为

$$f_X(x) = \frac{1}{\sqrt{2\pi}} \mathrm{e}^{-\frac{x^2}{2}}, \quad f_Y(y) = \frac{1}{\sqrt{2\pi}} \mathrm{e}^{-\frac{y^2}{2}},$$

于是由(3.38)式，$Z=X+Y$ 的概率密度函数为

$$f_Z(z) = \int_{-\infty}^{+\infty} f_X(x) f_Y(z-x) \mathrm{d}x = \frac{1}{2\pi} \int_{-\infty}^{+\infty} \mathrm{e}^{-\frac{x^2}{2}} \mathrm{e}^{\frac{-(z-x)^2}{2}} \mathrm{d}x = \frac{1}{2\pi} \mathrm{e}^{-\frac{z^2}{4}} \int_{-\infty}^{+\infty} \mathrm{e}^{-\left(x-\frac{z}{2}\right)^2} \mathrm{d}x.$$

令 $t = x - \frac{z}{2}$，则

$$f_Z(z) = \frac{1}{2\pi} \mathrm{e}^{-\frac{z^2}{4}} \int_{-\infty}^{+\infty} \mathrm{e}^{-t^2} \mathrm{d}t = \frac{1}{2\pi} \mathrm{e}^{-\frac{z^2}{4}} \sqrt{\pi} = \frac{1}{\sqrt{2\pi}\sqrt{2}} \mathrm{e}^{-\frac{(z-0)^2}{2(\sqrt{2})^2}},$$

这表明 $Z=X+Y \sim N(0，2)$.

一般地，设 X 和 Y 相互独立，且 $X \sim N(\mu_1, \sigma_1^2)$，$Y \sim N(\mu_2, \sigma_2^2)$，则 $Z=X+Y$ 仍服从正态分布，且有 $Z \sim N(\mu_1+\mu_2, \sigma_1^2+\sigma_2^2)$.

更一般地可证：两个相互独立的正态随机变量的线性组合仍然服从正态分布.

2. 极值 $Z=\max\{X_1, X_2, \cdots, X_n\}$ 与 $Z=\min\{X_1, X_2, \cdots, X_n\}$ 的分布

在实际应用中，常会遇到如某地区的基本建设能抵御 2 年一遇的强降水量、10 年一遇的洪峰、50 年一遇的强台风、100 年一遇的地震等自然灾害，或工程上的桥梁或铸件所承受的最大应力等都用最大值分布与最小值分布来描述，并以此建立相应建设与构建标准. 因此，研究最值分布有重要意义. 本书中我们着重对两个变量的情况进行研究，其结果对多个变量不难类推.

设 $\{X_1, X_2, \cdots, X_n\}$ 为一列独立同分布的连续型随机变量，则分别称

$$Z=\max\{X_1, X_2, \cdots, X_n\}, \quad Z=\min\{X_1, X_2, \cdots, X_n\}$$

的概率分布为最大值分布与最小值分布.

我们以某小河流量 2 年一遇的状况为例，为制定防洪灾的标准，考察该河流每年河水的日流量(或者水位)的最大值，从统计学角度看我们可以研究每年的日流量的最大值. 如果有很多年的资料，可以把它们(最大值)本身看作随机变量，如：

u_{11}，u_{12}，u_{13}，$\cdots$，u_{1365} 是第 1 年的日流量值，把其中挑出来的最大值记为 X；

u_{21}，u_{22}，u_{23}，$\cdots$，u_{2365} 是第 2 年的日流量值，把其中挑出来的最大值记为 Y，

而日流量中挑出来的最大值 (X, Y) 应当服从一定的概率分布.

设 X，Y 是两个相互独立的随机变量，分布函数分别为 $F_X(x)$ 和 $F_Y(y)$，求 $Z=\max\{X,Y\}$ 及 $Z=\min\{X,Y\}$ 的分布函数及概率密度函数．

由于事件 $\{\max\{X,Y\}\leqslant z\}$ 的发生意味着 X，Y 中的较大者小于等于 z，它等价于事件 $\{X\leqslant z,Y\leqslant z\}$ 发生，再根据独立性可有

$$\{\max\{X,Y\}\leqslant z\}=\{X\leqslant z\}\bigcap\{Y\leqslant z\},$$

故 $Z=\max\{X,Y\}$ 的分布函数为

$$F_{\max}(z)=P\{Z\leqslant z\}=P\{X\leqslant z,Y\leqslant z\}=P\{X\leqslant z\}P\{Y\leqslant z\}=F_X(z)F_Y(z),$$

即
$$F_{\max}(z)=F_X(z)F_Y(z),\tag{3.39}$$

求导得它们的概率密度函数为

$$f_{\max}(z)=F'_{\max}(z)=f_X(z)F_Y(z)+f_Y(z)F_X(z),\tag{3.40}$$

其中，$f_X(z)$，$f_Y(z)$ 分别是 X，Y 的概率密度函数．

对于 $Z=\min\{X,Y\}$，其分布函数为

$$F_{\min}(z)=P\{Z\leqslant z\}=1-P\{Z>z\},$$

$\{Z>z\}$ 等价于事件 $\{X>z,Y>z\}$ 发生，再根据独立性可有

$$P\{Z>z\}=P\{X>z,Y>z\}=P\{X>z\}P\{Y>z\}$$
$$=(1-P\{X\leqslant z\})(1-P\{Y\leqslant z\})=[1-F_X(z)][1-F_Y(z)],$$

从而
$$F_{\min}(z)=P\{Z\leqslant z\}=1-P\{Z>z\}=1-[1-F_X(z)][1-F_Y(z)],$$

即
$$F_{\min}(z)=1-[1-F_X(z)][1-F_Y(z)],\tag{3.41}$$

求导得它的概率密度函数为

$$f_{\min}(z)=F'_{\min}(z)=f_X(z)[1-F_Y(z)]+f_Y(z)[1-F_X(z)].\tag{3.42}$$

特别地，当 X，Y 相互独立，且具有相同的分布函数和概率密度函数 $F(t)$ 和 $f(t)$ 时，则其最值的分布函数分别为

$$F_{\max}(z)=[F(z)]^2,\ F_{\min}(z)=1-[1-F(z)]^2,\tag{3.43}$$

求导得它们的概率密度函数分别为

$$f_{\max}(z)=F'_{\max}(z)=2[F(z)]f(z),$$
$$f_{\min}(z)=F'_{\min}(z)=2[1-F(z)]f(z).\tag{3.44}$$

下面把上述内容推广到 n 个相互独立的随机变量 $(X_1,X_2,\cdots,X_n)$ 的情况．

设 X_1，X_2，$\cdots$，X_n 是 n 个相互独立的随机变量，分布函数分别为 $F_{X_i}(z)$，$i=1,2,\cdots,n$，用与二维随机变量的情形完全类似的方法，可得

$Z=\max\{X_1,X_2,\cdots,X_n\}$ 的分布函数为

$$F_{\max}(z)=F_{X_1}(z)F_{X_2}(z)\cdots F_{X_n}(z).\tag{3.45}$$

$Z=\min\{X_1,X_2,\cdots,X_n\}$ 的分布函数为

$$F_{\min}(z)=1-[1-F_{X_1}(z)][1-F_{X_2}(z)]\cdots[1-F_{X_n}(z)].\tag{3.46}$$

特别地，当 X_1，X_2，$\cdots$，X_n 相互独立，且具有相同分布函数 $F(t)$ 时，有

$$F_{\max}(z)=[F(z)]^n,\ F_{\min}(z)=1-[1-F(z)]^n,\tag{3.47}$$

它们的概率密度函数分别为

$$f_{\max}(z)=F'_{\max}(z)=n[F(z)]^{n-1}f_Z(z),$$
$$f_{\min}(z)=F'_{\min}(z)=n[1-F(z)]^{n-1}f_Z(z).\tag{3.48}$$

例 3.4.5 设随机向量 $X\sim U[0,1]$，$Y\sim U[0,2]$，且 X 和 Y 相互独立，求 $Z=$

$\max\{X,Y\}$ 和 $T=\min\{X,Y\}$ 的概率密度函数.

解　X, Y 的概率密度函数分别为

$$f_X(x)=\begin{cases}1, & 0\leqslant x\leqslant 1,\\ 0, & 其他,\end{cases}\quad f_Y(y)=\begin{cases}\dfrac{1}{2}, & 0\leqslant y\leqslant 2,\\ 0, & 其他,\end{cases}$$

它们的分布函数分别为

$$F_X(x)=\begin{cases}0, & x<0,\\ x, & 0\leqslant x<1,\\ 1, & x\geqslant 1,\end{cases}\quad F_Y(y)=\begin{cases}0, & y<0,\\ \dfrac{1}{2}y, & 0\leqslant y<2,\\ 1, & y\geqslant 2.\end{cases}$$

由 (3.39) 式得 $Z=\max\{X,Y\}$ 的分布函数为

$$F_Z(z)=P\{Z\leqslant z\}=P\{X\leqslant z\}P\{Y\leqslant z\}=F_X(z)F_Y(z)=\begin{cases}0, & z<0,\\ \dfrac{1}{2}z^2, & 0\leqslant z<1,\\ \dfrac{1}{2}z, & 1\leqslant z<2,\\ 1, & z\geqslant 2,\end{cases}$$

求导得 $Z=\max\{X,Y\}$ 的概率密度函数为

$$f_Z(z)=F_Z'(z)=\begin{cases}z, & 0\leqslant z<1,\\ \dfrac{1}{2}, & 1\leqslant z<2,\\ 0, & 其他.\end{cases}$$

为求 $T=\min\{X,Y\}$ 的分布函数, 可先求

$$1-F_X(x)=\begin{cases}1, & x<0,\\ 1-x, & 0\leqslant x<1,\\ 0, & x\geqslant 1,\end{cases}\quad 1-F_Y(y)=\begin{cases}1, & y<0,\\ 1-\dfrac{1}{2}y, & 0\leqslant y<2,\\ 0, & y\geqslant 2,\end{cases}$$

由 (3.41) 式得 $T=\min\{X,Y\}$ 的分布函数为

$$F_T(t)=1-[1-F_X(t)][1-F_Y(t)]$$

$$=1-\begin{cases}1, & t<0,\\ (1-t)\left(1-\dfrac{1}{2}t\right), & 0\leqslant t<1,\\ 0, & t\geqslant 1\end{cases}$$

$$=\begin{cases}0, & t<0,\\ \dfrac{1}{2}t(3-t), & 0\leqslant t<1,\\ 1, & t\geqslant 1,\end{cases}$$

求导得 $T=\min\{X,Y\}$ 的概率密度函数为

$$f_T(t)=F_T'(t)=\begin{cases}\dfrac{3}{2}-t, & 0<t<1,\\ 0, & 其他.\end{cases}$$

例 3.4.6 设某型号的晶体管的寿命(单位：h)近似地符合正态分布 $N(1000，20^2)$，现从中随机地取 4 只，求其中没有 1 只晶体管的寿命小于 1020h 的概率．

解 设 X_1，X_2，X_3，X_4 分别表示 4 只晶体管的寿命，它们相互独立且都服从 $N(1000，20^2)$，其概率密度函数均为

$$f_i(x) = \frac{1}{20\sqrt{2\pi}} e^{-\frac{(x-1000)^2}{2\cdot(20)^2}}，\quad i=1，2，3，4，$$

因此所求的概率为

$$P\{\min\{X_1，X_2，X_3，X_4\} > 1020\}$$
$$=P\{X_1 > 1020，X_2 > 1020，X_3 > 1020，X_4 > 1020\}$$
$$=P\{X_1 > 1020\}\cdot P\{X_2 > 1020\}\cdot P\{X_3 > 1020\}\cdot P\{X_4 > 1020\}$$
$$=\left[\int_{1020}^{+\infty} \frac{1}{20\sqrt{2\pi}} e^{-\frac{(x-1000)^2}{2\cdot(20)^2}} dx\right]^4 = \left[1-\Phi\left(\frac{1020-1000}{20}\right)\right]^4$$
$$=[1-\Phi(1)]^4 = (1-0.8413)^4 \approx 0.000634.$$

例 3.4.7 电子仪器由六个相互独立的部件 $L_{ij}(i=1，2；j=1，2，3)$ 组成，联接方式如图 3.5 所示．各个部件的使用寿命 X_{ij} 服从相同的指数分布 $E(\lambda)$，求仪器使用寿命的概率密度函数．

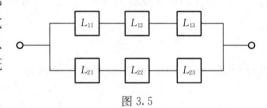

图 3.5

解 因为 $X_{ij} \sim E(\lambda)(i=1，2；j=1，2，3)$，所以它们的分布函数均为

$$F(x) = \begin{cases} 1-e^{-\lambda x}，& x\geqslant 0， \\ 0，& x<0. \end{cases}$$

先求各串联组的使用寿命 $Y_i(i=1，2)$ 的分布函数．因为当串联的三个部件 L_{i1}，L_{i2}，L_{i3} 中任一个损坏时，第 i 个串联组即停止工作，所以有 $Y_i = \min\{X_{i1}，X_{i2}，X_{i3}\}$，$Y_i$ 的分布函数为

$$F_{Y_i}(y) = 1-[1-F(y)]^3 = \begin{cases} 1-[1-(1-e^{-\lambda y})]^3 = 1-e^{-3\lambda y}，& y\geqslant 0， \\ 1-(1-0)^3 = 0，& y<0， \end{cases} \quad i=1，2.$$

现求整个仪器的使用寿命 Z 的分布函数．因为只有当两个串联组都停止工作时，仪器才停止工作，所以有 $Z = \max\{Y_1，Y_2\}$，Z 的分布函数为

$$F_Z(z) = F_{Y_1}(z)F_{Y_2}(z) = \begin{cases} (1-e^{-3\lambda z})^2，& z\geqslant 0， \\ 0，& z<0. \end{cases}$$

由此得到 Z 的概率密度函数为

$$\varphi_Z(z) = \frac{d}{dz}F_Z(z) = \begin{cases} [(1-e^{-3\lambda z})^2]' = 6\lambda e^{-3\lambda z}(1-e^{-3\lambda z})，& z\geqslant 0， \\ 0，& z<0. \end{cases}$$

习 题 三

1. 设二维随机变量 $(X，Y)$ 的分布函数为

$$F(x，y) = A\left(B+\arctan\frac{x}{2}\right)\left(C+\arctan\frac{y}{3}\right)，\quad -\infty < x < +\infty，\quad -\infty < y < +\infty，$$

求：(1)常数 A，B，C 及 $P\{0<X\leqslant 2, 0<Y\leqslant 3\}$；(2)随机变量 (X, Y) 的联合密度函数.

2. 设二维随机变量 (X, Y) 只能取下列数组中的值：$(-1, 0)$，$(0, 0)$，$(0, 1)$，且取这几组值的概率依次为 $\dfrac{1}{6}$，$\dfrac{1}{3}$，$\dfrac{1}{2}$，求：

(1)二维随机变量 (X, Y) 的联合分布列；

(2)联合分布函数 $F(x, y)$.

3. 盒子里装有 3 只黑球、2 只红球、2 只白球，在其中任取 4 只球. 以 X 表示取到黑球的只数，Y 表示取到红球的只数，求 (X, Y) 的联合概率分布及 $P\{X=Y\}$.

4. 将一枚硬币连抛三次，以 X 表示在三次中出现正面的次数，以 Y 表示在三次中出现正面次数与出现反面次数之差的绝对值，试写出 (X, Y) 的联合分布列及边缘分布列.

5. 设二维随机变量 (X, Y) 的概率密度为

$$f(x, y)=\begin{cases} k\mathrm{e}^{-(3x+4y)}, & x>0, y>0, \\ 0, & \text{其他}, \end{cases}$$

(1)确定常数 k；(2)求 (X, Y) 的分布函数；(3)求 $P\{0<X\leqslant 1, 0<Y\leqslant 2\}$.

6. 设随机变量 (X, Y) 的概率密度为

$$f(x, y)=\begin{cases} x^2+\dfrac{xy}{3}, & 0\leqslant x\leqslant 1, 0\leqslant y\leqslant 2, \\ 0, & \text{其他}, \end{cases}$$

求 $P\{X+Y\geqslant 1\}$ 及 $P\{Y>X\}$.

7. 设二维随机变量 (X, Y) 的概率密度为

$$f(x, y)=\dfrac{1}{2\pi\times 10^2}\mathrm{e}^{-\frac{x^2+y^2}{2\times 10^2}}, \quad -\infty<x<+\infty, -\infty<y<+\infty,$$

求 $P\{Y\geqslant X\}$.

8. 求出在 D 上服从均匀分布的随机变量 (X, Y) 的分布密度及分布函数，其中 D 为 x 轴、y 轴及直线 $y=2x+1$ 围成的三角形区域.

9. 求第 1 题中随机变量 (X, Y) 的边缘分布函数，并判断 X 和 Y 是否相互独立.

10. 已知二维随机变量 (X, Y) 的联合分布律为

X〴Y	0	2	4
0	$\dfrac{1}{6}$	$\dfrac{1}{9}$	$\dfrac{1}{18}$
1	$\dfrac{1}{3}$	α	β

问当 α，β 为何值时，X 和 Y 相互独立？

11. 已知二维随机变量 (X, Y) 的概率密度为

$$f(x, y)=\begin{cases} \dfrac{3}{2}xy^2, & 0\leqslant x\leqslant 2, 0\leqslant y\leqslant 1, \\ 0, & \text{其他}, \end{cases}$$

(1)求边缘概率密度 $f_X(x)$ 与 $f_Y(y)$；　　(2)问 X 和 Y 是否相互独立？

12. 设二维随机变量 (X, Y) 在区域 G 上服从均匀分布，其中 G 是由直线 $x=0$，$y=0$

和 $\dfrac{x}{2}+y=1$ 所围成的区域，求 $(X，Y)$ 的联合概率密度函数和边缘概率密度函数，并判断 X 和 Y 的独立性．

13. 设二维随机变量 $(X，Y)$ 在区域 G：$0\leqslant x\leqslant 1$，$y^2\leqslant x$ 内服从均匀分布，试求 $(X，Y)$ 的联合密度函数及边缘密度函数，并判断独立性．

14. (1)如果 $(X，Y)$ 在以原点为中心、边长为 2 的正方形内服从均匀分布，问 X 和 Y 是否相互独立？(2)如果 $(X，Y)$ 在以原点为中心、R 为半径的圆内服从均匀分布，问 X 和 Y 是否相互独立？

15. 设 X 和 Y 相互独立，它们的概率密度分别为

$$f_X(x)=\begin{cases}1，& 0\leqslant x\leqslant 1，\\ 0，& \text{其他，}\end{cases} \qquad f_Y(y)=\begin{cases}e^{-y}，& y>0，\\ 0，& y\leqslant 0，\end{cases}$$

求 $Z=X+Y$ 的概率密度．

16. 设随机变量 $(X，Y)$ 的概率密度为

$$f(x，y)=\dfrac{1}{2\pi\sigma^2}e^{-\frac{x^2+y^2}{2\sigma^2}}，\quad -\infty<x<+\infty，\ -\infty<y<+\infty，$$

求 $Z=X^2+Y^2$ 的概率密度．

17. 设 $(X，Y)$ 的分布密度为

$$f(x，y)=\begin{cases}e^{-(x+y)}，& x>0，y>0，\\ 0，& \text{其他，}\end{cases}$$

求 $Z=\dfrac{X+Y}{2}$ 的概率密度．

第四章　随机变量的数字特征

前三章我们讲述了概率论最基本的内容，概括起来主要是随机变量的概率分布，从理论上讲，有了概率分布就可以知道随机事件发生的概率，这样从根本上把握住了随机变量变化的统计规律．然而从实际观测数据出发要准确地给出它的分布，不管是离散型的还是连续型的都不是一件容易的事情，因而人们转而求其次，即希望用几个简单的、确定的(非随机)指标来刻画随机变量的变化特性，这就是本章主要介绍的内容——数字特征．

所谓随机变量的**数字特征**，是指联系它的分布函数的某些数，它们反映随机变量的某一方面的特征．例如，在实际中，如评定某地区粮食产量的水平时，经常考虑平均亩*产量．又如，对射手的技术评定，除了要了解命中环数的平均值，还必须考虑稳定情况，命中点是分散还是比较集中？这些特征往往是由数字特征来确定的．再如，在实际问题中，虽然可以从历史资料中知道分布函数类型，比如，在显微镜视野内，染色体变异细胞数目服从泊松分布 $P(\lambda)$，参数 λ 未知，可以证明参数 λ 就是数字特征．同样，正态分布中的两个参数 μ 和 σ 是由某些数字特征或它的数值所决定的．由此可见，随机变量的数字特征的研究具有理论上和实用上的重要意义，由此可见，随机变量的数字特征的研究具有理论上和实用上的重要意义．

视频 38：
数学期望的定义

第一节　数学期望

一、离散型随机变量的数学期望

例 4.1.1　设 $X_甲$，$X_乙$ 表示分别随机抽查甲、乙两个品种棉花的纤维长度(单位：cm)，且样本容量为 100，所得结果如下：

$X_甲$	1	1.5	2	2.5	3
频数	15	10	45	20	10

$X_乙$	1	1.5	2	2.5	3
频数	30	10	10	20	30

问哪个品种棉花的纤维平均长度生产较优？

这个问题不能从表上直接看出来，而简单地两品种的取纤维长度的算术平均值相等，即都有

$$\frac{1+1.5+2+2.5+3}{5}=2,$$

但明显不合理(没有用到各自出现频数的相关信息)，为此，我们通过上表提供的信息，根据频数与概率(频率)的联系可知，甲品种棉花的纤维长度为 1 的有 15 个，长度为 1.5 的有 10 个，长度为 2 的有 45 个，长度为 2.5 的有 20 个，长度为 3 的有 10 个，乙品种棉花的纤维

---

* 亩，非法定计量单位，1 亩≈666.7 m².

长度为 1 的有 30 个，长度为 1.5 的有 10 个，长度为 2 的有 10 个，长度为 2.5 的有 30 个，长度为 3 的有 30 个，则在这各种的 100 样本中，甲、乙品种的棉花纤维长度平均值分别为

$$\bar{x}_甲 = \frac{1 \times 15 + 1.5 \times 10 + 2 \times 45 + 2.5 \times 20 + 3 \times 10}{100} = 2,$$

$$\bar{x}_乙 = \frac{1 \times 30 + 1.5 \times 10 + 2 \times 10 + 2.5 \times 20 + 3 \times 30}{100} = 2.05. \tag{4.1}$$

上两式可以写成

$$\bar{x}_甲 = 1 \times \frac{15}{100} + 1.5 \times \frac{10}{100} + 2 \times \frac{45}{100} + 2.5 \times \frac{20}{100} + 3 \times \frac{10}{100} = 2,$$

$$\bar{x}_乙 = 1 \times \frac{30}{100} + 1.5 \times \frac{10}{100} + 2 \times \frac{10}{100} + 2.5 \times \frac{20}{100} + 3 \times \frac{30}{100} = 2.05. \tag{4.2}$$

这说明平均起来看，乙品种较甲品种的棉花纤维长度略长些，但现在还不能绝对肯定乙优.

对这类问题的处理，由 (4.2) 式算出的均值比简单的算术平均数合理，后者仅考虑纤维长度大小的平均，而前者还考虑到各个纤维长度出现的频数，从 (4.2) 式可以看出，两式右边各项的第一个因子是棉花的纤维长度数，第二个因子是相应的概率，把这些项总和起来就得到加权平均值. 由这样一些问题的启发，得到一般随机变量取值的"均值"，应是随机变量的所有可能取值与其相应概率的乘积之和，也就是以概率为权数的加权平均值，这就是所谓"数学期望"的概念.

定义 4.1 设离散型随机变量 X 的分布律为

X	x_1	x_2	$\cdots$	x_n	$\cdots$
P	p_1	p_2	$\cdots$	p_n	$\cdots$

即

$$P\{X = x_k\} = p_k, \quad k = 1, 2, \cdots,$$

若级数 $\sum\limits_{k=1}^{\infty} |x_k| p_k < +\infty$，则称 X 的数学期望存在，并称 $\sum\limits_{k=1}^{\infty} x_k p_k$ 为 X 的**数学期望**，记为 $E(X)$，即

$$E(X) = \sum_{k=1}^{\infty} x_k p_k. \tag{4.3}$$

例 4.1.2 某品种蛋鸡的月产蛋个数 X 的分布律为

X	20	21	22	23	24	25	26	27	28
P	0.02	0.05	0.1	0.18	0.19	0.2	0.13	0.08	0.05

求 X 的数学期望.

解 $E(X) = 20 \times 0.02 + 21 \times 0.05 + 22 \times 0.1 + 23 \times 0.18 + 24 \times 0.19 +$
$\qquad\qquad 25 \times 0.2 + 26 \times 0.13 + 27 \times 0.08 + 28 \times 0.05$
$\qquad = 24.29,$

即月产蛋数的均值为 24.29 个.

下面介绍几种常用离散型随机变量的数学期望.

1. 两点分布

设 X 的分布律为

视频 39:
常见随机变量
的数学期望

X	0	1
P	$1-p$	p

则 X 的数学期望为

$$E(X)=0\times(1-p)+1\times p=p.$$

2. 二项分布

设 $X\sim B(n,\ p)$，其分布律为

$$P\{X=k\}=C_n^k p^k(1-p)^{n-k},\ k=0,\ 1,\ 2,\ \cdots,\ n(0<p<1),$$

则 X 的数学期望为

$$E(X)=\sum_{k=0}^{n}kC_n^k p^k(1-p)^{n-k}=\sum_{k=0}^{n}k\frac{n!}{k!(n-k)!}p^k(1-p)^{n-k}$$

$$=np\sum_{k=1}^{n}\frac{(n-1)!}{(k-1)![(n-1)-(k-1)]!}p^{k-1}(1-p)^{[(n-1)-(k-1)]},$$

令 $k-1=t$，则

$$E(X)=np\sum_{t=0}^{n-1}\frac{(n-1)!}{t![(n-1)-t]!}p^t(1-p)^{[(n-1)-t]}$$

$$=np[p+(1-p)]^{n-1}=np.$$

例 4.1.3 某种产品的次品率为 0.1，检验员每天检验 4 次，每次随机抽取 10 件产品进行检验，如发现次品数大于 1，就调整设备．若各件产品是否为次品是相互独立的，求一天中调整设备次数的数学期望．

解 用 X 表示 10 件产品中的次品数，则 $X\sim B(10,\ 0.1)$，每次检验后需要调整设备的概率为

$$P\{X>1\}=1-P\{X\leqslant 1\}=1-(P\{X=0\}+P\{X=1\})$$

$$=1-0.9^{10}-10\times0.1\times0.9^9=0.2639.$$

用 Y 表示一天中调整设备的次数，则 $Y\sim B(n,\ p)$，其中 $n=4$，$p=0.2639$，所求数学期望为

$$E(Y)=np=4\times0.2639=1.0556.$$

3. 泊松分布

设 X 服从泊松分布，其分布律为

$$P\{X=k\}=\frac{\lambda^k}{k!}e^{-\lambda},\ k=0,\ 1,\ 2,\ \cdots(\lambda>0),$$

则 X 的数学期望为

$$E(X)=\sum_{k=0}^{\infty}k\frac{\lambda^k}{k!}e^{-\lambda}=\lambda e^{-\lambda}\sum_{k=1}^{\infty}\frac{\lambda^{k-1}}{(k-1)!},$$

令 $k-1=t$，则有

$$E(X)=\lambda e^{-\lambda}\sum_{t=0}^{\infty}\frac{\lambda^t}{t!}=\lambda e^{-\lambda}e^{\lambda}=\lambda.$$

二、连续型随机变量的数学期望

定义 4.2 设 X 为连续型随机变量，有概率密度函数 $f(x)$．若

$$\int_{-\infty}^{+\infty}|x|f(x)\mathrm{d}x<+\infty,$$

则称 X 的数学期望存在，并称 $\int_{-\infty}^{+\infty} x f(x) \mathrm{d}x$ 为 X 的**数学期望**，记为 $E(X)$，即

$$E(X) = \int_{-\infty}^{+\infty} x f(x) \mathrm{d}x, \qquad (4.4)$$

数学期望简称**期望**或**均值**.

例 4.1.4 设随机变量 X 的分布函数为

$$F(x) = \begin{cases} 1 - \dfrac{4}{x^2}, & x \geqslant 2, \\ 0, & x < 2, \end{cases}$$

求数学期望 $E(X)$.

解 X 的概率密度函数为

$$f(X) = F'(x) = \begin{cases} \dfrac{8}{x^3}, & x \geqslant 2, \\ 0, & x < 2, \end{cases}$$

所以

$$E(X) = \int_{-\infty}^{+\infty} x f(x) \mathrm{d}x = \int_{-\infty}^{2} x \cdot 0 \cdot \mathrm{d}x + \int_{2}^{+\infty} x \frac{8}{x^3} \mathrm{d}x$$

$$= \int_{2}^{+\infty} \frac{8}{x^2} \mathrm{d}x = -\left. \frac{8}{x} \right|_{2}^{+\infty} = 4.$$

有些随机变量的数学期望不存在.

例如：柯西分布的概率密度函数为

$$f(x) = \frac{1}{\pi} \cdot \frac{1}{1+x^2}, \quad -\infty < x < +\infty,$$

由于 $\int_{-\infty}^{+\infty} |x| \dfrac{1}{\pi(1+x^2)} \mathrm{d}x = +\infty$，因此柯西分布的数学期望不存在.

下面介绍几种常用连续型随机变量的数学期望.

1. 均匀分布

设 X 服从 $[a, b]$ 上的均匀分布，其概率密度函数为

$$f(x) = \begin{cases} \dfrac{1}{b-a}, & a \leqslant x \leqslant b, \\ 0, & 其他, \end{cases}$$

则 X 的数学期望为

$$E(X) = \int_{-\infty}^{+\infty} x f(x) \mathrm{d}x = \int_{a}^{b} \frac{x}{b-a} \mathrm{d}x = \frac{a+b}{2}.$$

2. 指数分布

设 X 服从指数分布，其概率密度函数为

$$f(x) = \begin{cases} \lambda \mathrm{e}^{-\lambda x}, & x \geqslant 0, \\ 0, & x < 0, \end{cases}$$

则 X 的数学期望为

$$E(X) = \int_{-\infty}^{+\infty} x f(x) \mathrm{d}x = \int_{0}^{+\infty} x \lambda \mathrm{e}^{-\lambda x} \mathrm{d}x = -x \mathrm{e}^{-\lambda x} \Big|_{0}^{+\infty} + \int_{0}^{+\infty} \mathrm{e}^{-\lambda x} \mathrm{d}x$$

$$= -\frac{1}{\lambda} \mathrm{e}^{-\lambda x} \Big|_{0}^{+\infty} = \frac{1}{\lambda}.$$

例 4.1.5　一工厂生产的某种设备的寿命 X（单位：年）服从指数分布，其概率密度函数为

$$f(x) = \begin{cases} \dfrac{1}{4}\mathrm{e}^{-\frac{1}{4}x}, & x \geqslant 0, \\ 0, & x < 0, \end{cases}$$

工厂规定：出售的设备若在一年内损坏，可予以调换．如果工厂出售一台设备可赢利 100 元，调换一台设备厂方需花费 300 元．试求厂方出售一台设备净赢利的数学期望．

分析：该问题是已知设备的寿命的分布，而要求的是出售设备的赢利的均值，故必须建立出售设备的赢利与设备的使用寿命之间的函数关系，这是有关数学期望计算的一种典型问题．

解　依题意，可设事件"一台设备在一年内损坏"记为 A，其概率为

$$P\{X < 1\} = \frac{1}{4}\int_0^1 \mathrm{e}^{-\frac{1}{4}x}\,\mathrm{d}x = -\mathrm{e}^{-\frac{x}{4}}\big|_0^1 = 1 - \mathrm{e}^{-\frac{1}{4}},$$

于是其对立事件 $\overline{A}$ 的概率为

$$P\{X \geqslant 1\} = \mathrm{e}^{-\frac{1}{4}}.$$

又设 Y 表示出售一台设备的净赢利，则

$$Y = f(X) = \begin{cases} -300, & X < 1, \\ 100, & X \geqslant 1, \end{cases}$$

所以

$$E(Y) = (-300) \cdot P\{X < 1\} + 100 \cdot P\{X \geqslant 1\}$$
$$= -300(1 - \mathrm{e}^{-\frac{1}{4}}) + 100\mathrm{e}^{-\frac{1}{4}}$$
$$= 400\mathrm{e}^{-\frac{1}{4}} - 300 \approx 11.52.$$

3. 正态分布

设 $X \sim N(\mu, \sigma^2)$，其概率密度函数为

$$f(x) = \frac{1}{\sqrt{2\pi}\sigma}\mathrm{e}^{-\frac{(x-\mu)^2}{2\sigma^2}}, \quad -\infty < x < +\infty,$$

则 X 的数学期望为

$$E(X) = \int_{-\infty}^{+\infty} xf(x)\,\mathrm{d}x = \frac{1}{\sqrt{2\pi}\sigma}\int_{-\infty}^{+\infty} x\mathrm{e}^{-\frac{(x-\mu)^2}{2\sigma^2}}\,\mathrm{d}x,$$

令 $\dfrac{x-\mu}{\sigma} = t$，则

$$E(X) = \frac{1}{\sqrt{2\pi}}\int_{-\infty}^{+\infty} (\mu + \sigma t)\mathrm{e}^{-\frac{t^2}{2}}\,\mathrm{d}t.$$

注意到
$$\frac{\mu}{\sqrt{2\pi}}\int_{-\infty}^{+\infty} \mathrm{e}^{-\frac{t^2}{2}}\,\mathrm{d}t = \mu, \quad \frac{1}{\sqrt{2\pi}}\int_{-\infty}^{+\infty} \sigma t\mathrm{e}^{-\frac{t^2}{2}}\,\mathrm{d}t = 0,$$

故有
$$E(X) = \mu.$$

三、随机变量函数的数学期望

在许多实际问题中，我们经常需要求随机变量函数的数学期望．假设已知随机变量 X 的概率分布，要求其函数 $Y = g(X)$ 的数学期望．如果由 X 的分布求出 Y 的分布，然后按公式(4.3)或(4.4)计算 Y 的期望，一般说来这种

视频 40：
随机变量函数
的数学期望
及其应用

方法比较麻烦. 现介绍一种较为简便的直接计算 Y 的期望的公式.

定理 4.1 设 $Y = g(X)$ 是随机变量 X 的函数(g 是连续函数).

(1)当 X 是离散型随机变量时, 如果它的概率分布为 $P\{X = x_k\} = p_k$, $k = 1, 2, \cdots$, 且 $\sum\limits_{k=1}^{\infty} |g(x_k)| p_k < +\infty$, 则有

$$E(Y) = E[g(X)] = \sum_{k=1}^{\infty} g(x_k) p_k. \tag{4.5}$$

(2)当 X 是连续型随机变量时, 如果它的概率密度函数为 $f(x)$, 且

$$\int_{-\infty}^{+\infty} |g(x)| f(x) \mathrm{d}x < +\infty,$$

则

$$E(Y) = E[g(X)] = \int_{-\infty}^{+\infty} g(x) f(x) \mathrm{d}x. \tag{4.6}$$

定理 4.1 的重要性在于提供了计算随机变量 X 的函数 $g(X)$ 的数学期望的一种简便方法, 它不需先计算 $g(X)$ 的分布, 而直接利用 X 的分布即可, 该定理的证明从略.

例 4.1.6 设随机变量 X 的概率分布为

X	-2	-1	0	1	2
P	0.1	0.2	0.4	0.2	0.1

求 $2X+1$, X^2 的数学期望.

解 利用公式(4.5)有

$$E(2X+1) = [2 \times (-2)+1] \times 0.1 + [2 \times (-1)+1] \times 0.2 + (2 \times 0+1) \times 0.4 +$$
$$(2 \times 1+1) \times 0.2 + (2 \times 2+1) \times 0.1 = 1,$$
$$E(X^2) = (-2)^2 \times 0.1 + (-1)^2 \times 0.2 + 0^2 \times 0.4 + 1^2 \times 0.2 + 2^2 \times 0.1 = 1.2.$$

例 4.1.7 在射击比赛中, 每人射击 4 次, 每次一发子弹, 规定 4 弹未中得 0 分, 中 1 弹得 15 分, 中 2 弹得 30 分, 中 3 弹得 55 分, 中 4 弹得 100 分, 某射手击中目标的概率为 0.6, 问此人期望能得到多少分?

解 解法 1 设 X 为某射手的分数, 则 X 的分布律为

X	0	15	30	55	100
P	0.4^4	$4 \times 0.4^3 \times 0.6$	$6 \times 0.4^2 \times 0.6^2$	$4 \times 0.4 \times 0.6^3$	0.6^4

X 的数学期望为

$$E(X) = 15 \times 4 \times 0.4^3 \times 0.6 + 30 \times 6 \times 0.4^2 \times 0.6^2 +$$
$$55 \times 4 \times 0.4 \times 0.6^3 + 100 \times 0.6^4 = 44.64.$$

解法 2 设 X 为 4 发子弹命中的子弹数, Y 为某射手的得分, 则有 $X \sim B(4, 0.6)$, 而 Y 是 X 的函数, 即

$$Y = g(X) = \begin{cases} 0, & X = 0, \\ 15, & X = 1, \\ 30, & X = 2, \\ 55, & X = 3, \\ 100, & X = 4, \end{cases}$$

所以该射手得分的数学期望为

$$E(Y) = E[g(X)] = \sum_{k=0}^{4} g(k)P\{X=k\} = \sum_{k=0}^{4} g(k)C_4^k 0.6^k 0.4^{4-k}$$
$$= 0 \times 0.4^4 + 15 \times 4 \times 0.6 \times 0.4^3 + 30 \times 6 \times 0.6^2 \times 0.4^2 +$$
$$55 \times 4 \times 0.6^3 \times 0.4 + 100 \times 0.6^4$$
$$= 44.64.$$

例 4.1.8　设随机变量 X 的概率密度函数为

$$f(x) = \begin{cases} e^{-x}, & x \geqslant 0, \\ 0, & \text{其他}, \end{cases}$$

试求：(1)$E(X^2)$；(2)$E(e^{-\frac{1}{2}X^2 + X})$.

解　因为 X 的概率密度函数为 $f(x) = \begin{cases} e^{-x}, & x \geqslant 0, \\ 0, & \text{其他}, \end{cases}$ 故

(1) $E(X^2) = \int_{-\infty}^{+\infty} x^2 f(x)dx = \int_0^{+\infty} x^2 e^{-x}dx$

$\qquad = -(x^2 + 2x + 2)e^{-x}\big|_0^{+\infty} = 2;$

(2) $E(e^{-\frac{1}{2}X^2 + X}) = \int_0^{+\infty} e^{-\frac{1}{2}x^2 + x} \cdot e^{-x}dx = \int_0^{+\infty} e^{-\frac{1}{2}x^2}dx$

$\qquad = \sqrt{2\pi} \int_0^{+\infty} \frac{1}{\sqrt{2\pi}} e^{-\frac{1}{2}x^2}dx = \frac{\sqrt{2\pi}}{2}.$

例 4.1.9　设国际市场每年对我国某种出口商品的需求量 X（单位：t）服从区间[2000，4000]上的均匀分布. 若售出这种商品 1t，可挣得外汇 3 万元，但如果销售不出而囤积于仓库，则每吨需保管费 1 万元，问应预备多少吨这种商品，才能使国家的收益最大？

解　设预备这种商品 $yt(2000 \leqslant y \leqslant 4000)$，则收益（万元）为

$$g(X) = \begin{cases} 3y, & X \geqslant y, \\ 3X - (y-X), & X < y. \end{cases}$$

由定理 4.1 得

$$E[g(X)] = \int_{-\infty}^{+\infty} g(x)f(x)dx = \int_{2000}^{4000} g(x) \cdot \frac{1}{4000-2000}dx$$
$$= \frac{1}{2000}\int_{2000}^{y}[3x - (y-x)]dx + \frac{1}{2000}\int_{y}^{4000} 3ydx$$
$$= \frac{1}{1000}(-y^2 + 7000y - 4 \times 10^6).$$

当 $y=3500t$ 时，上式达到最大值，所以预备 3500t 这种商品能使国家的收益最大，最大收益为 8250 万元.

与一个随机变量的函数一样，确定两个或两个以上的随机变量函数的数学期望也不需要知道该函数的分布，而可用下面的定理直接计算.

定理 4.2　设 $Z=g(X, Y)$ 是二维随机变量 (X, Y) 的函数.

(1)当 (X, Y) 是离散型随机变量时，它的联合概率分布为

$$P\{X=x_i, Y=y_j\} = p_{ij}, \ i, j = 1, 2, \cdots,$$

当 $\sum_i \sum_j |g(x_i, y_j)| p_{ij} < +\infty$ 时，$Z=g(X, Y)$ 的数学期望为

$$E[g(X, Y)] = \sum_i \sum_j g(x_i, y_j)p_{ij}. \qquad (4.7)$$

（2）当 (X, Y) 是连续型随机变量时，它的联合概率密度函数为 $f(x, y)$，且当

$$\int_{-\infty}^{+\infty} \int_{-\infty}^{+\infty} |g(x, y)| f(x, y)\mathrm{d}x\mathrm{d}y < +\infty$$

时，$Z = g(X, Y)$ 的数学期望为

$$E[g(X, Y)] = \int_{-\infty}^{+\infty} \int_{-\infty}^{+\infty} g(x, y)f(x, y)\mathrm{d}x\mathrm{d}y. \qquad (4.8)$$

定理的证明从略.

在定理 4.2 中，令 $g(x, y) = x$ 和 $g(x, y) = y$，则可以得到下面的推论.

推论 1　当 (X, Y) 为二维离散型随机变量时，取 $Z = g(X, Y) = X$ 或 $Z = g(X, Y) = Y$，可得 X 与 Y 的数学期望分别为

$$\begin{aligned} E(X) &= \sum_i x_i P\{X = x_i\} = \sum_i \sum_j x_i p_{ij}, \\ E(Y) &= \sum_j y_j P\{Y = y_j\} = \sum_i \sum_j y_j p_{ij}. \end{aligned} \qquad (4.9)$$

推论 2　当 (X, Y) 为二维连续型随机变量时，取 $Z = g(X, Y) = X$ 或 $Z = g(X, Y) = Y$，可得 X 与 Y 的数学期望分别为

$$\begin{aligned} E(X) &= \int_{-\infty}^{+\infty} x f_X(x)\mathrm{d}x = \int_{-\infty}^{+\infty} \int_{-\infty}^{+\infty} x f(x, y)\mathrm{d}x\mathrm{d}y, \\ E(Y) &= \int_{-\infty}^{+\infty} y f_Y(y)\mathrm{d}y = \int_{-\infty}^{+\infty} \int_{-\infty}^{+\infty} y f(x, y)\mathrm{d}x\mathrm{d}y. \end{aligned} \qquad (4.10)$$

对已给定二维随机变量 (X, Y)，若 $E(X)$ 和 $E(Y)$ 存在，则 (X, Y) 的数学期望为

$$E(X, Y) = (E(X), E(Y)).$$

例 4.1.10　设二维离散型随机变量的分布列为

X＼Y	-1	2
-1	$\dfrac{1}{4}$	$\dfrac{3}{8}$
2	$\dfrac{1}{8}$	$\dfrac{1}{4}$

求随机变量 $Z = X + Y^2$ 的期望.

解　设 $g(x, y) = x + y^2$，则 $g(x, y)$ 的取值为

$$g(-1, -1) = 0, \ g(-1, 2) = 3, \ g(2, -1) = 3, \ g(2, 2) = 6,$$

于是　　　　　$E(Z) = 0 \times \dfrac{1}{4} + 3 \times \dfrac{3}{8} + 3 \times \dfrac{1}{8} + 6 \times \dfrac{1}{4} = 3.$

例 4.1.11　设随机变量 X 和 Y 的联合分布在以点 $(0, 1)$，$(1, 0)$，$(1, 1)$ 为顶点的三角形区域上服从均匀分布，求 $E(X)$，$E(Y)$，$E(X+Y)$.

解　(X, Y) 的联合密度函数为

$$f(x, y) = \begin{cases} 2, & 0 \leqslant x \leqslant 1, \ 1 - x \leqslant y \leqslant 1, \\ 0, & \text{其他}. \end{cases}$$

由公式 $E[g(X, Y)] = \displaystyle\int_{-\infty}^{+\infty} \int_{-\infty}^{+\infty} g(x, y)f(x, y)\mathrm{d}x\mathrm{d}y$，得

$$E(X+Y) = \int_{-\infty}^{+\infty}\int_{-\infty}^{+\infty}(x+y)f(x,\,y)\mathrm{d}x\mathrm{d}y = \int_0^1 \mathrm{d}x \int_{1-x}^1 (2x+2y)\mathrm{d}y$$

$$= \int_0^1 (2xy+y^2)\,|_{1-x}^1\mathrm{d}x = \int_0^1 (2x+x^2)\mathrm{d}x = \frac{4}{3}.$$

求 $E(X)$ 和 $E(Y)$ 有两种方法：

方法一　先求出 $f_X(x)$ 和 $f_Y(y)$，利用公式 $E(X) = \int_{-\infty}^{+\infty} xf(x)\mathrm{d}x$ 求出结论.

$$f_X(x) = \int_{-\infty}^{+\infty} f(x,\,y)\mathrm{d}y = \begin{cases} \int_{1-x}^1 2\mathrm{d}y, & 0 \leqslant x \leqslant 1, \\ 0, & \text{其他} \end{cases} = \begin{cases} 2x, & 0 \leqslant x \leqslant 1, \\ 0, & \text{其他}, \end{cases}$$

$$E(X) = \int_{-\infty}^{+\infty} xf_X(x)\mathrm{d}x = \int_0^1 x \cdot 2x\mathrm{d}x = \frac{2}{3}.$$

同理可得 $E(Y) = \frac{2}{3}$.

方法二　直接使用联合密度函数来求.

$$E(X) = \int_{-\infty}^{+\infty}\int_{-\infty}^{+\infty} xf(x,\,y)\mathrm{d}x\mathrm{d}y = \int_0^1 \mathrm{d}x \int_{1-x}^1 2x\mathrm{d}y$$

$$= \int_0^1 2xy\,|_{1-x}^1\mathrm{d}x = \int_0^1 2x^2\mathrm{d}x = \frac{2}{3},$$

$$E(Y) = \int_{-\infty}^{+\infty}\int_{-\infty}^{+\infty} yf(x,\,y)\mathrm{d}x\mathrm{d}y = \int_0^1 \mathrm{d}x \int_{1-x}^1 2y\mathrm{d}y$$

$$= \int_0^1 y^2\,|_{1-x}^1\mathrm{d}x = \int_0^1 (2x-x^2)\mathrm{d}x = \frac{2}{3}.$$

若二维正态变量的边缘分布容易求或已知，也可以利用边缘分布求期望.

例 4.1.12　设 $(X,\,Y)$ 服从参数为 μ_1，μ_2，σ_1^2，σ_2^2，ρ 的二维正态分布，求 $E(X)$，$E(Y)$.

解　因二维正态随机变量的边缘概率密度函数为一维正态随机变量概率密度函数，且

$$f_X(x) = \frac{1}{\sqrt{2\pi}\sigma_1}\mathrm{e}^{-\frac{(x-\mu_1)^2}{2\sigma_1^2}},\quad f_Y(y) = \frac{1}{\sqrt{2\pi}\sigma_2}\mathrm{e}^{-\frac{(y-\mu_2)^2}{2\sigma_2^2}},$$

于是有

$$E(X) = \int_{-\infty}^{+\infty} xf_X(x)\mathrm{d}x = \frac{1}{\sqrt{2\pi}\sigma_1}\int_{-\infty}^{+\infty} x\mathrm{e}^{-\frac{(x-\mu_1)^2}{2\sigma_1^2}}\mathrm{d}x = \mu_1,$$

$$E(Y) = \int_{-\infty}^{+\infty} yf_Y(y)\mathrm{d}y = \frac{1}{\sqrt{2\pi}\sigma_2}\int_{-\infty}^{+\infty} y\mathrm{e}^{-\frac{(y-\mu_2)^2}{2\sigma_2^2}}\mathrm{d}y = \mu_2,$$

则 $(X,\,Y)$ 的数学期望为 $(\mu_1,\,\mu_2)$.

四、数学期望的性质

下面介绍数学期望的几个重要性质，假定涉及的随机变量的数学期望都存在.

性质 1　设 C 为一常数，则

$$E(C) = C. \tag{4.11}$$

性质 2　设 X 是一个随机变量，C 是常数，则

$$E(CX) = CE(X). \tag{4.12}$$

性质 3 设 X，Y 是任意两个随机变量，则
$$E(X+Y)=E(X)+E(Y).$$

这一性质可推广到任意有限个随机变量的和的情形，即
$$E(\sum_{i=1}^{n} X_i) = \sum_{i=1}^{n} E(X_i). \tag{4.13}$$

性质 4 当随机变量 X，Y 相互独立时，有
$$E(XY)=E(X)E(Y).$$

这一性质可推广到任意有限个相互独立的随机变量的积的情形，即
$$E(\prod_{i=1}^{n} X_i) = E(X_1)E(X_2)\cdots E(X_n), \tag{4.14}$$

这里 $\prod_{i=1}^{n} X_i = X_1 X_2 \cdots X_n$.

证 仅就二维连续型随机变量的情形证明性质 4.

设二维随机变量 $(X，Y)$ 的联合概率密度函数为 $f(x,y)$，其边缘概率密度函数为 $f_X(x)$，$f_Y(y)$，由 X，Y 相互独立，有 $f(x,y)=f_X(x)f_Y(y)$，于是由定理 4.2 得

$$E(XY) = \int_{-\infty}^{+\infty}\int_{-\infty}^{+\infty} xyf(x,y)\mathrm{d}x\mathrm{d}y = \int_{-\infty}^{+\infty}\int_{-\infty}^{+\infty} xyf_X(x)f_Y(y)\mathrm{d}x\mathrm{d}y$$
$$= \left[\int_{-\infty}^{+\infty} xf_X(x)\mathrm{d}x\right]\left[\int_{-\infty}^{+\infty} yf_Y(y)\mathrm{d}y\right] = E(X)E(Y).$$

利用数学期望的性质，将二项分布表示为 n 个两点分布的和，期望计算过程将简单得多. 设 $X_i(i=1,2,\cdots,n)$ 表示事件 A 在第 i 次试验中出现的次数，则取 $X = \sum_{i=1}^{n} X_i$ 时，当 X 取值为 k，则要求 X_1，X_2，$\cdots$，X_n 中有 k 个取值为 1，而其余 $(n-k)$ 个取值为 0，至于是哪 k 个变量取值为 1，共有 C_n^k 种不同的方式，而且这些方式两两互斥，由相互独立性可知，每种方式出现的概率为 $p^k(1-p)^{n-k}$，从而 $P\{X=k\}=C_n^k p^k(1-p)^{n-k}$，$k=0,1,2,\cdots,n$，即 $X\sim B(n,p)$.

由于 X 表示在 n 次独立重复试验中事件 A 发生的次数，由于 $E(X_i)=p$，$i=1,2,\cdots$，n，由性质 3 有

$$E(X) = E(\sum_{i=1}^{n} X_i) = \sum_{i=1}^{n} E(X_i) = np.$$

例 4.1.13 一辆飞机场的交通车载有 25 名乘客途经 9 个站，每位乘客都等可能地在这 9 个站中的任意一站下车（且不受其他乘客下车与否的影响），交通车只在有乘客下车时才停车，记 X_i 表示第 i 站下车的乘客数，Y_i 定义为

$$Y_i=\begin{cases}0, & \text{第 } i \text{ 站不停车,}\\ 1, & \text{第 } i \text{ 站停车,}\end{cases}$$

且记 Y 为交通车在 9 个站中停车的次数，求 $E(X_i)$，$E(Y_i)$，$E(Y)$.

解 由题可知 $X_i\sim B\left(25,\dfrac{1}{9}\right)$，于是

$$E(X_i)=25\times\frac{1}{9}=\frac{25}{9}(i=1,2,\cdots,9).$$

又因为 Y_i 服从两点分布，且

$$P\{Y_i=1\}=P\{X_i\geqslant 1\}=1-P\{X_i=0\}=1-C_{25}^0\left(\frac{1}{9}\right)^0\left(\frac{8}{9}\right)^{25}=1-\left(\frac{8}{9}\right)^{25},$$

所以
$$E(Y_i)=1-\left(\frac{8}{9}\right)^{25}(i=1,2,\cdots,9).$$

而 $Y=\sum_{i=1}^9 Y_i$，由期望的性质得

$$E(Y)=E\left(\sum_{i=1}^9 Y_i\right)=\sum_{i=1}^9 E(Y_i)=9\left[1-\left(\frac{8}{9}\right)^{25}\right].$$

例 4.1.14 设随机变量 X 的概率密度函数为

$$f(x)=\begin{cases}A+Bx^2, & 0<x<1,\\ 0, & \text{其他,}\end{cases}$$

且 $E(X)=\frac{3}{5}$，求 A，B 的值.

解 $\displaystyle\int_{-\infty}^{+\infty}f(x)\mathrm{d}x=\int_0^1(A+Bx^2)\mathrm{d}x=\left[Ax+\frac{1}{3}Bx^3\right]_0^1=A+\frac{1}{3}B=1,$

$\displaystyle\int_{-\infty}^{+\infty}xf(x)\mathrm{d}x=\int_0^1 x(A+Bx^2)\mathrm{d}x=\left[\frac{A}{2}x^2+\frac{B}{4}x^4\right]_0^1=\frac{1}{2}A+\frac{1}{4}B=\frac{3}{5},$

联立两个方程解得 $A=\frac{3}{5}$，$B=\frac{6}{5}$.

例 4.1.15（综合案例） 在某地区进行某种疾病普查，为此要检验每个人的血液. 如果当地有 N 个人，考虑用两种检验方法：(1)检验每个人的血液，这就需要检验 N 次.(2)先把受检验者分组，假设每个组有 k 个人，把这 k 个人的血液混合在一起检验. 若检验的结果为阴性，这说明 k 个人的血液都是阴性，因而这 k 个人只需检验一次就够了. 若结果呈阳性，为了明确 k 个人中究竟哪个人为阳性，就需要对这 k 个人逐一检验，此时这 k 个人的检验次数为 $(k+1)$ 次，检验的工作量反而增加. 假设每个人血液检验呈阳性的概率为 p，且试验是相互独立的. 试说明当 p 较小时，按第二种方法可以减少检验次数.

解 显然，若采用方法(2)，则 k 个人需要的检验次数可能是1次，也可能是 $(k+1)$ 次，由于每个人的试验是相互独立的，并且每个人检验呈阳性的概率均为 p，呈阴性的概率为 $q=1-p$，因此 k 个人一组的混合血液为阴性的概率为 q^k，呈阳性的概率为 $1-q^k$. 令 X 表示 k 个人为一组时，每人所需的平均检验次数，则 X 的分布律为

X	$\frac{1}{k}$	$\frac{k+1}{k}$
P	q^k	$1-q^k$

每个人所需检验次数的均值为

$$E(X)=\frac{1}{k}\times q^k+\left(1+\frac{1}{k}\right)\times(1-q^k)=1-q^k+\frac{1}{k}.$$

按方法(1)每人应检验1次，所以当 $1-q^k+\frac{1}{k}<1$，即 $q^k=(1-p)^k>\frac{1}{k}$ 时，即当 p 较小时，用分组方法可减少检验次数.

第二节　方　　差

一、方差的定义

在本章开始，我们就指出，方差也是随机变量的一个重要的数字特征，数学期望是反映随机变量的平均取值大小的数字特征．但在许多实际问题中，不但要知道随机变量的数学期望，还要知道随机变量取值的波动程度，即它所取的值与它的数学期望的偏离程度．比如，检查一批棉花的质量时，不仅要注意纤维的平均长度，而且还要注意纤维长度与平均长度的偏离程度．如果偏离程度小，表示质量均匀，就比较好；偏离程度大，质量就较差．又如，产品的某些特性（如寿命）波动大，说明生产不够稳定；生物的某种特性（如血压、血球）波动大，表示该生物处于病态．由此可见，研究随机变量与其平均值的偏离程度是十分必要的．设随机变量 X 的数学期望为 $E(X)$，偏离量 $X-E(X)$ 也是一个随机变量，度量这个偏离程度很自然想到用均值 $E[X-E(X)]$，由于正负偏离抵消，可算得 $E[X-E(X)]=E(X)-E(X)=0$，容易看到，理想上可使用量 $E[|X-E(X)|]$ 刻画偏离程度，但它有绝对值，在运算上不方便，所以通常用均值 $E[X-E(X)]^2$ 来度量随机变量与其数学期望的偏离程度，这个均值称为方差．

视频41：
随机变量
方差的定义

定义 4.3　设 X 是一随机变量，如果 $E[X-E(X)]^2$ 存在，则称 $E[X-E(X)]^2$ 为 X 的**方差**，记为 $D(X)$ 或 $\mathrm{Var}(X)$，即

$$\mathrm{Var}(X)=E[X-E(X)]^2. \tag{4.15}$$

在应用上还引入与随机变量 X 具有相同量纲的量 $\sqrt{\mathrm{Var}(X)}$，记为 $\sigma(X)$，称为**标准差**或**均方差**．

注意到方差 $\mathrm{Var}(X)$ 就是随机变量 X 的函数 $g(X)=E[X-E(X)]^2$ 的期望，利用定理 4.1 就可方便地计算出 $\mathrm{Var}(X)$，当 X 为离散型随机变量时，其概率分布为

$$P\{X=x_k\}=p_k,\ k=1,\ 2,\ \cdots,$$

则有

$$\mathrm{Var}(X)=\sum_{k=1}^{\infty}[x_k-E(X)]^2 p_k. \tag{4.16}$$

当 X 为连续型随机变量时，概率密度函数为 $f(x)$，则有

$$\mathrm{Var}(X)=\int_{-\infty}^{+\infty}[x-E(X)]^2 f(x)\mathrm{d}x. \tag{4.17}$$

方差 $\mathrm{Var}(X)$ 是一个非负数，这个常数的大小反映随机变量 X 取值的分散程度，方差越大，X 取值越分散；方差越小，X 取值越集中．在计算方差时，有时用下面的公式比较方便：

$$\mathrm{Var}(X)=E(X^2)-[E(X)]^2. \tag{4.18}$$

事实上，由第一节数学期望的性质，有

$$\mathrm{Var}(X)=E[X-E(X)]^2=E\{X^2-2XE(X)+[E(X)]^2\}$$
$$=E(X^2)-2E(X)E(X)+[E(X)]^2=E(X^2)-[E(X)]^2.$$

例 4.2.1　计算第一节例 4.1.1 中甲、乙两个品种棉花的纤维长度的方差．

解　$E(X_甲)=2$,

$$E(X_甲^2)=1^2\times0.15+1.5^2\times0.1+2^2\times0.45+2.5^2\times0.2+3^2\times0.1=4.325,$$

所以　　　　　　$\mathrm{Var}(X_甲)=E(X_甲^2)-[E(X_甲)]^2=4.325-4=0.325.$

$E(X_乙)=2.05$,

$$E(X_乙^2)=1^2\times0.3+1.5^2\times0.1+2^2\times0.1+2.5^2\times0.2+3^2\times0.3=4.875,$$

所以　　　　　$\mathrm{Var}(X_乙)=E(X_乙^2)-[E(X_乙)]^2=4.875-2.05^2=0.6725.$

从计算结果知，甲品种比乙品种棉花的纤维长度的方差小，即甲品种比乙品种稳定．综合期望与方差，我们可断定甲品种优于乙品种．

例 4.2.2　设连续型随机变量 X 的概率密度函数为

$$f(x)=\begin{cases}2(1-x), & 0<x<1, \\ 0, & 其他,\end{cases}$$

求 $\mathrm{Var}(X)$.

解　$E(X)=\displaystyle\int_0^1 x\cdot2(1-x)\mathrm{d}x=\int_0^1 2x\mathrm{d}x-\int_0^1 2x^2\mathrm{d}x=\dfrac{1}{3}$,

$$E(X^2)=\int_0^1 x^2\cdot2(1-x)\mathrm{d}x=\int_0^1 2x^2\mathrm{d}x-\int_0^1 2x^3\mathrm{d}x=\dfrac{1}{6},$$

所以　　　　　$\mathrm{Var}(X)=E(X^2)-[E(X)]^2=\dfrac{1}{6}-\left(\dfrac{1}{3}\right)^2=\dfrac{1}{18}.$

下面介绍二维随机变量的方差．

设已给二维随机变量 (X,Y)，如果方差 $\mathrm{Var}(X)$，$\mathrm{Var}(Y)$ 存在，则称 $(\mathrm{Var}(X)$，$\mathrm{Var}(Y))$ 为二维随机变量 (X,Y) 的方差．

应用定理 4.2，容易得到关于二维随机变量的方差的推论．

推论　(1)当 (X,Y) 为离散型随机变量时，

$$\mathrm{Var}(X)=\sum_i[x_i-E(X)]^2 P\{X=x_i\}=\sum_i\sum_j[x_i-E(X)]^2 p_{ij}, \tag{4.19}$$

$$\mathrm{Var}(Y)=\sum_j[y_j-E(Y)]^2 P\{Y=y_j\}=\sum_j\sum_i[y_j-E(Y)]^2 p_{ij}. \tag{4.20}$$

(2)当 (X,Y) 为连续型随机变量时，

$$\mathrm{Var}(X)=\int_{-\infty}^{+\infty}[x-E(X)]^2 f_X(x)\mathrm{d}x=\int_{-\infty}^{+\infty}\int_{-\infty}^{+\infty}[x-E(X)]^2 f(x,y)\mathrm{d}x\mathrm{d}y,$$
$$\tag{4.21}$$

$$\mathrm{Var}(Y)=\int_{-\infty}^{+\infty}[y-E(Y)]^2 f_Y(y)\mathrm{d}y=\int_{-\infty}^{+\infty}\int_{-\infty}^{+\infty}[y-E(Y)]^2 f(x,y)\mathrm{d}x\mathrm{d}y.$$
$$\tag{4.22}$$

例 4.2.3　设随机变量 (X,Y) 的联合概率分布律为

X \ Y	0	1
−1	0	$\dfrac{1}{2}$
1	$\dfrac{1}{4}$	$\dfrac{1}{4}$

求 $E(X)$，$E(Y)$，$E(XY)$，$\mathrm{Var}(X)$，$\mathrm{Var}(Y)$.

解 由题设及数学期望、方差的定义和性质可得

$$E(X)=-1\times\left(0+\frac{1}{2}\right)+1\times\left(\frac{1}{4}+\frac{1}{4}\right)=0,$$

$$E(Y)=0\times\left(0+\frac{1}{4}\right)+1\times\left(\frac{1}{2}+\frac{1}{4}\right)=\frac{3}{4},$$

$$E(XY)=-1\times0\times0+(-1)\times1\times\frac{1}{2}+1\times0\times\frac{1}{4}+1\times1\times\frac{1}{4}=-\frac{1}{4},$$

$$\mathrm{Var}(X)=E(X^2)-[E(X)]^2=(-1)^2\times\left(0+\frac{1}{2}\right)+1^2\times\left(\frac{1}{4}+\frac{1}{4}\right)-0=1,$$

$$\mathrm{Var}(Y)=E(Y^2)-[E(Y)]^2=0\times\left(0+\frac{1}{4}\right)+1^2\times\left(\frac{1}{2}+\frac{1}{4}\right)-\left(\frac{3}{4}\right)^2=\frac{3}{16}.$$

例 4.2.4 设随机变量 (X,Y) 有概率密度函数

$$f(x,y)=\begin{cases}x+y, & 0\leqslant x\leqslant1,\ 0\leqslant y\leqslant1,\\ 0, & 其他,\end{cases}$$

求 X，Y 的方差以及 XY 的数学期望.

解 $E(X)=\displaystyle\int_{-\infty}^{+\infty}\int_{-\infty}^{+\infty}xf(x,y)\mathrm{d}x\mathrm{d}y=\int_0^1\mathrm{d}x\int_0^1x(x+y)\mathrm{d}y$

$\qquad=\displaystyle\int_0^1\left[x^2y+\frac{1}{2}xy^2\right]_0^1\mathrm{d}x=\int_0^1\left(x^2+\frac{1}{2}x\right)\mathrm{d}x=\frac{7}{12},$

$E(X^2)=\displaystyle\int_{-\infty}^{+\infty}\int_{-\infty}^{+\infty}x^2f(x,y)\mathrm{d}x\mathrm{d}y=\int_0^1\mathrm{d}x\int_0^1x^2(x+y)\mathrm{d}y$

$\qquad=\displaystyle\int_0^1\left[x^3y+\frac{1}{2}x^2y^2\right]_0^1\mathrm{d}x=\int_0^1\left(x^3+\frac{1}{2}x^2\right)\mathrm{d}x=\frac{5}{12},$

$\mathrm{Var}(X)=E(X^2)-[E(X)]^2=\dfrac{5}{12}-\left(\dfrac{7}{12}\right)^2=\dfrac{11}{144}.$

类似可求得 $E(Y)=\dfrac{7}{12}$，$\mathrm{Var}(Y)=\dfrac{11}{144}$.

$E(XY)=\displaystyle\int_{-\infty}^{+\infty}\int_{-\infty}^{+\infty}xyf(x,y)\mathrm{d}x\mathrm{d}y$

$\qquad=\displaystyle\int_0^1\left[\int_0^1xy(x+y)\mathrm{d}x\right]\mathrm{d}y=\int_0^1\left[\left(\frac{1}{3}x^3y+\frac{1}{2}x^2y^2\right)\Big|_0^1\right]\mathrm{d}y$

$\qquad=\displaystyle\int_0^1\left(\frac{y}{3}+\frac{y^2}{2}\right)\mathrm{d}y=\left(\frac{y^2}{6}+\frac{y^3}{6}\right)\Big|_0^1=\frac{1}{3}.$

若二维随机变量的边缘分布容易求或已知，也可以利用边缘分布求方差.

例 4.2.5 设 (X,Y) 服从参数为 μ_1，μ_2，σ_1^2，σ_2^2，ρ 的二维正态分布，求 $\mathrm{Var}(X)$，$\mathrm{Var}(Y)$.

解 我们已求得 (X,Y) 的边缘分布分别为

$$f_X(x)=\frac{1}{\sqrt{2\pi}\sigma_1}\mathrm{e}^{-\frac{(x-\mu_1)^2}{2\sigma_1^2}},\quad f_Y(y)=\frac{1}{\sqrt{2\pi}\sigma_2}\mathrm{e}^{-\frac{(y-\mu_2)^2}{2\sigma_2^2}},$$

则 $$\mathrm{Var}(X)=\int_{-\infty}^{+\infty}(x-\mu_1)^2f_X(x)\mathrm{d}x=\int_{-\infty}^{+\infty}(x-\mu_1)^2\frac{1}{\sqrt{2\pi}\sigma_1}\mathrm{e}^{-\frac{(x-\mu_1)^2}{2\sigma_1^2}}\mathrm{d}x.$$

令 $\dfrac{x-\mu_1}{\sigma_1}=t$，则

$$\mathrm{Var}(X)=\frac{\sigma_1^2}{\sqrt{2\pi}}\int_{-\infty}^{+\infty}t^2\mathrm{e}^{-\frac{t^2}{2}}\,\mathrm{d}t=\frac{\sigma_1^2}{\sqrt{2\pi}}\left(-t\mathrm{e}^{-\frac{t^2}{2}}\Big|_{-\infty}^{+\infty}+\int_{-\infty}^{+\infty}\mathrm{e}^{-\frac{t^2}{2}}\,\mathrm{d}t\right)=\sigma_1^2.$$

同理
$$\mathrm{Var}(Y)=\int_{-\infty}^{+\infty}(y-\mu_2)^2\frac{1}{\sqrt{2\pi}\,\sigma_2}\mathrm{e}^{-\frac{(y-\mu_2)^2}{2\sigma_2^2}}\,\mathrm{d}y=\sigma_2^2.$$

二、方差的性质

下列性质中，假定涉及的随机变量的方差都存在．

性质 1　$\mathrm{Var}(C)=0$（C 是任意常数）．

性质 2　$\mathrm{Var}(CX)=C^2\,\mathrm{Var}(X)$（$C$ 是任意常数）．

性质 3　$\mathrm{Var}(X+C)=\mathrm{Var}(X)$（$C$ 是任意常数）．

性质 4　如果 X，Y 是两个相互独立的随机变量，则有

$$\mathrm{Var}(X\pm Y)=\mathrm{Var}(X)+\mathrm{Var}(Y).$$

这一性质可以推广到任意有限多个相互独立随机变量的和的情形．

性质 5　$\mathrm{Var}(X)=0$ 的充分必要条件是 $P\{X=c\}=1$，c 为某一常数．

视频 42：
随机变量方差
的性质

证　仅证明性质 4. 由假设 X，Y 相互独立，有 $E(XY)=E(X)E(Y)$，由 (4.18) 式及数学期望的性质，得

$$\begin{aligned}\mathrm{Var}(X\pm Y)&=E\big[(X\pm Y)^2\big]-\big[E(X\pm Y)\big]^2\\&=E(X^2\pm 2XY+Y^2)-\big[E(X)\pm E(Y)\big]^2\\&=E(X^2)\pm 2E(X)E(Y)+E(Y^2)-\big[E(X)\big]^2\mp 2E(X)E(Y)-\big[E(Y)\big]^2\\&=E(X^2)-\big[E(X)\big]^2+E(Y^2)-\big[E(Y)\big]^2\\&=\mathrm{Var}(X)+\mathrm{Var}(Y).\end{aligned}$$

例 4.2.6　已知随机变量 X 的数学期望和方差分别为 $E(X)$ 和 $\mathrm{Var}(X)$，且 $\mathrm{Var}(X)>0$，又设随机变量 $Y=\dfrac{X-E(X)}{\sqrt{\mathrm{Var}(X)}}$，求 $E(Y)$，$\mathrm{Var}(Y)$．

解　根据数学期望与方差的性质

$$E(Y)=E\left[\frac{X-E(X)}{\sqrt{\mathrm{Var}(X)}}\right]=\frac{1}{\sqrt{\mathrm{Var}(X)}}E(X)-\frac{E(X)}{\sqrt{\mathrm{Var}(X)}}=0,$$

$$\mathrm{Var}(Y)=\mathrm{Var}\left[\frac{X-E(X)}{\sqrt{\mathrm{Var}(X)}}\right]=\left(\frac{1}{\sqrt{\mathrm{Var}(X)}}\right)^2\mathrm{Var}(X)=1.$$

可见，不论随机变量 X 是何种分布，只要 $E(X)$，$\mathrm{Var}(X)$ 存在，且 $\mathrm{Var}(X)>0$，随机变量 $Y=\dfrac{X-E(X)}{\sqrt{\mathrm{Var}(X)}}$ 的数学期望都等于 0，方差都等于 1，我们称 $Y=\dfrac{X-E(X)}{\sqrt{\mathrm{Var}(X)}}$ 为 X 的**标准化随机变量**．

三、常用分布的方差

（1）两点分布：

设 X 服从两点分布，则

$$E(X)=p, \quad E(X^2)=0^2\times(1-p)+1^2\times p=p,$$

于是由(4.18)式,得

$$\mathrm{Var}(X)=E(X^2)-[E(X)]^2=p-p^2=p(1-p)=pq.$$

(2)二项分布:

设 X 服从参数为 (n, p) 的二项分布,由本章第一节知 $E(X)=np$,用同样的方法可得

视频43:
常见随机变量
的方差

$$E(X^2)=n(n-1)p^2+np,$$

从而有 $\quad \mathrm{Var}(X)=E(X^2)-[E(X)]^2=n(n-1)p^2+np-(np)^2=np(1-p)=npq.$

(3)泊松分布:

设 X 服从参数为 λ 的泊松分布,由本章第一节知 $E(X)=\lambda$,用同样的方法可得

$$E(X^2)=\lambda^2+\lambda,$$

从而有 $\quad\quad \mathrm{Var}(X)=E(X^2)-[E(X)]^2=\lambda^2+\lambda-\lambda^2=\lambda.$

(4)均匀分布:

设 X 服从 $[a, b]$ 上的均匀分布,由本章第一节知 $E(X)=\dfrac{a+b}{2}$,又

$$E(X^2)=\int_a^b \frac{x^2}{b-a}\mathrm{d}x=\frac{x^3}{3(b-a)}\Big|_a^b=\frac{a^2+ab+b^2}{3},$$

所以 $\quad\quad \mathrm{Var}(X)=E(X^2)-[E(X)]^2=\frac{1}{3}(a^2+ab+b^2)-\left[\frac{1}{2}(a+b)\right]^2=\frac{(b-a)^2}{12}.$

(5)指数分布:

设 X 服从参数为 λ 的指数分布,由本章第一节知 $E(X)=\dfrac{1}{\lambda}$,又

$$E(X^2)=\int_a^b x^2 \cdot \lambda \mathrm{e}^{-\lambda x}\mathrm{d}x=\frac{2}{\lambda^2},$$

所以 $\quad\quad \mathrm{Var}(X)=E(X^2)-[E(X)]^2=\frac{2}{\lambda^2}-\frac{1}{\lambda^2}=\frac{1}{\lambda^2}.$

(6)正态分布:

设 $X \sim N(\mu, \sigma^2)$,由本章第一节知 $E(X)=\mu$,由(4.17)式得

$$\mathrm{Var}(X)=\int_{-\infty}^{+\infty}[x-E(X)]^2 f(x)\mathrm{d}x=\int_{-\infty}^{+\infty}(x-\mu)^2\frac{1}{\sqrt{2\pi}\sigma}\mathrm{e}^{-\frac{(x-\mu)^2}{2\sigma^2}}\mathrm{d}x,$$

令 $\dfrac{x-\mu}{\sigma}=t$,得

$$\mathrm{Var}(X)=\frac{\sigma^2}{\sqrt{2\pi}}\int_{-\infty}^{+\infty}t^2\mathrm{e}^{-\frac{t^2}{2}}\mathrm{d}t=\frac{\sigma^2}{\sqrt{2\pi}}\left(-t\mathrm{e}^{-\frac{t^2}{2}}\Big|_{-\infty}^{+\infty}+\int_{-\infty}^{+\infty}\mathrm{e}^{-\frac{t^2}{2}}\mathrm{d}t\right)=\sigma^2.$$

例 4.2.7 已知一批玉米种子的发芽率是 75%,播种时每穴种三粒,求每穴发芽种子粒数的数学期望、方差及标准差.

解 设发芽种子数为 X,则 X 服从二项分布,且 $n=3$, $p=0.75$,所以

$$E(X)=np=3\times0.75=2.25,$$

$$\mathrm{Var}(X)=np(1-p)=3\times0.75\times0.25=0.5625,$$

$$\sqrt{\mathrm{Var}(X)}=\sqrt{0.5625}=0.75.$$

例 4.2.8　设 $X \sim N(0, 4)$，$Y \sim U(0, 4)$，且 X 与 Y 相互独立，求 $\mathrm{Var}(X+Y)$ 和 $\mathrm{Var}(2X-3Y)$.

解　由于 $X \sim N(0, 4)$，$Y \sim U(0, 4)$，可知有

$$E(X)=0,\ \mathrm{Var}(X)=4,\ E(Y)=\int_0^4 \frac{1}{4}y\,\mathrm{d}y=2,\ \mathrm{Var}(Y)=\int_0^4 \frac{1}{4}(y-2)^2\,\mathrm{d}y=\frac{4}{3}.$$

又由 X 与 Y 独立，可知有

$$\mathrm{Var}(X+Y)=\mathrm{Var}(X)+\mathrm{Var}(Y)=4+\frac{4}{3}=\frac{16}{3},$$

$$\mathrm{Var}(2X-3Y)=\mathrm{Var}(2X)+\mathrm{Var}(-3Y)=2^2\,\mathrm{Var}(X)+(-3)^2\,\mathrm{Var}(Y)=16+12=28.$$

例 4.2.9　某动物的寿命 X（单位：年）服从指数分布，其中参数 $\lambda=0.1$，求这种动物的平均寿命及标准差.

解　因为 X 服从指数分布，且 $\lambda=0.1$，所以

$$E(X)=\frac{1}{\lambda}=\frac{1}{0.1}=10,$$

$$\mathrm{Var}(X)=\frac{1}{\lambda^2}=\frac{1}{0.1^2}=100,$$

$$\sqrt{\mathrm{Var}(X)}=\sqrt{100}=10,$$

所以这种动物的平均寿命为 10 年，标准差为 10 年.

例 4.2.10　设某经销商与某出版社订购下一年的挂历，根据该经销商以往多年的经销经验，他得出需求量分别为 150 本、160 本、170 本、180 本的概率分别为 0.1，0.4，0.3，0.2，各种订购方案的获利 X_i（$i=1$，2，3，4）（单位：百元）是随机变量，经计算各种订购方案在不同需求情况下获利的分布见表 4.1.

表 4.1

订购方案 需求数量及概率	需求 150 本 （概率 0.1）	需求 160 本 （概率 0.4）	需求 170 本 （概率 0.3）	需求 180 本 （概率 0.2）
订购 150 本获利 X_1	45	45	45	45
订购 160 本获利 X_2	42	48	48	48
订购 170 本获利 X_3	39	45	51	52
订购 180 本获利 X_4	36	42	48	54

问：(1)该经销商应订购多少本挂历，可使期望利润最大？

(2)为使期望利润最大且风险最小，经销商应订购多少本挂历？

解　(1)在这四种方案下期望利润分别为

$$E(X_1)=45\times0.1+45\times0.4+45\times0.3+45\times0.2=45,$$
$$E(X_2)=42\times0.1+48\times0.4+48\times0.3+48\times0.2=47.4,$$
$$E(X_3)=39\times0.1+45\times0.4+51\times0.3+51\times0.2=47.4,$$
$$E(X_4)=36\times0.1+42\times0.4+48\times0.3+54\times0.2=45.6.$$

由于 $E(X_2)=E(X_3)>E(X_4)>E(X_1)$，所以该经销商订购 160 本或 170 本可获最大期望利润.

（2）现从这些可获最大期望利润的方案选择方差最小（风险最小）的订购方案，因为

$$E(X_2^2)=42^2\times0.1+48^2\times0.4+48^2\times0.3+48^2\times0.2=2250,$$

$$\text{Var}(X_2)=E(X_2^2)-[E(X_2)]^2=2250-47.4^2=3.24;$$

$$E(X_3^2)=39^2\times0.1+45^2\times0.4+51^2\times0.3+51^2\times0.2=2262.6,$$

$$\text{Var}(X_3)=E(X_3^2)-[E(X_3)]^2=2262.6-47.4^2=15.84.$$

显然，$\text{Var}(X_2)<\text{Var}(X_3)$，所以该经销商订购 160 本风险最小，且期望利润高．

视频 44：
期望和方差
综合案例讲解

上面我们计算了六种常见分布的数学期望和方差，这些期望和方差均与分布的参数有关，所以一方面由已知的分布可以求出数学期望和方差，反之，只要随机变量的分布类型及其数学期望和方差给定了，分布也就确定了．

为了使用方便，我们列出常见分布及其期望和方差，见表 4.2.

表 4.2

分布名称	分布律或概率密度函数	期望	方差	参数的范围
两点分布	$P\{X=1\}=p,\ P\{X=0\}=q$	p	pq	$0<p<1,\ q=1-p$
二项分布 $X\sim B(n,\ p)$	$P\{X=k\}=C_n^kp^kq^{n-k}$ $(k=0,1,2,\cdots,n)$	np	npq	$0<p<1,\ q=1-p$, n 为自然数
泊松分布 $X\sim P(\lambda)$	$P\{X=k\}=\dfrac{\lambda^ke^{-\lambda}}{k!}$ $(k=0,1,2,\cdots)$	λ	λ	$\lambda>0$
均匀分布 $X\sim U[a,\ b]$	$f(x)=\begin{cases}\dfrac{1}{b-a},&a\leqslant x\leqslant b,\\0,&\text{其他}.\end{cases}$	$\dfrac{a+b}{2}$	$\dfrac{(b-a)^2}{12}$	$b>a$
指数分布 $X\sim E(\lambda)$	$f(x)=\begin{cases}\lambda e^{-\lambda x},&x\geqslant0,\\0,&x<0.\end{cases}$	$\dfrac{1}{\lambda}$	$\dfrac{1}{\lambda^2}$	$\lambda>0$
正态分布 $X\sim N(\mu,\ \sigma^2)$	$f(x)=\dfrac{1}{\sqrt{2\pi}\sigma}e^{-\frac{(x-\mu)^2}{2\sigma^2}}$ $(-\infty<x<+\infty)$	μ	σ^2	μ 任意，$\sigma>0$

第三节　协方差与相关系数

二维随机变量$(X，Y)$的数学期望$(E(X)，E(Y))$和方差$(\text{Var}(X)，\text{Var}(Y))$只反映了两个分量各自的性质，但对二维随机变量，我们除了关心 X，Y 各自的情况外，还希望知道它们之间的联系，这仅靠数学期望和方差是办不到的．下面引进的数字特征可以用来刻画 X 与 Y 之间的某种关系．

定义 4.4　设$(X，Y)$为二维随机变量，若 $E\{[X-E(X)][Y-E(Y)]\}$ 存在，则称它为随机变量 X 与 Y 的**协方差**，记为 $\text{Cov}(X，Y)$ 或 σ_{XY}，即

$$\text{Cov}(X，Y)=E\{[X-E(X)][Y-E(Y)]\}. \tag{4.23}$$

从协方差的定义可知，它是 X 的偏差 $X-E(X)$ 与 Y 的偏差 $Y-E(Y)$ 的乘积的数学期望，由(4.23)式知，对二维随机变量(X,Y)，若 X 与 Y 同时大于或小于其数学期望时，$\text{Cov}(X,Y)>0$，即正的协方差表示两个随机变量同时取较大值或同时取较小值的变化趋势。而 X 与 Y 中若有一个大于数学期望而另一个小于数学期望时，$\text{Cov}(X,Y)<0$，即负的协方差表示两个随机变量一个取较大值而另一个取较小值时的变化趋势。它们都是在平均意义下的变化关系。

特别地，
$$\text{Cov}(X,X)=E\{[X-E(X)][X-E(X)]\}=\text{Var}(X),$$
$$\text{Cov}(Y,Y)=E\{[Y-E(Y)][Y-E(Y)]\}=\text{Var}(Y),$$

故方差 $\text{Var}(X)$，$\text{Var}(Y)$ 是协方差的特例。

易于验证协方差具有下列性质：

(1) $\text{Cov}(X,Y)=\text{Cov}(Y,X)$.

(2) $\text{Cov}(aX,bY)=ab\text{Cov}(X,Y)$，其中 a，b 是常数.

(3) $\text{Cov}(X_1+X_2,Y)=\text{Cov}(X_1,Y)+\text{Cov}(X_2,Y)$.

(4) $\text{Var}(X\pm Y)=\text{Var}(X)+\text{Var}(Y)\pm 2\text{Cov}(X,Y)$. \qquad\qquad (4.24)

前三个性质的证明都很简单，请读者自己验证，现仅就性质(4)的 $\text{Var}(X+Y)$ 作证明.

证 由方差、协方差的定义及期望的性质，有
$$\begin{aligned}\text{Var}(X+Y)&=E\{[(X+Y)-E(X+Y)]^2\}\\&=E(\{[X-E(X)]+[Y-E(Y)]\}^2)\\&=E\{[X-E(X)]^2\}+E\{[Y-E(Y)]^2\}+\\&\quad 2E\{[X-E(X)][Y-E(Y)]\},\end{aligned}$$

所以对一般随机变量，
$$\text{Var}(X+Y)=\text{Var}(X)+\text{Var}(Y)+2\text{Cov}(X,Y).$$

又因为
$$\begin{aligned}\text{Cov}(X,Y)&=E\{[X-E(X)][Y-E(Y)]\}\\&=E(XY)+E(X)E(Y)-E(X)E(Y)-E(Y)E(X)\\&=E(XY)-E(X)E(Y),\end{aligned}$$

所以常用
$$\text{Cov}(X,Y)=E(XY)-E(X)E(Y) \qquad\qquad (4.25)$$

来计算 X，Y 的协方差.

定义 4.5 设(X,Y)为二维随机变量，若 $\text{Var}(X)>0$，$\text{Var}(Y)>0$，则称
$$\rho_{XY}=\frac{\text{Cov}(X,Y)}{\sqrt{\text{Var}(X)}\sqrt{\text{Var}(Y)}} \qquad\qquad (4.26)$$

为随机变量 X 与 Y 的**相关系数**或**标准协方差**.

由定义知，相关系数 ρ_{XY} 与协方差 $\text{Cov}(X,Y)$ 具有相同的符号，故可把协方差的符号讨论移到这里。即正相关表示两个随机变量同时增大或同时减小的趋势，负相关表示一个随机变量增大而另一个随机变量减小的趋势.

关于相关系数，我们有下面两个性质.

性质 1 如果 X，Y 相互独立，则 $\text{Cov}(X,Y)=0$，从而 $\rho_{XY}=0$.

事实上，当 X，Y 相互独立时，
$$E(XY)=E(X)E(Y),$$

所以由(4.25)式得

$$\mathrm{Cov}(X,\ Y)=0,$$

于是由(4.26)式可得

$$\rho_{XY}=0.$$

性质1说明，若X与Y相互独立，则X与Y一定不相关．它的逆否命题是：若$X,\ Y$相关，则$X,\ Y$一定不独立．此逆否命题是成立的，但性质1的逆命题未必成立．

例 4.3.1　设二维随机变量$(X,\ Y)$在单位圆$D=\{(x,\ y)\,|\,x^2+y^2\leqslant 1\}$上服从均匀分布，即概率密度函数为

$$f(x,\ y)=\begin{cases}\dfrac{1}{\pi}, & x^2+y^2\leqslant 1,\\[2mm] 0, & \text{其他},\end{cases}$$

求ρ_{XY}，并分析$X,\ Y$是否独立．

解　$E(X)=\displaystyle\iint\limits_{x^2+y^2\leqslant 1}\dfrac{x}{\pi}\mathrm{d}x\mathrm{d}y=\dfrac{1}{\pi}\int_{-1}^{1}\Big(\int_{-\sqrt{1-y^2}}^{\sqrt{1-y^2}}x\mathrm{d}x\Big)\mathrm{d}y=0,$

$\mathrm{Var}(X)=\displaystyle\iint\limits_{x^2+y^2\leqslant 1}\dfrac{x^2}{\pi}\mathrm{d}x\mathrm{d}y=\dfrac{1}{\pi}\int_{-1}^{1}\Big(\int_{-\sqrt{1-y^2}}^{\sqrt{1-y^2}}x^2\mathrm{d}x\Big)\mathrm{d}y=\dfrac{1}{4}.$

由$X,\ Y$的对称性知$E(Y)=0$，$\mathrm{Var}(Y)=\dfrac{1}{4}$，于是

$$\mathrm{Cov}(X,\ Y)=E(XY)=\iint\limits_{x^2+y^2\leqslant 1}\dfrac{xy}{\pi}\mathrm{d}x\mathrm{d}y=\dfrac{1}{\pi}\int_{-1}^{1}\Big(\int_{-\sqrt{1-y^2}}^{\sqrt{1-y^2}}xy\mathrm{d}x\Big)\mathrm{d}y=0,$$

即$\rho_{XY}=0$，知$X,\ Y$不相关．

但　　$f_X(x)=\dfrac{2\sqrt{1-x^2}}{\pi}$，$f_Y(y)=\dfrac{2\sqrt{1-y^2}}{\pi}$，$f(x,\ y)\neq f_X(x)f_Y(y)$，

从而$X,\ Y$不独立．

由此，我们可知

(1)若$X,\ Y$不相关，则$X,\ Y$不一定独立．

我们也可得到

(2)若$X,\ Y$不独立，则$X,\ Y$不一定不相关．

因为$X,\ Y$不独立，$E(XY)\neq E(X)E(Y)$，即$\mathrm{Cov}(X,\ Y)\neq 0$，从而有$\rho_{XY}\neq 0$；但若$E(X)=E(Y)=E(XY)=0$时，可以有$\rho_{XY}=0$，从而可以有$X,\ Y$不相关．也有特殊情况，如$(X,\ Y)$服从二维正态分布时，$X,\ Y$不相关与$X,\ Y$独立是等价的．

性质 2　设ρ_{XY}是随机变量X与Y的相关系数，则有

(1)$|\rho_{XY}|\leqslant 1$；

(2)$|\rho_{XY}|=1$的充分必要条件是$P\{Y=aX+b\}=1$，其中$a,\ b$是常数，$a\neq 0$.

证　(1)事实上，对任意的随机变量$X,\ Y$，若它们的方差与协方差存在，由(4.24)式有

$$\mathrm{Var}\Big(\dfrac{X}{\sqrt{\mathrm{Var}(X)}}\pm\dfrac{Y}{\sqrt{\mathrm{Var}(Y)}}\Big)=\mathrm{Var}\Big(\dfrac{X}{\sqrt{\mathrm{Var}(X)}}\Big)+\mathrm{Var}\Big(\dfrac{Y}{\sqrt{\mathrm{Var}(Y)}}\Big)\pm$$

$$2\mathrm{Cov}\Big(\frac{X}{\sqrt{\mathrm{Var}(X)}},\ \frac{Y}{\sqrt{\mathrm{Var}(Y)}}\Big)$$

$$=1+1\pm2\mathrm{Cov}\Big(\frac{X}{\sqrt{\mathrm{Var}(X)}},\ \frac{Y}{\sqrt{\mathrm{Var}(Y)}}\Big)$$

$$=2\pm2\ \frac{\mathrm{Cov}(X,\ Y)}{\sqrt{\mathrm{Var}(X)}\ \sqrt{\mathrm{Var}(Y)}}=2(1\pm\rho_{XY}),$$

而方差大于等于 0，即 $2(1\pm\rho_{XY})\geqslant0$，从而 $-1\leqslant\rho_{XY}\leqslant1$，故有 $|\rho_{XY}|\leqslant1$.

由 $|\rho_{XY}|=\Big|\dfrac{\mathrm{Cov}(X,\ Y)}{\sqrt{\mathrm{Var}(X)}\ \sqrt{\mathrm{Var}(Y)}}\Big|\leqslant1$，我们可得到协方差的一个性质：

$$|\mathrm{Cov}(X,\ Y)|\leqslant\sqrt{\mathrm{Var}(X)}\ \sqrt{\mathrm{Var}(Y)}.$$

(2)的证明超出了本书的范围，故从略.

相关系数 ρ_{XY} 刻画了 X 与 Y 之间的线性相关关系，因此也常称为"线性相关系数". 若 $\rho_{XY}>0$，称 X 与 Y 为**正相关**；若 $\rho_{XY}<0$，称 X 与 Y 为**负相关**；若 $\rho_{XY}=0$，称 X 与 Y 之间不存在线性关系，简称 X 与 Y **互不相关**. 由性质 2，我们可进一步知道，当 $|\rho_{XY}|=1$ 时，表明 X 与 Y 之间有完全的线性关系 $Y=aX+b$. 当 $0<|\rho_{XY}|<1$ 时，意味着 X 与 Y 之间存在一定程度的线性关系，且 $|\rho_{XY}|$ 越接近于 1，X 与 Y 取值的线性近似程度越高；反之，$|\rho_{XY}|$ 越接近于 0，则 X 与 Y 取值的线性近似程度越低.

例 4.3.2　设随机变量 $(X,\ Y)$ 的联合分布律为

X \ Y	0	1	2	3
1	0	$\frac{3}{8}$	$\frac{3}{8}$	0
3	$\frac{1}{8}$	0	0	$\frac{1}{8}$

求 $E(X)$，$E(Y)$，$\mathrm{Var}(X)$，$\mathrm{Var}(Y)$，$\mathrm{Cov}(X,\ Y)$ 和 ρ_{XY}.

解　由题设及数学期望、方差的定义和性质可得

$$E(X)=1\times\Big(\frac{3}{8}+\frac{3}{8}\Big)+3\times\Big(\frac{1}{8}+\frac{1}{8}\Big)=\frac{3}{2},$$

$$E(Y)=0\times\frac{1}{8}+1\times\frac{3}{8}+2\times\frac{3}{8}+3\times\frac{1}{8}=\frac{3}{2},$$

$$E(X^2)=1^2\times\Big(\frac{3}{8}+\frac{3}{8}\Big)+3^2\times\Big(\frac{1}{8}+\frac{1}{8}\Big)=3,$$

$$\mathrm{Var}(X)=E(X^2)-[E(X)]^2=3-\Big(\frac{3}{2}\Big)^2=\frac{3}{4},$$

$$E(Y^2)=1^2\times\frac{3}{8}+2^2\times\frac{3}{8}+3^2\times\frac{1}{8}=3,$$

$$\mathrm{Var}(Y)=E(Y^2)-[E(Y)]^2=3-\Big(\frac{3}{2}\Big)^2=\frac{3}{4},$$

$$E(XY)=1\times\frac{3}{8}+2\times\frac{3}{8}+9\times\frac{1}{8}=\frac{9}{4},$$

$$\mathrm{Cov}(X,\ Y)=E(XY)-E(X)E(Y)=\frac{9}{4}-\frac{3}{2}\times\frac{3}{2}=0,$$

$$\rho_{XY} = \frac{\text{Cov}(X, Y)}{\sqrt{\text{Var}(X)}\sqrt{\text{Var}(Y)}} = \frac{0}{\sqrt{\dfrac{3}{4} \times \dfrac{3}{4}}} = 0.$$

例 4.3.3 二维随机变量(X, Y)服从区域 $D = \{(x, y) \mid 0 < x < 1, \ 0 < y < x\}$上的均匀分布，试求 $E(X)$，$E(Y)$，$\text{Var}(X)$，$\text{Var}(Y)$，$\text{Cov}(X, Y)$和ρ_{XY}.

解 区域 D 的面积为

$$S_D = \iint\limits_D 1 \mathrm{d}x\mathrm{d}y = \int_0^1 \mathrm{d}x \int_0^x 1 \mathrm{d}y = \frac{1}{2},$$

故(X, Y)的联合概率密度函数为

$$f(x, y) = \begin{cases} 2, & (x, y) \in D, \\ 0, & (x, y) \notin D, \end{cases}$$

则关于 X 的边缘概率密度函数为

$$f_X(x) = \int_{-\infty}^{+\infty} f(x, y) \mathrm{d}y,$$

即

$$f_X(x) = \begin{cases} 2x, & 0 < x < 1, \\ 0, & \text{其他}. \end{cases}$$

类似地，求得 Y 的边缘概率密度函数为

$$f_Y(y) = \int_{-\infty}^{+\infty} f(x, y) \mathrm{d}x = \begin{cases} 2(1-y), & 0 < y < 1, \\ 0, & \text{其他}, \end{cases}$$

故

$$E(X) = \int_0^1 x \cdot 2x \mathrm{d}x = \frac{2}{3},$$

$$E(X^2) = \int_0^1 x^2 \cdot 2x \mathrm{d}x = \frac{1}{2},$$

$$\text{Var}(X) = E(X^2) - [E(X)]^2 = \frac{1}{2} - \left(\frac{2}{3}\right)^2 = \frac{1}{18},$$

$$E(Y) = \int_0^1 y \cdot 2(1-y) \mathrm{d}y = \frac{1}{3},$$

$$E(Y^2) = \int_0^1 y^2 \cdot 2(1-y) \mathrm{d}y = \frac{1}{6},$$

$$\text{Var}(Y) = E(Y^2) - [E(Y)]^2 = \frac{1}{6} - \left(\frac{1}{3}\right)^2 = \frac{1}{18},$$

$$E(XY) = \iint\limits_{\mathbf{R}^2} xy \cdot f(x, y) \mathrm{d}x\mathrm{d}y = \iint\limits_D xy \cdot 2 \mathrm{d}x\mathrm{d}y = \int_0^1 \mathrm{d}x \int_0^x 2xy \mathrm{d}y = \frac{1}{4},$$

$$\text{Cov}(X, Y) = E(XY) - E(X)E(Y) = \frac{1}{4} - \frac{2}{3} \times \frac{1}{3} = \frac{1}{36},$$

$$\rho_{XY} = \frac{\text{Cov}(X, Y)}{\sqrt{\text{Var}(X)}\sqrt{\text{Var}(Y)}} = \frac{\dfrac{1}{36}}{\sqrt{\dfrac{1}{18} \times \dfrac{1}{18}}} = \frac{1}{2}.$$

注：本题也可不求边缘概率密度函数，直接利用联合概率密度函数计算. 如：

$$E(X) = \iint\limits_{\mathbf{R}^2} xf(x, y) \mathrm{d}x\mathrm{d}y = \iint\limits_D 2x \mathrm{d}x\mathrm{d}y = \int_0^1 \mathrm{d}x \int_0^x 2x \mathrm{d}y = \int_0^1 2x^2 \mathrm{d}x = \frac{2}{3},$$

$$E(X^2) = \iint\limits_{\mathbf{R}^2} x^2 f(x, y) \mathrm{d}x\mathrm{d}y = \iint\limits_{D} 2x^2 \mathrm{d}x\mathrm{d}y = \int_0^1 \mathrm{d}x \int_0^x 2x^2 \mathrm{d}y = \int_0^1 2x^3 \mathrm{d}x = \frac{1}{2}.$$

例 4.3.4 设 X 服从 $[0, 2\pi]$ 上的均匀分布，$Y = \cos X$，$Z = \cos(X + \alpha)$，这里 α 是常数，讨论 Y，Z 的相关性.

解 $E(Y) = \int_0^{2\pi} \cos x \frac{1}{2\pi} \mathrm{d}x = \frac{1}{2\pi} \int_0^{2\pi} \cos x \mathrm{d}x = 0,$

$$E(Z) = \frac{1}{2\pi} \int_0^{2\pi} \cos(x + \alpha) \mathrm{d}x = 0,$$

$$\mathrm{Var}(Y) = E\{[Y - E(Y)]^2\} = \frac{1}{2\pi} \int_0^{2\pi} \cos^2 x \mathrm{d}x = \frac{1}{2},$$

$$\mathrm{Var}(Z) = E\{[Z - E(Z)]^2\} = \frac{1}{2\pi} \int_0^{2\pi} \cos^2(x + \alpha) \mathrm{d}x = \frac{1}{2},$$

$$\mathrm{Cov}(Y, Z) = E\{[Y - E(Y)][Z - E(Z)]\}$$
$$= \frac{1}{2\pi} \int_0^{2\pi} \cos x \cos(x + \alpha) \mathrm{d}x = \frac{1}{2} \cos \alpha,$$

因此
$$\rho_{YZ} = \frac{\mathrm{Cov}(Y, Z)}{\sqrt{\mathrm{Var}(Y)} \sqrt{\mathrm{Var}(Z)}} = \frac{\frac{1}{2}\cos\alpha}{\sqrt{\frac{1}{2}} \sqrt{\frac{1}{2}}} = \cos\alpha.$$

当 $\alpha = 0$ 时，$\rho_{YZ} = 1$，$Y = Z$，存在线性关系；当 $\alpha = \pi$ 时，$\rho_{YZ} = -1$，$Y = -Z$，存在线性关系；但是当 $\alpha = \frac{\pi}{2}$ 或 $\frac{3\pi}{2}$ 时，$\rho_{YZ} = 0$，这时 Y 与 Z 不相关，不过这时却有 $Y^2 + Z^2 = 1$，因此 Y 与 Z 不独立.

这个例子说明：当两个随机变量不相关时，它们并不一定相互独立，它们之间还可能存在其他的函数关系.

事实上，由性质 2 和例 4.3.4 可以看出，相关系数 ρ_{XY} 只是 X 与 Y 之间线性关系程度的一种量度，当 $|\rho_{XY}| = 1$ 时，表明 X 与 Y 之间成线性关系 $Y = aX + b$，当 $\rho_{XY} = 0$ 时，X 与 Y 不存在线性关系. 当 $0 < |\rho_{XY}| < 1$ 时，意味着 X 与 Y 之间具有一定的线性关系，而且 $|\rho_{XY}|$ 越接近于 1，X 与 Y 取值的线性近似程度越高，反之，$|\rho_{XY}|$ 越接近于 0，则 X 与 Y 取值的线性近似程度越低.

对于二维正态分布 (X, Y)，可以证明 ρ_{XY} 恰为第五个参数 ρ，且二维正态分布的两个分量 X 与 Y 相互独立的充要条件是 $\rho = 0$，这说明对于二维正态分布，X，Y 相互独立与不相关是等价的. 这是二维正态变量区别于其他变量的一个重要特征.

第四节　极限定理

概率论早期发展的目的在于揭示由大量随机因素产生影响而呈现的规律性. 伯努利首先认识到研究无穷随机试验序列的重要性，并建立了概率论的第一个极限定理——大数定律，清楚地刻画了事件的概率与它发生的频率之间的关系. 德莫弗和拉普拉斯提出将观察的误差看作大量独立微小误差的累加，证明了观察误差的分布一定渐近正态——中心极限定理. 随后，出现了许多各种意义下的极限定理. 这些结果和研究方法对概率论与数理统计及其应用的许多领域有着重大影响．本节着重介绍上述大数定律和中心极限定理的最简单也是最重要的有关内容．

一、大数定律

在第一章中我们曾经指出：人们在长期实践中发现虽然某个随机事件在某次试验中可以出现也可以不出现，但是在大量重复试验中却呈现出明显的规律性，即一个随机事件出现的频率在某个固定数的附近摆动，这就是所谓的"频率稳定性"．

在大量随机现象中，我们不仅发现随机事件的频率具有稳定性，而且还发现大量随机现象的平均结果也具有稳定性．概率论中用来阐明大量随机现象平均结果的稳定性的一系列定理，称为**大数定律**．本节仅介绍其中两个广泛应用的结论．

为叙述方便，我们先介绍一个重要的不等式．

设随机变量 X 具有有限的数学期望 $E(X)$ 和方差 $\mathrm{Var}(X)$，则对于任意正数 ε，总有

视频 45：切比雪夫不等式及其应用

$$P\{\,|\,X-E(X)\,|\geqslant\varepsilon\,\}\leqslant\frac{\mathrm{Var}(X)}{\varepsilon^2},\qquad(4.27)$$

这一不等式叫作**切比雪夫(Chebyshev)不等式**．

证 现仅就 X 为连续型随机变量的情形作证明，设 X 的概率密度函数为 $f(x)$，则有

$$P\{\,|\,X-E(X)\,|\geqslant\varepsilon\,\}=\int_{|x-E(X)|\geqslant\varepsilon}f(x)\mathrm{d}x\leqslant\int_{|x-E(X)|\geqslant\varepsilon}\frac{[x-E(X)]^2}{\varepsilon^2}f(x)\mathrm{d}x$$

$$\leqslant\int_{-\infty}^{+\infty}\frac{[x-E(X)]^2}{\varepsilon^2}f(x)\mathrm{d}x=\frac{\mathrm{Var}(X)}{\varepsilon^2}.$$

切比雪夫不等式也可以记为

$$P\{\,|\,X-E(X)\,|<\varepsilon\,\}\geqslant1-\frac{\mathrm{Var}(X)}{\varepsilon^2}.$$

切比雪夫不等式表明，在随机变量 X 的分布未知的情况下，可利用 X 的数学期望 $E(X)=\mu$ 及方差 $\mathrm{Var}(X)=\sigma^2$ 对 X 的概率分布进行估计，从切比雪夫不等式(4.27)可以看出，方差越小，事件$\{\,|\,X-E(X)\,|\geqslant\varepsilon\,\}$的概率越小，从这里也可以看出，方差是描述随机变量与其数学期望离散程度的一个量，这与我们以前的理解完全一致．由于切比雪夫不等式只利用数学期望及方差就描述了随机变量的变化情况．因此它在理论研究中很有价值．

定理 4.3 设随机变量 X_1，X_2，$\cdots$，X_n，$\cdots$相互独立，且服从同一分布，并具有数学期望 μ 及方差 σ^2，则对于任意的 $\varepsilon>0$，恒有

$$\lim_{n\to\infty}P\left\{\left|\frac{1}{n}\sum_{i=1}^{n}X_i-\mu\right|\geqslant\varepsilon\right\}=0.\qquad(4.28)$$

证 由于 X_1，X_2，$\cdots$，X_n，$\cdots$相互独立，且同分布，故有

$$E(X_i)=\mu,\ \mathrm{Var}(X_i)=\sigma^2,\ i=1,\ 2,\ \cdots,\ n,\ \cdots,$$

故

$$E\left(\frac{1}{n}\sum_{i=1}^{n}X_i\right)=E\left(\frac{X_1+X_2+\cdots+X_n}{n}\right)=\frac{1}{n}n\mu=\mu,$$

$$\mathrm{Var}\left(\frac{1}{n}\sum_{i=1}^{n}X_i\right)=\mathrm{Var}\left(\frac{X_1+X_2+\cdots+X_n}{n}\right)=\frac{1}{n^2}n\sigma^2=\frac{\sigma^2}{n}.$$

再由切比雪夫不等式，对于任意常数 $\varepsilon > 0$，都有

$$0 \leqslant P\left\{ \left| \frac{1}{n}\sum_{i=1}^{n}X_i - E\left(\frac{1}{n}\sum_{i=1}^{n}X_i \right) \right| \geqslant \varepsilon \right\} \leqslant \frac{\mathrm{Var}\left(\frac{1}{n}\sum_{i=1}^{n}X_i \right)}{\varepsilon^2},$$

即

$$0 \leqslant P\left\{ \left| \frac{1}{n}\sum_{i=1}^{n}X_i - \mu \right| \geqslant \varepsilon \right\} \leqslant \frac{\sigma^2}{\varepsilon^2 n},$$

在上式中令 $n \to \infty$，得

$$\lim_{n \to \infty} P\left\{ \left| \frac{1}{n}\sum_{i=1}^{n}X_i - \mu \right| \geqslant \varepsilon \right\} = 0,$$

等价形式为

$$\lim_{n \to \infty} P\left\{ \left| \frac{1}{n}\sum_{i=1}^{n}X_i - \mu \right| < \varepsilon \right\} = 1. \qquad (4.29)$$

这一结论称为样本平均数的**稳定性定理**，它使算术平均值的法则有了理论根据. 假设对于某一个观测量 X，在不变的条件下重复观测 n 次，得到的 n 个不完全相同的观测值 x_1，x_2，$\cdots$，x_n，这些结果可以看作是服从同一分布的 n 个独立随机变量 X_1，X_2，$\cdots$，X_n 的试验值（它们有相同的数学期望 μ）. 而当 n 充分大时，所有观测值的算术平均值接近数学期望的概率是很大的. 因此当 n 充分大时，我们取 X_1，X_2，$\cdots$，X_n 的观测值的算术平均数 $\bar{x} = \frac{x_1 + x_2 + \cdots + x_n}{n}$ 作为观测量的实际值所发生的误差是很小的.

定理 4.4（伯努利大数定律） 设 μ_n 是 n 次独立试验中事件 A 发生的次数，p 是事件 A 在每次试验中发生的概率，则对于任意 $\varepsilon > 0$，恒有

$$\lim_{n \to \infty} P\left\{ \left| \frac{\mu_n}{n} - p \right| \geqslant \varepsilon \right\} = 0. \qquad (4.30)$$

证 引入随机变量

视频 46：
伯努利大数
定律及其应用

$$X_i = \begin{cases} 0, & \text{如果事件 } A \text{ 在第 } i \text{ 次试验中不发生}, \\ 1, & \text{如果事件 } A \text{ 在第 } i \text{ 次试验中发生} \end{cases} \quad (i = 1, 2, \cdots, n, \cdots),$$

显然，$\mu_n = X_1 + X_2 + \cdots + X_n$.

由于 X_i 依赖于第 i 次试验，而各次试验是独立的，于是 X_1，X_2，$\cdots$，X_n，$\cdots$ 是相互独立的，而又由于 X_i 服从两点分布，故有

$$E(X_i) = p, \quad \mathrm{Var}(X_i) = p(1-p), \quad i = 1, 2, \cdots, n, \cdots,$$

因此

$$E\left(\frac{\mu_n}{n} \right) = E\left(\frac{X_1 + X_2 + \cdots + X_n}{n} \right) = \frac{1}{n} np = p,$$

$$\mathrm{Var}\left(\frac{\mu_n}{n} \right) = \mathrm{Var}\left(\frac{X_1 + X_2 + \cdots + X_n}{n} \right) = \frac{1}{n^2} np(1-p) = \frac{p(1-p)}{n}.$$

再由切比雪夫不等式，对于任意常数 $\varepsilon > 0$，都有

$$0 \leqslant P\left\{ \left| \frac{\mu_n}{n} - p \right| \geqslant \varepsilon \right\} \leqslant \frac{p(1-p)}{\varepsilon^2 n},$$

在上式中令 $n \to \infty$，得

$$\lim_{n \to \infty} P\left\{ \left| \frac{\mu_n}{n} - p \right| \geqslant \varepsilon \right\} = 0,$$

等价形式为

$$\lim_{n \to \infty} P\left\{ \left| \frac{\mu_n}{n} - p \right| < \varepsilon \right\} = 1.$$

伯努利大数定律从理论上证明了在大量重复独立试验中，事件出现频率的稳定性，正因为这种稳定性，概率的概念才有客观意义．伯努利大数定律还提供了通过试验来确定事件概率的方法，既然当 n 较大时，频率 $\frac{\mu_n}{n}$ 与概率 p 有较大偏差的可能性很小，那么我们便可以通过做试验确定某事件发生的频率，并把它作为相应概率的估计值．

如果事件 A 的概率很小，则由伯努利大数定律知，事件 A 的频率也是很小的，或者说事件 A 很少发生．**概率很小的随机事件在个别试验中可以看作是不可能发生的**，这一原理叫作**小概率原理**，它的实际应用很广泛，但必须注意到在多次试验中小概率事件也可能发生．同理可知，如果事件概率接近于 1，则可认为该事件在个别试验中一定发生．

二、中心极限定理

在客观实际中，有许多随机变量，它们是由大量相互独立的偶然因素的综合影响所形成的，而每一个微小因素，在总的影响中所起的作用是很小的，但总起来，却对总和有显著影响，这种随机变量往往近似地服从正态分布，这种现象就是中心极限定理的客观背景．概率论中有关论证独立随机变量的和的极限分布是正态分布的一系列定理称为**中心极限定理**．现简略介绍两个常用的中心极限定理．

定理 4.5（独立同分布的中心极限定理） 设随机变量 X_1，X_2，$\cdots$，X_n，$\cdots$ 相互独立，服从同一分布，且具有有限的数学期望和方差：$E(X_i) = \mu$，

视频 47：
独立同分布
中心极限定理
及其应用

$\mathrm{Var}(X_i) = \sigma^2 (i=1, 2, \cdots)$，则随机变量 $Y_n = \dfrac{\sum\limits_{i=1}^{n} X_i - n\mu}{\sqrt{n}\,\sigma}$ 的分布函数 $F_n(x)$ 对于任意 x，满足：

$$\lim_{n \to \infty} F_n(x) = \lim_{n \to \infty} P\left\{ \frac{\sum\limits_{i=1}^{n} X_i - n\mu}{\sqrt{n}\,\sigma} \leqslant x \right\} = \int_{-\infty}^{x} \frac{1}{\sqrt{2\pi}} e^{-\frac{t^2}{2}} \, dt. \qquad (4.31)$$

定理证明从略．

定理 4.5 表明，在定理的条件下，通常称为"标准化"的随机变量 $Y_n = \dfrac{\sum\limits_{i=1}^{n} X_i - n\mu}{\sqrt{n}\,\sigma}$，当 n

很大时，近似地服从标准正态分布 $N(0, 1)$．由此可知，当 n 很大时，$\sum\limits_{i=1}^{n} X_i$ 将近似地服从正态分布 $N(n\mu, n\sigma^2)$．这就是说，对于独立随机变量序列 $\{X_n\}$，不管各个 $X_i (i=1, 2, \cdots)$ 服从什么分布，只要同分布，且有有限的数学期望和方差，那么当 n 很大时，这些独立随机变量之和 $\sum\limits_{i=1}^{n} X_i$ 就近似地服从正态分布．

例如，上面讲到的测量误差是由许多观察不到的微小误差所合成，任一指定时刻一个城市的耗电量，是大量用户耗电量的总和．它们往往近似地服从正态分布．又如，每个人的身高、体重、血压和心律等生理指标都是随机变量，它所取的值受到先天和后天各种环境条件

及人体内各种复杂过程的影响，而所论及的这些个别因素是相互独立的，而且是大量的，每个因素的影响都是很微小的，则这一随机变量亦近似地服从正态分布．用概率论的语言可叙述为

如果一个随机变量，它是很多相互独立的随机变量之和，而其中的每一个对总和只产生不大的影响，那么这一总和近似地服从正态分布．

在数理统计中将会看到，中心极限定理是大样本统计推断的理论基础．

定理 4.6（德莫弗—拉普拉斯（De Moivre—Laplace）定理）　设随机变量 η_n 服从参数为 n，$p(0<p<1)$ 的二项分布，则对于任意区间 $[a,b]$，恒有

$$\lim_{n\to\infty}P\left\{a\leqslant\frac{\eta_n-np}{\sqrt{np(1-p)}}<b\right\}=\int_a^b\frac{1}{\sqrt{2\pi}}e^{-\frac{t^2}{2}}dt. \quad (4.32)$$

视频48：
拉普拉斯中心
极限定理
及其应用

证　将 η_n 看成是 n 个相互独立，且服从同一两点分布的诸随机变量 X_1，X_2，…，X_n 之和，即 $\eta_n=X_1+X_2+\cdots+X_n$，其中 $X_i(i=1,2,\cdots,n)$ 的概率分布为

$$P\{X_i=k\}=p^k(1-p)^{1-k},\ k=0,1.$$

由于 $E(X_i)=p$，$\mathrm{Var}(X_i)=p(1-p)$，$i=1,2,\cdots,n$，由(4.31)式得

$$\lim_{n\to\infty}P\left\{\frac{\eta_n-np}{\sqrt{np(1-p)}}<x\right\}=\lim_{n\to\infty}P\left\{\frac{\sum_{i=1}^nX_i-np}{\sqrt{np(1-p)}}<x\right\}=\int_{-\infty}^x\frac{1}{\sqrt{2\pi}}e^{-\frac{t^2}{2}}dt,$$

于是对于任意区间 $[a,b]$，有

$$\lim_{n\to\infty}P\left\{a\leqslant\frac{\eta_n-np}{\sqrt{np(1-p)}}<b\right\}=\int_a^b\frac{1}{\sqrt{2\pi}}e^{-\frac{t^2}{2}}dt.$$

这个定理说明二项分布的极限分布是正态分布．

下面我们介绍上述两个极限定理在计算上的一些应用例子．

例 4.4.1　设在每次试验中事件 A 发生的概率为 0.5，利用切比雪夫不等式估计：在 1000 次独立试验中，事件 A 发生的次数在 450～550 次之间的概率．

解　设 X 为事件 A 在 1000 次试验中发生的次数，则 $X\sim B(1000,0.5)$，所以

$$E(X)=1000\times0.5=500,\ \mathrm{Var}(X)=1000\times0.5\times(1-0.5)=250,$$

由切比雪夫不等式，得所求概率为

$$P\{450\leqslant X\leqslant550\}=P\{|X-E(X)|\leqslant50\}\geqslant1-\frac{250}{50^2}=0.9.$$

我们知道，当 n 较大时，二项分布的计算是十分复杂的，而德莫弗—拉普拉斯定理可以有效地近似计算二项分布概率的值．设 μ_n 是 n 次伯努利试验中事件 A 出现的次数，由德莫弗—拉普拉斯定理可得

$$P\left\{a\leqslant\frac{\mu_n-np}{\sqrt{npq}}<b\right\}\to\Phi(b)-\Phi(a), \quad (4.33)$$

其中 $\Phi(x)=\dfrac{1}{\sqrt{2\pi}}\displaystyle\int_{-\infty}^xe^{-\frac{t^2}{2}}dt$ 是正态分布函数．

在实际应用中，当 n 充分大时，常用(4.33)式近似计算 μ_n 的值落在某一区间 $[k_1,k_2]$ 内的概率，我们有

$$P\{k_1 \leqslant \mu_n \leqslant k_2\} = P\left\{\frac{k_1-np}{\sqrt{npq}} \leqslant \frac{\mu_n-np}{\sqrt{npq}} \leqslant \frac{k_2-np}{\sqrt{npq}}\right\}$$

$$\approx \Phi\left(\frac{k_2-np}{\sqrt{npq}}\right) - \Phi\left(\frac{k_1-np}{\sqrt{npq}}\right), \tag{4.34}$$

当 p 不太接近 0 或 1,而 n 又较大时,用这个近似式能得到良好的结果.

例 4.4.2 在每次射击中,炮弹命中目标的数学期望为 3,标准差为 2,求射击 100 次时,有 280~320 颗炮弹命中目标的概率.

解 设在每次射击中,炮弹命中目标的次数为 X_i,则 $X = \sum_{i=1}^{100} X_i$ 为 100 次射击中炮弹命中目标的总次数.由独立同分布的中心极限定理知,$\sum_{i=1}^{100} X_i$ 近似服从正态分布,所以所求概率为

$$P\{280 \leqslant X \leqslant 320\} = \Phi\left(\frac{320-300}{20}\right) - \Phi\left(\frac{280-300}{20}\right)$$

$$= \Phi(1) - \Phi(-1) = 2\Phi(1) - 1$$

$$= 2 \times 0.8413 - 1 = 0.6826.$$

例 4.4.3 某车间有 200 台车床,它们独立地工作着,开工率各为 0.6,开工时耗电各为 1kW,问供电所至少要供给这个车间多少电力,才能以 99.9% 的概率保证这个车间不会因供电不足而影响生产.

这里的叙述已把问题数学模型化,提出了各车床工作的独立性假定,并把所谓能正常生产的要求加以明确化,这是在用数学解决生产实际问题时必须经过的一步.

现在,这成为试验次数 $n=200$ 的伯努利试验,若把某台车床在工作看作成功,则出现成功的概率为 0.6.记某时在工作着的车床数为 X,则 X 是随机变量,服从 $p=0.6$ 的二项分布,问题是要求最小的 r,使

$$P\{X \leqslant r\} = \sum_{k=0}^{r} C_{200}^k (0.6)^k (0.4)^{200-k} \geqslant 0.999.$$

我们可以利用中心极限定理计算这个概率.

$$\sum_{k=0}^{r} C_{200}^k (0.6)^k (0.4)^{200-k}$$

$$\approx \Phi\left(\frac{r-200 \times 0.6}{\sqrt{200 \times 0.6 \times 0.4}}\right) - \Phi\left(\frac{-200 \times 0.6}{\sqrt{200 \times 0.6 \times 0.4}}\right)$$

$$= \Phi\left(\frac{r-120}{\sqrt{48}}\right) - \Phi(-17.3) \approx \Phi\left(\frac{r-120}{\sqrt{48}}\right) \geqslant 0.999, \tag{4.35}$$

查表得 $\dfrac{r-120}{\sqrt{48}} = 3.1$,所以 $r=142$.

这个结果表明 $P\{X \leqslant 142\} \geqslant 0.999$,所以我们若供电 142kW,那么由于供电不足而影响生产的可能性小于 0.001,相当于在 8h 工作中有半分钟受影响,这在一般工作中是允许的.当然不同的生产单位,可能提出的要求不同,那么我们可以改变(4.35)式右端的概率值,但是方法还是一样的.

例 4.4.4 某药厂断言,其生产的某种药物对某种疾病的治愈率为 p.若医检部门规定:

任意抽查服用此药的 100 个病人中，如果多于 75 人治愈，就接受断言．当该药的治愈率为 0.8 时，求接受断言"治愈率为 0.8"的概率；当该药物的治愈率为 0.7 时，求接受断言"治愈率为 0.7"的概率．

解　把观察一个服用此药的病人是否治愈看成一次试验，则每次试验只有两个结果：$A=\{$治愈$\}$，$\overline{A}=\{$不治愈$\}$，$P(A)=p$. 若用 X 表示被抽查的服用此药的 100 个人中治愈的人数，则 $X \sim B(100, p)$，接受断言等价于 $\{X>75\}$. 利用(4.34)式，有

$$P\{X>75\}=1-P\{X\leqslant 75\}\approx 1-\Phi\left(\frac{75-100p}{\sqrt{100p(1-p)}}\right).$$

当 $p=0.8$ 时，

$$P\{X>75\}\approx 1-\Phi\left(\frac{75-100\times 0.8}{\sqrt{100\times 0.8\times(1-0.8)}}\right)$$

$$=1-\Phi(-1.25)=\Phi(1.25)=0.8944;$$

当 $p=0.7$ 时，

$$P\{X>75\}\approx 1-\Phi\left(\frac{75-100\times 0.7}{\sqrt{100\times 0.7\times(1-0.3)}}\right)$$

$$=1-\Phi(1.09)=0.1379.$$

习　题　四

1. 设随机变量 X 的分布律为

X	-1	0	1	2
P	0.1	0.2	0.4	0.3

求 $E(X)$，$E(X^2)$，$\mathrm{Var}(X)$.

2. 一批零件中有 9 个合格品及 3 个废品，安装机器时从这批零件中任取一个，如果每次取出的废品不再放回，求在取得合格品以前已取出的废品数的数学期望、方差及均方差．

3. 设在某一规定的时间间隔内，电气设备用于最大负荷的时间 X（单位：min）是一连续型随机变量，其概率密度函数为

$$f(x)=\begin{cases} \dfrac{x}{1500^2}, & 0\leqslant x\leqslant 1500, \\[2mm] \dfrac{3000-x}{1500^2}, & 1500<x\leqslant 3000, \\[2mm] 0, & 其他, \end{cases}$$

求 $E(X)$.

4. 设随机变量 X 服从拉普拉斯分布，其概率密度函数为 $f(x)=\dfrac{1}{2}\mathrm{e}^{-|x|}$，$-\infty<x<+\infty$，求 X 的数学期望及方差．

5. 搜索沉船，在时间 t 内发现沉船的概率为

$$F(t)=\begin{cases} 1-\mathrm{e}^{-\lambda t}, & t\geqslant 0, \\ 0, & t<0, \end{cases}$$

求发现沉船所需要的平均搜索时间及方差.

6. 已知离散型随机变量 X 服从参数为 3 的泊松分布,求 $Z=2X-3$ 的数学期望 $E(Z)$.

7. 设一物体是圆截面,对其直径作近似测量,设其直径 X 服从区间 $[0,3]$ 上的均匀分布,求该圆截面面积的数学期望和方差.

8. 设随机变量 X 服从参数为 4 的指数分布,随机变量 Y 服从二项分布 $B(5,0.4)$,计算 $E(4X+Y^2+5)$.

9. 设随机变量 X_1,X_2,X_3 相互独立,且都服从参数为 λ 的指数分布,令 $Y=\dfrac{1}{3}(X_1+X_2+X_3)$,求 Y^2 的数学期望 $E(Y^2)$.

10. 在某一周期内电子计算机中发生故障的元件数 X 服从参数为 λ 的泊松分布,计算机修理时间的长短取决于发生故障的元件数,并按公式 $Y=T(1-e^{-aX})$ 来计算,其中 $a>0$,$T>0$ 都是常数,求计算机的平均修理时间.

11. 假设一部机器在一天内发生故障的概率为 0.2,机器发生故障时全天停止工作,若一周 5 个工作日内无故障,可获利润 10 万元;发生一次故障仍可获利润 5 万元;发生二次故障所获利润 0 元;发生三次或三次以上故障要亏损 2 万元.求一周内期望利润是多少?

12. 一台设备由三大部件构成,在设备运转中各部件需要调整的概率相应为 0.10,0.20 和 0.30,假设各部件的状态相互独立,以 X 表示同时需要调整的部件数,试求 X 的数学期望 $E(X)$ 和方差 $\mathrm{Var}(X)$.

13. 设随机变量 X 在区间 $[-1,2]$ 上服从均匀分布,随机变量

$$Y=\begin{cases}1, & 若 X>0,\\ 0, & 若 X=0,\\ -1, & 若 X<0,\end{cases}$$

求 $\mathrm{Var}(Y)$.

14. 设随机变量 (X,Y) 的联合分布律为

X \ Y	1	2
1	0.1	0.3
2	0.4	0.2

求:(1)$E(X)$,$E(Y)$;(2)$\mathrm{Var}(X)$,$\mathrm{Var}(Y)$;(3)ρ_{XY}.

15. 设随机变量 (X,Y) 的概率密度函数为

$$f(x,y)=\begin{cases}4x^2, & 0\leqslant y\leqslant x\leqslant 1,\\ 0, & 其他,\end{cases}$$

求 $E(X)$,$E(Y)$,$E(XY)$.

16. 设随机变量 (X,Y) 具有概率密度

$$f(x,y)=\frac{1}{8}(x+y),\ 0\leqslant x\leqslant 2,\ 0\leqslant y\leqslant 2,$$

求 $E(X)$,$E(Y)$,$\mathrm{Cov}(X,Y)$,ρ_{XY}.

17. 两随机变量 X,Y 的方差分别为 25 及 36,相关系数为 0.4,求 $\mathrm{Var}(X+Y)$ 及 $\mathrm{Var}(X-Y)$.

18. 设随机变量 X 和 Y 的联合分布律为

X \ Y	-1	0	1
-1	$\frac{1}{8}$	$\frac{1}{8}$	$\frac{1}{8}$
0	$\frac{1}{8}$	0	$\frac{1}{8}$
1	$\frac{1}{8}$	$\frac{1}{8}$	$\frac{1}{8}$

验证：X 和 Y 不相关，但 X 和 Y 不是相互独立的.

19. 设 X 和 Y 是随机变量，且有 $E(X)=3$，$E(Y)=1$，$\mathrm{Var}(X)=4$，$\mathrm{Var}(Y)=9$，令 $Z=5X-Y+15$，分别在下列三种情况下求 $E(Z)$ 和 $\mathrm{Var}(Z)$.

(1)随机变量 X 和 Y 相互独立；

(2)随机变量 X 和 Y 不相关；

(3)随机变量 X 和 Y 的相关系数为 0.25.

20. 已知二维随机变量$(X，Y)$的联合分布律为

X \ Y	0	1	2
0	0.25	0.10	0.30
1	0.15	0.15	0.05

定义 $Z=\max\{X，Y\}$，计算 $E(Z)$.

21. 设二维随机变量$(X，Y)$在$\{(x，y)\mid 0<x<1，\mid y\mid<x\}$上服从均匀分布，求 $Z=2X+1$ 的方差.

22. 已知 X 和 Y 的分布律分别为

X	-1	1
P	$\frac{1}{2}$	$\frac{1}{2}$

Y	0	1
P	$\frac{1}{4}$	$\frac{3}{4}$

且 $P\{X=Y\}=\frac{1}{4}$，求 ρ_{XY}.

23. 假设二维随机变量$(X，Y)$在矩形 $G=\{(x，y)\mid 0\leqslant x\leqslant 2，0\leqslant y\leqslant 1\}$上服从均匀分布，记

$$U=\begin{cases}1，&\text{若 }X>Y，\\ 0，&\text{若 }X\leqslant Y，\end{cases} \qquad V=\begin{cases}1，&\text{若 }X>2Y，\\ 0，&\text{若 }X\leqslant 2Y，\end{cases}$$

(1)求 U 和 V 的联合分布；

(2)求 U 和 V 的相关系数ρ.

24. 已知正常男性成人血液中，每一毫升白细胞数平均是 7300，均方差是 700，利用切比雪夫不等式估计每毫升含白细胞数在 5200～9400 之间的概率 p.

25. 设 $X_i(i=1，2，\cdots，100)$是相互独立的随机变量，且它们都服从参数为 $\lambda=1$ 的泊

松分布，试计算概率 $P\left\{\sum_{i=1}^{n} X_i < 120\right\}$.

26. 现有一大批种子，其中良种占 $\frac{1}{6}$，今在其中任选 6000 粒，试问在这些种子中良种所占的比例与 $\frac{1}{6}$ 之差小于 1% 的概率是多少？

27. 种子中良种占 $\frac{1}{6}$，我们有 99% 的把握断定在 6000 粒种子中良种所占的比例与 $\frac{1}{6}$ 之差是多少？这时相应的良种数落在哪个范围？

28. 根据以往经验，某种电器元件的寿命服从均值为 100 h 的指数分布，现随机地取 16 只，设它们的寿命是相互独立的，求这 16 只元件寿命的总和大于 1920 h 的概率.

29. 有一大批建筑房屋用的木柱，其中 80% 的长度不小于 3 m，现从这批木材中任取 100 根，问其中至少有 30 根小于 3 m 的概率.

30. 一公寓有 200 户住户，一户住户拥有汽车辆数 X 的分布律为

X	0	1	2
P	0.1	0.6	0.3

问需要多少车位，才能使每辆汽车都具有一个车位的概率至少为 0.95.

31. 有一家保险公司里有 10000 人参加保险，每人每年付 12 元保险费，一年内一个人死亡的概率为 0.006，死亡时其家属可向保险公司领取 1000 元，问：

(1)保险公司亏本的概率有多大？

(2)保险公司一年的利润不少于 40000 元、60000 元、80000 元的概率各为多大？

32. 设随机变量 X 的分布函数 $F(x) = 0.5\Phi(x) + 0.5\Phi\left(\frac{x-4}{2}\right)$，其中 $\Phi(x)$ 为标准正态分布函数，求 X 的数学期望 $E(X)$.

33. 设随机变量 X 与 Y 相互独立，且都服从参数为 1 的指数分布，记 $U = \max\{X, Y\}$，$V = \min\{X, Y\}$.

(1)求 V 的概率密度函数 $f_V(v)$；(2)求 $E(U+V)$.

34. 设随机变量 X 概率密度函数为

$$f_X(x) = \begin{cases} \dfrac{1}{2}, & -1 < x < 0, \\ \dfrac{1}{4}, & 0 < x < 2, \\ 0, & \text{其他}, \end{cases}$$

令 $Y = X^2$，$F(X, Y)$ 为二维随机变量 (X, Y) 的分布函数，求：

(1)Y 的概率密度函数 $f_Y(y)$；(2)Cov(X, Y)；(3)$F\left(-\dfrac{1}{2}, 4\right)$.

第五章　样本与统计量

前四章我们讲述了概率论最基本的内容，概括起来主要是随机变量的概率分布，它全面地描述了随机变量的统计规律性．在概率论的许多问题中，概率分布通常假定概率分布已知．但在实际问题研究中，一个随机现象所遵循的分布是什么概型可能完全不知道，或者有未知成分，而研究的目的是往往通过探讨这些问题的随机变量的概率分布规律来分析和解决该问题．比如，要了解某一杂交水稻栽培生长技术，就要确定水稻从播种到开花天数的分布情况，而分布规律往往是不知道的．又如，某研究所要了解某昆虫产卵的均值，根据昆虫产卵规律，可知某昆虫的产卵个数服从泊松分布，但是分布中的参数往往是未知的．

诚然，理论上来讲，只要对随机现象进行足够多次的试验，被研究的随机现象的统计规律性一定可以呈现出来，然而考虑到人力、物力、财力及所用时间问题，现实中所能做的试验只能是有限的或难以办到的(如智能农业机械某组件的使用寿命等破坏性试验)．一般方法是查阅各种统计年鉴和报表，或采用一定的抽样技术(简单随机抽样、分层抽样、整群抽样等)从所研究的对象中抽取一部分进行观察，收集所需数据，且利用一些方法对数据加以整理和分析．一句话，统计学是利用概率论原理用以收集数据、分析数据和由数据得出结论的一组概念、原则和方法．

由于随机数据广泛存在于世界的各个角落，加上计算机科学的迅猛发展，数理统计学在工农业生产、经济、金融、教育、医学等各个领域中得到了广泛的应用，由其得到的相关结论能为采取决策和行动提供依据和建议．从本章起的连续四章，是数理统计学的初步，主要讲述估计与检验等原理，并着重介绍参数估计、假设检验、方差分析与回归分析等统计方法．本章讲述基本的抽样分布理论．

第一节　样本与统计量

一、总体与样本

在一个统计问题中，我们把研究对象的某项数量指标 X 的全体称为**总体**或**母体**，构成总体的每一个成员称为**个体**．总体按照个体的数量多少可以分为**有限总体**和**无限总体**．在大多数实际问题中，总体中的个体都是实在的人和物．例如，研究某一年龄段学生的身体状况，则该年龄段的全体学生就是总体，而每个学生都是一个个体．但实际上，我们真正关心的并不一定是总体或个体本身，而是总体或个体的某项数量指标 X(或几个数量指标)．如上例中研究者主要关心的是该年龄段学生的身高和体重等指标．研究中，有时也将总体理解为那些研究对象的某项数量指标的全体，将总体和数量指标 X 可能取值的全体形成的集合等同起来．例如，研究某品种桃子的含糖量时，该品种的含糖量数据的集合就是一个总体，其中每个桃子的含糖量就是一个个体．

由于大量随机现象必然呈现出其规律性，因而从理论上讲，只要对随机现象进行足够多次的观察，随机现象的规律性就一定能够清楚地呈现出来．但是如同研究某饮料的合格情况，不必对每一瓶饮料进行检验，研究某型号的导弹的威力，不可能把该型号的所有导弹都打光一样，客观上只允许我们对随机现象进行次数不多的观察或试验，换句话说，我们只能从总体中抽取部分样本，利用样本的数据信息找出总体的规律．在统计工作中通常只抽取一部分个体进行观测，这个过程称为**抽样**．从总体中抽取的个体必须满足随机性，可采取一些抽样方法来保证，每次抽取的个体数量 n 称为**样本容量**，抽取的 n 个个体 X_1，X_2，$\cdots$，X_n，则称为总体的一个**样本**，样本会随着每次抽样观测的不同而随之变化，且不能预测，故样本 X_1，X_2，$\cdots$，X_n 是 n 个随机变量，但是一旦具体抽取之后则就是一组确定的数值，用 x_1，x_2，$\cdots$，x_n 来表示，称为**样本观测值**．

在抽取样本的过程中，为了能让样本较好地反映总体的特性，一般采取简单而又实用的简单随机抽样方法，它有两个明显特征：

(1)代表性：样本 X_1，X_2，$\cdots$，X_n 的每个分量 X_i 都与总体 X 具有相同的概率分布．

(2)独立性：X_1，X_2，$\cdots$，X_n 必须相互独立，换言之，每次抽样的结果既不影响其他各次抽样的结果，也不会受到其他各次抽样结果的影响．

若 X_1，X_2，$\cdots$，X_n 相互独立，且都与总体分布相同，则称 X_1，X_2，$\cdots$，X_n 为来自总体的简单随机样本，样本的具体观测值 x_1，x_2，$\cdots$，x_n 称为样本值．今后如不做特殊说明，所说的样本均是指简单随机样本．

若简单随机样本 X_1，X_2，$\cdots$，X_n 来自于总体 X，总体 X 的概率密度函数为 $f(x)$，则可知 X_1，X_2，$\cdots$，X_n 和总体 X 具有相同的分布，且样本 X_1，X_2，$\cdots$，X_n 的联合概率密度函数为

$$\prod_{i=1}^{n} f(x_i) = f(x_1) f(x_2) \cdots f(x_n).$$

例如，为估计一物件的质量 μ，用一架天平重复测量 n 次，得样本 X_1，X_2，$\cdots$，X_n，由于是独立重复测量，X_1，X_2，$\cdots$，X_n 是简单随机样本．假设物件的质量 $X \sim N(\mu, \sigma^2)$，故其概率密度函数为

$$f(x) = \frac{1}{\sqrt{2\pi}\sigma} e^{-\frac{(x-\mu)^2}{2\sigma^2}},$$

这样，样本分布的联合概率密度函数为

$$f(x_1, x_2, \cdots, x_n) = \prod_{i=1}^{n} f(x_i) = \frac{1}{(\sqrt{2\pi}\sigma)^n} \exp\left\{-\frac{1}{2\sigma^2} \sum_{i=1}^{n} (x_i - \mu)^2\right\}.$$

对离散型随机变量，样本 X_1，X_2，$\cdots$，X_n 的联合分布律为

$$P(x_1, x_2, \cdots, x_n) = P\{X = x_1\} P\{X = x_2\} \cdots P\{X = x_n\}.$$

例 5.1.1 考虑某电话交换台 1h 内收到呼唤的次数 X，求来自这一总体的简单随机样本 X_1，X_2，$\cdots$，X_n 的样本分布．

解 由概率论知识，X 服从泊松分布 $P(\lambda)$，其概率分布为

$$P_X(x) = P\{X = x\} = \frac{\lambda^x}{x!} e^{-\lambda} (\lambda > 0), \quad x = 0, 1, 2, \cdots,$$

从而简单随机样本 X_1，X_2，$\cdots$，X_n 的联合分布律为

$$P(x_1, x_2, \cdots, x_n) = P_X(x_1) P_X(x_2) \cdots P_X(x_n) = P\{X = x_1\} P\{X = x_2\} \cdots P\{X = x_n\}$$

$$= \frac{\lambda^{x_1 + x_2 + \cdots + x_n}}{x_1! x_2! \cdots x_n!} e^{-n\lambda} = \frac{\lambda^{\sum_{i=1}^{n} x_i}}{x_1! x_2! \cdots x_n!} e^{-n\lambda}.$$

二、统计量

抽取样本之后，需要对样本信息进行加工整理和计算，提炼出我们着重关心的信息，这就需要针对具体问题具体分析，构造出样本函数，不同的函数反映总体的不同特征．我们把完全由样本 X_1，X_2，$\cdots$，X_n 所决定的样本函数 $T = T(X_1$，X_2，$\cdots$，$X_n)$ 称为统计量．这里要注意的是"完全"两个字，它表明：统计量只依赖于样本，而不包含任何其他未知参数，特别是，不包含总体分布中所包含的未知参数．

例如，设从总体 X 中抽取样本 X_1，X_2，$\cdots$，X_n，其中 μ 为已知参数，σ 为未知参数，则

(1) $\dfrac{1}{n}(X_1 + X_2 + \cdots + X_n) - \mu$ 是统计量，它不含未知参数．

(2) $\dfrac{X_1 + X_2 + \cdots + X_n - n\mu}{\sigma}$ 不是统计量，它不仅依赖于样本，还包含了未知参数 σ.

下面介绍一些常用的统计量：样本均值、样本方差、样本标准差、样本极差等．

设 X_1，X_2，$\cdots$，X_n 是总体 X 的一个样本，则

统计量 $\dfrac{1}{n}\sum\limits_{i=1}^{n} X_i$ 称为**样本均值**，记作 $\overline{X}$，反映的是总体 X 取值的集中趋势；

统计量 $\dfrac{1}{n-1}\sum\limits_{i=1}^{n}(X_i - \overline{X})^2$ 称为**样本方差**，记作 S^2，反映的是总体 X 取值的离散程度；

统计量 $\sqrt{\dfrac{1}{n-1}\sum\limits_{i=1}^{n}(X_i - \overline{X})^2}$ 称为**样本标准差**，记作 S，反映的是总体 X 取值的离散程度；

统计量 $\max\limits_{1 \leqslant i \leqslant n}\{X_i\} - \min\limits_{1 \leqslant i \leqslant n}\{X_i\}$ 称为**样本极差**，记作 R，反映的是总体 X 的离散程度；

统计量 $C_v = \dfrac{\sqrt{\dfrac{1}{n-1}\sum\limits_{i=1}^{n}(X_i - \overline{X})^2}}{|\overline{X}|}$ 称为**变异系数**，它是一个没有量纲的相对指标，可以对不同的量的离散程度进行比较．

在数据处理中，反映总体 X 的离散程度有时也用到**四分位差**的概念：

若满足 $P\{X < Q_1\} = 0.25$，称 Q_1 为第 1 四分位数；

若满足 $P\{X < Q_3\} = 0.75$，称 Q_3 为第 3 四分位数，

称 $Q_d = Q_3 - Q_1$ 为总体 X 的四分位差．

三、数据的简单处理与显示

为了研究随机现象，首要的工作是收集原始数据．一般通过抽样调查或试验得到的数据往往是杂乱无章的，需要通过整理后才能显示出它们的分布状况．数据的简单处理是以一种直观明了的方式加工数据，数据的简单处理包括数据整理与计算样本特征数两方面，下面通过一个实例来说明它的用法．

例 5.1.2 为对某小麦杂交组合 F_2 代的株高 X 进行研究，抽取容量为 100 的样本，测试的原始数据（单位：cm）记录如下：

87	88	111	91	73	70	92	98	105	94
99	91	98	110	98	97	90	83	92	88
86	94	102	99	89	104	94	94	92	96
87	94	92	86	102	88	75	90	90	80
84	91	82	94	99	102	91	96	94	94
85	88	80	83	81	69	95	80	97	92
96	109	91	80	80	94	102	80	86	91
90	83	84	91	87	95	76	90	91	77
103	89	88	85	95	92	104	92	95	83
86	81	86	91	89	83	96	86	75	92

试根据以上数据，画出它的频率直方图，求随机变量 X 的分布状况.

第一，整理原始数据，加工为分组资料，作出频率分布表，画出直方图，提取样本分布特征的信息. 步骤如下：

(1)找出数据中的最小值 $m=69$，最大值 $M=111$，样本极差为

$$\max_{1\leqslant i\leqslant n}\{X_i\}-\min_{1\leqslant i\leqslant n}\{X_i\}=M-m=42.$$

(2)数据分组，根据样本容量 n 的大小，决定分组数 k，一般

$$30\leqslant n<40,\ 5\leqslant k<6,$$
$$40\leqslant n<60,\ 6\leqslant k<8,$$
$$60\leqslant n<100,\ 8\leqslant k<10,$$
$$100\leqslant n\leqslant500,\ 10\leqslant k\leqslant20,$$

本例取 $k=9$.

一般采取等距分组(也可以不等距分组)，组距为比样本极差除以组数略大的测量单位的整数倍，本例测量单位为 1cm，组距为

$$\frac{M-m}{k}=\frac{111-69}{9}\approx5.$$

(3)确定组限和组中点值，一般根据算式：

$$各组中点值\pm\frac{1}{2}组距=组的上限或下限,$$

组的上限与下限应比数据多一位小数. 确定各组限和组中点值. 当取 $a=67.5$，$b=112.49$(a 略小于 m，b 略大于 M，且 a 和 b 都比数据多一位小数，$b-a=$ 组距×组数)分组如下：

$[67.5,72.5)$，$[72.5,77.5)$，$[77.5,82.5)$，$[82.5,87.5)$，$[87.5,92.5)$，

$[92.5,97.5)$，$[97.5,102.5)$，$[102.5,107.5)$，$[107.5,112.5)$，

组中值分别为 70，75，80，85，90，95，100，105，110.

(4)将数据分组，计算出各组频数，作频数、频率分布表(表 5.1).

表 5.1

组序	区间范围	频数 f_j	频率 $W_j=f_j/n$	累计频率 F_j
1	$[67.5,72.5)$	2	0.02	0.02
2	$[72.5,77.5)$	5	0.05	0.07
3	$[77.5,82.5)$	10	0.10	0.17

（续）

组序	区间范围	频数 f_j	频率 $W_j = f_j/n$	累计频率 F_j
4	$[82.5, 87.5)$	18	0.18	0.35
5	$[87.5, 92.5)$	30	0.30	0.65
6	$[92.5, 97.5)$	18	0.18	0.83
7	$[97.5, 102.5)$	10	0.10	0.93
8	$[102.5, 107.5)$	4	0.04	0.97
9	$[107.5, 112.5)$	3	0.03	1.00

频数 f_j 指落在第 $j(j=1, 2, \cdots, k)$ 个小区间的数据个数，频率为 $W_j = f_j/n$.

（5）作出频率直方图：

以样本值为横坐标，频率/组距为纵坐标，以分组区间为底，以

$$Y_j = \frac{W_j}{X_{j+1} - X_j} = \frac{W_j}{5}$$

为高作一系列矩形，即频率直方图（图 5.1）.

从频率直方图可看到：靠近两个极端的数据出现比较少，而中间附近的数据比较多，即中间大两头小的分布趋势，这是从样本中得到的描述变量分布状况的最粗略信息.

在频率直方图中，每个矩形面积恰好等于样本值落在该矩形对应的分组区间内的频率 W_j，即

$$S_j = \frac{W_j}{X_{j+1} - X_j}(X_{j+1} - X_j) = W_j,$$

因此所有矩形面积之和等于频率总和，即等于 1. 频率直方图中的小矩形的面积近似反映样本数据落在某个区间内的可能性的大小，故它可近似描述 X 的分布状况.

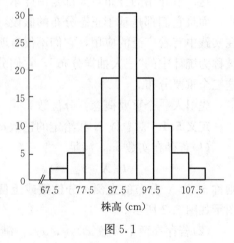

图 5.1

第二，计算两个方面的样本特征数.

（1）反映集中趋势的特征数，常用的有样本均值、中位数、众数等，其中

样本均值：$\overline{X} = \dfrac{1}{n} \sum_{i=1}^{n} x_i = \dfrac{1}{100}(87 + 88 + \cdots + 92) = 90.30.$

中位数：把原始数据按大小顺序排列后，居中的那个数，即

当 n 为奇数时，中位数 $M = x_{\frac{n+1}{2}}$，当 n 为偶数时，$M = \dfrac{1}{2}(x_m + x_{m+1})$，其中，$m = \dfrac{n}{2}$.

$$M_e = \frac{1}{2}(x_{50} + x_{51}) = 91.00.$$

众数：样本中出现次数最多的那个数.

$$M_o = 91.00.$$

（2）反映分散程度的特征数，常用的有样本方差、样本标准差、样本极差、四分位差等，其中

样本方差 $S^2 = \dfrac{1}{n-1}\sum\limits_{i=1}^{n}(x_i - \overline{X})^2 = \dfrac{1}{99}\big[(87-90.3)^2 + \cdots + (92-90.3)^2\big] \approx 68.69.$

样本标准差 $S = \sqrt{\dfrac{1}{n-1}\sum\limits_{i=1}^{n}(x_i - \overline{X})^2} = \sqrt{68.69} = 8.288.$

样本极差 $R = \max\limits_{1\leqslant i\leqslant n}\{X_i\} - \min\limits_{1\leqslant i\leqslant n}\{X_i\} = M - m = 111 - 69 = 42.$

变异系数 $C_v = \dfrac{\sqrt{\dfrac{1}{n-1}\sum\limits_{i=1}^{n}(x_i - \overline{X})^2}}{|\overline{X}|} = \dfrac{8.288}{90.3} \approx 0.092.$

第 1 四分位数 Q_1（满足 $P\{X<Q_1\}=0.25$），$Q_1 = 85.25$，

第 3 四分位数 Q_3（满足 $P\{X<Q_3\}=0.75$），$Q_3 = 95.00$，

四分位差 Q_d 为 $Q_d = Q_3 - Q_1 = 9.75$.

上述差异特征统计量的值越小，表示离散程度越小.

第二节　三个重要的抽样分布

这一节介绍的分布，大都是由样本产生的，也就是整理、加工数据后，在理论上推导出来，而且它们都是基于正态分布的假设，以标准正态分布为基石而构造的三个著名统计量，在实践中有着广泛的应用，它们不仅有明确的背景，而且其抽样样本密度有明确的表达式，被称为统计中的"三大抽样分布"，它们分别是：χ^2 分布、t 分布、F 分布，本节将分别介绍这三个重要分布.

先引入一个重要概念：分位数.

定义 5.1　对总体 X 和给定的正数 $\alpha(0<\alpha<1)$，

(1)若存在实数 x_α，满足：

$$P\{X>x_\alpha\}=\alpha, \qquad (5.1)$$

则称 x_α 为 X 分布的**上侧 α 分位数**或上侧 α **临界值**.
图示如图 5.2 所示.

(2)若存在两个实数 $x_{1-\alpha/2}$，$x_{\alpha/2}$，满足：

$$P\{X<x_{1-\alpha/2}\}=\frac{\alpha}{2}, \quad P\{X>x_{\alpha/2}\}=\frac{\alpha}{2},$$

$$(5.2)$$

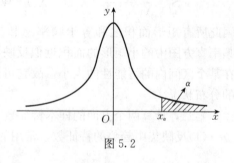

图 5.2

则称两个实数 $x_{1-\alpha/2}$，$x_{\alpha/2}$ 为 X 分布的**双侧 α 分位数**或双侧 α **临界值**. 图示如图 5.3 所示.

(3)若总体 X 分布关于 y 轴对称，且存在实数 $x_{\alpha/2}$，使得

$$P\{|X|>x_{\alpha/2}\}=\alpha, \qquad (5.3)$$

则称 $x_{\alpha/2}$ 为 X 分布的**双侧 α 分位数**或双侧 α **临界值**. 图示如图 5.4 所示.

对标准正态分布变量 $U\sim N(0,1)$ 和给定的 α，上侧 α 分位数 u_α 是由

$$P\{U>u_\alpha\} = \int_{u_\alpha}^{+\infty}\frac{1}{\sqrt{2\pi}}\mathrm{e}^{-\frac{t^2}{2}}\mathrm{d}t = \alpha \qquad (5.4)$$

或

$$P\{U\leqslant u_\alpha\}=1-\alpha$$

确定的，(5.4)式的几何图像类似于图 5.2，只需把 x_α 换作 u_α 即可作为其几何意义图像.

例如，$\alpha=0.05$，而 $P\{U>1.645\}=0.05$，则 $u_\alpha=1.645$.

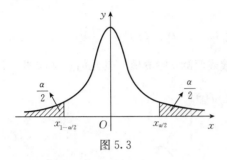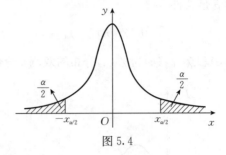

图 5.3   图 5.4

称满足条件 $P\{|U|>u_{\alpha/2}\}=\alpha$ 的点 $u_{\alpha/2}$ 为标准正态分布的**双侧 α 分位数**或**双侧临界值**. 若把图 5.4 中的 $x_{\alpha/2}$ 换作 $u_{\alpha/2}$，则为其几何意义图像.

$u_{\alpha/2}$ 可由 $P\{U>u_{\alpha/2}\}=\dfrac{\alpha}{2}$ 查标准正态分布表得到，如求 $u_{0.05/2}$，则可以由计算式 $P\{U>1.96\}=\dfrac{0.05}{2}=0.025$，则 $u_{0.05/2}=1.96$. 在实际问题中，常用到下面几个临界值：

$$u_{0.05}=1.645,\quad u_{0.01}=2.326,\quad u_{0.05/2}=1.96,\quad u_{0.01/2}=2.575.$$

另外，在统计软件或数学软件包中，都有专门程序用于计算各种常用分布的分位数.

一、χ^2 分布

定义 5.2 设随机变量 X_1，X_2，$\cdots$，X_n 来自标准正态分布 $X\sim N(0,1)$ 的样本，则称随机变量 $Y=X_1^2+X_2^2+\cdots+X_n^2$ 为服从自由度为 n 的 χ^2 **分布**，记为 $Y\sim\chi^2(n)$，其中自由度是指独立随机变量的个数.

$\chi^2(n)$ 分布中含有自由度参数 n，其概率密度函数为

$$f(y)=\begin{cases}\dfrac{1}{2^{\frac{n}{2}}\Gamma\left(\dfrac{n}{2}\right)}y^{\frac{n}{2}-1}\mathrm{e}^{-\frac{y}{2}}, & y\geqslant 0,\\[4mm] 0, & y<0,\end{cases} \tag{5.5}$$

可见自由度参数 n 可以决定其概率密度函数，其中 $\Gamma(\cdot)$ 为 Gamma 函数.

$\chi^2(n)$ 的概率密度函数图形如图 5.5 所示.

χ^2 分布具有下列两条重要结论：

(1)可加性：设 $Y_1\sim\chi^2(n_1)$，$Y_2\sim\chi^2(n_2)$，且 Y_1 和 Y_2 相互独立，则 $Y_1+Y_2\sim\chi^2(n_1+n_2)$.

(2)设 $Y\sim\chi^2(n)$，则 $E(Y)=n$，$\mathrm{Var}(Y)=2n$，即 χ^2 分布的数学期望等于其自由度，方差等于其自由度的 2 倍.

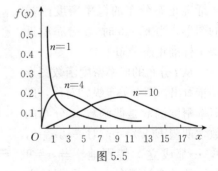

图 5.5

由定义 5.1 可知，对于给定的正数 $\alpha(0<\alpha<1)$，我们称满足条件

$$P\{\chi^2(n)>\chi_\alpha^2(n)\}=\int_{\chi_\alpha^2(n)}^{+\infty}f(y)\mathrm{d}y=\alpha \tag{5.6}$$

的 $\chi_\alpha^2(n)$ 为 $\chi^2(n)$ 分布的**上侧 α 分位数**或**上侧 α 临界值**，其几何意义如图 5.6 所示，上式中，

$f(y)$ 是 $\chi^2(n)$ 的概率密度函数.

称满足条件

$$P\{\chi^2(n) > \chi_{\alpha/2}^2(n)\} = P\{\chi^2(n) < \chi_{1-\alpha/2}^2(n)\} = \frac{\alpha}{2} \qquad (5.7)$$

的 $\chi_{\alpha/2}^2(n)$ 和 $\chi_{1-\alpha/2}^2(n)$ 为 $\chi^2(n)$ 分布的**双侧 α 分位数**或**双侧 α 临界值**,其几何意义如图 5.7 所示.

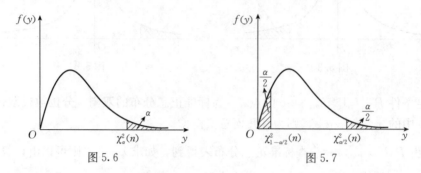

图 5.6   图 5.7

只要确定了自由度 n,则 $\chi_\alpha^2(n)$ 就取决于正数 $\alpha(0<\alpha<1)$ 了.对于不同的 n 和 α,$\chi_\alpha^2(n)$ 的值有现成的表格可供查用,见附表 3.例如,当 $\alpha=0.05$,$n=20$ 时,查附表 3 可得 $\chi_{0.05}^2(20)=31.41$.

二、t 分布

定义 5.3 设随机变量 $X\sim N(0,1)$,$Y\sim\chi^2(n)$,且 X 和 Y 相互独立,则随机变量

$$T=\frac{X}{\sqrt{Y/n}} \qquad (5.8)$$

的分布为自由度为 n 的 t **分布**,记为 $T\sim t(n)$.

$t(n)$ 分布的概率密度函数为

$$f(t)=\frac{\Gamma\left(\dfrac{n+1}{2}\right)}{\sqrt{n\pi}\,\Gamma\left(\dfrac{n}{2}\right)}\left(1+\frac{t^2}{n}\right)^{-\frac{n+1}{2}}, \quad -\infty<t<+\infty, \qquad (5.9)$$

其图形如图 5.8 所示,形状类似于标准正态分布的概率密度函数的图形,当 $n>45$ 时,t 分布就近似于标准正态分布了.

从 t 分布的概率密度函数图形不难看出,图形关于纵轴对称,即概率密度函数是偶函数.t 分布的数学期望 $E(T)=0$,对一切 $n=2$,3,…都成立.特别地,当 $n=1$ 时,数学期望不存在.t 分布的方差 $\mathrm{Var}(T)=\dfrac{n}{n-2}$,对一切 $n=3$,

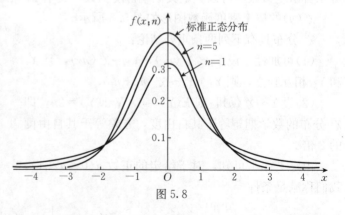

图 5.8

4,…都成立.特别地,当 $n=1$,2 时,方差不存在.

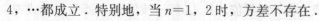

由定义 5.1 可知，对于给定的正数 $\alpha(0<\alpha<1)$，我们称满足条件

$$P\{t(n)>t_\alpha(n)\}=\int_{t_\alpha(n)}^{+\infty}f(t)\mathrm{d}t=\alpha$$

的 $t_\alpha(n)$ 为 $t(n)$ 分布的**上侧 α 分位数**或**上侧 α 临界值**，其几何意义如图 5.9 所示，上式中，$f(t)$ 是 $t(n)$ 的概率密度函数．由 t 分布的对称性，我们称 $P\{\,|\,t(n)\,|\,>t_{\alpha/2}(n)\}=\alpha$ 的 $t_{\alpha/2}(n)$ 为 $t(n)$ 分布的**双侧 α 分位数**或**双侧 α 临界值**，其几何意义如图 5.10 所示．

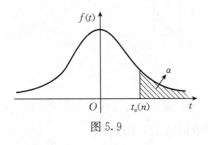
图 5.9

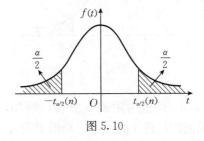
图 5.10

附表 4 给出了 t 分布的临界值表，例如，当 $\alpha=0.05$，$n=15$ 时，查 t 分布临界值表有 $t_{0.05}(15)=1.753$，$t_{0.05/2}(15)=2.131$．当 $n>45$ 时，t 分布就近似于标准正态分布了，就可以用标准正态分布的临界值来近似 t 分布的临界值，即 $t_\alpha(n)\approx u_\alpha$．

三、F 分布

定义 5.4 设随机变量 $Y_1\sim\chi^2(n_1)$，$Y_2\sim\chi^2(n_2)$，且 Y_1 和 Y_2 相互独立，则随机变量

$$F=\frac{Y_1/n_1}{Y_2/n_2}$$

的分布称为第一自由度为 n_1，第二自由度为 n_2 的 F **分布**，记作 $F\sim F(n_1,\,n_2)$．

F 分布的概率密度函数为

$$f(y)=\begin{cases}\dfrac{\Gamma\left(\dfrac{n_1+n_2}{2}\right)}{\Gamma\left(\dfrac{n_1}{2}\right)\Gamma\left(\dfrac{n_2}{2}\right)}\left(\dfrac{n_1}{n_2}\right)^{\frac{n_1}{2}}y^{\frac{n_1}{2}-1}\left(1+\dfrac{n_1}{n_2}y\right)^{-\frac{n_1+n_2}{2}},&y\geqslant0,\\[4mm]0,&y<0,\end{cases}\qquad(5.10)$$

其图形如图 5.11 所示．

F 分布的倒数的性质：若 $F\sim F(n_1,\,n_2)$，则 $\dfrac{1}{F}\sim F(n_2,\,n_1)$．

类似于 χ^2 分布和 t 分布，F 分布的**上侧 α 分位数**或**上侧 α 临界值**是指满足条件

$$P\{F(n_1,\,n_2)>F_\alpha(n_1,\,n_2)\}=\int_{F_\alpha(n_1,n_2)}^{+\infty}f(y)\mathrm{d}y=\alpha$$

的 $F_\alpha(n_1,\,n_2)$，其几何意义如图 5.12 所示，上式中 $f(y)$ 是 $F(n_1,\,n_2)$ 分布的概率密度函数．

F 分布的**双侧 α 分位数**或**双侧 α 临界值**是指

$$P\{F(n_1,\,n_2)>F_{\alpha/2}(n_1,\,n_2)\}$$

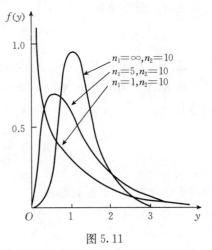
图 5.11

$$=P\{F(n_1,\ n_2)<F_{1-\alpha/2}(n_1,\ n_2)\}=\frac{\alpha}{2},$$

其几何意义如图 5.13 所示.

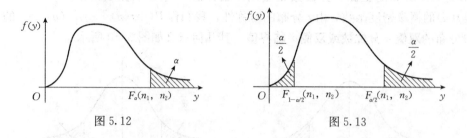

图 5.12　　　　　　　　　图 5.13

$F_\alpha(n_1,\ n_2)$ 的值由附表 5 查得,例如,$n_1=2$,$n_2=15$,$\alpha=0.01$,有 $F_{0.01}(2,\ 15)=6.36$. 当 α 值较接近 1 时,可以利用 F 分布的倒数的性质,用公式

$$F_{1-\alpha}(n_1,\ n_2)=\frac{1}{F_\alpha(n_2,\ n_1)} \tag{5.11}$$

来查找临界值. 例如,$F_{0.99}(15,\ 2)=\dfrac{1}{F_{0.01}(2,\ 15)}=\dfrac{1}{6.36}\approx0.157$.

第三节　样本均值与样本方差的分布

统计量作为随机样本的函数,也是一个随机变量,随着各次抽取的样本观测值的变化,计算出来的统计量的观测值也不同,我们把根据样本 X_1,X_2,$\cdots$,X_n 的所有可能的样本观测值计算出来的某一统计量的观测值分布,称为**抽样分布**.

一、大样本总体的样本均值的分布

对于一般的总体的分布,我们可以利用中心极限定理求出一些统计量的近似分布,这些分布只有当样本容量 n 充分大时才成立,所以也称为**大样本分布**.

定理 5.1　设 X_1,X_2,$\cdots$,X_n 是来自于均值为 μ,方差为 σ^2 的总体的一组样本,当 n 充分大时,近似地有

$$\overline{X}\sim N\Big(\mu,\ \frac{\sigma^2}{n}\Big).$$

证　因为 X_1,X_2,$\cdots$,X_n 是来自于均值为 μ,方差为 σ^2 的总体的样本是独立同分布的,且 $E(X_i)=\mu$,$\mathrm{Var}(X_i)=\sigma^2$,$i=1,2,\cdots,n$. 由中心极限定理,对于充分大的 n,近似地有

$$\frac{\sum\limits_{i=1}^{n}X_i-n\mu}{\sqrt{n}\,\sigma}\sim N(0,\ 1),$$

即对于充分大的 n,近似地有

$$\frac{\overline{X}-\mu}{\sigma/\sqrt{n}}\sim N(0,\ 1),$$

等价地
$$\overline{X} \sim N\left(\mu, \frac{\sigma^2}{n}\right).$$

该定理主要说明了不论总体是何种分布，只要它的均值是 μ、方差是 σ^2，那么这个总体的样本均值 $\overline{X}$ 就近似地服从均值是 μ、方差是 $\frac{\sigma^2}{n}$ 的正态分布 $N\left(\mu, \frac{\sigma^2}{n}\right)$，这在实践中既方便又实用．根据该定理，对任何分布的总体，其样本均值 $\overline{X}$ 的分布函数

$$F(x) = P\{\overline{X} \leqslant x\} = P\left\{\frac{\overline{X} - \mu}{\sigma/\sqrt{n}} \leqslant \frac{x - \mu}{\sigma/\sqrt{n}}\right\} \approx \Phi\left(\frac{x - \mu}{\sigma/\sqrt{n}}\right).$$

对任意的实数 a，$b(a < b)$，$\overline{X}$ 落在 $(a + \mu, b + \mu]$ 的概率为

$$P\{a + \mu < \overline{X} \leqslant b + \mu\} = P\left\{\frac{a}{\sigma/\sqrt{n}} < \frac{\overline{X} - \mu}{\sigma/\sqrt{n}} \leqslant \frac{b}{\sigma/\sqrt{n}}\right\} \approx \Phi\left(\frac{b}{\sigma/\sqrt{n}}\right) - \Phi\left(\frac{a}{\sigma/\sqrt{n}}\right).$$

同理，对任意的正实数 c，则 $\overline{X}$ 落在 $[-c + \mu, c + \mu]$ 的概率为

$$P\{|\overline{X} - \mu| \leqslant c\} = P\{-c \leqslant \overline{X} - \mu \leqslant c\} \approx 2\Phi\left(\frac{c}{\sigma/\sqrt{n}}\right) - 1.$$

例 5.3.1 某种零件的平均长度为 0.50cm，标准差 $\sigma = 0.04$cm，从该种零件中随机抽出 100 个样本，问这 100 个零件的平均长度小于 0.49cm 的概率是多少？

解 虽然我们不知道原总体的分布形式，但可知总体的数学期望 $\mu = 0.50$，方差 $\sigma^2 = 0.04^2$，且样本为大样本，$n = 100 > 30$，由定理 5.1 知 $\overline{X}$ 近似服从正态分布，即 $\overline{X} \sim N\left(\mu, \frac{\sigma^2}{n}\right)$，且有

$$P\{\overline{X} \leqslant 0.49\} = P\left\{\frac{\overline{X} - \mu}{\sigma/\sqrt{n}} \leqslant \frac{0.49 - \mu}{\sigma/\sqrt{n}}\right\} = P\left\{\frac{\overline{X} - 0.50}{0.004} \leqslant \frac{0.49 - 0.50}{0.004}\right\}$$

$$\approx \Phi\left(\frac{0.49 - 0.50}{0.004}\right) = \Phi(-2.5) = 0.0062,$$

所以从该种零件中随机抽出 100 个样本，则这 100 个零件的平均长度小于 0.49cm 的概率是 0.0062．

二、正态总体的样本均值与样本方差的分布

对于正态总体来说，关于样本均值和样本方差以及某些重要统计量的抽样分布具有非常完美的理论结果，它们在假设检验和参数估计的讨论中具有非常重要的作用．我们把这些内容归结为下列的一些定理，以方便应用．

定理 5.2 设 X_1，X_2，$\cdots$，X_n 是来自于正态分布总体 $N(\mu, \sigma^2)$ 的样本，则

(1) $\overline{X} \sim N\left(\mu, \frac{\sigma^2}{n}\right)$;   (5.12)

(2) $\dfrac{(n-1)S^2}{\sigma^2} \sim \chi^2(n-1)$;   (5.13)

(3) $\overline{X}$ 和 S^2 相互独立;

(4) $\dfrac{\overline{X} - \mu}{S/\sqrt{n}} \sim t(n-1)$,   (5.14)

其中 $\overline{X}$ 是样本均值，S^2 是样本方差，即

$$\overline{X} = \frac{1}{n}\sum_{i=1}^{n}X_i, \ S^2 = \frac{1}{n-1}\sum_{i=1}^{n}(X_i - \overline{X})^2.$$

我们仅对(1)做出证明：事实上，若总体 X 服从正态分布 $N(\mu, \sigma^2)$，而 $(X_1, X_2, \cdots, X_n)$ 则是 X 的一个样本，由概率论知识知，其样本均值 $\overline{X} = \frac{1}{n}\sum_{i=1}^{n}X_i$ 仍服从正态分布，且其数学期望与方差分别为

$$E(\overline{X}) = E\Big(\frac{1}{n}\sum_{i=1}^{n}X_i\Big) = \frac{1}{n}\sum_{i=1}^{n}E(X_i) = \frac{1}{n} \cdot n\mu = \mu,$$

$$D(\overline{X}) = D\Big(\frac{1}{n}\sum_{i=1}^{n}X_i\Big) = \frac{1}{n^2}\sum_{i=1}^{n}D(X_i) = \frac{1}{n^2} \cdot n\sigma^2 = \frac{\sigma^2}{n},$$

可得 $$\overline{X} \sim N\Big(\mu, \frac{\sigma^2}{n}\Big),$$

等价地，把 $\overline{X}$ 作标准化变换可得

$$U = \frac{\overline{X} - \mu}{\sigma/\sqrt{n}} \sim N(0, 1).$$

定理 5.2 主要应用于单个正态分布总体的样本中，该定理主要说明了单个正态分布总体下的样本均值 $\overline{X}$ 和样本方差 S^2 的相关分布及其相互关系．

定理 5.3 设 $X_1, X_2, \cdots, X_{n_1}$ 和 $Y_1, Y_2, \cdots, Y_{n_2}$ 是分别来自于正态分布总体 $N(\mu_1, \sigma_1^2)$ 和 $N(\mu_2, \sigma_2^2)$ 的样本，且它们相互独立，则

(1)若 $\sigma_1^2 = \sigma_2^2$ 成立，则统计量

$$\frac{\overline{X} - \overline{Y} - (\mu_1 - \mu_2)}{S_n\sqrt{\dfrac{1}{n_1} + \dfrac{1}{n_2}}} \sim t(n_1 + n_2 - 2), \tag{5.15}$$

其中 $S_n = \sqrt{\dfrac{(n_1-1)S_1^2 + (n_2-1)S_2^2}{n_1 + n_2 - 2}}$，$S_1^2$ 和 S_2^2 分别是两总体的样本方差．

(2)统计量

$$\frac{S_1^2/\sigma_1^2}{S_2^2/\sigma_2^2} \sim F(n_1 - 1, n_2 - 1). \tag{5.16}$$

证明从略．

定理 5.3 主要应用于两个正态分布总体的样本中，该定理主要说明了两个正态分布总体下的样本均值之间和样本方差之间的相关分布．

例 5.3.2 设总体 X 为标准正态分布 $N(0, 1)$，$X_1, X_2, \cdots, X_n$ 为简单随机样本，试问下列各统计量服从什么分布？

$(1)\dfrac{X_1 - X_2}{\sqrt{X_3^2 + X_4^2}}$；$(2)\dfrac{\sqrt{n-1}\,X_1}{\sqrt{\sum\limits_{i=2}^{n}X_i^2}}$；$(3)\dfrac{\Big(\dfrac{n}{4}-1\Big)\sum\limits_{i=1}^{4}X_i^2}{\sum\limits_{i=5}^{n}X_i^2}$；$(4)\Big(\dfrac{X_1 - X_2}{X_3 + X_4}\Big)^2.$

解 (1)因为 $X_1, X_2, \cdots, X_n$ 为总体 X 的简单随机样本，所以 $X_i \sim N(0, 1)$，$i = 1,$ $2, \cdots, n$，且相互独立，故 $X_1 - X_2 \sim N(0, 2)$，对其标准化得 $\dfrac{X_1 - X_2}{\sqrt{2}} \sim N(0, 1)$，而 $X_3^2 +$

$X_4^2 \sim \chi^2(2)$，进而得

$$\frac{X_1 - X_2}{\sqrt{X_3^2 + X_4^2}} = \frac{\dfrac{X_1 - X_2}{\sqrt{2}}}{\sqrt{\dfrac{X_3^2 + X_4^2}{2}}} \sim t(2).$$

(2) 由条件可知 $X_1 \sim N(0, 1)$，$\displaystyle\sum_{i=2}^{n} X_i^2 \sim \chi^2(n-1)$，所以

$$\frac{\sqrt{n-1}\, X_1}{\sqrt{\displaystyle\sum_{i=2}^{n} X_i^2}} = \frac{X_1}{\sqrt{\dfrac{\displaystyle\sum_{i=2}^{n} X_i^2}{n-1}}} \sim t(n-1).$$

(3) 由条件可知 $\displaystyle\sum_{i=1}^{4} X_i^2 \sim \chi^2(4)$，$\displaystyle\sum_{i=5}^{n} X_i^2 \sim \chi^2(n-4)$，故

$$\frac{\left(\dfrac{n}{4}-1\right)\displaystyle\sum_{i=1}^{4} X_i^2}{\displaystyle\sum_{i=5}^{n} X_i^2} = \frac{n-4}{4} \cdot \frac{\displaystyle\sum_{i=1}^{4} X_i^2}{\displaystyle\sum_{i=5}^{n} X_i^2} = \frac{\displaystyle\sum_{i=1}^{4} X_i^2 / 4}{\displaystyle\sum_{i=5}^{n} X_i^2 /(n-4)} \sim F(4, \ n-4).$$

(4) 由 (1) 可知 $\dfrac{X_1 - X_2}{\sqrt{2}} \sim N(0, 1)$，所以 $\left(\dfrac{X_1 - X_2}{\sqrt{2}}\right)^2 \sim \chi^2(1)$，同理 $\left(\dfrac{X_3 + X_4}{\sqrt{2}}\right)^2 \sim \chi^2(1)$，故

$$\left(\frac{X_1 - X_2}{X_3 + X_4}\right)^2 = \frac{(X_1 - X_2)^2}{(X_3 + X_4)^2} = \frac{\left(\dfrac{X_1 - X_2}{\sqrt{2}}\right)^2 / 1}{\left(\dfrac{X_3 + X_4}{\sqrt{2}}\right)^2 / 1} \sim F(1, \ 1).$$

例 5.3.3　若随机变量 $T \sim t(n)\,(n>1)$，试问 $F = \dfrac{1}{T^2}$ 服从什么分布？

解　由 $T \sim t(n)$，根据定义，随机变量 T 不妨表示为

$$T = \frac{X}{\sqrt{Y/n}},$$

其中 $X \sim N(0, 1)$，$Y \sim \chi^2(n)$，且 X 和 Y 相互独立，于是

$$T^2 = \frac{X^2}{Y/n}.$$

方法 1　由于 $\dfrac{1}{T^2} = \dfrac{Y/n}{X^2/1}$，$X^2 \sim \chi^2(1)$，所以由 F 分布的定义可知

$$F = \frac{1}{T^2} \sim F(n, 1).$$

方法 2　由以上分析可知 $T^2 = \dfrac{X^2}{Y/n} \sim F(1, n)$，所以

$$F = \frac{1}{T^2} \sim F(n, 1).$$

例 5.3.4　某种小麦的产量（单位：kg/单位面积）服从正态分布 $N(\mu, \ \sigma^2)$，这里 $\sigma = 10\mathrm{kg}$，现在共收割了 25 块试验田，每块试验田均为同一单位面积，用 S^2 表示这 25 块试验田产量的样本方差，试求 $P\{S^2 > 51.67\}$.

解　由定理 5.2 可知

$$\frac{(n-1)S^2}{\sigma^2} \sim \chi^2(n-1),$$

于是　　　$P(S^2 > 51.67) = P\left\{\frac{(n-1)S^2}{\sigma^2} > \frac{51.67(n-1)}{\sigma^2}\right\} = P\left\{\chi^2(24) > \frac{51.67 \times 24}{100}\right\}$

$$= P\{\chi^2(24) > 12.4\} = 0.975.$$

习　题　五

1. 设总体 $X \sim B(1, p)$，X_1，X_2，$\cdots$，X_n 是来自总体 X 的样本.

(1)求该样本的联合分布律；

(2)求 $E(\overline{X})$，$D(\overline{X})$.

2. 设总体 $X \sim E(\lambda)$，X_1，X_2，$\cdots$，X_n 是来自总体 X 的样本.

(1)求该样本的联合概率密度函数；

(2)求 $E(\overline{X})$，$D(\overline{X})$.

3. 在总体 $N(52, 6.3^2)$ 中，随机抽取一容量为 36 的样本，求样本均值 $\overline{X}$ 落在 50.8 和 53.8 之间的概率.

4. 在总体 $N(80, 20^2)$ 中，随机抽取一容量为 100 的样本，求样本均值与总体均值的差的绝对值大于 3 的概率.

5. 设总体 $X \sim N(0, 1)$，X_1，X_2，$\cdots$，X_6 是来自总体 X 的样本.

(1)令 $Y = (X_1 + X_2 + X_3)^2 + (X_4 + X_5 + X_6)^2$，试求常数 c，使得 cY 服从 χ^2 分布，并求其自由度；

(2)令 $Z = \dfrac{C(X_1 + X_2)}{\sqrt{X_3^2 + X_4^2 + X_5^2}}$，试求常数 C，使得 Z 服从 t 分布，并求其自由度.

6. 在正态总体 $N(\mu, 0.5^2)$ 中抽取样本 X_1，X_2，$\cdots$，X_{10}.

(1)若 $\mu = 0$，求 $P\left\{\sum_{i=1}^{10} X_i^2 \geqslant 4\right\}$；

(2)若 μ 未知，求 $P\left\{\sum_{i=1}^{10} (X_i - \overline{X})^2 \geqslant 2.85\right\}$；

(3)若 μ 未知，S^2 为样本方差，且 $P\{S^2 \geqslant A\} = 0.1$，求 A.

7. 某厂生产的灯泡使用寿命 $X \sim N(2250, 250^2)$，现进行质量检查，方法如下：任意挑选若干灯泡，如果这些灯泡的平均寿命超过 2200 h，就认为该厂生产的灯泡质量合格，若要使检查通过的概率超过 0.997，问至少应检查多少个灯泡？

8. 调查我国农民人均纯收入情况，请思考以下问题：

(1)如何科学地选取样本？

(2)对样本进行描述性统计分析，统计分析的结果说明了什么？

(3)实际数据支持本章的抽样分布理论吗？

第六章 参数估计

总体一般是用总体分布进行刻画的，而在实际问题中，对于总体分布中的分布类型或参数判断，我们往往需要借助于一些利用本身的专业知识和经验或适当的统计方法来实现．实际工作中遇到的随机变量或总体往往是分布类型大致知道，但是具体的确切形式不一定清楚．例如，已知总体是正态分布，但正态分布的数学期望和方差未知．此时，就需要根据样本来估计总体的一些参数，这类问题就称为参数估计问题．参数估计问题是数理统计中的基本问题之一，也是统计推断的一种重要形式．

假设总体的分布函数为 $F(x; \theta)$，其中 θ 为未知参数，$X_1, X_2, \cdots, X_n$ 为来自总体的子样．若构造统计量 $\hat{\theta} = \hat{\theta}(X_1, X_2, \cdots, X_n)$ 来估计参数 θ，则称 $\hat{\theta}$ 为参数 θ 的估计量．将样本观测值 $x_1, x_2, \cdots, x_n$ 代入 $\hat{\theta}$，得 $\hat{\theta} = \hat{\theta}(x_1, x_2, \cdots, x_n)$，这个数值称为 θ 的估计值．

参数估计主要分为两类：点估计和区间估计．假如构造一个统计量 $\hat{\theta}(X_1, X_2, \cdots, X_n)$ 作为未知参数 θ 的估计量，那么 $\hat{\theta}$ 就称为参数 θ 的点估计；假如构造两个统计量 $\hat{\theta}_1 = \hat{\theta}_1(X_1, X_2, \cdots, X_n)$ 和 $\hat{\theta}_2 = \hat{\theta}_2(X_1, X_2, \cdots, X_n)$，而用区间 $[\hat{\theta}_1, \hat{\theta}_2]$ 作为未知参数 θ 可能取值范围的一种估计，那么区间 $[\hat{\theta}_1, \hat{\theta}_2]$ 称为参数 θ 的区间估计．如果 $x_1, x_2, \cdots, x_n$ 是子样的一组观测值，把它代入上述估计量，就可得到未知参数 θ 的一个确定的估计值 $\hat{\theta}$ 或估计区间 $[\hat{\theta}_1, \hat{\theta}_2]$．

第一节 参数的点估计

一、样本数字特征法

既然样本来自总体，样本的特性在一定程度上就反映了总体的特性．为此，最经常用的点估计方法就是样本数字特征法．该方法简单易行，估计直观，不用考虑总体分布类型，普遍性非常强．样本数字特征法的具体做法是以样本的数字特征作为相应总体数字特征的估计量，常用的有：

(1)以样本均值 $\overline{X}$ 作为总体均值 μ 的点估计量，即

$$\hat{\mu} = \overline{X} = \frac{1}{n} \sum_{i=1}^{n} X_i, \tag{6.1}$$

而以 $\hat{\mu} = \overline{x} = \frac{1}{n} \sum_{i=1}^{n} x_i$ 作为 μ 的点估计值．

(2)以样本方差 S^2 作为总体方差 σ^2 的点估计量，即

$$\hat{\sigma}^2 = S^2 = \frac{1}{n-1} \sum_{i=1}^{n} (X_i - \overline{X})^2, \tag{6.2}$$

而以 $\hat{\sigma}^2 = s^2 = \frac{1}{n-1} \sum_{i=1}^{n} (x_i - \overline{x})^2$ 作为 σ^2 的点估计值．

例 6.1.1 随机抽取某村农民 10 人，调查其 2020 年收入（单位：元）如下：

25445 28967 29265 23943 26688 29761 27309 26798 32587 30860

试估计该村农民人均年收入及方差．

解 $\hat{\mu} = \bar{x} = \dfrac{1}{n} \sum_{i=1}^{n} x_i$

$\quad = \dfrac{1}{10}(25445 + 28967 + 29265 + 23943 + 26688 + 29761 + 27309 + 26798 + 32587 + 30860)$

$\quad = 28162.3,$

$\hat{\sigma}^2 = s^2 = \dfrac{1}{n-1} \sum_{i=1}^{n} (x_i - \bar{x})^2$

$\quad = \dfrac{1}{10-1} \big[(25445 - 28162.3)^2 + (28967 - 28162.3)^2 + \cdots + (30860 - 28162.3)^2 \big]$

$\quad = 6802677.122,$

故该村农民人均年收入的点估计值为 28162.3 元，其方差的点估计值为 68026677.122.

例 6.1.2 某卖菜电商平台收到供货商提供的一批蔬菜，蔬菜有合格和不合格两类，用一随机变量 X 表示其品质，

$$X = \begin{cases} 1, & \text{蔬菜合格,} \\ 0, & \text{蔬菜不合格,} \end{cases}$$

现有放回地任意抽取 n 把蔬菜看其是否合格，得到样本 X_1，X_2，$\cdots$，X_n，试用样本数字特征法求蔬菜合格率 p 的估计量．

解 显然 X 服从参数为 p 的 0—1 分布，即

$$P\{X=1\} = p, \ P\{X=0\} = 1-p.$$

又 $E(X) = p$，所以 p 的估计量为 $\hat{p} = \bar{X}$.

样本数字特征法用途广泛，不限于均值和方差，也不限于一个总体．例如，两个总体 X 与 Y 的均值 μ_1，μ_2 均未知时，可用 $\bar{X} - \bar{Y}$ 作为 $\mu_1 - \mu_2$ 的估计量．

二、矩估计法

定义 6.1 设 X 为随机变量，若 $E(|X|^k)$ 存在，则称 $E(X^k)$ 为 X 的 k **阶原点矩**，记为 $a_k = E(X^k)$；若 $E(|X - E(X)|^k)$ 存在，则称 $E(X - E(X))^k$ 为 X 的 k **阶中心矩**，记为 $b_k = E(X - E(X))^k$，其中 $k = 1$，2，$\cdots$．在这里可以把它们统称为总体 X 的矩．

而与总体矩相对的样本矩则用下面的式子来定义：

定义 6.2 设 X_1，X_2，$\cdots$，X_n 为总体 X 的样本，则称 $A_k = \dfrac{1}{n} \sum_{i=1}^{n} X_i^k$ 为**样本的 k 阶原点矩**，称 $B_k = \dfrac{1}{n} \sum_{i=1}^{n} (X_i - \bar{X})^k$ **为样本的 k 阶中心矩**，其中 $k = 1$，2，$\cdots$．在这里可以把它们统称为样本矩．

矩估计是基于直观考虑而提出的，其方法也比较简单．矩估计的思想就是利用样本的 k 阶原点矩（或样本的 k 阶中心矩）来估计对应总体的 k 阶原点矩（或总体的 k 阶中心矩）．矩估计的理论支持就是：总体 X 的样本 X_1，X_2，$\cdots$，X_n 是独立同分布的，从而 X_1^k，X_2^k，$\cdots$，X_n^k 也是独立同分布的，因此 $E(X_1^k) = E(X_2^k) = \cdots = E(X_n^k) = a_k$，再由大数定律可知，样本

原点矩 A_k 作为 X_1^k，X_2^k，$\cdots$，X_n^k 的算术平均值就依概率收敛到期望值 $a_k = E(X_i^k)$，即当 $n \to +\infty$ 时，

$$A_k = \frac{1}{n} \sum_{i=1}^{n} X_i^k \to a_k \text{（依概率）}.$$

因此对于充分大的 n 来说，就近似地有 $a_k \approx A_k$，将近似等于号换成等号就是矩估计的表达式，即 $\hat{a}_k = A_k$，$\hat{b}_k = B_k$.

矩估计具体作法如下：

若总体 X 的分布函数中包含 m 个未知参数 θ_1，θ_2，$\cdots$，θ_m，总体 X 的 k 阶矩 $a_k = E(X^k)$ 存在，其中 $k = 1$，2，$\cdots$，m，以样本矩 A_k 作为总体矩 a_k 的估计，即

$$\hat{a}_k(\theta_1, \theta_2, \cdots, \theta_m) = \frac{1}{n} \sum_{i=1}^{n} X_i^k, \ k = 1, \ 2, \ \cdots, \ m, \tag{6.3}$$

或

$$\hat{b}_k(\theta_1, \theta_2, \cdots, \theta_m) = \frac{1}{n} \sum_{i=1}^{n} (X_i - \overline{X})^k, \ k = 1, \ 2, \ \cdots, \ m. \tag{6.4}$$

这是由 m 个方程构成的方程组，从中可以解出 θ_1，θ_2，$\cdots$，θ_m，它们都是用样本表示的，记为 $\hat{\theta}_k(X_1, \ X_2, \ \cdots, \ X_n)$，$k = 1$，$2$，$\cdots$，$m$. $\hat{\theta}_k$ 就是总体参数 θ_k 的估计量，称为矩估计量. 对一次具体抽取的样本值 x_1，x_2，$\cdots$，x_n，$\hat{\theta}_k(x_1, \ x_2, \ \cdots, \ x_n)$ 称为 θ_k 的矩估计值.

例 6.1.3 设总体 X 有数学期望 $E(X) = \mu$，方差 $\mathrm{Var}(X) = \sigma^2$，但其值未知，设 X_1，X_2，$\cdots$，X_n 为其样本，求 μ 和 σ^2 的矩估计量.

解 这里 $a_1 = E(X) = \mu$，$a_2 = E(X^2) = \mathrm{Var}(X) + E^2(X) = \sigma^2 + \mu^2$，

而

$$A_1 = \frac{1}{n} \sum_{i=1}^{n} X_i, \ A_2 = \frac{1}{n} \sum_{i=1}^{n} X_i^2,$$

由矩法估计得

$$\begin{cases} \dfrac{1}{n} \sum_{i=1}^{n} X_i = \mu, \\ \dfrac{1}{n} \sum_{i=1}^{n} X_i^2 = \sigma^2 + \mu^2, \end{cases}$$

由此解出

$$\hat{\mu} = \frac{1}{n} \sum_{i=1}^{n} X_i = \overline{X}, \tag{6.5}$$

$$\hat{\sigma}^2 = \frac{1}{n} \sum_{i=1}^{n} X_i^2 - \overline{X}^2 = \frac{1}{n} \sum_{i=1}^{n} (X_i - \overline{X})^2. \tag{6.6}$$

从例 6.1.3 看出，不管总体 X 服从什么分布，样本均值 $\overline{X}$ 都是总体 X 的数学期望 $E(X)$ 的矩估计量，样本的二阶中心矩都是总体 X 的方差 $\mathrm{Var}(X)$ 的矩估计量. 该结论使用起来非常方便且简单，适合于总体分布的数学期望和方差存在，并且未知参数个数小于等于 2 的参数估计.

例 6.1.4 对于正态总体 $N(\mu, \ \sigma^2)$，求 μ 和 σ^2 的矩估计.

解 因为 μ 和 σ^2 分别为总体均值和方差，故由例 6.1.3 的结论可知

$$\hat{\mu} = \frac{1}{n} \sum_{i=1}^{n} X_i = \overline{X}, \ \hat{\sigma}^2 = \frac{1}{n} \sum_{i=1}^{n} (X_i - \overline{X})^2.$$

例 6.1.5 设总体 $X \sim P(\lambda)$，其中 λ 为未知参数，X_1，X_2，$\cdots$，X_n 为简单随机样本，求 λ 的矩估计量.

解 泊松分布 $P(\lambda)$ 的数学期望和方差(二阶中心矩)分别为

$$E(X) = \lambda, \ D(X) = \lambda.$$

方法 1 从期望考虑，用矩法估计，$\hat{\lambda} = \overline{X}$.

方法 2 从方差考虑，用矩法估计，$\hat{\lambda} = \dfrac{1}{n} \sum_{i=1}^{n} (X_i - \overline{X})^2$.

例 6.1.6 设 X_1，X_2，$\cdots$，X_n 为总体 X 的一个样本，$X \sim U[a, b]$，试求 a 和 b 的矩估计.

解 由均匀分布的性质可知

$$E(X) = \frac{a+b}{2}, \ \mathrm{Var}(X) = \frac{(b-a)^2}{12},$$

根据例 6.1.3 的结论知

$$\begin{cases} \dfrac{a+b}{2} = \overline{X}, \\ \dfrac{(b-a)^2}{12} = \dfrac{1}{n} \sum_{i=1}^{n} (X_i - \overline{X})^2, \end{cases}$$

解此方程组，得

$$a = \overline{X} - \sqrt{3} \sqrt{\frac{1}{n} \sum_{i=1}^{n} (X_i - \overline{X})^2},$$

$$b = \overline{X} + \sqrt{3} \sqrt{\frac{1}{n} \sum_{i=1}^{n} (X_i - \overline{X})^2}.$$

三、最大似然法

设连续型总体 X 的概率密度函数为 $f(x; \theta)$，θ 是未知参数，则样本 X_1，X_2，$\cdots$，X_n 的联合概率密度函数为 $f^*(x_1, x_2, \cdots, x_n; \theta)$，因为是简单随机样本，所以有

$$f^*(x_1, x_2, \cdots, x_n; \theta) = \prod_{i=1}^{n} f(x_i; \theta), \tag{6.7}$$

对于样本的一组观测值 x_1，x_2，$\cdots$，x_n，它是 θ 的函数，记为

$$L(\theta) = L(x_1, x_2, \cdots, x_n; \theta) = \prod_{i=1}^{n} f(x_i; \theta), \tag{6.8}$$

称 $L(\theta)$ 为 θ 的**似然函数**，称 $\ln L(\theta)$ 为 θ 的**对数似然函数**.

最大似然法就是选取这样一个参数值 $\hat{\theta}$ 作为参数 θ 的估计值：这个 $\hat{\theta}$ 使得样本落在观测值 $(x_1, x_2, \cdots, x_n)$ 的邻域里的概率 $\prod_{i=1}^{n} f(x_i; \theta)$ 达到最大，对固定的 $(x_1, x_2, \cdots, x_n)$ 就是选取 $\hat{\theta}$，使 $\prod_{i=1}^{n} f(x_i; \theta)$ 达到最大，即使得 $L(\theta)$ 达到最大.

定义 6.3 对固定的样本值 $(x_1, x_2, \cdots, x_n)$，若有 $\hat{\theta}(x_1, x_2, \cdots, x_n)$ 使得

$$L(x_1, x_2, \cdots, x_n; \hat{\theta}) = \max L(x_1, x_2, \cdots, x_n; \theta), \tag{6.9}$$

则称 $\hat{\theta}$ 是参数 θ 的**最大似然估计值**. 相应的 $\hat{\theta}(X_1, X_2, \cdots, X_n)$ 是参数 θ 的**最大似然估计量**.

因为对数函数是单调函数，当 $L(\theta)$ 达到最大时，$\ln L(\theta)$ 同时也达到最大．最大似然估计值可以通过微积分的相关知识来求解 $L(\theta)$ 或 $\ln L(\theta)$ 的最大值．具体步骤如下：

(1)写出似然函数 $L(\theta) = \prod\limits_{i=1}^{n} f(x_i; \theta)$；

(2)写出对数似然函数 $\ln L(\theta)$；

(3)由极值的必要条件，求似然方程 $\dfrac{\mathrm{d}\ln L(\theta)}{\mathrm{d}\theta} = 0$ 的解为 $\theta = \hat{\theta}(x_1, x_2, \cdots, x_n)$；

(4)将解 $\hat{\theta}(x_1, x_2, \cdots, x_n)$ 中的 $x_1, x_2, \cdots, x_n$ 换成 $X_1, X_2, \cdots, X_n$，此时 $\hat{\theta} = \hat{\theta}(X_1, X_2, \cdots, X_n)$ 就是参数 θ 的最大似然估计量．

上述方法得到的估计量在相当广泛的情况下就是参数 θ 的最大似然估计量．一般来说，需要进一步用微积分的方法来验证该估计量是否就是最大似然估计量．

求最大似然估计必须知道总体分布形式，否则将无法进行．

如果是离散型总体的话，该方法同样适用，只需用分布律 $p(x; \theta)$ 替换 $f(x; \theta)$．如果总体分布是含有 k 个未知参数 $\theta_1, \theta_2, \cdots, \theta_k$ 的情况，那么似然函数就是这些未知参数的函数 $L(x_1, x_2, \cdots, x_n; \theta_1, \theta_2, \cdots, \theta_k)$，此时只需求出似然方程组

$$\frac{\partial \ln L(x_1, x_2, \cdots, x_n; \theta_1, \theta_2, \cdots, \theta_k)}{\partial \theta_i} = 0$$

的解．并且在一般情况下，似然方程组的求解更复杂，往往需要通过计算机迭代运算才能计算出近似解．

例 6.1.7 一批种子的发芽率为 p，从这批种子中任取 n 粒种子，$X_1, X_2, \cdots, X_n$ 表示各粒种子的发芽情况，

$$X_i = \begin{cases} 1, & \text{发芽}, \\ 0, & \text{不发芽}, \end{cases}$$

求 p 的最大似然估计量．

解 由题意，$X_i \sim B(1, p)$，此时似然函数为

$$L(p) = \prod_{i=1}^{n} f(x_i; p) = p^{\sum\limits_{i=1}^{n} x_i} (1-p)^{n - \sum\limits_{i=1}^{n} x_i},$$

于是

$$\ln L(p) = \sum_{i=1}^{n} x_i \ln p + \left(n - \sum_{i=1}^{n} x_i\right) \ln(1-p),$$

解方程

$$\frac{\mathrm{d}\ln L(p)}{\mathrm{d}p} = \frac{\sum\limits_{i=1}^{n} x_i}{p} - \frac{n - \sum\limits_{i=1}^{n} x_i}{1-p} = 0,$$

得 $p = \bar{x}$，于是 $p = \bar{X}$ 就是种子发芽率 p 的最大似然估计量．

例 6.1.8 设总体 X 服从指数分布，$f(x; \lambda) = \begin{cases} \lambda \mathrm{e}^{-\lambda x}, & x > 0, \\ 0, & x \leqslant 0, \end{cases}$ 其中 $\lambda > 0$，求 λ 的最大似然估计量．

解 设 $X_1, X_2, \cdots, X_n$ 为总体 X 的一个样本，$x_1, x_2, \cdots, x_n$ 为对应的样本值，似然函数为

$$L(\lambda) = \prod_{i=1}^{n} f(x_i; \lambda) = \lambda^n \mathrm{e}^{-\lambda \sum\limits_{i=1}^{n} x_i}.$$

对数似然函数为

$$\ln L(\lambda) = n\ln\lambda - \lambda \sum_{i=1}^{n} x_i,$$

解方程

$$\frac{\mathrm{d}\ln L(\lambda)}{\mathrm{d}\lambda} = \frac{n}{\lambda} - \sum_{i=1}^{n} x_i = 0,$$

得方程的解为 $\lambda = \dfrac{n}{\sum\limits_{i=1}^{n} x_i} = \dfrac{1}{\overline{x}}$，其中 $\overline{x} = \dfrac{1}{n}\sum\limits_{i=1}^{n} x_i$，故 λ 的最大似然估计量为 $\hat{\lambda} = \dfrac{1}{\overline{X}}$.

例 6.1.9 设 $X \sim N(\mu, \sigma^2)$，求参数 μ，σ^2 的最大似然估计.

解 设 X_1，X_2，$\cdots$，X_n 为总体 X 的一个样本，x_1，x_2，$\cdots$，x_n 为对应的样本值，似然函数为

$$L(\mu, \sigma^2) = \prod_{i=1}^{n} \frac{1}{\sqrt{2\pi}\sigma} \mathrm{e}^{-\frac{(x_i-\mu)^2}{2\sigma^2}},$$

即

$$L(\mu, \sigma^2) = \frac{1}{(\sqrt{2\pi}\sigma)^n} \exp\left[-\frac{1}{2\sigma^2}\sum_{i=1}^{n}(x_i-\mu)^2\right],$$

对数似然函数为

$$\ln L(\mu, \sigma^2) = -\frac{n}{2}\ln(2\pi\sigma^2) - \frac{1}{2\sigma^2}\sum_{i=1}^{n}(x_i-\mu)^2,$$

分别对 μ，σ^2 求偏导数，并令其为 0，得

$$\begin{cases} \dfrac{\partial \ln L(\mu, \sigma^2)}{\partial \mu} = \dfrac{1}{\sigma^2}\sum\limits_{i=1}^{n}(x_i-\mu) = 0, \\[3mm] \dfrac{\partial \ln L(\mu, \sigma^2)}{\partial \sigma^2} = -\dfrac{n}{2}\dfrac{1}{\sigma^2} + \dfrac{1}{2\sigma^4}\sum\limits_{i=1}^{n}(x_i-\mu)^2 = 0, \end{cases}$$

解得

$$\mu = \frac{1}{n}\sum_{i=1}^{n} x_i = \overline{x}, \quad \sigma^2 = \frac{1}{n}\sum_{i=1}^{n}(x_i-\overline{x})^2.$$

相应的最大似然估计量为

$$\hat{\mu} = \overline{X}, \quad \hat{\sigma}^2 = \frac{1}{n}\sum_{i=1}^{n}(X_i-\overline{X})^2,$$

即 $\hat{\mu}$ 是样本均值，$\hat{\sigma}^2$ 是样本的二阶中心矩，与矩估计量相同.

注：并非每个最大似然估计问题都可以通过解似然方程得到，如下例.

例 6.1.10 设 $X \sim U[0, \theta]$，求参数 θ 的最大似然估计量.

解 设 X_1，X_2，$\cdots$，X_n 为总体 X 的一个样本，x_1，x_2，$\cdots$，x_n 为对应的样本值. 均匀分布 $U[0, \theta]$ 的概率密度函数为

$$f(x; \theta) = \begin{cases} \dfrac{1}{\theta}, & 0 < x < \theta, \\[2mm] 0, & \text{其他}, \end{cases}$$

似然函数为

$$L(\theta) = \prod_{i=1}^{n} f(x_i; \theta) = \begin{cases} \dfrac{1}{\theta^n}, & 0 < x_i < \theta, \ i = 1, 2, \cdots, n, \\[2mm] 0, & \text{其他}. \end{cases}$$

此时，用微积分的方法来求最大似然估计就失效了，就只能从定义出发求得．为了使得 $L(\theta)$ 能达到最大值，那么 θ 只能尽可能地小，而 θ 又不能小于 $\max\{x_1, x_2, \cdots, x_n\}$，否则，会出现 $L(\theta)=0$，因此 θ 的最大似然估计就为

$$\hat{\theta}=\max\{X_1, X_2, \cdots, X_n\}.$$

第二节　估计量的优良性准则

在参数的点估计的讨论中，我们看到对于同一个参数可以有几种不同的参数估计，这些估计量之间是否有"优劣"之分？比较估计量之间的评价标准又是什么？本节将主要讨论两个常用的标准：无偏性、有效性．

一、无偏性

定义 6.4　设总体分布的未知参数为 θ，$\hat{\theta}(X_1, X_2, \cdots, X_n)$ 是 θ 的一个估计量，若满足

$$E[\hat{\theta}(X_1, X_2, \cdots, X_n)]=\theta, \tag{6.10}$$

则称 $\hat{\theta}$ 是 θ 的**无偏估计量**，否则，称 $\hat{\theta}$ 是 θ 的**有偏估计量**．

无偏性的意义在于，用无偏估计量 $\hat{\theta}(X_1, X_2, \cdots, X_n)$ 去估计未知参数 θ 时，会出现或高或低，但是从平均来看的话就等于未知参数 θ．

定理 6.1　设总体 X 的数学期望为 μ，方差为 σ^2，$X_1, X_2, \cdots, X_n$ 是总体 X 的一个样本，则

(1) $E(\overline{X})=\mu$；

(2) $E(S^2)=\sigma^2$，其中 $S^2=\dfrac{1}{n-1}\sum\limits_{i=1}^{n}(X_i-\overline{X})^2$．

证　(1)因为 $X_1, X_2, \cdots, X_n$ 是总体 X 的一个样本，所以 $X_1, X_2, \cdots, X_n$ 独立同分布，故 $E(X_i)=\mu$，从而

$$E(\overline{X})=\frac{1}{n}\sum_{i=1}^{n}E(X_i)=\frac{1}{n}\cdot n\mu=\mu.$$

(2)因为 $\sum\limits_{i=1}^{n}(X_i-\overline{X})^2=\sum\limits_{i=1}^{n}X_i^2-2\left(\sum\limits_{i=1}^{n}X_i\right)\overline{X}+n\overline{X}^2=\sum\limits_{i=1}^{n}X_i^2-n\overline{X}^2$，

同时，由 $\mathrm{Var}(X_i)=\sigma^2$，得出

$$E(X_i^2)=\mathrm{Var}(X_i)+[E(X_i)]^2=\mu^2+\sigma^2,$$

$$E(\overline{X}^2)=\mathrm{Var}(\overline{X})+[E(\overline{X})]^2=\frac{\sigma^2}{n}+\mu^2,$$

于是

$$E(S^2)=\frac{1}{n-1}\Big[E\Big(\sum_{i=1}^{n}X_i^2\Big)-nE(\overline{X}^2)\Big]=\sigma^2.$$

定理证毕．

从定理 6.1 可以看到，无论总体服从什么分布，只要数学期望和方差存在，那么样本均值和样本方差分别是该总体数学期望和总体方差的无偏估计量．但无偏性不是决定估计量的唯一标准，尤其是当未知参数的无偏估计不止一个的时候，就不能确定这些无偏估计量中孰

优孰劣．那么这时候就需要有另外的评判标准，有效性就是其中之一．

二、有效性

定义 6.5 设总体分布的未知参数为 θ，$\hat{\theta}_1$ 和 $\hat{\theta}_2$ 是 θ 的两个无偏估计量，如果

$$\mathrm{Var}(\hat{\theta}_1) \leqslant \mathrm{Var}(\hat{\theta}_2), \tag{6.11}$$

则称估计量 $\hat{\theta}_1$ 比 $\hat{\theta}_2$ **有效**．若在 θ 的所有无偏估计量中，$\hat{\theta}$ 的方差达到最小，则称 $\hat{\theta}$ 是 θ 的**有效估计量**．

要比较两个估计量哪个有效，首先要满足它们都是无偏估计量，才能继续讨论哪个有效，否则无从谈起．

例 6.2.1 设总体 X 的数学期望为 μ，方差为 σ^2，X_1，X_2，$\cdots$，X_n 是总体 X 的一个样本，证明：

(1) $\hat{\mu}_i = X_i$，$i=1$，2，$\cdots$，n 及 $\hat{\mu} = \overline{X}$ 均为 μ 的无偏估计量；

(2) $\hat{\mu} = \overline{X}$ 比 $\hat{\mu}_i = X_i$，$i=1$，2，$\cdots$，n 有效．

证 (1) X_1，X_2，$\cdots$，X_n 是总体 X 的一个样本，故 X_1，X_2，$\cdots$，X_n 独立同分布，且

$$E(X_i) = \mu, \quad i=1, 2, \cdots, n,$$

由定理 6.1 知

$$E(\overline{X}) = E\left(\frac{1}{n}\sum_{i=1}^n X_i\right) = \frac{1}{n}E\left(\sum_{i=1}^n X_i\right) = \frac{n\mu}{n} = \mu,$$

故 $\hat{\mu}_i = X_i$，$i=1$，2，$\cdots$，n 及 $\hat{\mu} = \overline{X}$ 均为 μ 的无偏估计量．

(2) 接下来看它们的方差

$$\mathrm{Var}(X_i) = \sigma^2, \quad i=1, 2, \cdots, n,$$

$$\mathrm{Var}(\overline{X}) = \mathrm{Var}\left(\frac{\sum_{i=1}^n X_i}{n}\right) = \frac{1}{n^2}\mathrm{Var}\left(\sum_{i=1}^n X_i\right) = \frac{n\sigma^2}{n^2} = \frac{\sigma^2}{n},$$

易见

$$\mathrm{Var}(\overline{X}) \leqslant \mathrm{Var}(X_i), \quad i=1, 2, \cdots, n,$$

所以 $\hat{\mu} = \overline{X}$ 比 $\hat{\mu}_i = X_i$，$i=1$，2，$\cdots$，n 有效，这表明，用全部数据的平均值估计总体均值要比只使用局部值更有效．

例 6.2.2 设 X_1，X_2 是总体 X 的一个样本，且 X 的数学期望为 μ，方差为 σ^2，比较 $\hat{\mu}_1 = \frac{1}{2}X_1 + \frac{1}{2}X_2$ 与 $\hat{\mu}_2 = \frac{1}{3}X_1 + \frac{2}{3}X_2$ 谁更有效．

解 (1) $E(\hat{\mu}_1) = E\left(\frac{1}{2}X_1 + \frac{1}{2}X_2\right) = E\left(\frac{1}{2}X_1\right) + E\left(\frac{1}{2}X_2\right) = \frac{1}{2}\mu + \frac{1}{2}\mu = \mu,$

$$E(\hat{\mu}_2) = E\left(\frac{1}{3}X_1 + \frac{2}{3}X_2\right) = E\left(\frac{1}{3}X_1\right) + E\left(\frac{2}{3}X_2\right) = \frac{1}{3}\mu + \frac{2}{3}\mu = \mu,$$

故 $\hat{\mu}_1$ 与 $\hat{\mu}_2$ 都是 μ 的无偏估计．

(2) $\mathrm{Var}(\hat{\mu}_1) = \mathrm{Var}\left(\frac{X_1+X_2}{2}\right) = \frac{1}{2^2}\mathrm{Var}(X_1+X_2) = \frac{\sigma^2+\sigma^2}{4} = \frac{\sigma^2}{2},$

$$\mathrm{Var}(\hat{\mu}_2) = \mathrm{Var}\left(\frac{1}{3}X_1 + \frac{2}{3}X_2\right) = \frac{1}{3^2}\mathrm{Var}(X_1) + \frac{2^2}{3^2}\mathrm{Var}(X_2) = \frac{1}{9}\sigma^2 + \frac{4}{9}\sigma^2 = \frac{5\sigma^2}{9},$$

因为 $\mathrm{Var}(\hat{\mu}_1) < \mathrm{Var}(\hat{\mu}_2)$，故 $\hat{\mu}_1$ 比 $\hat{\mu}_2$ 有效，这表明，用全部数据的平均值估计总体均值要

比样本的线性组合值 $\sum_{i=1}^{n} a_i X_i \left(\sum_{i=1}^{n} a_i = 1 \right)$ 作估计更有效.

当然评判估计量的优良标准除了无偏性、有效性之外，还有其他的一些标准，如渐近性、相合性等，出于篇幅限制，本书就不做介绍了.

第三节　区间估计

在总体未知参数的点估计中，结果都只是一个数量，其优点是：可直观地告诉人们"未知参数大致是多少"；缺点是：并未反映出估计的误差范围（精度），难以判断这个点估计和真值之间的差距，故在使用上还有不尽如人意之处. 为了弥补这个缺陷，参数的区间估计就应运而生了. 例如，要估计广州现在的气温是多少，一般都会给出它的最低气温、最高气温以及平均气温，这类估计称为区间估计，这种估计采用一个区间而不是用一个点来估计未知量.

本书主要讨论正态总体参数的估计，因为它的方法最典型，结果很理想，应用也最广泛. 先引入置信区间的相关概念.

定义 6.6　设总体的分布中含有一个未知参数 θ，对给定的 $\alpha (0 < \alpha < 1)$，如果由样本 X_1，X_2，$\cdots$，X_n 确定两个统计量 $\theta_1 (X_1, X_2, \cdots, X_n)$ 和 $\theta_2 (X_1, X_2, \cdots, X_n)$，使 $P\{\theta_1 \leqslant \theta \leqslant \theta_2\} = 1 - \alpha$，则称随机区间 $[\theta_1, \theta_2]$ 为参数 θ 的置信度（或置信水平）为 $1 - \alpha$ 的**置信区间**. θ_1 为**（双侧）置信下限**，θ_2 为**（双侧）置信上限**，并统称为**置信限**.

关于区间估计还需说明以下几点：

（1）对给定的一个样本 X_1，X_2，$\cdots$，X_n，随机区间 $[\theta_1, \theta_2]$ 可能包含未知参数 θ，也可能不包含，这里置信度 $1 - \alpha$ 的含义是在大量使用该置信区间时，大致有 $100(1-\alpha)\%$ 的区间包含参数 θ.

（2）对于不同的置信水平，得到的置信区间是不相同的，求置信区间时，α 或 $1 - \alpha$ 是事先给定的，一般在应用上，取 $\alpha = 0.05$ 的居多，这时置信水平为 $1 - \alpha = 95\%$，当然也可以取 $\alpha = 0.01$ 或 $\alpha = 0.1$ 等.

（3）置信区间的长度越短，估计越精确；置信水平 $1 - \alpha$ 越大，估计越可靠.

（4）对于固定的样本容量 n，我们不可能同时做到估计的区间短，且可靠程度又高. 如果不降低可靠性，又要缩短估计区间的长度，则只有增大样本容量 n，但为此需花费较大的代价. 故在实际中，要具体分析，适度掌握，不能走极端.

一、单个正态总体的均值和方差的区间估计

1. 正态总体均值 μ 的置信区间

（1）$\sigma^2 = \sigma_0^2$ 已知：

单个正态总体 $X \sim N(\mu, \sigma^2)$，X_1，X_2，$\cdots$，X_n 是来自总体 X 的容量为 n 的样本，且方差 $\sigma^2 = \sigma_0^2$ 已知，则样本均值 $\overline{X} = \dfrac{1}{n} \sum_{i=1}^{n} X_i \sim N\left(\mu, \dfrac{\sigma^2}{n}\right)$，此时，选取统计量

$$U = \frac{\overline{X} - \mu}{\sigma_0 / \sqrt{n}} \sim N(0, 1),$$

对给定的置信度 $1 - \alpha$，查表得双侧临界值 $u_{\alpha/2}$，如图 6.1 所示，使得

$$P\{|U|\leqslant u_{\alpha/2}\}=1-\alpha,$$

即 $\quad P\left\{\left|\dfrac{\overline{X}-\mu}{\sigma_0/\sqrt{n}}\right|\leqslant u_{\alpha/2}\right\}=1-\alpha$ 或 $P\left\{\overline{X}-u_{\alpha/2}\dfrac{\sigma_0}{\sqrt{n}}\leqslant\mu\leqslant\overline{X}+u_{\alpha/2}\dfrac{\sigma_0}{\sqrt{n}}\right\}=1-\alpha.$

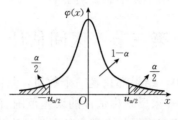

图 6.1

这样，正态总体均值 μ 的置信度为 $1-\alpha$ 的置信区间为

$$\left[\overline{X}-u_{\alpha/2}\dfrac{\sigma_0}{\sqrt{n}},\ \overline{X}+u_{\alpha/2}\dfrac{\sigma_0}{\sqrt{n}}\right]. \tag{6.12}$$

(2) σ^2 未知：

单个正态总体 $X\sim N(\mu,\ \sigma^2)$, X_1, X_2, $\cdots$, X_n 是来自总体 X 的容量为 n 的样本, $\overline{X}$ 是样本均值, S^2 是样本方差, 此时, 选取统计量

$$T=\dfrac{\overline{X}-\mu}{S/\sqrt{n}}\sim t(n-1),$$

对于给定的置信度 $1-\alpha$, 查表得双侧临界值 $t_{\alpha/2}(n-1)$, 如图 6.2 所示, 使得

$$P\{|T|\leqslant t_{\alpha/2}(n-1)\}=1-\alpha,$$

即 $\quad P\left\{\left|\dfrac{\overline{X}-\mu}{S/\sqrt{n}}\right|\leqslant t_{\alpha/2}(n-1)\right\}=1-\alpha,$

因此 $\quad P\left\{\overline{X}-t_{\alpha/2}(n-1)\dfrac{S}{\sqrt{n}}\leqslant\mu\leqslant\overline{X}+t_{\alpha/2}(n-1)\dfrac{S}{\sqrt{n}}\right\}=1-\alpha.$

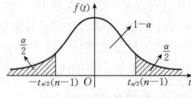

图 6.2

此时，正态总体均值 μ 的置信度为 $1-\alpha$ 的置信区间为

$$\left[\overline{X}-t_{\alpha/2}(n-1)\dfrac{S}{\sqrt{n}},\ \overline{X}+t_{\alpha/2}(n-1)\dfrac{S}{\sqrt{n}}\right]. \tag{6.13}$$

例 6.3.1 经验表明: 60 日龄的雄鼠体重服从正态分布, 且标准差 $\sigma=2.1\mathrm{g}$, 今从经 X 射线照射处理过的 60 日龄的雄鼠中随机抽取 16 只测其体重, 得数据(单位: g)如下:

$$20.3,\ 21.5,\ 22.0,\ 19.8,\ 22.5,\ 23.7,\ 25.4,\ 24.3,$$
$$23.2,\ 26.8,\ 18.7,\ 21.9,\ 24.4,\ 22.8,\ 26.2,\ 21.4,$$

现求经过 X 射线照射处理过的 60 日龄的雄鼠中体重均值 μ 在置信水平 95% 的置信区间.

解 $\bar{x}=(20.3+21.5+22.0+\cdots+26.2+21.4)/16=22.8063$,

$$u_{0.025}\frac{\sigma}{\sqrt{n}}=1.96\times\frac{2.1}{\sqrt{16}}=1.029,$$

故经 X 射线照射处理过的 60 日龄雄鼠中体重均值在置信水平 95% 的置信区间为 $[21.7772,$ $23.8352]$. 该题中，$\alpha=0.05$，故 $u_{\alpha/2}=u_{0.025}$，查标准正态分布分位数表，知 $\Phi(1.96)\approx1-\frac{\alpha}{2}=1-0.025=0.975$，因此 $u_{0.025}=1.96$.

注：标准正态分布分位数表的适用范围：

假设 Z 为标准正态随机变量，则标准正态分布分位数表主要用于：

(1)已知 z 值时，求 $\Phi(z)=P\{Z\leqslant z\}$ 的概率值；

(2)已知概率值 $\Phi(z)$，求 z 的值.

标准正态分布分位数表的使用方法：

对于(1)的情况，将 z 值对应第一列上的数字与第一行所对应的数字结合后，再查表定位得到概率值. 例如，查 $z=1.96$ 的标准正态分布表对应的概率值：首先，在表中第一列数字中找到 1.9，然后在表中第一行数字中找到 0.06，这两个数所在行所在列的定位值为 0.9750，即 $\Phi(1.96)=0.975$.

对于(2)的情况，则情况相反. 先在标准正态分布分位数表中找出概率值，然后将所在行的第一列数字和所在列的第一行数字相加，即为所对应 z 值. 例如，要查找 $\Phi(z)=0.975$ 对应的 z 值，则在表中先找到 0.975，然后该值所在行的第一列值为 1.9，所在列的第一行为 0.06，两者相加得 1.96，此值即为所求 z 值.

例 6.3.2 如果某食品公司要求确定一标准袋薯片的平均总脂肪量(单位：g). 假定每袋薯片的总脂肪量 X 服从正态分布 $N(\mu,\sigma^2)$，其中 σ^2 未知. 现分析了 16 袋薯片，得到脂肪含量的样本均值 $\bar{x}=18.2\text{g}$，样本方差为 $s^2=0.49\text{g}^2$. 求一袋薯片的平均总脂肪含量的 90% 置信区间.

解 置信度 $1-\alpha=0.90$，即 $\alpha=0.10$，$n=16$，查表得

$$t_{\alpha/2}(n-1)=t_{0.05}(15)=1.753.$$

此时总体 σ^2 未知，则总体均值 μ 的置信度为 $1-\alpha$ 的置信区间是

$$\left[\bar{X}-t_{\alpha/2}(n-1)\frac{S}{\sqrt{n}},\ \bar{X}+t_{\alpha/2}(n-1)\frac{S}{\sqrt{n}}\right].$$

由已知 $\bar{x}=18.2\text{g}$，$s=\sqrt{s^2}=0.7\text{g}$，故

$$t_{0.05}(15)\cdot\frac{s}{\sqrt{n}}=1.753\times\frac{0.7}{4}=0.307(\text{g}),$$

所以总体均值 μ 的置信度为 0.90 的置信区间为 $[17.893\text{g},18.507\text{g}]$. 即一袋薯片的平均总脂肪含量的 90% 的置信区间为 $[17.893\text{g},18.507\text{g}]$.

2. 正态总体方差 σ^2 的置信区间

(1)$\mu=\mu_0$ 已知：

单个正态总体 $X\sim N(\mu_0,\sigma^2)$，其中 μ_0 已知，$X_1,X_2,\cdots,X_n$ 是来自总体 X 的容量为 n 的样本，此时，选取统计量

$$\chi^2 = \frac{\sum_{i=1}^{n}(X_i - \mu_0)^2}{\sigma^2} \sim \chi^2(n),$$

对于给定的置信度 $1-\alpha$，查表得双侧临界值 $\chi^2_{1-\alpha/2}(n)$ 和 $\chi^2_{\alpha/2}(n)$，如图 6.3 所示，使得

$$P\{\chi^2_{1-\alpha/2}(n) \leqslant \chi^2 \leqslant \chi^2_{\alpha/2}(n)\} = 1-\alpha,$$

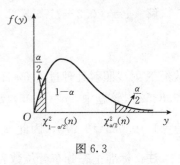

图 6.3

即 $P\left\{\dfrac{\sum_{i=1}^{n}(X_i-\mu_0)^2}{\chi^2_{\alpha/2}(n)} \leqslant \sigma^2 \leqslant \dfrac{\sum_{i=1}^{n}(X_i-\mu_0)^2}{\chi^2_{1-\alpha/2}(n)}\right\} = 1-\alpha,$

故 σ^2 的置信度为 $1-\alpha$ 的置信区间为

$$\left[\frac{\sum_{i=1}^{n}(X_i-\mu_0)^2}{\chi^2_{\alpha/2}(n)}, \ \frac{\sum_{i=1}^{n}(X_i-\mu_0)^2}{\chi^2_{1-\alpha/2}(n)}\right]. \tag{6.14}$$

（2）μ 未知：

单个正态总体 $X \sim N(\mu, \sigma^2)$，其中 μ 未知，X_1，X_2，$\cdots$，X_n 是来自总体 X 的容量为 n 的样本，S^2 是样本方差，此时，选取统计量

$$\chi^2 = \frac{(n-1)S^2}{\sigma^2} \sim \chi^2(n-1),$$

对于给定的置信度 $1-\alpha$，查表得双侧临界值 $\chi^2_{1-\alpha/2}(n-1)$ 和 $\chi^2_{\alpha/2}(n-1)$，如图 6.4 所示，使得

$$P\{\chi^2_{1-\alpha/2}(n-1) \leqslant \chi^2 \leqslant \chi^2_{\alpha/2}(n-1)\} = 1-\alpha,$$

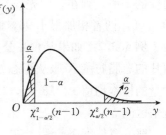

即 $P\left\{\dfrac{(n-1)S^2}{\chi^2_{\alpha/2}(n-1)} \leqslant \sigma^2 \leqslant \dfrac{(n-1)S^2}{\chi^2_{1-\alpha/2}(n-1)}\right\} = 1-\alpha,$

故 σ^2 的置信度为 $1-\alpha$ 的置信区间为

$$\left[\frac{(n-1)S^2}{\chi^2_{\alpha/2}(n-1)}, \ \frac{(n-1)S^2}{\chi^2_{1-\alpha/2}(n-1)}\right]. \tag{6.15}$$

图 6.4

例 6.3.3 测得一批树苗的直径（单位：mm）如下：

12.15，12.12，12.01，12.08，12.09，12.16，12.03，12.01，

12.06，12.13，12.07，12.11，12.08，12.01，12.03，12.06，

假设树苗的直径服从正态分布 $N(\mu, \sigma^2)$，在下列两种情况下，

（1）已知 $\mu=12.08$；（2）μ 未知，

分别求树苗直径的标准差 σ 的置信度为 0.99 的置信区间．

解 $1-\alpha=0.99$，故 $\alpha=0.01$，$n=16$．

（1）已知 $\mu=12.08$，则 $\sum_{i=1}^{16}(x_i-12.08)^2 = 0.037$．

树苗直径的方差 σ^2 的置信度为 $1-\alpha$ 的置信区间为

$$\left[\frac{\sum_{i=1}^{n}(X_i-\mu_0)^2}{\chi^2_{\alpha/2}(n)}, \ \frac{\sum_{i=1}^{n}(X_i-\mu_0)^2}{\chi^2_{1-\alpha/2}(n)}\right],$$

故树苗直径的标准差 σ 的置信度为 $1-\alpha$ 的置信区间为

$$\left[\sqrt{\frac{\sum_{i=1}^{n}(X_i-\mu_0)^2}{\chi^2_{\alpha/2}(n)}},\ \sqrt{\frac{\sum_{i=1}^{n}(X_i-\mu_0)^2}{\chi^2_{1-\alpha/2}(n)}}\right],$$

查表得 $\chi^2_{\alpha/2}(n)=\chi^2_{0.005}(16)=34.267$，$\chi^2_{1-\alpha/2}(n)=\chi^2_{0.995}(16)=5.142$，
代入上述公式得

$$\left[\sqrt{\frac{\sum_{i=1}^{n}(X_i-\mu_0)^2}{\chi^2_{\alpha/2}(n)}},\ \sqrt{\frac{\sum_{i=1}^{n}(X_i-\mu_0)^2}{\chi^2_{1-\alpha/2}(n)}}\right]=\left[\sqrt{\frac{0.037}{34.267}},\ \sqrt{\frac{0.037}{5.142}}\right],$$

所以树苗直径的标准差 σ 的置信度为 0.99 的置信区间为 $[0.0328, 0.0848]$.

(2)当 μ 未知时，由公式(6.15)同理可知：

树苗直径的方差 σ^2 的置信度为 $1-\alpha$ 的置信区间为

$$\left[\frac{(n-1)S^2}{\chi^2_{\alpha/2}(n-1)},\ \frac{(n-1)S^2}{\chi^2_{1-\alpha/2}(n-1)}\right],$$

故树苗直径的标准差 σ 的置信度为 $1-\alpha$ 的置信区间为

$$\left[\sqrt{\frac{(n-1)S^2}{\chi^2_{\alpha/2}(n-1)}},\ \sqrt{\frac{(n-1)S^2}{\chi^2_{1-\alpha/2}(n-1)}}\right],$$

而通过查表知

$$\chi^2_{\alpha/2}(n-1)=\chi^2_{0.005}(15)=32.801,\ \chi^2_{1-\alpha/2}(n)=\chi^2_{0.995}(15)=4.601,$$

所以树苗直径的标准差 σ 的置信度为 0.99 的置信区间为

$$\left[\sqrt{\frac{15\times0.00193}{32.801}},\ \sqrt{\frac{15\times0.00193}{4.601}}\right],\ 即[0.0297, 0.0793].$$

二、两个正态总体的区间估计

在实际应用中，经常会遇到两个正态总体的区间估计问题. 例如，考察一项小麦新的栽培技术对小麦产量的影响，若将实施新栽培技术的小麦产量看成正态总体 $X\sim N(\mu_1,\ \sigma_1^2)$，把原栽培技术的小麦苗产量看成正态总体 $Y\sim N(\mu_2,\ \sigma_2^2)$. 于是，评价新栽培技术的效果问题，就归结为研究两个正态总体均值之差 $\mu_1-\mu_2$ 和两个正态总体方差比 $\dfrac{\sigma_1^2}{\sigma_2^2}$ 的问题.

(一)两个正态总体均值差的估计

设有两个正态总体 $X\sim N(\mu_1,\ \sigma_1^2)$，$Y\sim N(\mu_2,\ \sigma_2^2)$，而 X_1，X_2，$\cdots$，X_{n_1} 及 Y_1，Y_2，$\cdots$，Y_{n_2} 分别是从总体 X 和总体 Y 中抽取的两个独立样本，$\overline{X}$，$\overline{Y}$ 和 S_1^2，S_2^2 分别为两个样本的均值和方差，下面求 $\mu_1-\mu_2$ 的 $1-\alpha$ 置信区间.

1. 方差 σ_1^2，σ_2^2 已知时，求 $\mu_1-\mu_2$ 的区间估计

因为 $\overline{X}\sim N\left(\mu_1,\ \dfrac{\sigma_1^2}{n_1}\right)$，$\overline{Y}\sim N\left(\mu_2,\ \dfrac{\sigma_2^2}{n_2}\right)$，两个样本相互独立，故有

$$\overline{X}-\overline{Y}\sim N\left(\mu_1-\mu_2,\ \frac{\sigma_1^2}{n_1}+\frac{\sigma_2^2}{n_2}\right),$$

从而

$$\frac{\overline{X}-\overline{Y}-(\mu_1-\mu_2)}{\sqrt{\dfrac{\sigma_1^2}{n_1}+\dfrac{\sigma_2^2}{n_2}}}\sim N(0,\ 1). \tag{6.16}$$

对于给定的 $\alpha(0<\alpha<1)$，从正态分布表查得 $u_{\alpha/2}$，使得

$$P\left\{\frac{|\overline{X}-\overline{Y}-(\mu_1-\mu_2)|}{\sqrt{\dfrac{\sigma_1^2}{n_1}+\dfrac{\sigma_2^2}{n_2}}}\leqslant u_{\alpha/2}\right\}=1-\alpha,$$

即 $\quad P\left\{\overline{X}-\overline{Y}-u_{\alpha/2}\sqrt{\dfrac{\sigma_1^2}{n_1}+\dfrac{\sigma_2^2}{n_2}}\leqslant\mu_1-\mu_2\leqslant\overline{X}-\overline{Y}+u_{\alpha/2}\sqrt{\dfrac{\sigma_1^2}{n_1}+\dfrac{\sigma_2^2}{n_2}}\right\}=1-\alpha,$

从而得到 $\mu_1-\mu_2$ 的 $1-\alpha$ 置信区间为

$$\left[\overline{X}-\overline{Y}-u_{\alpha/2}\sqrt{\dfrac{\sigma_1^2}{n_1}+\dfrac{\sigma_2^2}{n_2}},\ \ \overline{X}-\overline{Y}+u_{\alpha/2}\sqrt{\dfrac{\sigma_1^2}{n_1}+\dfrac{\sigma_2^2}{n_{2.}}}\right]. \tag{6.17}$$

2. 方差 $\sigma_1^2=\sigma_2^2=\sigma^2$，$\sigma^2$ 未知时，求 $\mu_1-\mu_2$ 的区间估计

设 $\quad\overline{X}=\dfrac{1}{n_1}\sum\limits_{i=1}^{n_1}X_i,\ \ S_1^2=\dfrac{1}{n_1-1}\sum\limits_{i=1}^{n_1}(X_i-\overline{X})^2,$

$$\overline{Y}=\dfrac{1}{n_2}\sum\limits_{i=1}^{n_2}Y_i,\ \ S_2^2=\dfrac{1}{n_2-1}\sum\limits_{i=1}^{n_2}(Y_i-\overline{Y})^2,$$

$$S_{12}^2=\dfrac{(n_1-1)S_1^2+(n_2-1)S_2^2}{n_1+n_2-2},$$

由抽样分布知

$$T=\frac{\overline{X}-\overline{Y}-(\mu_1-\mu_2)}{S_{12}\sqrt{\dfrac{1}{n_1}+\dfrac{1}{n_2}}}\sim t(n_1+n_2-2), \tag{6.18}$$

对于给定的 $\alpha(0<\alpha<1)$，由 t 分布表查得 $t_{\alpha/2}(n_1+n_2-2)$，使得

$$P\{\,|T|\leqslant t_{\alpha/2}(n_1+n_2-2)\}=1-\alpha,$$

把 T 统计量代入，并解不等式，得

$$P\left\{\overline{X}-\overline{Y}-t_{\alpha/2}(n_1+n_2-2)S_{12}\sqrt{\dfrac{1}{n_1}+\dfrac{1}{n_2}}\leqslant\mu_1-\mu_2\leqslant\overline{X}-\overline{Y}+t_{\alpha/2}(n_1+n_2-2)S_{12}\sqrt{\dfrac{1}{n_1}+\dfrac{1}{n_2}}\right\}=1-\alpha,$$

从而得到 $\mu_1-\mu_2$ 的 $1-\alpha$ 置信区间为

$$\left[\overline{X}-\overline{Y}-t_{\alpha/2}(n_1+n_2-2)S_{12}\sqrt{\dfrac{1}{n_1}+\dfrac{1}{n_2}},\ \ \overline{X}-\overline{Y}+t_{\alpha/2}(n_1+n_2-2)S_{12}\sqrt{\dfrac{1}{n_1}+\dfrac{1}{n_2}}\right]. \tag{6.19}$$

例 6.3.4 设 $X\sim N(\mu_1,\ 2^2)$，$Y\sim N(\mu_2,\ 3^2)$，从中各抽样 25 件，测得 $\overline{X}=90$，$\overline{Y}=$ 89，设 X，Y 独立，试给出 $\mu_1-\mu_2$ 的置信区间.（$\alpha=0.05$）

解 因为 $X\sim N(\mu_1,\ 3^2)$，$Y\sim N(\mu_2,\ 4^2)$，$n_1=n_2=25$，引进统计量

$$u=\frac{\overline{x}-\overline{y}}{\sqrt{\dfrac{\sigma_1^2}{n_1}+\dfrac{\sigma_2^2}{n_2}}}\sim N(0,\ 1),$$

根据 $\alpha=0.05$，查标准正态分布函数表得

$$u_{\alpha/2}=u_{0.025}=1.96.$$

由公式(6.17)得

$$\bar{X}-\bar{Y}-u_{\alpha/2}\sqrt{\frac{\sigma_1^2}{n_1}+\frac{\sigma_2^2}{n_2}}=90-89-1.96\times\sqrt{\frac{9}{25}+\frac{16}{25}}=-0.96,$$

$$\bar{X}-\bar{Y}+u_{\alpha/2}\sqrt{\frac{\sigma_1^2}{n_1}+\frac{\sigma_2^2}{n_2}}=90-89+1.96\times\sqrt{\frac{9}{25}+\frac{16}{25}}=2.96,$$

从而得到 $\mu_1-\mu_2$ 的 $1-\alpha$ 置信区间为 $[-0.96, 2.96]$，我们可看到，由于 $\mu_1-\mu_2$ 的置信区间包含了零，也就是说可能 μ_1 大于 μ_2，也可能 μ_2 大于 μ_1，这时我们认为 μ_1 与 μ_2 很接近，两者无显著差别.

(二)两个正态总体方差比的置信区间

设有两个正态总体 $X\sim N(\mu_1, \sigma_1^2)$，$Y\sim N(\mu_2, \sigma_2^2)$，而 X_1，X_2，$\cdots$，X_{n_1} 及 Y_1，Y_2，$\cdots$，Y_{n_2} 分别是从总体 X 和总体 Y 中抽取的两个独立样本，$\bar{X}$，$\bar{Y}$ 和 S_1^2，S_2^2 分别为两个样本的均值和方差，下面求 $\frac{\sigma_1^2}{\sigma_2^2}$ 的 $1-\alpha$ 置信区间.

由抽样分布知

$$\frac{(n_1-1)S_1^2}{\sigma_1^2}\sim\chi^2(n_1-1), \quad \frac{(n_2-1)S_2^2}{\sigma_2^2}\sim\chi^2(n_2-1),$$

又两个样本相互独立，由 F 分布的定义有

$$F=\frac{\dfrac{(n_1-1)S_1^2}{\sigma_1^2}/(n_1-1)}{\dfrac{(n_2-1)S_2^2}{\sigma_2^2}/(n_2-1)}=\frac{\sigma_2^2 S_1^2}{\sigma_1^2 S_2^2}\sim F(n_1-1, n_2-1). \tag{6.20}$$

对于给定的 $\alpha(0<\alpha<1)$，由 F 分布表查得 $F_{\alpha/2}(n_1-1, n_2-1)$，$F_{1-\alpha/2}(n_1-1, n_2-1)$，使得

$$P\left\{F_{1-\alpha/2}(n_1-1, n_2-1)\leqslant\frac{\sigma_2^2 S_1^2}{\sigma_1^2 S_2^2}\leqslant F_{\alpha/2}(n_1-1, n_2-1)\right\}=1-\alpha,$$

即

$$P\left\{\frac{S_1^2}{S_2^2}\frac{1}{F_{\alpha/2}(n_1-1, n_2-1)}\leqslant\frac{\sigma_1^2}{\sigma_2^2}\leqslant\frac{S_1^2}{S_2^2}\frac{1}{F_{1-\alpha/2}(n_1-1, n_2-1)}\right\}=1-\alpha,$$

从而得到 $\frac{\sigma_1^2}{\sigma_2^2}$ 的 $1-\alpha$ 置信区间为

$$\left[\frac{S_1^2}{S_2^2}\frac{1}{F_{\alpha/2}(n_1-1, n_2-1)}, \frac{S_1^2}{S_2^2}\frac{1}{F_{1-\alpha/2}(n_1-1, n_2-1)}\right]. \tag{6.21}$$

例 6.3.5 某农科所欲引入一批比原来价格低的小麦品种，为鉴别其与原品种产量的变化差别，分别用新旧两个品种在 41 小区(单位面积)做比较试验，假设新旧两品种小麦产量分别为 $X\sim N(\mu_1, \sigma_1^2)$，$Y\sim N(\mu_2, \sigma_2^2)$. 并在收割后分别测量它们的产量，算得新品种 X 产量的样本均值为 $\bar{X}=75.2(g)$，样本方差为 $S_1^2=38.44$，而旧品种 Y 产量的样本均值为 $\bar{Y}=66.7(g)$，样本方差为 $S_2^2=36.1201$. 问是否应该引入低价格的新品种小麦？

解 我们先对 $\frac{\sigma_1^2}{\sigma_2^2}$ 进行置信水平为 0.95 的区间估计，比较新旧小麦产量的稳定性.

由于 μ_1，μ_2 均未知，故取统计量 $\frac{S_1^2/\sigma_1^2}{S_2^2/\sigma_2^2}\sim F(n_1-1, n_2-1)$，$\frac{\sigma_1^2}{\sigma_2^2}$ 的置信水平为 $1-\alpha$ 的置信区间为

$$\left[\frac{S_1^2}{S_2^2}\frac{1}{F_{\alpha/2}(n_1-1,\ n_2-1)},\ \frac{S_1^2}{S_2^2}\frac{1}{F_{1-\alpha/2}(n_1-1,\ n_2-1)}\right].$$

由 $\alpha=0.05$，查表得

$$F_{0.025}(40,\ 40)=1.88,\ F_{0.975}(40,\ 40)=\frac{1}{1.88}\approx0.532,$$

所以 $\dfrac{\sigma_1^2}{\sigma_2^2}$ 的置信度为 0.95 的置信区间为 $[0.566,\ 2.000]$，而实际得到的观测值 $\dfrac{S_1^2}{S_2^2}=1.064$，在此置信区间内，因此新旧小麦的产品稳定性没有太显著的差异.

再对 $\mu_1-\mu_2$ 进行置信水平为 0.95 的区间估计，比较新旧小麦产量之间的差异.

因为 $n_1=41$，$\overline{X}=75.2$，$S_1^2=38.44$；而 $n_2=41$，$\overline{Y}=66.7$，$S_2^2=36.1201$，且 $\alpha=0.05$，则

$$S_{12}^2=\frac{(n_1-1)S_1^2+(n_2-1)S_2^2}{n_1+n_2-2}=\frac{(41-1)\times38.44+(41-1)\times31.36}{41+41-2}\approx34.9,\ S_{12}\approx5.91,$$

$$\sqrt{\frac{1}{n_1}+\frac{1}{n_2}}=\sqrt{\frac{2}{41}}\approx0.221,\ t_{\alpha/2}(n_1+n_2-2)=t_{0.025}(80)\approx1.99,\ \frac{S_1^2}{S_2^2}=1.064,$$

$$\overline{X}-\overline{Y}-t_{\alpha/2}(n_1+n_2-2)S_{12}\sqrt{\frac{1}{n_1}+\frac{1}{n_2}}=75.2-66.7-0.468=8.032,$$

$$\overline{X}-\overline{Y}+t_{\alpha/2}(n_1+n_2-2)S_{12}\sqrt{\frac{1}{n_1}+\frac{1}{n_2}}=75.2-66.7+0.468=8.968.$$

即可算出两品种小麦产量的均值差的置信区间为 $[8.032,\ 8.968]$，而实际得到的观测值 $\overline{X}-\overline{Y}=75.2-66.7=8.5$，也在该置信区间内，因此两者在产量上的差异不显著.

但是由于 $\mu_1-\mu_2$ 的估计值大于零，也就是说 $\mu_1>\mu_2$，可知新品种产量均值略高于旧品种. 而 $\dfrac{\sigma_1^2}{\sigma_2^2}$ 的置信区间包含了 1，且区间长度不大，也就是说新旧小麦的产量稳定性差异不显著. 而 $\dfrac{\sigma_1^2}{\sigma_2^2}$ 的置信区间大于 1 的区间长度较长，故新品种的方差可能高于原品种，且新小麦的稳定性在可以控制的范围内，且成本降低，产量也略高于旧小麦品种，故应该引入价格略低的新小麦品种.

三、非正态总体的区间估计

前面两节讨论了正态总体分布参数的区间估计. 但是在实际应用中，我们手中的数据并不一定服从正态分布，或不容易判断它们是否服从正态分布. 这时，只要样本容量 n 充分大，就可以用渐近分布构造近似的置信区间，仍可用正态总体情形的公式作近似处理.

设总体均值为 μ，方差为 σ^2，X_1，X_2，$\cdots$，X_n 为来自总体的样本. 因为这些样本独立同分布，根据中心极限定理，对充分大的 n，下式近似成立：

$$\frac{\overline{X}-\mu}{\sigma/\sqrt{n}}=\frac{\sum\limits_{i=1}^{n}X_i-n\mu}{\sqrt{n}\sigma}\sim N(0,\ 1).$$

(1)若 σ^2 已知，则近似地有

$$P\left\{\left|\frac{\overline{X}-\mu}{\sigma/\sqrt{n}}\right|<u_{\alpha/2}\right\}=1-\alpha\ \text{或}\ P\left\{\overline{X}-u_{\alpha/2}\frac{\sigma_0}{\sqrt{n}}<\mu<\overline{X}+u_{\alpha/2}\frac{\sigma_0}{\sqrt{n}}\right\}=1-\alpha,$$

这样，正态总体均值 μ 的置信度为 $1-\alpha$ 的置信区间近似为

$$\left[\overline{X} - u_{\alpha/2} \frac{\sigma}{\sqrt{n}}, \ \overline{X} + u_{\alpha/2} \frac{\sigma}{\sqrt{n}} \right]. \tag{6.22}$$

（2）若 σ^2 未知，$\overline{X}$ 是样本均值，S^2 是样本方差，此时近似地有

$$P\left\{ \left| \frac{\overline{X} - \mu}{S/\sqrt{n}} \right| \leqslant t_{\alpha/2}(n-1) \right\} = 1 - \alpha,$$

此时，正态总体均值 μ 的置信度为 $1-\alpha$ 的置信区间为

$$\left[\overline{X} - t_{\alpha/2}(n-1) \frac{S}{\sqrt{n}}, \ \overline{X} + t_{\alpha/2}(n-1) \frac{S}{\sqrt{n}} \right]. \tag{6.23}$$

只要 n 充分大，（6.22）式和（6.23）式所提供的置信区间在应用上是令人满意的．那么，n 究竟多大才算很大呢？显然，对于相同的 n，（6.22）式和（6.23）式所给出的置信区间的近似程度随总体分布与正态分布的接近程度而变化，因此，理论上很难给出 n 很大的一个界限．但许多应用实践表明：当 $n \geqslant 30$ 时，近似程度是可以接受的；当 $n \geqslant 50$ 时，近似程度是很好的．

关于比例 p 的置信区间：

设总体 X 服从 $B(1, p)$ 分布，做 $n(n > 40)$ 次独立试验，现求 p 的 $1-\alpha$ 置信区间．因为总体服从 $0-1$ 分布，因此总体均值 $E(X) = p$，总体方差 $\mathrm{Var}(X) = p(1-p)$，设 X_1，X_2，$\cdots$，X_n 为从总体 X 中抽取的样本，其均值为 $\overline{X}$，由中心极限定理有

$$U = \frac{\sum\limits_{i=1}^{n} X_i - np}{\sqrt{n} \ \sqrt{p(1-p)}} = \frac{n\overline{X} - np}{\sqrt{n} \ \sqrt{p(1-p)}} \overset{\text{近似}}{\sim} N(0, 1).$$

对给定的 α，由正态分布表查得 $u_{\alpha/2}$，且可得

$$P\left\{ \left| \frac{\overline{X} - p}{\sqrt{p(1-p)/n}} \right| \leqslant u_{\alpha/2} \right\} \approx 1 - \alpha,$$

$$P\left\{ -u_{\alpha/2} \leqslant \frac{\overline{X} - p}{\sqrt{p(1-p)/n}} \leqslant u_{\alpha/2} \right\} \approx 1 - \alpha,$$

要把它改写成 $P\{A \leqslant p \leqslant B\} \approx 1 - \alpha$ 的形式，我们写出大括号内事件的等价形式：

$$(\overline{X} - p)^2 \leqslant u_{\alpha/2}^2 \, p(1-p)/n,$$

它可化为

$$\left(1 + \frac{u_{\alpha/2}^2}{n} \right) p^2 - \left(2\overline{X} + \frac{u_{\alpha/2}^2}{n} \right) p + \overline{X}^2 \leqslant 0.$$

左侧的二次多项式的判别式

$$\left(2\overline{X} + \frac{u_{\alpha/2}^2}{n} \right)^2 - 4\left(1 + \frac{u_{\alpha/2}^2}{n} \right) \overline{X}^2 > 0,$$

故 A，B 是方程 $\left(1 + \dfrac{u_{\alpha/2}^2}{n} \right) p^2 - \left(2\overline{X} + \dfrac{u_{\alpha/2}^2}{n} \right) p + \overline{X}^2 = 0$ 的解，解此方程可得

$$A, \ B = \frac{1}{1 + \dfrac{u_{\alpha/2}^2}{n}} \left[\overline{X} + \frac{u_{\alpha/2}^2}{2n} \mp u_{\alpha/2} \sqrt{\frac{\overline{X}(1 - \overline{X})}{n} + \frac{u_{\alpha/2}^2}{4n^2}} \right].$$

由于 n 比较大，在实际应用中通常略去 $\dfrac{u_{\alpha/2}^2}{n}$ 项，于是可将比例 p 的置信区间近似为

$$\left[\overline{X}-u_{\alpha/2}\sqrt{\frac{\overline{X}(1-\overline{X})}{n}},\ \overline{X}+u_{\alpha/2}\sqrt{\frac{\overline{X}(1-\overline{X})}{n}}\right]. \tag{6.24}$$

例 6.3.6 某农科所对一批大豆做发芽试验，随机抽查了该批大豆种子 1600 粒做试验，发现其中发芽的有 1312 粒，试求该批大豆种子发芽率的置信水平为 0.95 的置信区间．

解 设 $X_i=\begin{cases}1, & 大豆种子发芽,\\ 0, & 大豆种子不发芽,\end{cases}\ i=1,2,\cdots,n.$

由题意知 $n=1600$，$\sum\limits_{i=1}^{1600}X_i=1312$ 故 $\overline{X}=\dfrac{1312}{1600}=0.82$，取 $\alpha=0.05$，查表得 $u_{0.025}=1.96$，将这些结果代入 (6.24) 式，得

$$\overline{X}-u_{\alpha/2}\sqrt{\frac{\overline{X}(1-\overline{X})}{n}}=0.82-1.96\times\frac{\sqrt{0.1476}}{40}=0.8012,$$

$$\overline{X}+u_{\alpha/2}\sqrt{\frac{\overline{X}(1-\overline{X})}{n}}=0.82+1.96\times\frac{\sqrt{0.1476}}{40}=0.8388,$$

得该批大豆种子发芽率 p 的置信系数为 0.95 的近似置信区间为 $[0.8012,0.8388]$．

例 6.3.7 设公共汽车在一单位时间内到达的乘客数 X 服从泊松分布 $P(\lambda)$，现对某一城市某一公共汽车站进行了 100 个单位时间（20min）的调查，计算得到每 20min 到该车站的乘客人数的样本平均值为 25 人，求参数 λ 的 0.95 置信区间．

解 因为 $n=100$，$\overline{X}=\dfrac{1}{100}\sum\limits_{i=1}^{100}X_i=25$，$\alpha=0.05$，$u_{\alpha/2}=u_{0.025}=1.96$，由 (6.25) 式知

$$\overline{X}-u_{\alpha/2}\sqrt{\frac{\overline{X}}{n}}=25-1.96\sqrt{\frac{25}{100}}=24.02,$$

$$\overline{X}+u_{\alpha/2}\sqrt{\frac{\overline{X}}{n}}=25+1.96\sqrt{\frac{25}{100}}=25.98,$$

即所求参数 λ 的 0.95 置信区间近似为 $[24.02,25.98]$，换句话说，每 20min 到该车站的乘客人数的期望是 25 人左右．

习 题 六

1. 从大一新生中随机抽取了 9 人，其体重（单位：kg）分别为

$$65,78,52,63,84,79,77,54,60,$$

用数字特征法对体重 X 的均值和方差进行估计．

2. 若总体 X 服从参数为 λ 的指数分布，$X_1,X_2,\cdots,X_n$ 是总体 X 的一个样本，求未知参数 λ 的一个矩估计量．

3. 若总体 X 为几何分布 $P\{X=k\}=(1-p)^{k-1}p$，其中 $0<p<1$，$k=1,2,\cdots$，$X_1,X_2,\cdots,X_n$ 是总体 X 的一个容量为 n 的样本，求未知参数 p 的矩估计量和最大似然估计量．

4. 若总体 X 服从二项分布 $B(N,p)$，其中 N 已知，$X_1,X_2,\cdots,X_n$ 是总体 X 的一个容量为 n 的样本，求未知参数 p 的矩估计和最大似然估计量．

5. 设 $X_1,X_2,\cdots,X_n$ 是从总体 X 中抽得的一个简单随机样本，总体 X 的概率密度函数为

$$f(x;\theta)=\begin{cases}\theta x^{\theta-1}, & 0<x<1,\\ 0, & \text{其他},\end{cases}$$

其中 $\theta>0$ 为未知参数，试用矩法和最大似然法估计总体未知参数 θ.

6. 设 X_1，X_2，$\cdots$，X_n 是从总体 X 中抽得的一个简单随机样本，总体 X 的概率密度函数为

$$f(x;\theta)=\begin{cases}\theta, & 0<x<1,\\ 1-\theta, & 1\leqslant x<2,\\ 0, & \text{其他},\end{cases}$$

记 N 为样本值 x_1，x_2，$\cdots$，x_n 中小于 1 的个数，其中 θ 是未知参数 $(0<\theta<1)$，求 θ 的矩估计和最大似然估计.

7. 设总体 X 为正态分布 $N(\mu,2)$，X_1，X_2，X_3 为其一个样本，下列四个统计量中哪些是 μ 的无偏估计量，并说明无偏估计中哪个方差最小.

$(1)\hat{\mu}_1=\dfrac{1}{5}X_1+\dfrac{3}{10}X_2+\dfrac{1}{2}X_3$；$(2)\hat{\mu}_2=X_3$；

$(3)\hat{\mu}_3=\dfrac{1}{3}X_1+\dfrac{1}{5}X_2+\dfrac{1}{12}X_3$；$(4)\hat{\mu}_4=\dfrac{1}{3}X_1+\dfrac{1}{3}X_2+\dfrac{1}{3}X_3$.

8. 设总体 X 的概率密度为

$$f(x;\sigma)=\begin{cases}\dfrac{A}{\sigma}\mathrm{e}^{-\frac{(x-\mu)^2}{2\sigma^2}}, & x\geqslant\mu,\\ 0, & x<\mu,\end{cases}$$

其中 μ 是已知参数，$\sigma>0$ 是未知参数，A 是常数，X_1，X_2，$\cdots$，X_n 是来自总体 X 的简单随机样本.

(1)求 A；(2)求 σ^2 的最大似然估计量.

9. 设某元件的使用寿命 T 的分布函数为

$$F(t)=\begin{cases}1-\mathrm{e}^{-\left(\frac{t}{\theta}\right)^m}, & t\geqslant0,\\ 0, & t<0,\end{cases}$$

其中 θ，m 为参数且均大于零. 任取 n 个元件试验，其寿命分别为 t_1，t_2，$\cdots$，t_n，若 m 已知，求 θ 的最大似然估计 $\hat{\theta}$.

10. 设样本 X_1，X_2，$\cdots$，X_n 来自于参数为 λ 的泊松分布，证明 $\overline{X}$ 与 $S^2=\dfrac{1}{n-1}\sum\limits_{i=1}^{n}(X_i-\overline{X})^2$ 都是 λ 的无偏估计，且对任意的 $a(0\leqslant a\leqslant1)$，统计量 $a\overline{X}+(1-a)S^2$ 也是 λ 的无偏估计.

11. 设某种水稻的亩产量服从正态分布 $N(\mu,\sigma^2)$，随机抽取 9 亩试验田，测得其重量(单位：g)如下：

$$510，485，505，505，490，495，520，515，490，$$

试求均值 μ 的置信度为 99％的置信区间.

12. 设某种电子管的使用寿命服从正态分布，从中随机抽取 16 个进行检验，得平均使用寿命为 1950h，标准差 $s=300$h，试分别求：

(1)整批电子管平均使用寿命的置信度为 95％的置信区间；

(2)使用寿命的标准差的置信度为 95％的置信区间.

13. 设总体 $X \sim N(\mu, 100)$，当置信度为 95% 时，μ 的置信区间长度为 5，则样本容量 n 至少为多少？当置信度为 99% 时，样本容量 n 至少为多少？

14. 假定某地一旅游者的消费额 X 服从正态分布 $N(\mu, \sigma^2)$，且标准差 $\sigma = 500$ 元，μ 未知，今要对该地旅游者的平均消费额 μ 加以估计，为了能以 95% 的置信度来相信这种估计绝对误差小于 50 元，问至少要调查多少名游客？

15. 已知某种果树产量服从正态分布 $N(218, \sigma^2)$，随机抽取 6 棵计算其产量（单位：kg）如下：

$$221, 191, 202, 205, 256, 236,$$
试以 95% 的置信水平估计果树产量的方差.

16. 已知某种木材横纹抗压力的实验值服从正态分布，对 10 个试件作横纹抗压力试验得到数据（单位：kg/cm^2）如下：

$$482, 493, 457, 510, 446, 435, 418, 394, 496, 420,$$
试以 95% 的置信度对该木材横纹抗压力的方差进行区间估计.

17.（比较棉花品种的优劣）假设用甲、乙两种棉花纺出的棉纱强度分别为 $X \sim N(\mu_1, 2.18^2)$ 和 $Y \sim N(\mu_2, 1.76^2)$。试验者从这两种棉纱中分别抽取样本 $X_1, X_2, \cdots, X_{200}$ 和 $Y_1, Y_2, \cdots, Y_{100}$，样本均值分别为 $\bar{X} = 5.32$，$\bar{Y} = 5.76$，求 $\mu_1 - \mu_2$ 的置信系数为 0.95 的区间估计.

18. 设有两个正态总体，$X \sim N(\mu_1, \sigma_1^2)$，$Y \sim N(\mu_2, \sigma_2^2)$。分别从 X 和 Y 抽取容量为 $n_1 = 25$ 和 $n_2 = 8$ 的两个样本，并求得 $S_1 = 8$，$S_2 = 7$，试求两正态总体方差比 $\dfrac{\sigma_1^2}{\sigma_2^2}$ 的置信度为 0.98 的置信区间.

19. 某公司利用两条自动化流水线灌装矿泉水。设这两条流水线所装矿泉水的体积（单位：mL）$X \sim N(\mu_1, \sigma_1^2)$ 和 $Y \sim N(\mu_2, \sigma_2^2)$。现从生产线上分别抽取 $X_1, X_2, \cdots, X_{12}$ 和 $Y_1, Y_2, \cdots, Y_{17}$ 样本均值与样本方差分别为 $\bar{X} = 501.1$，$S_1^2 = 2.4$，$\bar{Y} = 499.7$，$S_2^2 = 4.7$，求 $\mu_1 - \mu_2$ 的置信度为 0.95 的区间估计.

20. 商品检验部门随机抽查了某公司生产的产品 100 件，发现其中合格产品为 84 件，试求该产品合格率的置信度为 0.95 的置信区间.

21. 根据实际经验可以认为，任一地区夏季（5～9 月）发生暴雨的次数 X 服从泊松分布 $P(\lambda)$，某地区 63 年间年夏季发生暴雨的次数平均值 2.9 次，求参数 λ 的 95% 置信区间.

第七章 假设检验

本章将讨论统计推断的另外一类基本问题**假设检验**. 所谓假设检验, 概括地说, 是根据样本信息对总体中的参数或分布形式具有的特征的一种检验. 由于某种需要, 对未知的或不完全知道的总体提出一些假设, 用以说明总体的某些性质, 这种假设称为**统计假设**, 针对这种假设, 利用一个实际观测的样本, 依据样本以统计量为工具去推断这个假设是否可以接受. 这一检验称为**统计假设检验**. 统计假设检验和参数估计是两种不同的统计推断方法, 在实际应用中可以相互参照使用.

本章分为三节, 在第一节中将首先引进假设检验中的一些重要的基本概念, 在实际应用中, 正态总体是最重要的研究对象, 故在第二节中, 我们将详细讨论正态总体均值和方差的检验. 在实际应用中, 我们又往往并不是一开始就能确定总体的分布形式, 比如, 对于连续型分布的情形, 常对总体是正态分布、指数分布或者是其他分布并无完全把握, 这就要通过样本来检验总体的具体分布形式. 第三节讨论的拟合优度检验就是用来解决这个问题的, 并且还介绍了把拟合优度用于列联表, 列联表在社会调查、生物医学及农林环境分析中具有广泛的应用.

第一节 假设检验的基本概念与思想

一、假设检验的基本概念

在农业试验和研究中, 进行田间试验的目的是用所获得的样本资料来推断总体特征, 但所得的试验数据往往存在着一定的差异, 试验研究的结论不能直接从样本统计量得出, 必须做进一步的统计推断, 才能得到合理的结果. 现在通过一个例子来引出假设检验的一些基本概念.

例 7.1.1 已知小麦的单位面积产量 X 服从正态分布 $N(\mu, 12^2)$, 某地区的当地小麦品种一般单产 310kg/亩, 引进一个新品种经多点试验, 收割时, 随机地抽取了 10 块进行测试, 得到$(x_1, x_2, \cdots, x_{10})$, 算得平均单位面积产量为 $\bar{x} = \dfrac{1}{10}\sum_{i=1}^{10} x_i = 320$kg/亩, 问新品种是否比当地品种产量高?

显然不能直接得出新品种比当地品种产量高的结论. 因为 $320 - 310 = 10$(kg)只是试验的表面差异, 它既可能是由两品种总体产量的真实差异产生, 也可能是由抽样误差所造成. 如何正确地用样本统计量来推断总体的特征, 现运用统计假设检验的方法解决.

我们想通过样本推断的是: 新品种总体产量的均值是不是等于 310kg, 在统计学上可做如下描述:

我们先有一个假设: "平均单位面积产量为 310kg", 这个假设是有一定的理由但还没有充足依据的一种陈述. 对此类假设, 需要根据一定的事实和根据以决定是否拒绝它, 这一过程称为"**检验**". 一般地, 统计假设常要涉及两种情况而同时提出"一对"假设, 其中之一是人们特别关心的、经过精心研究确定下来的, 称为**原假设**(或**零假设**), 用字母"H_0"表示; 而另一个往往是与前一个对立的假设，称为**备择假设**（或**对立假设**），用字母"H_1"表示，备择假设应该按照实际世界所代表的方向来确定，即通常被认为可能比零假设更加符合数据所代表的现实，故例中的原假设为 H_0：$\mu=310$；备择假设为 H_1：$\mu\neq310$. 对总体做出原假设与备择假设后，就要根据数据提供的信息对原假设成立与否加以检验，上述过程我们称为**统计假设检验**.

注意到在所涉及的问题中，所设立原假设与备择假设在假设检验中并不对称，假设检验一般是以否定原假设为主要目标的，原假设的动机主要利用试验所掌握的反映现实世界的数据找出假设与现实之间的矛盾，从而否定这个假设. 如果否定不了，那就说明证据不足，无法否定原假设，而不能说明原假设是正确的.

若数据提供的信息有足够证据否定原假设，则称为**拒绝原假设 H_0**，若证据不足以否定原假设 H_0，称为**不能拒绝原假设 H_0**.

统计假设检验问题可简单分为**参数假设检验**和**非参数假设检验**两大类，当总体的分布形式已知，只是对其未知参数提出统计假设，则做出的检验称为**参数假设检验**. 对其他假设做出的检验称为**非参数假设检验**.

二、假设检验的基本思想

在例 7.1.1 中，我们知道样本均值 $\overline{X}$ 是 μ 的一个很好的估计. 所以当 $\mu=310$，即原假设 H_0 成立时，$|\overline{X}-310|$ 应比较小；于是，我们考虑用 $|\overline{X}-310|$ 的大小检验 H_0 是否成立. 合理的做法应该是：找出一个界限 c，若 $|\overline{X}-310|>c$，那就拒绝原假设 H_0，否则就不能拒绝原假设 H_0. 问题是：如何确定常数 c 呢？根据中心极限定理，有 $\overline{X}\sim N\left(\mu,\ \dfrac{12^2}{10}\right)$ 或 $\dfrac{\overline{X}-\mu}{12/\sqrt{10}}\sim N(0,\ 1)$，于是，当原假设 H_0：$\mu=310$ 成立时，有 $\dfrac{\overline{X}-310}{12/\sqrt{10}}\sim N(0,\ 1)$，为确定常数 c，我们考虑一个很小的正数 α，如 $\alpha=0.05$. 当原假设 H_0：$\mu=310$ 成立时，有

$$P\left\{\frac{|\overline{X}-310|}{12/\sqrt{10}}>u_{\alpha/2}\right\}=\alpha,$$

即
$$P\left\{|\overline{X}-310|>\frac{12}{\sqrt{10}}u_{\alpha/2}\right\}=\alpha,$$

故可取 $c=\dfrac{12}{\sqrt{10}}u_{\alpha/2}$.

在这个讨论中，我们把依据数据所作成的统计量 $|\overline{X}-310|$ 或 $U=\dfrac{\overline{X}-310}{12/\sqrt{10}}$ 称为**检验统计量**，把 $\left\{|\overline{X}-310|>\dfrac{12}{\sqrt{10}}u_{\alpha/2}\right\}$ 或 $\left\{\dfrac{\overline{X}-310}{12/\sqrt{10}}>u_{\alpha/2}\right\}$ 称为该检验的**拒绝域**，把给定的**临界概率** $\alpha(0<\alpha<1)$ 称为**检验水平**（或**显著性水平**），α 是一个根据具体的实际问题而选取的一个较小的数（通常取 0.10，0.05，0.01，0.001 等）. 它表现了对选定的假设 H_0 为真时而加以拒绝的控制程度.

用以上检验准则处理我们的问题，由于

$$|\overline{X}-310|=|320-310|=10>c=7.438=\frac{12}{\sqrt{10}}u_{0.05/2},$$

或
$$\frac{|\overline{X}-310|}{12/\sqrt{10}}=\frac{|320-310|}{12/\sqrt{10}}=2.635>1.96=u_{0.05/2},$$

即检验统计量的值落在拒绝域内,所以拒绝原假设 H_0:$\mu=310$.

因为当原假设 H_0:$\mu=310$ 成立时,$P\left\{|\overline{X}-310|>\dfrac{12}{\sqrt{10}}u_{\alpha/2}\right\}=\alpha$,所以当 α 很小时,若 H_0 为真(正确),则检验统计量落入拒绝域是一小概率事件(概率 α 很小).前面我们曾提到:"通常认为小概率事件在一次试验中基本上不会发生".那么,如果小概率事件发生了,即事件 $\left\{|\overline{X}-310|>\dfrac{12}{\sqrt{10}}u_{\alpha/2}\right\}$ 发生了,那么,我们有理由认为抽样检验的结果与原假设不符合,从而做出拒绝原假设 H_0 的判断,否则,就不能拒绝 H_0.

例 7.1.1 中,如果不能拒绝 H_0,则 $\overline{X}$ 与 310 的差异很小,且差异是主要来自抽样的随机性;如果拒绝 H_0,则 $\overline{X}$ 与 310 的**差异具显著性**,且差异不是随机性起主导作用,而是不同系统的误差起主导作用,即存在实质性的差异,或者说,**差异有统计意义**.

当我们检验原假设 H_0 时,我们还是会犯错误的,因为小概率不能说明事件不发生,仅仅是发生的概率很小罢了,而且主要还由于判断是只依据一个样本而做出的,而不是依据多个样本或所有样本.归纳起来,所犯的错误分为两类:第 I 类错误和第 II 类错误.

第 I 类错误:原假设 H_0 符合实际情况,而检验结果却拒绝 H_0,称为**弃真错误**,假如将犯这类错误的概率记为 α,则有 $P(\text{拒绝 } H_0 \mid H_0 \text{ 为真})=\alpha$.

第 II 类错误:原假设 H_0 不符合实际情况,而检验结果却不拒绝 H_0,称为**取伪错误**,假如将犯这类错误的概率记为 β,则有 $P(\text{不拒绝 } H_0 \mid H_0 \text{ 为假})=\beta$.

当然,我们希望一个假设检验犯上述两类错误的概率都很小.但是在样本容量 n 固定的情况下是无法实现的.因为理论上已经证明:当 α 在减小时,β 就会增大;反之,当 β 在减小时,α 就会增大.无法实现两者平衡,我们往往采用"**保护零假设的原则**"来构造假设检验.先限制"犯第 I 类错误"的概率不超过显著性水平 α,即 $P(\text{拒绝 } H_0 \mid H_0 \text{ 为真}) \leqslant \alpha$.再考虑如何减小"犯第 II 类错误"的概率 β.这是因为犯第 II 类错误所造成的损失是灾难性的、无法挽回的,要比犯第 I 类错误的损失大得多.而要使它们同时减小,则一般采用增加样本容量的方法.

要强调指出:在假设检验中,如果根据子样做出拒绝假设 H_0,并不意味着 H_0 一定不真,因此有时将这种情况说成是"试验结果与假设 H_0 的**差异有统计意义**".反之,对接受假设 H_0 的情况,往往说成是"试验结果与假设 H_0 的**差异无统计意义**".

三、假设检验的基本步骤

假设检验的步骤主要分为下面四步:

(1)根据实际问题的要求,提出原假设 H_0 和备择假设 H_1;

(2)在原假设 H_0 成立的条件下,构造不依赖任何未知参数,且已知分布的统计量;

(3)给定检验水平 α,根据备择假设 H_1 的实际意义,找出相应的临界值,确定相应的拒绝域;

(4)从子样观测值计算出统计量的观测值.如果该值落在拒绝域内,则拒绝原假设 H_0,否则,就接受原假设 H_0.

结合例 7.1.1 来完成上述步骤的具体实现：

步骤(1)：提出原假设 H_0：$\mu = 310$；备择假设为 H_1：$\mu \neq 310$.

步骤(2)：在原假设 H_0 成立时，构造统计量 U，由定理 5.1 知 $U = \dfrac{\overline{X} - \mu_0}{\sigma_0/\sqrt{n}} \sim N(0, 1)$.

步骤(3)：不妨给定检验水平 $\alpha = 0.05$，根据备择假设 H_1：$\mu \neq 310$，由小概率事件原理知 $P\left\{\left|\dfrac{\overline{X} - \mu_0}{\sigma_0/\sqrt{n}}\right| > u_{0.025}\right\} = 0.05$，查表得其临界值为 $u_{0.025} = 1.96$，确定拒绝域为 $\left|\dfrac{\overline{X} - \mu_0}{\sigma_0/\sqrt{n}}\right| > u_{0.025}$.

步骤(4)：由于 $\mu_0 = 310$，$\sigma_0 = 12$，$\bar{x} = 320$，$n = 10$，代入统计量 U 计算得

$$U = \frac{320 - 310}{12/\sqrt{10}} = 2.635,$$

此时，$|U| > u_{0.025} = 1.96$，观测值落在拒绝域内，即根据这次所得子样均值的观测值，拒绝总体均值为 310kg 的假设.

第二节　正态总体参数的假设检验

在实际应用中，许多变量都可以近似地用正态总体来刻画，所以关于正态总体参数的检验经常会遇到，下面就此问题分情况进行讨论.

一、单个正态总体的假设检验

1. 单个正态总体 $N(\mu, \sigma^2)$ 的均值 μ 的假设检验

(1)当方差 σ^2 已知，总体均值 $\mu = \mu_0$ 的检验：U 检验.

此时，先看该检验的假设：原假设 H_0：$\mu = \mu_0$ 和备择假设 H_1：$\mu \neq \mu_0$.

设 X_1，X_2，$\cdots$，X_n 是正态总体 $N(\mu, \sigma^2)$ 中抽取的样本，若 H_0 成立，则样本均值 $\overline{X} = \dfrac{1}{n}\sum\limits_{i=1}^{n} X_i$ 服从正态分布 $N\left(\mu_0, \dfrac{\sigma^2}{n}\right)$，于是统计量 $U = \dfrac{\overline{X} - \mu_0}{\sigma/\sqrt{n}}$ 服从标准正态分布. 取检验水平为 α，由定理 5.1 可知

$$P\left\{\left|\frac{\overline{X} - \mu_0}{\sigma/\sqrt{n}}\right| > u_{\alpha/2}\right\} = \alpha.$$

查标准正态分布表得出临界值 $u_{\alpha/2}$，这里 $\left\{\left|\dfrac{\overline{X} - \mu_0}{\sigma/\sqrt{n}}\right| > u_{\alpha/2}\right\}$ 即为小概率事件，根据样本值算出 U 的观测值，如果 $|U| > u_{\alpha/2}$（即小概率事件发生），则拒绝原假设 H_0. 图 7.1 中的阴影部分为拒绝域. 如果 $|U| < u_{\alpha/2}$，则接受原假设 H_0.

综上所述，方差已知的正态总体均值 μ 的检验步骤为

① 提出待检验的假设：原假设 H_0：$\mu = \mu_0$ 和备择假设 H_1：$\mu \neq \mu_0$.

② 由备择假设 H_1：$\mu \neq \mu_0$，构造统计量及其分布

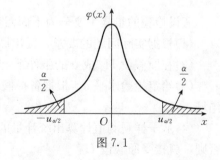

图 7.1

$$U = \frac{\overline{X} - \mu_0}{\sigma/\sqrt{n}} \sim N(0, 1). \tag{7.1}$$

③ 根据给定检验水平 α，查表确定临界值 $u_{\alpha/2}$，使 $P\{|U| > u_{\alpha/2}\} = \alpha$，确定拒绝域 $|U| > u_{\alpha/2}$.

④ 计算 U 的观测值 u 并下结论：若 $|u| > u_{\alpha/2}$，则拒绝原假设 H_0：$\mu = \mu_0$；若 $|u| \leqslant u_{\alpha/2}$，则接受原假设 H_0：$\mu = \mu_0$.

由于上述检验选取 U 统计量，因此称为 U **检验**. 同时该检验的拒绝域在两边，故称为**双边检验**. 在实际中与双边检验相对的称为单边检验，即 H_0：$\mu = \mu_0$，H_1：$\mu < \mu_0$ 或 H_0：$\mu = \mu_0$，H_1：$\mu > \mu_0$，单边检验的示意图如图 7.2 所示. 仿照上面的讨论，这里不再赘述. 单边假设检验与双边假设检验的区别就在于问题的文字表述，例如，出现"不小于""超过""低于"等文字时，就需要使用单边假设检验了.

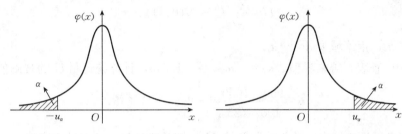

图 7.2

上述所有检验的相关结果总结在表 7.1 中，供参考使用.

表 7.1 单个正态总体均值的 U 检验

原假设	备择假设	统计量及其分布	临界值	拒绝域
H_0：$\mu = \mu_0$	H_1：$\mu \neq \mu_0$	$U = \dfrac{\overline{X} - \mu_0}{\sigma/\sqrt{n}} \sim N(0, 1)$	$u_{\alpha/2}$	$\lvert u \rvert > u_{\alpha/2}$
H_0：$\mu = \mu_0$	H_1：$\mu < \mu_0$	$U = \dfrac{\overline{X} - \mu_0}{\sigma/\sqrt{n}} \sim N(0, 1)$	$-u_\alpha$	$u < -u_\alpha$
H_0：$\mu = \mu_0$	H_1：$\mu > \mu_0$	$U = \dfrac{\overline{X} - \mu_0}{\sigma/\sqrt{n}} \sim N(0, 1)$	u_α	$u > u_\alpha$

例 7.2.1 根据已往的经验可知，某地鱼塘单位平均产量遵从正态分布 $N(500, 5^2)$，现随机抽取 10 口鱼塘，测得各鱼塘产量（单位：kg）为

$$495, 510, 505, 495, 503, 492, 502, 505, 497, 506,$$

问该地各鱼塘产量是否正常（$\alpha = 0.05$）？

解 此题是已知正态总体方差 $\sigma^2 = 25$ 的均值检验，故采用 U 检验，要检验的假设为

$$H_0：\mu = 500, \quad H_1：\mu \neq 500.$$

由样本观测值得

$$\bar{x} = \frac{1}{10} \times (495 + 510 + 505 + 495 + 503 + 492 + 502 + 505 + 497 + 506) = 501,$$

则
$$|u| = \left| \frac{\bar{x} - \mu_0}{\sigma_0/\sqrt{n}} \right| = \left| \frac{501 - 500}{5/\sqrt{10}} \right| \approx 0.63.$$

对于给定的 $\alpha = 0.05$，查表知 $u_{\alpha/2} = u_{0.025} = 1.96$. 由于 $|u| = 0.63 < u_{0.025} = 1.96$，因此不拒绝原假设 H_0，即能认为该地鱼塘的产量正常.

例 7.2.2 某电子元件要求其平均寿命为 1000h，现随机抽取 25 件，测得其平均寿命为 950h. 已知该元件的寿命服从 $\sigma = 100$h 的正态分布，试在检验水平 $\alpha = 0.05$ 下确定这批电子元件是否合格.

解 根据题意，电子元件寿命 $X \sim N(\mu, 100^2)$，由于电子元件的寿命应该是越大越好，故要检验的假设就是

$$H_0: \mu = 1000, \quad H_1: \mu < 1000.$$

显然这个是方差已知的均值单边检验，根据表 7.1 知，当 H_0 成立时，选取统计量

$$U = \frac{\bar{X} - \mu_0}{\sigma/\sqrt{n}} \sim N(0, 1),$$

临界值就是 $-u_\alpha$，拒绝域为 $u < -u_\alpha$.

由 $\alpha = 0.05$ 查表，得临界值 $-u_\alpha = -u_{0.05} = -1.645$，计算统计量 U 的观测值：

$$u = \frac{950 - 1000}{100/\sqrt{25}} = -2.5 < -1.645,$$

此时，u 值落入了拒绝域中，故拒绝原假设 H_0，即认为该批电子元件不合格.

关于比例 p 的检验：

由于在实际应用中存在大量关于比例 p 的检验问题，下面我们做简单的讨论，由于比例 p 可看成某事件发生的概率，即可看成在两点分布 $B(1, p)$ 中的参数. 做 n 次独立试验，以 X 表示该事件发生的次数，则 $X \sim B(n, p)$. 我们用上一章关于比例 p 置信区间的讨论知，当 n 充分大时，可对比例 p 做假设检验：$H_0: p = p_0 (n \geqslant 30)$，当 H_0 成立时，

$$U = \frac{X - np_0}{\sqrt{np_0(1-p_0)}} \overset{\text{近似}}{\sim} N(0, 1) \text{ 或 } U = \frac{\hat{p} - p_0}{\sqrt{p_0(1-p_0)/n}} \overset{\text{近似}}{\sim} N(0, 1),$$

其中 $\hat{p} = \dfrac{X}{n}$，可用 U 检验法对 H_0 进行检验，我们把比例 p 的检验看成在大样本条件下 U 检验法的已知推广.

例 7.2.3 一名研究者声称他所在地区至少有 80% 的观众对电视剧中播广告表示厌烦，为此随机询问了 120 位观众，有 70 人赞成他的观点，试确定在 $\alpha = 0.05$ 的水平下，该样本是否支持这位研究者的观点？

解 设 p 为对电视剧中插播广告表示厌烦的观众的比例，则所要检验的假设为

$$H_0: p \geqslant 0.8, \quad H_1: p < 0.8$$

设 T 为 120 位观众中赞成其观点的人数，则 $T \sim B(120, p)$.

选取统计量

$$U = \frac{T - np_0}{\sqrt{np_0(1-p_0)}} \overset{\text{近似}}{\sim} N(0, 1),$$

近似地有，临界值就是$-u_\alpha$，拒绝域为$u<-u_\alpha$.

由$\alpha=0.05$查表，得临界值$-u_\alpha=-u_{0.05}=-1.645$，计算统计量$U$的观测值：

$$u=\frac{70-120\times0.8}{\sqrt{120\times0.8\times0.2}}\approx-5.937<-1.645,$$

现在观测值中赞成该观点的人数$T=70$时，u值落入了拒绝域中，故拒绝原假设H_0，因此在$\alpha=0.05$水平下不支持该研究者的观点.

（2）当方差σ^2未知，总体均值$\mu=\mu_0$的检验：t检验.

设X_1，X_2，$\cdots$，X_n是正态总体$N(\mu,\sigma^2)$中抽取的样本，σ^2未知，现在检验假设原假设H_0：$\mu=\mu_0$，备择假设H_1：$\mu\neq\mu_0$.

由于σ^2未知，故U检验是不能采用的. 为解决这个问题，需要用样本方差来替换σ^2，幸运的是，当原假设H_0成立时，替换后的统计量及其分布也是已知的，即

$$T=\frac{\overline{X}-\mu_0}{S/\sqrt{n}}\sim t(n-1). \tag{7.2}$$

对于给定的检验水平α，通过查t分布表得临界值$t_{\alpha/2}(n-1)$，使得$P\{|T|>t_{\alpha/2}(n-1)\}=\alpha$，即$\{|T|>t_{\alpha/2}(n-1)\}$是小概率事件. 根据样本计算$T$的值$t$，如果$|t|>t_{\alpha/2}(n-1)$时，拒绝原假设$H_0$；当$|t|\leqslant t_{\alpha/2}(n-1)$时，不拒绝原假设$H_0$. 这里采用的统计量为$T$统计量，故称为$t$**检验法**，如图7.3所示.

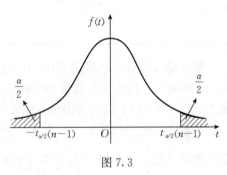

图 7.3

因此关于方差未知的正态总体的均值μ的检验步骤如下：

① 提出待检验的假设：原假设H_0：$\mu=\mu_0$和备择假设H_1：$\mu\neq\mu_0$.

② 由备择假设H_1：$\mu\neq\mu_0$，构造统计量及其分布

$$T=\frac{\overline{X}-\mu_0}{S/\sqrt{n}}\sim t(n-1).$$

③ 根据给定的显著性水平α，查表确定临界值$t_{\alpha/2}(n-1)$，使$P\{|T|>t_{\alpha/2}(n-1)\}=\alpha$，确定拒绝域$|T|>t_{\alpha/2}(n-1)$.

④ 计算T的观测值t并下结论：若$|t|>t_{\alpha/2}(n-1)$，则拒绝原假设H_0：$\mu=\mu_0$；若$|t|\leqslant t_{\alpha/2}(n-1)$，则不拒绝原假设$H_0$：$\mu=\mu_0$.

在实际中要做的单边检验H_0：$\mu=\mu_0$，H_1：$\mu<\mu_0$或H_0：$\mu=\mu_0$，H_1：$\mu>\mu_0$，依照前面类似的讨论，对给定的检验水平α. 对统计量$T=\frac{\overline{X}-\mu_0}{S/\sqrt{n}}$，由$P\{T<-t_\alpha(n-1)\}=\alpha$（或$P\{T>t_\alpha(n-1)\}=\alpha$）可确定临界值$-t_\alpha(n-1)$（或$t_\alpha(n-1)$），当$t<-t_\alpha(n-1)$（或$t>t_\alpha(n-1)$）时，拒绝$H_0$，如图7.4所示.

上述所有检验的相关结果总结在表7.2中，供参考使用.

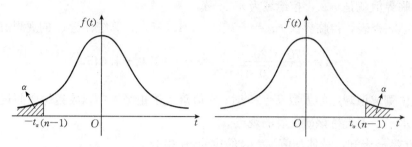

图 7.4

表 7.2 单个正态总体均值的 t 检验

原假设	备择假设	统计量及其分布	临界值	拒绝域
$H_0: \mu = \mu_0$	$H_1: \mu \neq \mu_0$	$T = \dfrac{\overline{X} - \mu_0}{S/\sqrt{n}} \sim t(n-1)$	$t_{\alpha/2}(n-1)$	$\lvert t \rvert > t_{\alpha/2}(n-1)$
$H_0: \mu = \mu_0$	$H_1: \mu < \mu_0$	$T = \dfrac{\overline{X} - \mu_0}{S/\sqrt{n}} \sim t(n-1)$	$-t_{\alpha}(n-1)$	$t < -t_{\alpha}(n-1)$
$H_0: \mu = \mu_0$	$H_1: \mu > \mu_0$	$T = \dfrac{\overline{X} - \mu_0}{S/\sqrt{n}} \sim t(n-1)$	$t_{\alpha}(n-1)$	$t > t_{\alpha}(n-1)$

假设检验的结论通常是简单的，就是能否拒绝原假设，然而在检验中会出现这样的情况：在给定一个较大的检验水平（如 $\alpha = 0.05$）下得到拒绝原假设，而在给定一个较小的检验水平（如 $\alpha = 0.01$）下得到不拒绝原假设，两结果截然相反，这种情况在理论上不难解释，但也容易造成应用上的麻烦．事实上，在假设检验中，还有一个与检验水平密切相关的概念，即**检验的 p 值**，如在例 7.2.2 中，拒绝域可以用 $\dfrac{950 - 1000}{100/\sqrt{25}} = -2.5$ 表示为 $\{U \leqslant -u_{\alpha}\}$，称 $P\{U \leqslant -u_{\alpha}\}$ 为犯第一类错误的概率，若在得到样本观测值 μ 后，然后把它替换原临界值计算概率，所得的值称为这个检验的 p 值，即如上述，$P\{U < -2.5\} \approx 0.0073$，对一般的假设检验，我们都把利用观测值能求出拒绝原假设的最小概率称为 p 值，它表明，从样本观测值得到拒绝 H_0 的决定，至小要给出多大的检验水平 α，显然，若 $p < \alpha$，则拒绝 H_0；若 $p \geqslant \alpha$，则不拒绝 H_0．如上述 $P\{U < -2.5\} \approx 0.0073 < \alpha = 0.01$，故拒绝 H_0．注意到，在现代统计软件中，一般并不给出检验的拒绝域或临界值，而是都给出检验的 p 值，于是可以根据 p 值做出拒绝或不拒绝原假设 H_0 的决定．检验的 p 值的计算超出本书范围，读者可在第十章进一步体会它的作用．

例 7.2.4 已知健康人的红细胞直径服从均值为 $7.2\mu m$ 的正态分布，今在某患者血液中随机测得 9 个红细胞的直径（单位：μm）如下：

$$7.8, \ 9.0, \ 7.1, \ 7.6, \ 8.5, \ 7.7, \ 7.3, \ 8.1, \ 8.0,$$

问该患者红细胞平均值与健康人的差异有无统计意义？（$\alpha = 0.05$）

解 由于方差未知，此时对于均值的检验应该采用 t 检验．检验的假设为

$$H_0: \mu = \mu_0 = 7.2, \ H_1: \mu \neq 7.2.$$

此时，自由度为 8，当 $\alpha = 0.05$ 时，查 t 分布表得

$$t_{\alpha/2}(n-1) = t_{0.025}(8) = 2.306,$$

于是得拒绝域为

$$|T| \geqslant 2.306.$$

根据题意计算得

样本均值：$\bar{x} = \dfrac{1}{9} \sum\limits_{i=1}^{9} x_i = \dfrac{1}{9}(7.8+9.0+7.1+7.6+8.5+7.7+7.3+8.1+8.0) = 7.9$，

样本方差：$s^2 = \dfrac{1}{9-1} \sum\limits_{i=1}^{9} (x_i - \bar{x})^2 = 0.345$，

从而 $s \approx 0.587$。

计算 T 统计量的观测值：

$$t = \frac{\bar{x} - \mu_0}{s/\sqrt{n}} = \frac{7.9 - 7.2}{0.587/3} = 3.587.$$

该值落在拒绝域内，所以拒绝原假设 H_0，即在检验水平 $\alpha = 0.05$ 下，该患者红细胞平均值与健康人之间的差异有统计意义。

例 7.2.5 已知某品种花卉株高服从正态分布 $N(52, \sigma^2)$，现在改变施肥的配方，利用新配方施肥后随机挑选了 7 株花卉，测得其株高为

$$52.45，48.51，56.02，49.02，53.38，54.04，53.21，$$

问在显著性水平 $\alpha = 0.05$ 下，新配方的花卉株高是否有明显提高？

解 由于方差未知，对于均值的检验依然采用 t 检验。根据题意，提出假设：

$$H_0: \mu = \mu_0 = 52, \quad H_1: \mu > 52,$$

在原假设 H_0 成立时，统计量为

$$T = \frac{\bar{X} - \mu_0}{S/\sqrt{n}} \sim t(n-1).$$

给定显著性水平 $\alpha = 0.05$，查表得临界值 $t_{0.05}(6) = 1.943$，故拒绝域为 $T > 1.943$。

由样本计算得

$$\bar{x} = \frac{1}{7} \sum_{i=1}^{7} x_i = 52.38, \quad s^2 = \frac{1}{7-1} \sum_{i=1}^{7} (x_i - \bar{x})^2 = 7.328,$$

因此统计量的观测值为 $t = \dfrac{52.38 - 52}{\sqrt{7.328/7}} = 0.3714$，未落在拒绝域中，故不拒绝原假设 H_0，即认为新配方的花卉株高的提高没有统计意义。

2. 单个正态总体 $N(\mu, \sigma^2)$ 的方差 σ^2 的假设检验

（1）当均值 μ 已知时，总体方差 σ^2 的检验：χ^2 检验。

设 $X_1, X_2, \cdots, X_n$ 是正态总体 $N(\mu, \sigma^2)$ 中抽取的样本，均值 μ 已知，方差检验的假设为 $H_0: \sigma^2 = \sigma_0^2$，$H_1: \sigma^2 \neq \sigma_0^2$，若原假设 $H_0: \sigma^2 = \sigma_0^2$ 成立，此时，统计量及其分布为

$$\chi^2 = \frac{\sum\limits_{i=1}^{n} (X_i - \mu)^2}{\sigma_0^2} \sim \chi^2(n). \tag{7.3}$$

对于给定的检验水平 α，由 $P\{\chi^2 \leqslant \chi_{1-\alpha/2}^2(n)\} = \dfrac{\alpha}{2}$ 及 $P\{\chi^2 \geqslant \chi_{\alpha/2}^2(n)\} = \dfrac{\alpha}{2}$ 确定临界值 $\chi_{1-\alpha/2}^2(n)$，$\chi_{\alpha/2}^2(n)$。当 $\chi^2 \leqslant \chi_{1-\alpha/2}^2(n)$ 或 $\chi^2 \geqslant \chi_{\alpha/2}^2(n)$ 时，拒绝原假设 H_0；当 $\chi_{1-\alpha/2}^2(n) < \chi^2 < \chi_{\alpha/2}^2(n)$ 时，

不拒绝原假设 H_0，如图 7.5 所示.

已知均值检验方差时，采用的统计量为 χ^2 统计量，故称为 χ^2 **检验法**. 因此已知总体均值，检验方差的步骤如下：

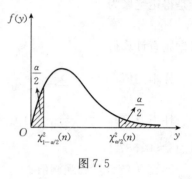

图 7.5

① 提出待检验的假设：原假设 H_0：$\sigma^2 = \sigma_0^2$ 和备择假设 H_1：$\sigma^2 \neq \sigma_0^2$.

② 由备择假设 H_1：$\sigma^2 \neq \sigma_0^2$ 构造统计量及其分布

$$\chi^2 = \frac{\sum_{i=1}^{n}(X_i - \mu)^2}{\sigma_0^2} \sim \chi^2(n).$$

③ 根据给定的检验水平 α，查表确定临界值 $\chi_{1-\alpha/2}^2(n)$ 和 $\chi_{\alpha/2}^2(n)$，使 $P\{\chi^2 < \chi_{1-\alpha/2}^2(n)\} = \frac{\alpha}{2}$ 及 $P\{\chi^2 > \chi_{\alpha/2}^2(n)\} = \frac{\alpha}{2}$ 成立，确定拒绝域 $\chi^2 < \chi_{1-\alpha/2}^2(n)$ 或 $\chi^2 > \chi_{\alpha/2}^2(n)$.

④ 计算 χ^2 的观测值并下结论：若 $\chi^2 < \chi_{1-\alpha/2}^2(n)$ 或 $\chi^2 > \chi_{\alpha/2}^2(n)$，则拒绝原假设 H_0：$\sigma^2 = \sigma_0^2$，若 $\chi_{1-\alpha/2}^2(n) < \chi^2 < \chi_{\alpha/2}^2(n)$，则不拒绝原假设 H_0：$\sigma^2 = \sigma_0^2$.

在实际中，要做的单边检验 H_0：$\sigma^2 = \sigma_0^2$，H_1：$\sigma^2 < \sigma_0^2$ 或 H_0：$\sigma^2 = \sigma_0^2$，H_1：$\sigma^2 > \sigma_0^2$，

依照前面类似的讨论，对给定的检验水平 α. 对统计量 $\chi^2 = \dfrac{\sum\limits_{i=1}^{n}(X_i - \mu)^2}{\sigma_0^2}$，由 $P\{\chi^2 < \chi_{1-\alpha}^2(n)\} = \alpha$（或 $P\{\chi^2 > \chi_\alpha^2(n)\} = \alpha$）可确定临界值 $\chi_{1-\alpha}^2(n)$（或 $\chi_\alpha^2(n)$），当 $\chi^2 \leqslant \chi_{1-\alpha}^2(n)$（或 $\chi^2 \geqslant \chi_{1-\alpha}^2(n)$）时拒绝 H_0，如图 7.6 所示.

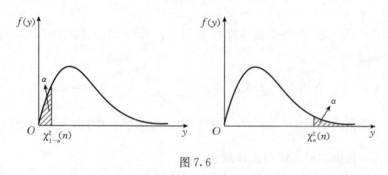

图 7.6

(2) 当均值 μ 未知时，总体方差 σ^2 的检验：χ^2 检验.

若 X_1，X_2，…，X_n 是取自正态总体 X 的子样，由定理 5.1，若 H_0：$\sigma^2 = \sigma_0^2$ 成立，则统计量

$$\chi^2 = \frac{(n-1)S^2}{\sigma_0^2} = \frac{\sum_{i=1}^{n}(X_i - \overline{X})^2}{\sigma_0^2} \sim \chi^2(n-1). \tag{7.4}$$

对给定的检验水平 α，由 $P\{\chi^2 < \chi_{1-\alpha/2}^2(n-1)\} = \frac{\alpha}{2}$ 及 $P\{\chi^2 > \chi_{\alpha/2}^2(n-1)\} = \frac{\alpha}{2}$ 确定临界值 $\chi_{1-\alpha/2}^2(n-1)$，$\chi_{\alpha/2}^2(n-1)$. 当 $\chi^2 \leqslant \chi_{1-\alpha/2}^2(n-1)$ 或 $\chi^2 \geqslant \chi_{\alpha/2}^2(n-1)$ 时，拒绝原假设 H_0；当 $\chi_{1-\alpha/2}^2(n-1) \leqslant \chi^2 \leqslant \chi_{\alpha/2}^2(n-1)$ 时，不拒绝原假设 H_0，如图 7.7 所示.

总体均值未知，检验方差的步骤为

① 提出待检验的假设：原假设 H_0：$\sigma^2 = \sigma_0^2$ 和备择假设 H_1：$\sigma^2 \neq \sigma_0^2$.

② 由备择假设 H_1：$\sigma^2 \neq \sigma_0^2$，构造统计量及其分布 $\chi^2 = \dfrac{(n-1)S^2}{\sigma_0^2} \sim \chi^2(n-1)$.

③ 根据给定的检验水平 α，查表确定临界值 $\chi_{1-\alpha/2}^2(n-1)$ 及 $\chi_{\alpha/2}^2(n-1)$，使 $P\{\chi^2 < \chi_{1-\alpha/2}^2(n-1)\} = \dfrac{\alpha}{2}$ 及 $P\{\chi^2 > \chi_{\alpha/2}^2(n-1)\} = \dfrac{\alpha}{2}$ 成立，确定拒绝域 $\chi^2 < \chi_{1-\alpha/2}^2(n-1)$ 或 $\chi^2 > \chi_{\alpha/2}^2(n-1)$.

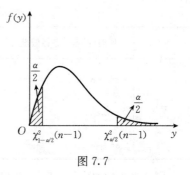

图 7.7

④ 计算 χ^2 的观测值并下结论：若 $\chi^2 < \chi_{1-\alpha/2}^2(n-1)$ 或 $\chi^2 > \chi_{\alpha/2}^2(n-1)$，则拒绝原假设 H_0：$\sigma^2 = \sigma_0^2$；若 $\chi_{1-\alpha/2}^2(n-1) \leqslant \chi^2 \leqslant \chi_{\alpha/2}^2(n-1)$，则不能拒绝原假设 H_0：$\sigma^2 = \sigma_0^2$.

在实际中要做的单边检验 H_0：$\sigma^2 = \sigma_0^2$，H_1：$\sigma^2 < \sigma_0^2$ 或 H_0：$\sigma^2 = \sigma_0^2$，H_1：$\sigma^2 > \sigma_0^2$，依照前面类似的讨论，若给定检验水平 α，对统计量 $\chi^2 = \dfrac{(n-1)S^2}{\sigma^2}$，由 $P\{\chi^2 < \chi_{1-\alpha}^2(n-1)\} = \alpha$ （或 $P\{\chi^2 > \chi_\alpha^2(n-1)\} = \alpha$）可确定临界值 $\chi_{1-\alpha}^2(n-1)$（或 $\chi_\alpha^2(n-1)$），当 $\chi^2 < \chi_{1-\alpha}^2(n-1)$（或 $\chi^2 > \chi_\alpha^2(n-1)$）时，拒绝原假设 H_0，如图 7.8 所示.

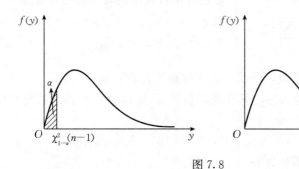

图 7.8

下面将单个总体关于方差的 χ^2 检验总结在表 7.3 中.

表 7.3　单个正态总体方差的 χ^2 检验

条件	原假设	备择假设	统计量及其分布	临界值	拒绝域
μ 已知	$\sigma^2 = \sigma_0^2$	$\sigma^2 \neq \sigma_0^2$	$\chi^2 = \dfrac{\sum\limits_{i=1}^{n}(X_i - \mu)^2}{\sigma_0^2} \sim \chi^2(n)$	$\chi_{1-\alpha/2}^2(n)$ 和 $\chi_{\alpha/2}^2(n)$	$\chi^2 < \chi_{1-\alpha/2}^2(n)$ 或 $\chi^2 > \chi_{\alpha/2}^2(n)$
	$\sigma^2 = \sigma_0^2$	$\sigma^2 < \sigma_0^2$	$\chi^2 = \dfrac{\sum\limits_{i=1}^{n}(X_i - \mu)^2}{\sigma_0^2} \sim \chi^2(n)$	$\chi_{1-\alpha}^2(n)$	$\chi^2 < \chi_{1-\alpha}^2(n)$
	$\sigma^2 = \sigma_0^2$	$\sigma^2 > \sigma_0^2$	$\chi^2 = \dfrac{\sum\limits_{i=1}^{n}(X_i - \mu)^2}{\sigma_0^2} \sim \chi^2(n)$	$\chi_\alpha^2(n)$	$\chi^2 > \chi_\alpha^2(n)$

(续)

条件	原假设	备择假设	统计量及其分布	临界值	拒绝域
μ 未知	$\sigma^2 = \sigma_0^2$	$\sigma^2 \neq \sigma_0^2$	$\chi^2 = \dfrac{(n-1)S^2}{\sigma_0^2} \sim \chi^2(n-1)$	$\chi^2_{1-\alpha/2}(n-1)$ 和 $\chi^2_{\alpha/2}(n-1)$	$\chi^2 < \chi^2_{1-\alpha/2}(n-1)$ 或 $\chi^2 > \chi^2_{\alpha/2}(n-1)$
	$\sigma^2 = \sigma_0^2$	$\sigma^2 < \sigma_0^2$	$\chi^2 = \dfrac{(n-1)S^2}{\sigma_0^2} \sim \chi^2(n-1)$	$\chi^2_{1-\alpha}(n-1)$	$\chi^2 < \chi^2_{1-\alpha}(n-1)$
	$\sigma^2 = \sigma_0^2$	$\sigma^2 > \sigma_0^2$	$\chi^2 = \dfrac{(n-1)S^2}{\sigma_0^2} \sim \chi^2(n-1)$	$\chi^2_{\alpha}(n-1)$	$\chi^2 > \chi^2_{\alpha}(n-1)$

例 7.2.6(续例 7.2.5) 在检验水平 $\alpha=0.05$ 下，能否认为该花卉株高的方差 $\sigma^2=2.5^2$？

解 此时是均值已知，对于方差进行检验，从表 7.3 知，该采用自由度为 n 的 χ^2 检验.

提出假设为

$$H_0：\sigma^2=\sigma_0^2=2.5^2，\quad H_1：\sigma^2 \neq 2.5^2，$$

统计量为

$$\chi^2 = \frac{\sum\limits_{i=1}^{n}(X_i-\mu)^2}{\sigma_0^2} \sim \chi^2(n).$$

在检验水平 $\alpha=0.05$ 下，$n=7$，查 χ^2 分布临界值得

$$\chi^2_{1-\alpha/2}(n)=\chi^2_{0.975}(7)=1.690，\quad \chi^2_{0.025}(7)=16.013，$$

拒绝域为 $(0，1.690) \bigcup (16.013，+\infty)$. 而通过样本计算得到统计量的观测值为

$$\chi^2 = \frac{\sum\limits_{i=1}^{n}(X_i-\mu)^2}{\sigma_0^2} = \frac{44.9535}{2.5^2} \approx 7.1926，$$

未落入拒绝域中，故不拒绝原假设，即认为花卉株高的方差是 $\sigma^2=2.5^2$.

例 7.2.7 一个混杂的小麦品种，其株高的标准差为 14cm，经提纯后随机抽取 10 株，它们的株高(单位：cm)为

$$90，105，101，95，100，100，101，105，93，97，$$

试问经提纯后的群体是否比原群体整齐($\alpha=0.01$)？

解 要检验提纯后的群体是否比原群体整齐($\alpha=0.01$)，即检验假设：

$$H_0：\sigma=14，\quad H_1：\sigma<14(\alpha=0.01).$$

对于 $\alpha=0.01$，查自由度为 9 的 χ^2 分布表，得临界值：$\chi^2_{0.99}(9)=2.088$.

由样本，得

$$\chi^2 = \frac{(n-1)s^2}{\sigma_0^2} = \frac{9 \times 4.92^2}{14^2} = 1.1115.$$

因为 $\chi^2 < \chi^2_{0.99}(9)$，所以应拒绝原假设 $H_0：\sigma^2=14^2$，即可认为经提纯后的群体比原群体整齐.

二、两个正态总体的假设检验

在实际工作中，我们有时还需要对两个正态总体的参数进行比较，本节介绍几种常用的检验方法：

1. 两个正态总体的方差 σ_X^2，σ_Y^2 已知时，检验假设 $H_0：\mu_X=\mu_Y$，$H_1：\mu_X \neq \mu_Y$

设有两个正态总体 $X \sim N(\mu_X, \sigma_X^2)$，$Y \sim N(\mu_Y, \sigma_Y^2)$，且 σ_X^2，σ_Y^2 已知，分别从两总体中随机抽取两组相互独立的子样 $X_1, X_2, \cdots, X_{n_1}$ 和 $Y_1, Y_2, \cdots, Y_{n_2}$，现在检验假设

$$H_0: \mu_X = \mu_Y, \ H_1: \mu_X \neq \mu_Y.$$

设 $\overline{X}$，S_X^2 分别为总体 X 的样本均值及样本方差，$\overline{Y}$，S_Y^2 分别为总体 Y 的样本均值及样本方差，由定理 5.1 知

$$\frac{(\overline{X} - \overline{Y}) - (\mu_1 - \mu_2)}{\sqrt{\dfrac{\sigma_X^2}{n_1} + \dfrac{\sigma_Y^2}{n_2}}} \sim N(0, 1).$$

在原假设 H_0 成立的条件下，统计量及其分布如下：

$$U = \frac{\overline{X} - \overline{Y}}{\sqrt{\dfrac{\sigma_X^2}{n_1} + \dfrac{\sigma_Y^2}{n_2}}} \sim N(0, 1), \tag{7.5}$$

其中 n_1，n_2 分别为取自总体 X，Y 的样本容量．

对给定的检验水平 α，可查标准正态分布表，得临界值 $u_{\alpha/2}$，使 $P\{|U| > u_{\alpha/2}\} = \alpha$，由样本可算得 U 的观测值 u，若满足 $|u| > u_{\alpha/2}$，则拒绝 H_0，否则，不拒绝 H_0．由于选取的统计量为 U 统计量，故此检验法也称为 U **检验法**．

2. 两个总体的方差 σ_X^2，σ_Y^2 未知，但 $\sigma_X^2 = \sigma_Y^2$，检验假设 $H_0: \mu_X = \mu_Y$，$H_1: \mu_X \neq \mu_Y$

设有两个正态总体 $X \sim N(\mu_X, \sigma_X^2)$，$Y \sim N(\mu_Y, \sigma_Y^2)$，且已知 $\sigma_X^2 = \sigma_Y^2$，分别从两总体中随机抽取两组相互独立的子样 $X_1, X_2, \cdots, X_{n_1}$ 和 $Y_1, Y_2, \cdots, Y_{n_2}$，现在检验假设

$$H_0: \mu_X = \mu_Y, \ H_1: \mu_X \neq \mu_Y.$$

设 $\overline{X}$，S_X^2 分别为总体 X 的样本均值及样本方差，$\overline{Y}$，S_Y^2 分别为总体 Y 的样本均值及样本方差，由定理 5.2 知，在原假设 H_0 成立的条件下，统计量及其分布如下：

$$T = \frac{\overline{X} - \overline{Y}}{\sqrt{\dfrac{S_X^2(n_1-1) + S_Y^2(n_2-1)}{n_1 + n_2 - 2}}\sqrt{\dfrac{1}{n_1} + \dfrac{1}{n_2}}} \sim t(n_1 + n_2 - 2), \tag{7.6}$$

其中 n_1，n_2 分别为取自总体 X，Y 的样本容量．

对给定的检验水平 α，可查自由度为 $n_1 + n_2 - 2$ 的 t 分布，得临界值 $t_{\alpha/2}(n_1 + n_2 - 2)$，使 $P\{|T| > t_{\alpha/2}(n_1 + n_2 - 2)\} = \alpha$，由样本可计算得 T 的观测值 t，若满足 $|t| > t_{\alpha/2}(n_1 + n_2 - 2)$，则拒绝 H_0，否则，不拒绝 H_0．由于选取的统计量为 T 统计量，故此检验法称为 t **检验法**．

下面给出 t 检验法的一般步骤：

① 提出待检验的假设：原假设 $H_0: \mu_1 = \mu_2$ 和备择假设 $H_1: \mu_1 \neq \mu_2$．

② 由备择假设 $H_1: \mu_1 \neq \mu_2$，构造统计量及其分布

$$T = \frac{\overline{X} - \overline{Y}}{\sqrt{\dfrac{S_X^2(n_1-1) + S_Y^2(n_2-1)}{n_1 + n_2 - 2}}\sqrt{\dfrac{1}{n_1} + \dfrac{1}{n_2}}} \sim t(n_1 + n_2 - 2).$$

③ 对给定的检验水平 α，查自由度为 $n_1 + n_2 - 2$ 的 t 分布表得临界值 $t_{\alpha/2}(n_1 + n_2 - 2)$，由 $P\{|T| > t_{\alpha/2}(n_1 + n_2 - 2)\} = \alpha$ 确定拒绝域为 $|T| > t_{\alpha/2}(n_1 + n_2 - 2)$．

④ 计算得统计量 T 的观测值 t 后给出结论：当 $|t| > t_{\alpha/2}(n_1 + n_2 - 2)$ 时，拒绝原假设 H_0；当 $|t| \leqslant t_{\alpha/2}(n_1 + n_2 - 2)$ 时，接受原假设 H_0．

例 7.2.8 已知甲、乙两葡萄品种的含糖量分别服从正态分布 $X \sim N(\mu_1, 5.5^2)$，$Y \sim N(\mu_2, 5.2^2)$，甲品种测定 150 个葡萄得平均含糖量(%)$\bar{x} = 15.5$；乙品种测定 100 个葡萄得平均含糖量(%)$\bar{y} = 13$，试分析这两个品种含糖量的差异是否有统计意义.（$\alpha = 0.01$）

解 由于方差 σ_1^2 和 σ_2^2 已知，直接进行 U 检验. 由于并不知道甲、乙两品种的含糖量哪个高哪个低，故用双边检验.

提出假设：H_0：$\mu_1 = \mu_2$，即甲、乙两葡萄品种含糖量相同，

$\qquad\qquad H_1$：$\mu_1 \neq \mu_2$，即甲、乙两葡萄品种含糖量不同.

检验水平为 $\alpha = 0.01$，计算得

$$s_{\bar{x}_1 - \bar{x}_2} = \sqrt{\frac{\sigma_1^2}{n_1} + \frac{\sigma_2^2}{n_2}} = \sqrt{\frac{5.5^2}{150} + \frac{5.2^2}{100}} = 0.687,$$

$$U = \frac{\bar{x}_1 - \bar{x}_2}{s_{\bar{x}_1 - \bar{x}_2}} = \frac{15.5 - 13}{0.687} = 3.639.$$

推断：由于 $|U| > u_{0.005} = 2.58$，故拒绝 H_0，即两品种含糖量差异有统计意义.

因为这两个样本均可认为是大样本，故若方差未知，也可用样本方差代替近似求解，下面对两个大样本独立总体比例的差做检验.

设 $X_i \sim B(1, p_1)$，$i = 1, 2, \cdots, n_1$，$Y_j \sim B(1, p_2)$，$j = 1, 2, \cdots, n_2$，且 $X = \sum_{i=1}^{n_1} X_i$，$Y = \sum_{j=1}^{n_2} Y_j$，则 $X \sim B(n_1, p_1)$，$Y \sim B(n_2, p_2)$. 由中心极限定理及 (7.5) 式知，当 n 充分大时，

$$\frac{(\hat{p}_1 - \hat{p}_2) - (p_1 - p_2)}{\sqrt{\dfrac{\hat{p}_1(1 - \hat{p}_1)}{n_1} + \dfrac{\hat{p}_2(1 - \hat{p}_2)}{n_2}}} \overset{\text{近似}}{\sim} N(0, 1),$$

其中 $\hat{p}_1 = \dfrac{X}{n_1}$，$\hat{p}_2 = \dfrac{Y}{n_2}$.

现对比例差做假设检验：H_0：$p_1 - p_2 = 0$，当 H_0 为真时，

$$U = \frac{\hat{p}_1 - \hat{p}_2}{\sqrt{\dfrac{\hat{p}_1(1 - \hat{p}_1)}{n_1} + \dfrac{\hat{p}_2(1 - \hat{p}_2)}{n_2}}} \overset{\text{近似}}{\sim} N(0, 1),$$

则可用 U 检验法对 H_0 进行检验，我们把比例 $p_1 - p_2$ 的检验看成在大样本条件下 U 检验法的推广，它可分别做单边或双边的检验.

例 7.2.9 为比较甲、乙两种杀虫剂的杀虫效果，分别做了杀虫的试验，甲种杀虫剂在 600 头虫子中杀死 465 头，乙种杀虫剂在 500 头虫子中杀死 374 头，问它们的杀虫效果是否相同？（$\alpha = 0.05$）

解 设 p_1，p_2 分别表示两种杀虫剂喷杀后虫的死亡率，建立假设

$\qquad H_0$：$p_1 - p_2 = 0$（两种杀虫剂的杀虫效果无差别），H_1：$p_1 - p_2 \neq 0$，

求得 $\hat{p}_1 = \dfrac{465}{600} = 0.775$，$\hat{p}_2 = \dfrac{374}{500} = 0.748$，则

$$U = \frac{\hat{p}_1 - \hat{p}_2}{\sqrt{\dfrac{\hat{p}_1(1 - \hat{p}_1)}{n_1} + \dfrac{\hat{p}_2(1 - \hat{p}_2)}{n_2}}} = \frac{0.775 - 0.748}{\sqrt{\dfrac{0.775(1 - 0.775)}{600} + \dfrac{0.748(1 - 0.748)}{500}}} \approx 1.04.$$

对给定的检验水平 $\alpha=0.05$，查标准正态分布表 $u_{0.025}=1.96$，而
$$|U|=1.04<1.96=u_{0.025},$$
所以在 $\alpha=0.05$ 水平下不能拒绝原假设 H_0，两种杀虫剂的杀虫效果差别无统计意义，它们的杀虫效果无显著差别.

例 7.2.10 设有种植玉米的甲、乙两个农业试验区，各分为 10 个小区，各小区的面积相同，除甲区各小区增施磷肥外，其他试验条件均相同，两个试验区的玉米产量（单位：kg）如下（假设玉米产量服从正态分布，且有相同的方差）：

甲区：65，60，62，57，58，63，60，57，60，58；

乙区：59，56，56，58，57，57，55，60，57，55，

试判别磷肥对玉米产量有无显著影响.（$\alpha=0.05$）

解 这是已知方差相等，对均值检验的问题，待检验假设为
$$H_0:\ \mu_X=\mu_Y,\ H_1:\ \mu_X\neq\mu_Y,$$
对给定的 $\alpha=0.05$，查自由度为 $10+10-2=18$ 的 t 分布表，得 $t_{0.025}(18)=2.101$.

由样本，得
$$\bar{x}=60,\ (n_1-1)S_X^2=64,\ \bar{y}=57,\ (n_2-1)S_Y^2=24,$$

$$t=\frac{60-57}{\sqrt{\dfrac{64+24}{10+10-2}}\sqrt{\dfrac{1}{10}+\dfrac{1}{10}}}=3.03.$$

因为 $|t|>t_{0.025}(18)$，所以拒绝原假设 H_0，即可认为磷肥对玉米产量有显著影响.

3. 两个正态总体均值未知时的方差齐性检验

设有两个正态总体 $X\sim N(\mu_X,\ \sigma_X^2)$，$Y\sim N(\mu_Y,\ \sigma_Y^2)$，分别从两总体中随机抽取两组相互独立的子样 X_1，X_2，$\cdots$，X_{n_1} 和 Y_1，Y_2，$\cdots$，Y_{n_2}，现在检验假设
$$H_0:\ \sigma_X^2=\sigma_Y^2,\ H_1:\ \sigma_X^2\neq\sigma_Y^2,$$
设 S_X^2 和 S_Y^2 分别为抽自这两个总体的样本容量为 n_1，n_2 的样本方差，当 $H_0:\ \sigma_X^2=\sigma_Y^2$ 为真时，由定理 5.2 可知随机变量
$$F=\frac{S_X^2}{S_Y^2}\sim F(n_1-1,\ n_2-1). \tag{7.7}$$

在给定的检验水平 α 下，由
$$P\{F<F_{1-\alpha/2}(n_1-1,\ n_2-1)\}=P\{F>F_{\alpha/2}(n_1-1,\ n_2-1)\}=\frac{\alpha}{2}$$
查 F 分布的临界值 $F_{1-\alpha/2}(n_1-1,\ n_2-1)$，$F_{\alpha/2}(n_1-1,\ n_2-1)$，当 $F<F_{1-\alpha/2}(n_1-1,\ n_2-1)$
或 $F>F_{\alpha/2}(n_1-1,\ n_2-1)$ 时，则拒绝原假设 H_0；否则，不拒绝原假设 H_0，如图 7.9 所示.

该检验使用的统计量是 F 检验统计量，因此该检验方法也称为 F 检验法.从而得到 F 检验法的检验步骤为

① 提出待检验的假设：原假设 $H_0:$ $\sigma_X^2=\sigma_Y^2$ 和备择假设 $H_1:\ \sigma_X^2\neq\sigma_Y^2$.

② 由备择假设 $H_1:\ \sigma_X^2\neq\sigma_Y^2$，构造统

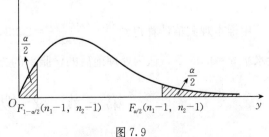

图 7.9

计量及其分布

$$F=\frac{S_X^2}{S_Y^2}\sim F(n_1-1,\ n_2-1).$$

③ 对给定的检验水平 α，查 F 分布的临界值 $F_{1-\alpha/2}(n_1-1,\ n_2-1)$，$F_{\alpha/2}(n_1-1,\ n_2-1)$，确定拒绝域为 $F<F_{1-\alpha/2}(n_1-1,\ n_2-1)$ 和 $F>F_{\alpha/2}(n_1-1,\ n_2-1)$.

④ 计算得统计量 F 的观测值后给出结论：当 $F<F_{1-\alpha/2}(n_1-1,\ n_2-1)$ 或 $F>F_{\alpha/2}(n_1-1,\ n_2-1)$ 时，拒绝原假设 H_0；当 $F_{1-\alpha/2}(n_1-1,\ n_2-1)\leqslant F\leqslant F_{\alpha/2}(n_1-1,\ n_2-1)$ 时，不拒绝原假设 H_0.

对于单边 F 检验，这里不再详细讨论，可以参看示意图(图 7.10).

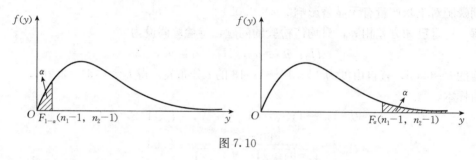

图 7.10

例 7.2.11 对某种羊毛纤维在处理前与处理后分别抽样分析，其含脂率如下：

处理前 x_i：0.19，0.18，0.21，0.30，0.41，0.12，0.27；

处理后 y_i：0.15，0.13，0.07，0.24，0.19，0.06，0.08，0.12，

假设处理前后的含脂率都是服从正态分布的，检验处理前后的含脂率的方差是否有显著差异. ($\alpha=0.05$)

解 根据题意，提出假设，

$$H_0: \sigma_X^2=\sigma_Y^2,\ H_1: \sigma_X^2\neq\sigma_Y^2,$$

选择检验统计量为

$$F=\frac{S_X^2}{S_Y^2}\sim F(6,\ 7).$$

对于给定的检验水平 $\alpha=0.05$，查 F 分布表得其临界值为

$$F_{0.975}(6,\ 7)=\frac{1}{F_{0.025}(7,\ 6)}=\frac{1}{5.70}\approx0.175,\ F_{0.025}(6,\ 7)=5.12,$$

则其拒绝域为

$$\frac{S_X^2}{S_Y^2}\leqslant0.175 \text{ 或 } \frac{S_X^2}{S_Y^2}\geqslant5.12.$$

由样本观测值计算得到 $\frac{s_X^2}{s_Y^2}=\frac{0.0091}{0.0039}=2.33$，未落在拒绝域中，故接受原假设，即在检验水平 $\alpha=0.05$ 下，认为处理前后的含脂率的方差的差异无统计意义.

第三节 χ^2 拟合优度检验

前面的假设检验问题都是基于总体要服从正态分布，然后对其数字特征如均值或方

差等进行检验，然而在实际问题中，往往不知道随机变量是否服从某种特定的分布，对于分布也需要检验．如果根据以往的经验，或者按照实际观测值的分布情况，猜测总体可能服从某种分布，其分布函数为 $F(x)$．我们的任务就是利用样本观测值对这种猜测进行验证，推断总体分布函数 $F(x)$ 是否为真．本节将介绍一种常用的检验分布的方法——χ^2 拟合优度检验．

一、理论分布完全已知且只取有限个值的情况

设有一总体 X 为一个仅取有限个不同数值 a_1，a_2，$\cdots$，a_k 的随机变量，且取值 a_i 的概率为 p_i，$i=1$，2，$\cdots$，k．此时，对总体抽取样本后提出假设

$$H_0：P\{X=a_i\}=p_i, \quad i=1, 2, \cdots, k. \tag{7.8}$$

若抽取的样本容量为 n，得到的样本为 X_1，X_2，$\cdots$，X_n，现在根据它们去检验(7.8)的原假设成立与否．

先设想 n 足够大，根据大数定理，若以 v_i 记 X_1，X_2，$\cdots$，X_n 中等于 a_i 的个数，应有 $v_i/n \approx p_i$，即 $v_i \approx np_i$．我们把 np_i 称为 a_i 这个"类"的理论值，而把 v_i 称为其经验值或观测值，见表 7.4.

表 7.4

类别	a_1	a_2	$\cdots$	a_i	$\cdots$	a_k
理论值	np_1	np_2	$\cdots$	np_i	$\cdots$	np_k
经验值	v_1	v_2	$\cdots$	v_i	$\cdots$	v_k

显然，表中最后两行差异越小，我们越乐于接受 H_0．现在要找出一个适当的量来反映这种差异．皮尔逊采用的量是：

$$\chi^2 = \sum (\text{理论值} - \text{经验值})^2 / \text{理论值} = \sum_{i=1}^{k} (np_i - v_i)^2 / (np_i). \tag{7.9}$$

这个统计量称为皮尔逊的拟合优度 χ^2 统计量，下文简称 χ^2 **统计量**．名称的得来是因为下面这个重要定理，它是皮尔逊证明的．

定理 7.1 如果原假设 H_0 成立，则在样本容量 $n \rightarrow +\infty$ 时，统计量 χ^2 的分布趋向于自由度为 $k-1$ 的 χ^2 分布，即 $\chi^2(k-1)$.

该定理的严格证明超出了本课程范围，不再赘述．

需要注意的就是利用该 χ^2 拟合优度检验法对总体进行检验时，要求样本容量 n 足够大，同时观测值落在每个类别的频数 v_i 不能过少，一般要求 $n \geqslant 50$，且每个 $v_i \geqslant 5$，如果某些频数太少的话，则通常的做法就是将邻近若干类合并以达到要求．

应用定理 7.1 就可以对 H_0 进行假设检验，现已找到统计量及其近似分布，接下来找相应的临界值，在给定的显著性水平 α 下，根据(7.9)式可知 χ^2 值越大越拒绝原假设 H_0，即可以认为 $P\{\chi^2 > \chi_\alpha^2(k-1)\} = \alpha$，故临界值为 $\chi_\alpha^2(k-1)$，拒绝域为 $\chi^2 > \chi_\alpha^2(k-1)$．当 $\chi^2 > \chi_\alpha^2(k-1)$ 时，拒绝原假设 H_0．

例 7.3.1 将一枚骰子连续投掷 600 次，发现出现 6 个面的频数分别是 97，104，110，

93，114，82，问能否在检验水平 $\alpha=0.1$ 下认为骰子是均匀的？

解 提出假设

$$H_0:\ p_1=p_2=\cdots=p_6=\frac{1}{6}.$$

若原假设 H_0 为真，则 6 个面的理论频数都是 100，故检验统计量 χ^2 的值就为

$$\chi^2=\frac{(97-100)^2}{100}+\frac{(104-100)^2}{100}+\frac{(110-100)^2}{100}+$$

$$\frac{(93-100)^2}{100}+\frac{(114-100)^2}{100}+\frac{(82-100)^2}{100}$$

$$=6.94.$$

而在显著性水平 $\alpha=0.1$ 下查表得临界值为 $\chi^2_{0.1}(5)=9.236$，此时 $\chi^2<\chi^2_{0.1}(5)$，未落在拒绝域内，故接受原假设 H_0，即认为该骰子是均匀的．

例 7.3.2 一家工厂分早、中、晚三班，每班 8 小时，近期发生了一些事故，合计早班 6 次，中班 3 次，晚班 6 次．据此怀疑事故发生率与班次有关，比方说，中班事故率小些，要用这些数据来检验一下．

我们把 H_0：事故发生率与班次无关作为原假设．如分别以 1，2，3 作为早、中、晚班的代码，这个假设相当于(7.8)式中的 $a_i=i$，$p_i=\frac{1}{3}$，$i=1$，2，3. 理论值为 $np_i=15\times1/3=5$，$i=1$，2，3，算出 χ^2 值为

$$\chi^2=\frac{(5-6)^2+(5-3)^2+(5-6)^2}{5}=1.2.$$

查 χ^2 分布表知 $\chi^2\leqslant\chi^2_{0.05}(2)=5.991$，故接受原假设 H_0，即认为事故发生率与班次无关．

应注意到在应用中不要低估随机性的影响．在此例中，由于观察数 $n=15$ 太小，随机性的影响就大．读者可计算一下：若观察的总事故达到 75 而仍维持上述比例（即早班 30 次，中班 15 次，晚班 30 次）则 $\chi^2=6>\chi^2_{0.05}(2)=5.99$，因而有较充分的理由认为三个班次有差异．在仅有 15 次的观察数之下，对目前这个结果，只能解释为：一方面，数据未能提供事故率与班次有关的支持；另一方面，也认为表面上的差异究竟不宜完全忽视，值得进一步观察．

二、理论分布函数的检验

在诸多实际问题中，分布常常只是类型已知，但其中含有若干个未知参数，或者分布类型也是未知的．现在试图检验 H_0：样本 X_1，X_2，$\cdots$，X_n 的总体分布是 $F(x)$，其备择假设 H_1：这些样本的总体分布不是 $F(x)$. 若 $F(x)$ 带未知参数 $\boldsymbol{\theta}=(\theta_1,\ \theta_2,\ \cdots,\ \theta_r)^{\mathrm{T}}$，则应记为 $F(x;\ \boldsymbol{\theta})$，不妨设该分布是连续的．

构造拟合优度检验的思想和步骤如下：

(1)把 $(-\infty,\ +\infty)$ 分割成 k 个区间：

$$-\infty=a_0<a_1<a_2<\cdots<a_{k-1}<a_k=+\infty,$$

记作 $\qquad I_1=(a_0,\ a_1],\ I_2=(a_1,\ a_2],\ \cdots,\ I_k=(a_{k-1},\ a_k).$

(2)计算每个区间的理论频数：理论上落在区间 I_i 内的概率为

$$p_i(\boldsymbol{\theta})=F(a_i;\ \boldsymbol{\theta})-F(a_{i-1};\ \boldsymbol{\theta}),\ i=1,\ 2,\ \cdots,\ k. \tag{7.10}$$

现在样本容量为 n，它们落在区间 I_i 上的应该有 $np_i(\pmb{\theta})$ 个，这里 $np_i(\pmb{\theta})$ 称为理论频数。如果 $\pmb{\theta}$ 是未知的，用 $\hat{\pmb{\theta}}$ 表示它的最大似然估计，代入(7.10)式，得到 $p_i(\hat{\pmb{\theta}})$，此时理论频数就是 $np_i(\hat{\pmb{\theta}})$。

(3)计算每个区间的实际频数：设 X_1，X_2，$\cdots$，X_n 中有 f_i 个落在区间 I_i 上，称 f_i 为实际频数。

(4)计算理论频数和实际频数的偏差平方和

$$\chi^2 = \sum_{i=1}^{k} \frac{(f_i - np_i(\hat{\pmb{\theta}}))^2}{np_i(\hat{\pmb{\theta}})}.$$

定理 7.2　在 H_0 成立的条件下，当样本容量 $n \to +\infty$ 时，有

$$\chi^2 = \sum_{i=1}^{k} \frac{(f_i - np_i(\hat{\pmb{\theta}}))^2}{np_i(\hat{\pmb{\theta}})} \to \chi^2(k-r-1), \tag{7.11}$$

这里 k 是划分的区间的个数，r 是被估计的参数个数。

(5)假设 H_0 的检验水平为 α 的拒绝域为 $\chi^2 > \chi^2_\alpha(k-r-1)$，该检验称为 χ^2 检验。

注 1：若分布函数 $F(x)$ 不含任何未知参数，此时在上述结论中我们就只需要令 $r=0$，于是(7.11)式就变成了

$$\chi^2 = \sum_{i=1}^{k} \frac{(f_i - np_i(\hat{\pmb{\theta}}))^2}{np_i(\hat{\pmb{\theta}})} \to \chi^2(k-1),$$

拒绝域就是 $\chi^2 > \chi^2_\alpha(k-1)$。

注 2：一般 $np_i(\hat{\pmb{\theta}}) \geqslant 5$ 或 $np_i(\pmb{\theta}) \geqslant 5$，如果太少的话，则通常的做法就是将邻近若干类合并以达到要求。

例 7.3.3　检验棉纱的拉力强度 X(单位：Pa)服从正态分布，从一批棉纱中随机抽取 300 条进行拉力试验，结果列在表 7.5 中，在显著性水平 $\alpha=0.01$ 的条件下，检验这批棉纱拉力强度是否符合正态分布？

表 7.5　棉纱拉力数据

i	x	f_i	i	x	f_i
1	(0.5, 0.64]	1	8	(1.48, 1.62]	53
2	(0.64, 0.78]	2	9	(1.62, 1.76]	25
3	(0.78, 0.92]	9	10	(1.76, 1.90]	19
4	(0.92, 1.06]	25	11	(1.90, 2.04]	16
5	(1.06, 1.20]	37	12	(2.04, 2.18]	3
6	(1.20, 1.34]	53	13	(2.18, 2.38]	1
7	(1.34, 1.48]	56			

解　可按以下四步来检验：

(1)将观测值 x_i 分成 13 组：$a_0 = -\infty$，$a_1 = 0.64$，$a_2 = 0.78$，$\cdots$，$a_{12} = 2.18$，$a_{13} = +\infty$，但是这样分组后，前两组和最后两组的 np_i 比较小，故把它们合并成为一个组(见分组数据表 7.6)。

表 7.6　棉纱拉力数据的分组表

区间序号	区间	f_i	$\hat{p}_i$	$n\hat{p}_i$	$f_i - n\hat{p}_i$
1	$(0.5, 0.78] \cup (2.04, 2.38]$	7	0.0156	4.68	2.32
2	$(0.78, 0.92]$	9	0.0223	6.69	2.31
3	$(0.92, 1.06]$	25	0.0584	17.52	7.48
4	$(1.06, 1.20]$	37	0.1205	36.15	0.85
5	$(1.20, 1.34]$	53	0.1846	55.38	-2.38
6	$(1.34, 1.48]$	56	0.2128	63.84	-7.84
7	$(1.48, 1.62]$	53	0.1846	55.38	-2.38
8	$(1.62, 1.76]$	25	0.1205	36.15	-11.15
9	$(1.76, 1.90]$	19	0.0584	17.52	1.48
10	$(1.90, 2.04]$	16	0.0223	6.69	9.31

(2) 计算每个区间上的理论频数. 这里 $F(x)$ 就是正态分布 $N(\mu, \sigma^2)$ 的分布函数, 含有两个未知数 μ 和 σ^2, 分别用它们的最大似然估计 $\hat{\mu} = \overline{X}$ 和 $\hat{\sigma}^2 = \sum\limits_{i=1}^{n} (X_i - \overline{X})^2 / n$ 来代替. 关于 $\overline{X}$ 的计算做如下说明: 因拉力数据表中的每个区间都很狭窄, 我们可认为每个区间内 X_i 都取这个区间的中点, 然后将每个区间的中点值乘以该区间的样本数, 将这些值相加再除以总样本数就得具体样本均值 $\overline{X}$, 计算得到 $\hat{\mu} = 1.41$, $\hat{\sigma}^2 = 0.26^2$.

对于服从 $N(1.41, 0.26^2)$ 的随机变量 Y, 计算它在上面第 i 个区间上的概率 p_i.

(3) 计算 $x_1, x_2, \cdots, x_{300}$ 中落在每个区间的实际频数 f_i, 如分组表中所列.

(4) 计算统计量值: $\chi^2 = \sum\limits_{k=1}^{10} \dfrac{(f_i - n\hat{p}_i)^2}{n\hat{p}_i} = 22.07$, 因为 $k = 10$, $r = 2$, 故 χ^2 的自由度为 $10 - 2 - 1 = 7$, 查表得 $\chi^2_{0.01}(7) = 18.475 < \chi^2 = 22.07$, 故拒绝原假设, 即认为这批棉纱拉力强度不服从正态分布.

三、列联表与独立性检验

许多社会调查数据往往可以总结成一种表格形式, 这种表格在统计学上称为列联表. 列联表是一种按两个属性做双向分类的表. 例如, 一群人按男女(属性 A)和是否有色盲(属性 B)分类, 目的是考察性别对色盲有无影响, 见表 7.7.

表 7.7　色盲与性别列联表

色盲 B / 性别 A	是	否	总计
男	14	250	264
女	2	345	347
总计	16	595	611

本例中考察了两个属性, 一个是性别, 有两个状态, 统计学上称为水平: 男和女; 另一

个是色盲症，也有两个水平：是和否．这种表格称为 2×2 列联表，一般地，设有 A 和 B 两个属性，各有 a 和 b 个水平，问题就是要检验 A 和 B 两个属性相互独立，随机观察了 n 个对象，其中 n_{ij} 个对象的属性 A 和 B 分别处在水平 i 和 j，其中 $n_{i\cdot}=\sum_j n_{ij}$，$n_{\cdot j}=\sum_i n_{ij}$ 分别表示表 7.8 中第 i 行的行和与第 j 列的列和．

表 7.8 $a\times b$ 列联表

A \ B	1	2	$\cdots$	j	$\cdots$	b	行和
1	n_{11}	n_{12}	$\cdots$	n_{1j}	$\cdots$	n_{1b}	$n_{1\cdot}$
2	n_{21}	n_{22}	$\cdots$	n_{2j}	$\cdots$	n_{2b}	$n_{2\cdot}$
$\vdots$	$\vdots$	$\vdots$		$\vdots$		$\vdots$	$\vdots$
i	n_{i1}	n_{i2}	$\cdots$	n_{ij}	$\cdots$	n_{ib}	$n_{i\cdot}$
$\vdots$	$\vdots$	$\vdots$		$\vdots$		$\vdots$	$\vdots$
a	n_{a1}	n_{a2}	$\cdots$	n_{aj}	$\cdots$	n_{ab}	$n_{a\cdot}$
列和	$n_{\cdot 1}$	$n_{\cdot 2}$	$\cdots$	$n_{\cdot j}$	$\cdots$	$n_{\cdot b}$	n

如果记下列记号

$p_{ij}=P$（属性 A 和 B 分别处在水平 i 和 j）；

$p_{i\cdot}=P$（属性 A 处在水平 i），$i=1,2,\cdots,a$；

$p_{\cdot j}=P$（属性 B 处在水平 j），$j=1,2,\cdots,b$.

我们要检验的假设就是属性 A 和 B 相互独立，即表示为独立性的假设

$$H_0:\ p_{ij}=p_{i\cdot}\cdot p_{\cdot j},\quad i=1,2,\cdots,a;\ j=1,2,\cdots,b. \tag{7.12}$$

这个问题的检验可以通过之前的 χ^2 检验来完成，将表 7.8 中的 ab 个格子看成是 ab 个区间，n_{ij} 就是每个格子的实际频数．根据独立性假设(7.12)可知 p_{ij} 就是理论频数，于是在原假设成立的条件下，

$$\chi^2=\sum_{i=1}^a\sum_{j=1}^b\frac{(n_{ij}-np_{ij})^2}{np_{ij}}=\sum_{i=1}^a\sum_{j=1}^b\frac{(n_{ij}-np_{i\cdot}p_{\cdot j})^2}{np_{i\cdot}p_{\cdot j}}. \tag{7.13}$$

这个 χ^2 就刻画了实际数据和理论假设之间的拟合程度，当 n 足够大时，这个 χ^2 统计量近似服从 χ^2 分布，但是现在还有两个问题：$p_{i\cdot}$ 和 $p_{\cdot j}$ 的估计和 χ^2 分布自由度的计算．

根据用"频率估计概率"的原则，给出 $p_{i\cdot}$ 和 $p_{\cdot j}$ 的直观上很自然的估计，分别为

$$\hat{p}_{i\cdot}=\frac{n_{i\cdot}}{n},\ i=1,2,\cdots,a, \tag{7.14}$$

$$\hat{p}_{\cdot j}=\frac{n_{\cdot j}}{n},\ j=1,2,\cdots,b. \tag{7.15}$$

事实上，这两个估计也是最大似然估计，读者可以自行证明．

同时，注意到 $\sum_{i=1}^a p_{i\cdot}=1$ 和 $\sum_{j=1}^b p_{\cdot j}=1$ 是必然满足的等式，故实际上共估计了 $a+b-2$ 个参数，于是 χ^2 分布的自由度为 $ab-(a+b-2)-1=(a-1)(b-1)$. 此时将(7.14)式和(7.15)式代入(7.13)式就得到

$$\chi^2=\sum_{i=1}^a\sum_{j=1}^b\frac{(n_{ij}-n_{i\cdot}n_{\cdot j}/n)^2}{n_{i\cdot}n_{\cdot j}/n}=\sum_{i=1}^a\sum_{j=1}^b\frac{(nn_{ij}-n_{i\cdot}n_{\cdot j})^2}{nn_{i\cdot}n_{\cdot j}}. \tag{7.16}$$

当 $n \to +\infty$ 时近似服从分布 $\chi^2((a-1)(b-1))$，此时，在给定的显著性水平 α 下，当

$$\chi^2 \geqslant \chi_\alpha^2((a-1)(b-1))$$

时，拒绝原假设，即认为属性 A 和 B 不独立.

特别地，当 $a=2$，$b=2$ 时，表 7.8 也被称为"四格表"，对应的近似分布就是 $\chi^2(1)$.

例 7.3.4 为了了解吸烟习惯与患慢性气管炎的关系，对 339 名 50 岁以上的人做了调查，具体数据见表 7.9，利用列联表分析，研究吸烟习惯与患慢性气管炎是否独立.

表 7.9 吸烟与慢性气管炎列联表

患病 \ 吸烟	是	否	合计
是	43	162	205
否	13	121	134
合计	56	283	339

解 检验 H_0：吸烟与患慢性气管炎独立.

由题意得

$$n=339, \quad n_{11}=43, \quad n_{12}=162, \quad n_{21}=13, \quad n_{22}=121,$$

行和与列和为

$$n_{1.}=205, \quad n_{.1}=56, \quad n_{2.}=134, \quad n_{.2}=283.$$

则计算 χ^2 统计量的值为

$$\chi^2 = \sum_{i=1}^{2} \sum_{j=1}^{2} \frac{(nn_{ij} - n_{i.}n_{.j})^2}{nn_{i.}n_{.j}} \approx 7.469.$$

若给定 $\alpha=0.05$，查表得 $\chi_{0.05}^2(1)=3.841$，故 $\chi^2 > \chi_{0.05}^2(1)$，所以拒绝 H_0，即认为吸烟习惯与患慢性气管炎不独立.

习 题 七

1. 某公司用包装机包装肥料，包装机在正常工作时，装包量 $X \sim N(500, 2^2)$（单位：g），每天开工后，需先检验包装机工作是否正常. 某天开工后，在桩号的肥料中任取 9 袋，其重量如下：

$$505, 499, 502, 506, 498, 498, 497, 510, 503,$$

假设总体标准差 σ 不变，即 $\sigma=2$，试问这天包装机工作是否正常？（$\alpha=0.05$）

2. 某批农药的 5 个样品中的含磷量（%），经测定分别为

$$3.25, 3.27, 3.24, 3.26, 3.24,$$

设测定值总体服从正态分布，问在 $\alpha=0.01$ 时，能否认为这批农药的含磷量的均值为 3.25？

3. 从过去的资料知道某城市高中男生的身高服从正态分布，平均值为 1.67m，标准差为 $\sigma=0.10$m，现在抽查了 100 名高中男学生，其平均身高为 $\bar{x}=1.69$m，如果标准差没有变化，能否认为现在男生身高上的变化有统计意义？（$\alpha=0.05$）

4. 在原木中抽出 100 根，测其直径得到样本的均值 $\bar{x}=11.2$cm，标准差 $s=2.6$cm，问该批原木的平均直径能否认为不低于 12cm？（$\alpha=0.05$）

5. 现要种植一批某品种葡萄，该品种一串成熟葡萄的重量服从正态分布 $N(450, 70^2)$，

现在随机采摘了 9 串葡萄进行称重，数据（单位：g）如下：

$$424，497，582，463，503，430，481，402，389，$$

问在检验水平 $\alpha=0.05$ 时，能否认为该葡萄的方差未发生变化？

6. 某品种水稻的亩产量服从正态分布 $N(320，40^2)$，现在随机抽取 8 亩该水稻，测得其亩产量分别为

$$309，321，278，289，367，342，314，338，$$

能否在检验水平 $\alpha=0.05$ 时，认为该水稻亩产量的方差变小？

7. 某炼铁厂的铁水含碳量 X 在正常情况下服从正态分布，现对工艺进行了某些改进，从中抽取五炉铁水测得含碳量如下：

$$4.421，4.052，4.357，4.287，4.683，$$

据此是否可以认为新工艺炼出的铁水含碳量的方差仍为 0.108^2？（$\alpha=0.05$）

8. 某工厂生产一批产品，质量要求：当次品率 $p\leqslant0.05$ 时，产品才能出厂．今从生产出的产品中随机抽查 100 件，发现 8 个次品，试问这批产品是否可以出厂？（$\alpha=0.05$）

9. 某品种石榴籽的含水率（%）服从正态分布 $N(15，5^2)$，现在对此品种进行改良，对改良前后的含水率进行对比，数据如下：

改良前：13.2，13.4，13.6，13.3，13.7，13.1，14.0，13.0；

改良后：14.5，15.5，14.2，13.5，13.8，13.6，14，

假设改良后的方差不变，试问在检验水平 $\alpha=0.05$ 下能否认为改良前后石榴籽的含水率发生的变化有统计意义？

10. 设有两组来自相互独立的不同正态总体 $X，Y$ 的样本观测值：

$$X：-4.4，4.0，2.0，-4.8；$$

$$Y：6.0，1.0，3.2，-0.4，$$

试在检验水平 $\alpha=0.05$ 下检验两个总体的方差是否相同？

11. 检查了一本书的 100 页，记录各页中印刷错误的个数，其结果为

错误个数 f_i	0	1	2	3	4	5	6	$\geqslant7$
含 f_i 个错误的页数	36	40	19	2	0	2	1	0

问能否认为一页的印刷错误个数服从泊松分布？（$\alpha=0.05$）

12. 某牛奶加工厂生产出来的配方奶的检验产品如下：

质量 ＼ 配方	1	2	3
合格	63	47	65
不合格	16	7	3

试在检验水平 $\alpha=0.05$ 下，判断不同配方是否对配方奶的质量有影响？

13. 有两种水稻的亩产量均服从正态分布，取得样本数据如下：

水稻 A：406，408，410，420，416，423；

水稻 B：450，452，448，460，461，463，

试问水稻品种的亩产量平均值差异是否具有统计意义？

第八章　方差分析

在现代化生产和科学研究中，影响产品质量与产量（或研究结果）的因素一般较多．例如，影响农作物产量的因素就有种子品种、肥料、气候等．又如，影响学生学习效果的因素有教学材料、教学方法等．为了找出影响结果（效果）最主要的因素，并指出它们在什么状态下对结果最有利，就要先做些试验，然后对测试的数据进行统计推断，方差分析就是对实测数据进行统计推断的一种方法，它是用正态总体处理多总体均值比较的检验问题的总称．

方差分析最初是由英国统计学家费舍尔在 20 世纪 20 年代提出并应用到农业试验中的，如今已被广泛应用到工业、生物、医药等各个行业中，方差分析已经成为一种非常实用的统计分析方法．下面我们分单因素和双因素两种情况来介绍方差分析方法，更一般的情形，读者可以参阅有关的书籍，在试验设计与分析的这类书中都有介绍．

第一节　单因素试验的方差分析

在数理统计中，人们称在试验中受控制的条件为**因素**（或因子），用 A，B，C 等表示，因素所处的状态称为**水平**，因素 A 的 r 个不同水平表示为 A_1，A_2，$\cdots$，A_r，每个水平又称为**处理**．如果只让一个因素取不同水平，而其他水平不变来进行试验，那么该试验就成为单因素试验．在单因素试验中，如果仅仅只有两个水平，那么就可以用第七章的两个总体的 t 检验，但是如果水平数超过两个的话，之前的方法都已不适合，此时方差分析方法就显示出优势了．下面以一简例说明方差分析的原理．

例 8.1.1　为了比较四种小麦的品种对产量的影响，取一片土壤肥沃程度和灌溉条件相近的土地，分成 24 个小区．小麦的品种记为 A_1，A_2，A_3，A_4，每个品种种植于 6 个小区，成熟期后做随机取样，得到各个小区的产量见表 8.1，试比较这 4 种小麦产量的差异性．

表 8.1　小麦不同品种产量比较试验（单位：kg）

品种	各小区产量						产量和	产量均值
A_1	64	72	68	77	56	95	432	72
A_2	91	78	82	97	77	85	510	85
A_3	93	71	78	75	76	63	456	76
A_4	77	55	66	49	70	55	372	62

上述试验显然是一个单因素试验，因为其他条件相同，所以影响产量的因素只有品种一个，我们不妨记为 A，4 种小麦品种就是该因素的 4 个不同水平（分别记为 A_1，A_2，A_3，A_4）．从每行数据看到，即使是同一个品种且在其他条件相同的情况下，产量之间也是有差异的，这是因为在试验过程中有随机因素的干扰及测量误差的影响，称这类差异为**随机误差**

或**试验误差**. 从产量均值看到, 产量之间同样是有差异的, 这个差异主要是由小麦品种不同造成的, 称这类差异为系统误差. 从统计的角度出发, 对于上例, 就相当于在检验水平 α 的条件下, 判断小麦品种对小麦产量是否有显著影响, 就是要辨别小麦产量之间的差异主要是由随机误差造成的, 还是由不同品种造成的, 这一问题可归结为 4 个母体是否有相同分布的讨论.

在实际中根据经验, 可认为小麦产量服从正态分布, 且在安排试验时, 除所关心的因子 (这里是品种)外, 其他试验条件总是尽可能做到一致, 这就使我们可以认为每个母体的方差相同, 即在例 8.1.1 中, $X_i \sim N(\mu_i, \sigma^2)$, $i=1, 2, 3, 4$, 因此, 推断几个母体是否具有相同分布的问题就简化为: 检验几个具有相同方差的正态母体是否均值相等的问题, 即只需检验

$$H_0: \mu_1 = \mu_2 = \mu_3 = \mu_4,$$

像这类检验若干同方差的正态母体均值是否相等的统计分析方法称为**方差分析**. 故例 8.1.1 即为 4 种小麦品种在土壤等状况相似的情况下检验各小区的产量均值是否一致的问题.

一般地, 我们假定试验所检验的结果受某一因素 A 的影响, 它可以取 r 个水平, 记作 $A_1, A_2, \cdots, A_r$, 对于因素的每一个水平 i 进行 n_i 次试验, 结果记为 $X_{i1}, X_{i2}, \cdots, X_{in_i}$, 试验结果可以列成表 8.2, 一般将这一组样本记为 X_i, 假定 $X_i \sim N(\mu_i, \sigma^2)$, 即对因素的每一个水平, 所得到的结果都服从正态分布, 且方差相等. 不同的 X_i 之间相互独立, $i=1, 2, \cdots, r$.

鉴别单因素 A 的水平间的差异是否对试验结果产生显著影响的问题, 就转化为检验因素 A 的不同水平下的各随机变量总体的均值是否相等的问题, 即检验如下假设:

$$H_0: \mu_1 = \mu_2 = \cdots = \mu_r, \quad H_1: \mu_1, \mu_2, \cdots, \mu_r \text{ 不全相等}. \tag{8.1}$$

表 8.2 单因素试验资料表

试验结果重复 \ 因素水平	A_1	A_2	$\cdots$	A_i	$\cdots$	A_r	
1	X_{11}	X_{21}	$\cdots$	X_{i1}	$\cdots$	X_{r1}	
2	X_{12}	X_{22}	$\cdots$	X_{i2}	$\cdots$	X_{r2}	
$\vdots$	$\vdots$	$\vdots$		$\vdots$		$\vdots$	
j	X_{1j}	X_{2j}	$\cdots$	X_{ij}	$\cdots$	X_{rj}	
$\vdots$	$\vdots$	$\vdots$		$\vdots$		$\vdots$	
n_i	X_{1n_i}	X_{2n_i}	$\cdots$	X_{in_i}	$\cdots$	X_{rn_i}	
总和 T_i	T_1	T_2	$\cdots$	T_i	$\cdots$	T_r	T
平均 $\overline{X}_i$	$\overline{X}_1$	$\overline{X}_2$	$\cdots$	$\overline{X}_i$	$\cdots$	$\overline{X}_r$	$\overline{X}$

其中, $T_i = \sum_{j=1}^{n_i} X_{ij}$, $T = \sum_{i=1}^{r} T_i$, $\overline{X}_i = \dfrac{T_i}{n_i}$, $\overline{X} = \dfrac{T}{\sum_{i=1}^{r} n_i} = \dfrac{\sum_{i=1}^{r}\sum_{j=1}^{n_i} X_{ij}}{\sum_{i=1}^{r} n_i}$.

一、统计模型

在水平 A_i 下的第 j 次观测值 X_{ij}, 即是取自总体 X_i 的第 j 次观测值, 因而可以把 X_{ij} 表

示成为 X_i 的均值 μ_i 与试验误差 ε_{ij} 之和．根据之前的假定，归结为如下的统计模型：

$$
\begin{cases}
X_{ij}=\mu_i+\varepsilon_{ij}, \\
\varepsilon_{ij}\sim N(0,\ \sigma^2),
\end{cases}
i=1,\ 2,\ \cdots,\ r;\ j=1,\ 2,\ \cdots,\ n_i,
\tag{8.2}
$$

其中 μ_i 和 σ^2 均为未知常数，且 ε_{ij} 相互独立．

为了将统计模型 (8.2) 中的数据结构写出更加清晰的形式，记

$$
\mu = \frac{1}{n}\sum_{i=1}^{r}n_i\mu_i,
\tag{8.3}
$$

其中 $n = \sum\limits_{i=1}^{r} n_i$，称 μ 为一般平均，它表示全部数据的均值的算术平均．记

$$
\alpha_i=\mu_i-\mu,\ i=1,\ 2,\ \cdots,\ r,
\tag{8.4}
$$

称 α_i 为第 i 个水平 A_i 的效应，它表示第 i 个水平 A_i 相应的第 i 个总体的均值与一般平均的差值．由 (8.3) 式和 (8.4) 式不难验证，诸 α_i 受如下条件的约束：

$$
\sum_{i=1}^{r}n_i\alpha_i = 0,
\tag{8.5}
$$

于是将统计模型 (8.2) 改写为

$$
\begin{cases}
X_{ij} = \mu + \alpha_i + \varepsilon_{ij}, \\
\varepsilon_{ij} \sim N(0,\ \sigma^2),\quad i=1,\ 2,\ \cdots,\ r;\ j=1,\ 2,\ \cdots,\ n_i, \\
\sum\limits_{i=1}^{r}n_i\alpha_i=0,
\end{cases}
\tag{8.6}
$$

其中 μ，α_i 和 σ^2 均为未知常数，且 ε_{ij} 相互独立．

在模型 (8.6) 下，观测值 X_{ij} 就是一般平均 μ，第 i 个水平 A_i 的效应 α_i 和随机误差 ε_{ij} 三者之和，将单因素试验的数据结构表示得更加清晰．同时可以看到第 i 个水平 A_i 的效应 α_i 间的差异等价于 μ_i 之间的差异，则检验假设 $H_0: \mu_1=\mu_2=\cdots=\mu_r$ 的问题也就等价于检验假设 $H_0: \alpha_1=\alpha_2=\cdots=\alpha_r=0$ 的问题．

二、离差平方和分解

为了检验原假设 (8.1) 成立与否，就要从分析试验观测值 X_{ij} 的离散性入手．考虑将总离差平方和做出分解．引入记号

$$
\overline{X}_i = \frac{1}{n_i}\sum_{j=1}^{n_i}X_{ij},
\tag{8.7}
$$

$$
\overline{X} = \frac{1}{n}\sum_{i=1}^{r}\sum_{j=1}^{n_i}X_{ij},
\tag{8.8}
$$

$$
SS_T = \sum_{i=1}^{r}\sum_{j=1}^{n_i}(X_{ij}-\overline{X})^2,
\tag{8.9}
$$

其中 $n = \sum\limits_{i=1}^{r} n_i$，$\overline{X}_i$ 是从第 i 个总体中抽出的子样的均值，称为**组平均值**，而 $\overline{X}$ 是全体子样的均值，称为**总平均值**，SS_T 表示所有观测值 X_{ij} 与总体平均值的离差平方和，称为**总离差平方和**．

将总离差平方和 SS_T 做如下分解：

$$SS_T = \sum_{i=1}^{r} \sum_{j=1}^{n_i} (X_{ij} - \overline{X})^2$$

$$= \sum_{i=1}^{r} \sum_{j=1}^{n_i} [(X_{ij} - \overline{X}_i) + (\overline{X}_i - \overline{X})]^2$$

$$= \sum_{i=1}^{r} \sum_{j=1}^{n_i} [(X_{ij} - \overline{X}_i)^2 + 2(X_{ij} - \overline{X}_i)(\overline{X}_i - \overline{X}) + (\overline{X}_i - \overline{X})^2]$$

$$= \sum_{i=1}^{r} \sum_{j=1}^{n_i} (X_{ij} - \overline{X}_i)^2 + \sum_{i=1}^{r} \sum_{j=1}^{n_i} (\overline{X}_i - \overline{X})^2,$$

其中，交叉项

$$\sum_{i=1}^{r} \sum_{j=1}^{n_i} 2(X_{ij} - \overline{X}_i)(\overline{X}_i - \overline{X}) = 2\sum_{i=1}^{r} (\overline{X}_i - \overline{X}) \sum_{j=1}^{n_i} (X_{ij} - \overline{X}_i) = 0.$$

记
$$SS_E = \sum_{i=1}^{r} \sum_{j=1}^{n_i} (X_{ij} - \overline{X}_i)^2 = \sum_{i=1}^{r} \sum_{j=1}^{n_i} (\varepsilon_{ij} - \overline{\varepsilon}_i)^2, \tag{8.10}$$

$$SS_A = \sum_{i=1}^{r} \sum_{j=1}^{n_i} (\overline{X}_i - \overline{X})^2 = \sum_{i=1}^{r} n_i (\overline{X}_i - \overline{X})^2 = \sum_{i=1}^{r} n_i (\alpha_i + \overline{\varepsilon}_i - \overline{\varepsilon})^2, \tag{8.11}$$

其中，$\overline{\varepsilon}_i = \dfrac{1}{n_i} \sum_{i=1}^{n_i} \varepsilon_{ij}$，$\overline{\varepsilon} = \dfrac{1}{n} \sum_{i=1}^{r} \sum_{j=1}^{n_i} \varepsilon_{ij}$，则此时 SS_T 可分解为两个平方和

$$SS_T = SS_E + SS_A. \tag{8.12}$$

SS_E 仅依赖于服从分布 $N(0, \sigma^2)$ 的试验误差 ε_{ij}，称为**组内平方和**或**误差平方和**，它反映了各子样随机误差的大小程度．SS_A 则除了依赖于 $\overline{\varepsilon}_i$ 外还依赖于 α_i，称为**组间平方和**，它在一定程度上反映了各个总体平均值的差异程度，即各种不同试验水平的影响．所以 SS_E 在一定程度上反映了组内样本的随机波动，而 SS_A 可用来反映总体 X_i 的数学期望 μ_i 之间的差异．

三、假设检验

现在需要检验的原假设和备择假设为

$$H_0: \alpha_1 = \alpha_2 = \cdots = \alpha_r = 0, \quad H_1: 至少有一个 \alpha_i \neq 0,$$

当 H_0 为真时，由于 $X_{ij} \sim N(\mu_i, \sigma^2)$，且独立，可以由科赫伦(Cochran)定理得出如下结论：

$$\frac{SS_T}{\sigma^2} \sim \chi^2(n-1), \quad \frac{SS_A}{\sigma^2} \sim \chi^2(r-1), \quad \frac{SS_E}{\sigma^2} \sim \chi^2(n-r),$$

且 $\dfrac{SS_A}{\sigma^2}$ 和 $\dfrac{SS_E}{\sigma^2}$ 是相互独立的．SS_T，SS_A 和 SS_E 的自由度(df)分别为 $df_T = n-1$，$df_A = r-1$，$df_E = n-r$，且有 $df_T = df_A + df_E$．可以证明，当 H_0 为真时，SS_A 和 SS_E 是相互独立的统计量：

$$F = \frac{SS_A / df_A}{SS_E / df_E} = \frac{MS_A}{MS_E} \sim F(r-1, n-r). \tag{8.13}$$

当 H_0 不成立时，SS_A 有偏大的倾向，从而 F 值有偏大的倾向，所以 F 可作为判断 H_0 是否成立的检验统计量．

对于给定的检验水平 α，查自由度为 $(r-1, n-r)$ 的 F 分布表得临界值 F_α，使

$$P\{F \geqslant F_\alpha(r-1, n-r)\} = \alpha.$$

当 $F \geqslant F_\alpha(r-1, n-r)$ 时，说明小概率事件发生了，而这种一次试验中小概率事件居然能发生，说明原假设不真，故拒绝 H_0，即均值不具有一致性，认为因素 A 对不同试验指标产生的差异有统计意义（或称因素 A 对不同试验指标有显著差异）. 当 $F < F_\alpha(r-1, n-r)$，则不拒绝 H_0，认为因素 A 对不同试验指标产生的差异没有统计意义. 总结以上分析，可列出单因素方差分析表，见表 8.3.

表 8.3　单因素方差分析表

来源	平方和	自由度	均方和	F 值	临界值
组间	SS_A	$df_A = r-1$	$MS_A = \dfrac{SS_A}{df_A}$	$F = \dfrac{MS_A}{MS_E}$	$F_\alpha(r-1, n-r)$
组内	SS_E	$df_E = n-r$	$MS_E = \dfrac{SS_E}{df_E}$		
总和	SS_T	$df_T = n-1$			

在实际应用中，一般 α 取值 0.1，0.05，0.01 等检验水平做方差分析.

为了计算简便，通常将 SS_A 和 SS_E 的计算公式改写成如下形式：

$$SS_A = \sum_{i=1}^{r} \frac{T_i^2}{n_i} - \frac{T^2}{n}, \tag{8.14}$$

$$SS_E = \sum_{i=1}^{r} \sum_{j=1}^{n_i} X_{ij}^2 - \sum_{i=1}^{r} \frac{T_i^2}{n_i}, \tag{8.15}$$

$$SS_T = \sum_{i=1}^{r} \sum_{j=1}^{n_i} X_{ij}^2 - \frac{T^2}{n}, \tag{8.16}$$

其中 $T_i = \sum_{j=1}^{n_i} X_{ij}$，$T = \sum_{i=1}^{r} \sum_{j=1}^{n_i} X_{ij} = \sum_{i=1}^{r} T_i$.

例 8.1.2　续例 8.1.1.

解　H_0：$\mu_1 = \mu_2 = \mu_3 = \mu_4$，$H_1$：$\mu_1$，$\mu_2$，$\mu_3$，$\mu_4$ 不全相等.

由于在表 8.1 中已知 $T_1 = 432$，$T_2 = 510$，$T_3 = 456$，$T_4 = 372$，故 $T = 1770$，代入公式 (8.14) 可得

$$SS_A = \sum_{i=1}^{4} \frac{T_i^2}{n_i} - \frac{T^2}{n} = 1637.$$

由于 $\overline{X} = \dfrac{T}{n} = 73.75$，故

$$SS_T = \sum_{i=1}^{4} \sum_{j=1}^{6} (X_{ij} - \overline{X})^2 = 3889.$$

根据平方和分解公式 (8.12) 知 $SS_E = SS_T - SS_A = 2252$，列出方差分析表（表 8.4）.

表 8.4　方差分析表

来源	平方和	自由度	均方和	F 值	临界值
组间	1637	3	546	4.83*	$F_{0.05}(3, 20) = 3.10$
组内	2252	20	113		
总和	3889	23			

由于 $F > F_{0.05}(3, 20)$，故拒绝原假设，即认为这 4 种小麦的产量之间在 $\alpha = 0.05$ 水平下的产量差异有统计意义.

上述例子是重复数相等的情况，下面再看一个各处理的重复数不等的例子.

例 8.1.3 茶叶中的叶酸是 B 族维生素的一种，如今研究 4 种不同的茶叶，分别记作 A_1，A_2，A_3，A_4，它们的叶酸含量数据见表 8.5.

表 8.5　叶酸含量试验表

茶叶	叶酸含量						
A_1	7.9	6.2	6.6	8.6	8.9	10.1	9.6
A_2	5.7	7.5	9.8	6.1	8.4		
A_3	6.4	7.1	7.9	4.5	5.0	4.0	
A_4	6.8	7.5	5.0	5.3	6.1	7.4	

试研究这 4 种茶叶的叶酸含量是否有差异.（$\alpha = 0.05$）

解　H_0：$\mu_1 = \mu_2 = \mu_3 = \mu_4$，$H_1$：$\mu_1$，$\mu_2$，$\mu_3$，$\mu_4$ 不全相等.

先计算　　　$T_1 = 57.9$，$T_2 = 37.5$，$T_3 = 34.9$，$T_4 = 38.1$，$T = 168.4$，

$$n_1 = 7, \quad n_2 = 5, \quad n_3 = 6, \quad n_4 = 6, \quad n = 24,$$

代入公式(8.14)得

$$SS_A = \sum_{i=1}^{4} \frac{T_i^2}{n_i} - \frac{T^2}{n} = 23.50,$$

$$SS_T = \sum_{i=1}^{r} \sum_{j=1}^{n_i} X_{ij}^2 - \frac{T^2}{n} = 65.27,$$

根据平方和分解公式(8.12)知 $SS_E = SS_T - SS_A = 41.77$，列出方差分析表(表 8.6).

表 8.6　方差分析表

来源	平方和	自由度	均方和	F 值	临界值
组间	23.50	3	7.83	3.75*	$F_{0.05}(3, 20) = 3.10$
组内	41.77	20	2.09		
总和	65.27	23			

由于 $F > F_{0.05}(3, 20)$，故拒绝原假设，即认为这 4 种茶叶的叶酸含量在 $\alpha = 0.05$ 水平下有显著差异.

第二节　双因素试验的方差分析

单因素试验的试验设计及其统计模型都比较简单，而它的统计思想和统计方法原则上也适用于多个因素的试验. 在实际问题中，大多数情况也都是多个因素共同影响的试验. 例如，在农业试验中，研究不同的光照时间、不同的施肥量、不同的种植密度对农作物产量的影响. 由于两个因素的试验是多因素的最简单情况，其中又包含了多因素试验中的很多基本概念、基本理论和基本方法，所以本节着重讨论两个因素的试验，即**双因素试验**.

在多因素试验中，在统计学上称多因素不同水平搭配对试验指标的影响为**交互作用**. 因此在双因素试验中同样存在交互作用，只不过通常交互作用的效应需要在重复试验中才能分析出来. 下面就按照有无交互作用来分别讨论双因素试验.

一、无交互作用的双因素试验的方差分析

1. 统计模型

假设试验中试验指标只受到因素 A 和 B 的影响，其中，因素 A 有 a 个水平：A_1，A_2，$\cdots$，A_a；因素 B 有 b 个水平：B_1，B_2，$\cdots$，B_b. 这样，A 与 B 的不同的水平组合 $A_iB_j(i=1,2,\cdots,a；j=1,2,\cdots,b)$ 共有 ab 个，每个水平组合称为试验的一个处理. 每个处理只做一次观测，共得观测值 $X_{ij}(i=1,2,\cdots,a；j=1,2,\cdots,b)ab$ 个. 全部试验结果列成表 8.7.

表 8.7 双因素无重复试验表

因素 B ＼ 因素 A	B_1	B_2	$\cdots$	B_b	和 $T_{i\cdot}$	平均值 $\overline{X}_{i\cdot}$
A_1	X_{11}	X_{12}	$\cdots$	X_{1b}	$T_1\cdot$	$\overline{X}_1\cdot$
A_2	X_{21}	X_{22}	$\cdots$	X_{2b}	$T_2\cdot$	$\overline{X}_2\cdot$
$\vdots$	$\vdots$	$\vdots$		$\vdots$	$\vdots$	$\vdots$
A_a	X_{a1}	X_{a2}	$\cdots$	X_{ab}	$T_a\cdot$	$\overline{X}_a\cdot$
和 $T_{\cdot j}$	$T_{\cdot 1}$	$T_{\cdot 2}$	$\cdots$	$T_{\cdot b}$	T	
平均值 $\overline{X}_{\cdot j}$	$\overline{X}_{\cdot 1}$	$\overline{X}_{\cdot 2}$	$\cdots$	$\overline{X}_{\cdot b}$		$\overline{X}$

其中，
$$T_{i\cdot}=\sum_{j=1}^{b}X_{ij}，\ T_{\cdot j}=\sum_{i=1}^{a}X_{ij}，\ \overline{X}_{i\cdot}=\frac{T_{i\cdot}}{b}，\ \overline{X}_{\cdot j}=\frac{T_{\cdot j}}{a}，$$

$$T=\sum_{i=1}^{a}T_{i\cdot}=\sum_{j=1}^{b}T_{\cdot j}=\sum_{i=1}^{a}\sum_{j=1}^{b}X_{ij}，\ \overline{X}=\frac{T}{ab}=\frac{\sum\limits_{i=1}^{a}\sum\limits_{j=1}^{b}X_{ij}}{ab}.$$

这里假定 X_{ij} 相互独立，且服从正态分布 $N(\mu_{ij},\ \sigma^2)$ 的随机变量，可以用类似于 (8.6) 式的统计模型来表示：

$$\begin{cases} X_{ij}=\mu+\alpha_i+\beta_j+\varepsilon_{ij}，\\ \varepsilon_{ij}\sim N(0,\ \sigma^2)， \qquad i=1,2,\cdots,a；j=1,2,\cdots,b，\\ \sum\limits_{i=1}^{a}\alpha_i=0，\ \sum\limits_{j=1}^{b}\beta_j=0，\end{cases} \qquad (8.17)$$

其中，μ，α_i，β_j 和 σ^2 均为未知常数，且 ε_{ij} 相互独立. μ 称为一般平均，α_i，β_j 分别称为 A_i，B_j 的效应.

2. 平方和分解

根据模型 (8.17) 知

$$\overline{X}_{i\cdot}=\mu+\alpha_i+\overline{\varepsilon}_{i\cdot}，\ i=1,2,\cdots,a，$$

$$\overline{X}_{\cdot j}=\mu+\beta_j+\overline{\varepsilon}_{\cdot j}，\ j=1,2,\cdots,b，$$

$$\overline{X}=\mu+\overline{\varepsilon}，$$

其中，$\bar{\varepsilon}_{i\cdot} = \dfrac{1}{b}\sum\limits_{j=1}^{b}\varepsilon_{ij}$，$\bar{\varepsilon}_{\cdot j} = \dfrac{1}{a}\sum\limits_{i=1}^{a}\varepsilon_{ij}$，$\bar{\varepsilon} = \dfrac{1}{ab}\sum\limits_{i=1}^{a}\sum\limits_{j=1}^{b}\varepsilon_{ij}$，则总离差平方和为

$$
\begin{aligned}
SS_T &= \sum_{i=1}^{a}\sum_{j=1}^{b}(X_{ij}-\overline{X})^2 \\
&= \sum_{i=1}^{a}\sum_{j=1}^{b}\left[(\overline{X}_{i\cdot}-\overline{X})+(\overline{X}_{\cdot j}-\overline{X})+(X_{ij}-\overline{X}_{i\cdot}-\overline{X}_{\cdot j}+\overline{X})\right]^2 \\
&= b\sum_{i=1}^{a}(\overline{X}_{i\cdot}-\overline{X})^2+a\sum_{j=1}^{b}(\overline{X}_{\cdot j}-\overline{X})^2+\sum_{i=1}^{a}\sum_{j=1}^{b}(X_{ij}-\overline{X}_{i\cdot}-\overline{X}_{\cdot j}+\overline{X})^2 \\
&= SS_A+SS_B+SS_E,
\end{aligned} \tag{8.18}
$$

其中，

$$
SS_A = b\sum_{i=1}^{a}(\overline{X}_{i\cdot}-\overline{X})^2 = b\sum_{i=1}^{a}(\alpha_i+\bar{\varepsilon}_{i\cdot}-\bar{\varepsilon})^2, \tag{8.19}
$$

$$
SS_B = a\sum_{j=1}^{b}(\overline{X}_{\cdot j}-\overline{X})^2 = a\sum_{j=1}^{b}(\beta_j+\bar{\varepsilon}_{\cdot j}-\bar{\varepsilon})^2, \tag{8.20}
$$

$$
SS_E = \sum_{i=1}^{a}\sum_{j=1}^{b}(X_{ij}-\overline{X}_{i\cdot}-\overline{X}_{\cdot j}+\overline{X})^2 = \sum_{i=1}^{a}\sum_{j=1}^{b}(\varepsilon_{ij}-\bar{\varepsilon}_{i\cdot}-\bar{\varepsilon}_{\cdot j}+\bar{\varepsilon})^2. \tag{8.21}
$$

由上述式子看到，SS_A 反映了因素 A 对试验指标的影响，SS_B 反映了因素 B 对试验指标的影响，SS_E 反映了除去因素 A，B 的效应后的试验随机误差对试验指标的影响.

3. 假设检验

要判断 A 的影响是否显著就等价于检验假设：

$$
H_{01}：\alpha_1=\alpha_2=\cdots=\alpha_a=0，\quad H_{11}：至少有一个 \alpha_i 不为零，i=1,2,\cdots,a.
$$
$$\tag{8.22}$$

要判断 B 的影响是否显著就等价于检验假设：

$$
H_{02}：\beta_1=\beta_2=\cdots=\beta_b=0，\quad H_{12}：至少有一个 \beta_j 不为零，j=1,2,\cdots,b.
$$
$$\tag{8.23}$$

当原假设 H_{01} 与 H_{02} 成立时，一切 $X_{ij}\sim N(\mu,\sigma^2)$，且相互独立，故

$$
\overline{X}_{i\cdot}\sim N\left(\mu,\frac{\sigma^2}{b}\right),\quad \overline{X}_{\cdot j}\sim N\left(\mu,\frac{\sigma^2}{a}\right),\quad \overline{X}\sim N\left(\mu,\frac{\sigma^2}{ab}\right),
$$

于是

$$
\frac{SS_T}{\sigma^2}\sim\chi^2(ab-1),\quad \frac{SS_A}{\sigma^2}\sim\chi^2(a-1),
$$

$$
\frac{SS_B}{\sigma^2}\sim\chi^2(b-1),\quad \frac{SS_E}{\sigma^2}\sim\chi^2((a-1)(b-1)),
$$

SS_T，SS_A，SS_B，SS_E 的自由度分别为

$$
df_T=ab-1,\ df_A=a-1,\ df_B=b-1,\ df_E=(a-1)(b-1),
$$

满足自由度的分解公式：

$$
df_T=df_A+df_B+df_E.
$$

可以证明，当 H_{01} 与 H_{02} 为真时，SS_A，SS_B 及 SS_E 相互独立，所以
当 H_{01} 成立时，统计量

$$
F_A=\frac{SS_A/df_A}{SS_E/df_E}=\frac{MS_A}{MS_E}\sim F(a-1,(a-1)(b-1)). \tag{8.24}
$$

当 H_{02} 成立时，统计量

$$F_B = \frac{SS_B/df_B}{SS_E/df_E} = \frac{MS_B}{MS_E} \sim F(b-1,\ (a-1)(b-1)). \tag{8.25}$$

从而可用 F_A，F_B 作为检验统计量来分别检验因素 A，B 的影响.

由子样算得 F_A 及 F_B，对于给定的检验水平 α，当 $F_A > F_\alpha(a-1,\ (a-1)(b-1))$ 时，拒绝 H_{01}；当 $F_B > F_\alpha(b-1,\ (a-1)(b-1))$ 时，拒绝 H_{02}.

为了计算简便，通常将计算公式定义为如下式子：

$$p = \frac{1}{ab}\Big(\sum_{i=1}^{a}\sum_{j=1}^{b}X_{ij}\Big)^2 = \frac{T^2}{ab},\quad D_A = \frac{1}{b}\sum_{i=1}^{a}\Big(\sum_{j=1}^{b}X_{ij}\Big)^2 = \frac{1}{b}\sum_{i=1}^{a}T_{i\cdot}^2,$$

$$D_B = \frac{1}{a}\sum_{j=1}^{b}\Big(\sum_{i=1}^{a}X_{ij}\Big)^2 = \frac{1}{a}\sum_{j=1}^{b}T_{\cdot j}^2,\quad R = \sum_{i=1}^{a}\sum_{j=1}^{b}X_{ij}^2, \tag{8.26}$$

那么此时平方和就可以改写为

$$SS_A = D_A - p,\quad SS_B = D_B - p,$$

$$SS_E = R - D_A - D_B + p,\quad SS_T = R - p.$$

总结以上分析，可列成方差分析表（表 8.8）.

表 8.8　无交互作用的双因素方差分析表

来源	平方和	自由度	均方和	F 值	临界值
因素 A	SS_A	$df_A = a-1$	$MS_A = \dfrac{SS_A}{df_A}$	$F_A = \dfrac{MS_A}{MS_E}$	$F_\alpha(a-1,\ (a-1)(b-1))$
因素 B	SS_B	$df_B = b-1$	$MS_B = \dfrac{SS_B}{df_B}$	$F_B = \dfrac{MS_B}{MS_E}$	$F_\alpha(b-1,\ (a-1)(b-1))$
误差	SS_E	$df_E = (a-1)(b-1)$	$MS_E = \dfrac{SS_E}{df_E}$		
总和	SS_T	$df_T = ab-1$			

例 8.2.1　为了解三种不同配比的饲料对仔猪生长的影响的差异，对三种不同品种的猪各选 3 头进行试验，分别测得其 3 个月间体重增加量（表 8.9），其中，表中因素 A 表示饲料配比，因素 B 表示猪的品种. 假定其体重增长量服从正态分布，且各种配合的方差相等，试分析不同的饲料与不同的品种对猪的生长有无显著影响？

表 8.9　不同配比饲料仔猪 3 个月增重（斤[*]）

因素 A ＼ 因素 B	B_1	B_2	B_3	$T_{i\cdot}$	$\bar{X}_{i\cdot}$
A_1	51	56	45	152	50.7
A_2	53	57	49	159	53.0
A_3	52	58	47	157	52.3
$T_{\cdot j}$	156	171	141	$T=468$	
$\bar{X}_{\cdot j}$	52.0	57.0	47.0		$\bar{X}=52.0$

---

[*] 斤，质量单位，1 斤 $=0.5$kg.

解 假设

$$H_{01}: \mu_{A1} = \mu_{A2} = \cdots = \mu_{Aa}, \quad H_{11}: \mu_{A1}, \mu_{A2}, \cdots, \mu_{Aa} 不全相等;$$

$$H_{02}: \mu_{B1} = \mu_{B2} = \cdots = \mu_{Bb}, \quad H_{12}: \mu_{B1}, \mu_{B2}, \cdots, \mu_{Bb} 不全相等.$$

计算离差平方和、自由度：

$$R = \sum_{i=1}^{a} \sum_{j=1}^{b} X_{ij}^2 = 51^2 + 56^2 + \cdots + 47^2 = 24498,$$

$$D_A = \frac{1}{b} \sum_{i=1}^{a} T_{i\cdot}^2 = \frac{1}{3} \times (152^2 + 159^2 + 157^2) = 24344.7,$$

$$D_B = \frac{1}{a} \sum_{j=1}^{b} T_{\cdot j}^2 = \frac{1}{3} \times (156^2 + 171^2 + 141^2) = 24486,$$

$$p = \frac{T^2}{ab} = \frac{468^2}{3 \times 3} = 24336,$$

于是

$$SS_T = R - p = 24498 - 24336 = 162, \quad df_T = ab - 1 = 3 \times 3 - 1 = 8,$$

$$SS_A = D_A - p = 24344.7 - 24336 = 8.7, \quad df_A = a - 1 = 3 - 1 = 2,$$

$$SS_B = D_B - P = 24486 - 24336 = 150, \quad df_B = b - 1 = 3 - 1 = 2,$$

$$SS_E = SS_T - SS_A - SS_B = 162 - 8.7 - 150 = 3.3,$$

$$df_E = (a-1)(b-1) = (3-1)(3-1) = 4.$$

列表 8.10 进行方差分析.

表 8.10 不同配比饲料仔猪 3 个月增重方差分析表

来源	平方和	自由度	均方和	F 值	F 临界值
因素 A	8.7	2	4.35	5.3	$F_{0.05}(2, 4) = 6.944$
因素 B	150	2	75	90.9**	$F_{0.01}(2, 4) = 18.000$
误差	3.3	4	0.825		
总和	162	8			

由表 8.10 知

$F_A < F_{0.05}(2, 4)$，不拒绝 H_{01}，说明不同配比的饲料对仔猪的体重增加无显著影响.

$F_B > F_{0.01}(2, 4)$，拒绝 H_{02}，说明在显著性水平 $\alpha = 0.01$ 下不同品种对仔猪体重的差异有统计意义，即影响显著.

二、有交互作用的双因素方差分析

1. 统计模型

一般地，为了分析出双因素试验中 $A_i B_j$ 的交互作用效应 $(\alpha\beta)_{ij}$，试验必须设置重复，若重复观察次数均为 n，则试验的资料可表示成表 8.11.

和单因素方差分析一样，把每种搭配 $A_i B_j$ 看作是一个总体 X_{ij}，并假设总体 X_{ij}，$i = 1$，$2, \cdots, a$；$j = 1, 2, \cdots, b$ 是服从正态分布 $N(\mu_{ij}, \sigma^2)$ 的随机变量，而且 X_{ij} 之间相互独立，数据 $X_{ijk}(k = 1, 2, \cdots, n)$ 是来自总体 X_{ij} 的容量为 n 的子样. 在 A 与 B 存在交互作用的情况下，我们设其统计模型为

表 8.11 双因素有重复试验表

试验结果 因素A \ 因素B	B_1	B_2	...	B_b
A_1	X_{111} X_{112} $\vdots$ X_{11n}	X_{121} X_{122} $\vdots$ X_{12n}	... ...	X_{1b1} X_{1b2} $\vdots$ X_{1bn}
A_2	X_{211} X_{212} $\vdots$ X_{21n}	X_{221} X_{222} $\vdots$ X_{22n}	... ...	X_{2b1} X_{2b2} $\vdots$ X_{2bn}
$\vdots$	$\vdots$	$\vdots$		$\vdots$
A_a	X_{a11} X_{a12} $\vdots$ X_{a1n}	X_{a21} X_{a22} $\vdots$ X_{a2n}	... ...	X_{ab1} X_{ab2} $\vdots$ X_{abn}

$$
\begin{cases}
X_{ijk} = \mu + \alpha_i + \beta_j + (\alpha\beta)_{ij} + \varepsilon_{ijk}, \\
\varepsilon_{ijk} \sim N(0, \sigma^2), \\
\sum\limits_{i=1}^{a} \alpha_i = 0, \quad \sum\limits_{j=1}^{b} \beta_j = 0, \qquad i = 1, 2, \cdots, a;\ j = 1, 2, \cdots, b;\ k = 1, 2, \cdots, n, \\
\sum\limits_{i=1}^{a} (\alpha\beta)_{ij} = 0, \quad \sum\limits_{j=1}^{b} (\alpha\beta)_{ij} = 0,
\end{cases}
$$

$$(8.27)$$

其中 ε_{ijk} 相互独立, $\mu = \dfrac{1}{ab} \sum\limits_{i=1}^{a} \sum\limits_{j=1}^{b} \mu_{ij}$ 称为**一般平均**, α_i, β_j 分别称为 A_i, B_j 的效应, $(\alpha\beta)_{ij}$ 称为 A_i 与 B_j 对试验指标的交互效应.

2. 平方和的分解

为了后面的说明方便, 记

$$
T_{i\cdot\cdot} = \sum_{j=1}^{b} \sum_{k=1}^{n} X_{ijk}, \quad \overline{X}_{i\cdot\cdot} = \frac{T_{i\cdot\cdot}}{bn}, \quad i = 1, 2, \cdots, a,
$$

$$
T_{\cdot j\cdot} = \sum_{i=1}^{a} \sum_{k=1}^{n} X_{ijk}, \quad \overline{X}_{\cdot j\cdot} = \frac{T_{\cdot j\cdot}}{an}, \quad j = 1, 2, \cdots, b,
$$

$$
T_{ij\cdot} = \sum_{k=1}^{n} X_{ijk}, \quad \overline{X}_{ij\cdot} = \frac{T_{ij\cdot}}{n}, \quad i = 1, 2, \cdots, a;\ j = 1, 2, \cdots, b,
$$

$$
T_{\cdots} = \sum_{i=1}^{a} \sum_{j=1}^{b} \sum_{k=1}^{n} X_{ijk}, \quad \overline{X} = \frac{T_{\cdots}}{abn},
$$

总离差平方和:

$$SS_T = \sum_{i=1}^{a} \sum_{j=1}^{b} \sum_{k=1}^{n} (X_{ijk} - \overline{X})^2$$

$$= \sum_{i=1}^{a} \sum_{j=1}^{b} \sum_{k=1}^{n} \left[(\overline{X}_{i\cdot\cdot} - \overline{X}) + (\overline{X}_{\cdot j\cdot} - \overline{X}) + (\overline{X}_{ij\cdot} - \overline{X}_{i\cdot\cdot} - \overline{X}_{\cdot j\cdot} + \overline{X}) + (X_{ijk} - \overline{X}_{ij\cdot}) \right]^2$$

$$= SS_A + SS_B + SS_{A \times B} + SS_E, \tag{8.28}$$

其中，

$$SS_A = \sum_{i=1}^{a} \sum_{j=1}^{b} \sum_{k=1}^{n} (\overline{X}_{i\cdot\cdot} - \overline{X})^2 = bn \sum_{i=1}^{a} (\alpha_i + \overline{\varepsilon}_{i\cdot\cdot} - \overline{\varepsilon})^2,$$

$$SS_B = \sum_{i=1}^{a} \sum_{j=1}^{b} \sum_{k=1}^{n} (\overline{X}_{\cdot j\cdot} - \overline{X})^2 = an \sum_{j=1}^{b} (\beta_j + \overline{\varepsilon}_{\cdot j\cdot} - \overline{\varepsilon})^2,$$

$$SS_{A \times B} = \sum_{i=1}^{a} \sum_{j=1}^{b} \sum_{k=1}^{n} (\overline{X}_{ij\cdot} - \overline{X}_{i\cdot\cdot} - \overline{X}_{\cdot j\cdot} + \overline{X})^2 = n \sum_{i=1}^{a} \sum_{j=1}^{b} ((\alpha\beta)_{ij} + \overline{\varepsilon}_{ij\cdot} - \overline{\varepsilon}_{i\cdot\cdot} - \overline{\varepsilon}_{\cdot j\cdot} + \overline{\varepsilon})^2,$$

$$SS_E = \sum_{i=1}^{a} \sum_{j=1}^{b} \sum_{k=1}^{n} (X_{ijk} - \overline{X}_{ij\cdot})^2 = \sum_{i=1}^{a} \sum_{j=1}^{b} \sum_{k=1}^{n} (\varepsilon_{ijk} - \overline{\varepsilon}_{ij\cdot})^2.$$

由上述表达式看出，SS_A 反映了因素 A 对试验指标的影响；SS_B 反映了因素 B 对试验指标的影响；$SS_{A \times B}$ 反映了因素 A 和 B 的交互作用对试验指标的影响；SS_E 反映了除去因素 A，B 及其交互效应后的试验随机误差对试验指标的影响．

计算各离差平方和对应的自由度，可知 SS_A 的自由度 $df_A = a - 1$，SS_B 的自由度 $df_B = b - 1$，$SS_{A \times B}$ 的自由度 $df_{A \times B} = (a-1)(b-1)$，$SS_E$ 的自由度 $df_E = ab(n-1)$．

3. 假设检验

从统计模型知，要判断因素 A 的影响是否显著等价于检验假设：

$$H_{01}: \alpha_1 = \alpha_2 = \cdots = \alpha_a = 0, \quad H_{11}: \text{至少有一个} \ \alpha_i \ \text{不为零}, \ i = 1, 2, \cdots, a.$$

$$\tag{8.29}$$

要判断因素 B 的影响是否显著等价于检验假设：

$$H_{02}: \beta_1 = \beta_2 = \cdots = \beta_b = 0, \quad H_{12}: \text{至少有一个} \ \beta_j \ \text{不为零}, \ j = 1, 2, \cdots, b.$$

$$\tag{8.30}$$

要判断因素 A 与因素 B 的交互作用 $A \times B$ 的影响是否显著等价于检验假设：

$$H_{03}: (\alpha\beta)_{ij} = 0 \ \text{对于一切} \ i = 1, 2, \cdots, a; \ j = 1, 2, \cdots, b,$$

$$H_{13}: \text{至少存在一个} (\alpha\beta)_{ij} \neq 0, \ i = 1, 2, \cdots, a; \ j = 1, 2, \cdots, b. \tag{8.31}$$

类似于前面的讨论，可以得到如下结论：

当 H_{01} 成立时，

$$F_A = \frac{SS_A / df_A}{SS_E / df_E} = \frac{MS_A}{MS_E} \sim F(a-1, \ ab(n-1)). \tag{8.32}$$

当 H_{02} 成立时，

$$F_B = \frac{SS_B / df_B}{SS_E / df_E} = \frac{MS_B}{MS_E} \sim F(b-1, \ ab(n-1)). \tag{8.33}$$

当 H_{03} 成立时，

$$F_{A \times B} = \frac{SS_{A \times B} / df_{A \times B}}{SS_E / df_E} = \frac{MS_{A \times B}}{MS_E} \sim F((a-1)(b-1), \ ab(n-1)). \tag{8.34}$$

因此将 F_A，F_B，$F_{A \times B}$ 作为检验 H_{01}，H_{02}，H_{03} 的统计量．由子样可算得 F_A，F_B，

$F_{A \times B}$ 的值，对于给定的检验水平 α，若 $F_A > F_\alpha(a-1, ab(n-1))$，则拒绝 H_{01}；若 $F_B > F_\alpha(b-1, ab(n-1))$，则拒绝 H_{02}；若 $F_{A \times B} > F_\alpha((a-1)(b-1), ab(n-1))$，则拒绝 H_{03}.

将上述分析结果列在方差分析表（表 8.12）中.

表 8.12 双因素有交互作用的方差分析表

来源	平方和	自由度	均方和	F 值	临界值
因素 A	SS_A	$a-1$	$MS_A = \dfrac{SS_A}{df_A}$	$F_A = \dfrac{MS_A}{MS_E}$	$F_\alpha(a-1, ab(n-1))$
因素 B	SS_B	$b-1$	$MS_B = \dfrac{SS_B}{df_B}$	$F_B = \dfrac{MS_B}{MS_E}$	$F_\alpha(b-1, ab(n-1))$
$A \times B$	$SS_{A \times B}$	$(a-1)(b-1)$	$MS_{A \times B} = \dfrac{SS_{A \times B}}{df_{A \times B}}$	$F_{A \times B} = \dfrac{MS_{A \times B}}{MS_E}$	$F_\alpha((a-1)(b-1), ab(n-1))$
误差	SS_E	$ab(n-1)$	$MS_E = \dfrac{SS_E}{df_E}$		
总和	SS_T	$abn-1$			

为了计算方便记下列符号：

$$p = \frac{1}{abn}\left(\sum_{i=1}^{a}\sum_{j=1}^{b}\sum_{k=1}^{n}X_{ijk}\right)^2 = \frac{T_{\cdots}^2}{abn}, \quad D_A = \frac{1}{bn}\sum_{i=1}^{a}\left(\sum_{j=1}^{b}\sum_{k=1}^{n}X_{ijk}\right)^2 = \frac{1}{bn}\sum_{i=1}^{a}T_{i\cdot\cdot}^2,$$

$$D_B = \frac{1}{an}\sum_{j=1}^{b}\left(\sum_{i=1}^{a}\sum_{k=1}^{n}X_{ijk}\right)^2 = \frac{1}{an}\sum_{j=1}^{b}T_{\cdot j\cdot}^2, \quad D = \frac{1}{n}\sum_{i=1}^{a}\sum_{j=1}^{b}\left(\sum_{k=1}^{n}X_{ijk}\right)^2 = \frac{1}{n}\sum_{i=1}^{a}\sum_{j=1}^{b}T_{ij\cdot}^2,$$

$$R = \sum_{i=1}^{a}\sum_{j=1}^{b}\sum_{k=1}^{n}X_{ijk}^2,$$

于是各个平方和就可以简化为

$$SS_A = D_A - p, \quad SS_B = D_B - p, \quad SS_{A \times B} = D - D_A - D_B + p,$$
$$SS_E = R - D, \quad SS_T = R - p.$$

例 8.2.2 考察食品喷雾干燥过程中进风温度 A 与进料速率 B 两个因素对出粉率的影响，因素 A 和因素 B 各取 4 种水平，在各水平组合上均做两次试验，得到的试验结果见表 8.13，试问进风温度和进料速率分别对出粉率有无显著影响？两者的交互作用对出粉率有无显著影响？（$\alpha=0.05$ 或 $\alpha=0.01$）

表 8.13 食品喷雾干燥试验数据

试验结果 因素 A \ 因素 B	B_1	B_2	B_3	B_4
A_1	71 73	72 73	75 73	77 75
A_2	73 75	76 74	78 77	74 74
A_3	76 73	79 77	74 75	74 73
A_4	75 73	73 72	70 71	69 69

解 由题意，因素 A 和因素 B 各取 4 种水平，在各水平组合上均做两次试验可知 $a=4$，$b=4$，$n=2$，总试验次数为 32 次.

假设
$$H_{01}: \alpha_1=\alpha_2=\alpha_3=\alpha_4=0,$$
$$H_{02}: \beta_1=\beta_2=\beta_3=\beta_4=0,$$
$$H_{03}: (\alpha\beta)_{ij}=0 \text{ 对于一切 } i=1, 2, 3, 4; j=1, 2, 3, 4.$$

由 $T_{i\cdot\cdot}=\sum\limits_{j=1}^{b}\sum\limits_{k=1}^{n}X_{ijk}$，计算得
$$T_{1\cdot\cdot}=589, \quad T_{2\cdot\cdot}=601, \quad T_{3\cdot\cdot}=601, \quad T_{4\cdot\cdot}=572,$$
$$\sum_{i=1}^{a}T_{i\cdot\cdot}^2=589^2+601^2+601^2+572^2=1396507.$$

由 $T_{\cdot j\cdot}=\sum\limits_{i=1}^{a}\sum\limits_{k=1}^{n}X_{ijk}$，计算得
$$T_{\cdot 1\cdot}=589, \quad T_{\cdot 2\cdot}=596, \quad T_{\cdot 3\cdot}=593, \quad T_{\cdot 4\cdot}=585,$$
$$\sum_{j=1}^{b}T_{\cdot j\cdot}^2=589^2+596^2+593^2+585^2=1396011.$$

由 $T_{ij\cdot}=\sum\limits_{k=1}^{n}X_{ijk}$，计算得
$$T_{11\cdot}=144, \quad T_{12\cdot}=145, \quad T_{13\cdot}=148, \quad T_{14\cdot}=152,$$
$$T_{21\cdot}=148, \quad T_{22\cdot}=150, \quad T_{23\cdot}=155, \quad T_{24\cdot}=148,$$
$$T_{31\cdot}=149, \quad T_{32\cdot}=156, \quad T_{33\cdot}=149, \quad T_{34\cdot}=147,$$
$$T_{41\cdot}=148, \quad T_{42\cdot}=145, \quad T_{43\cdot}=141, \quad T_{44\cdot}=138,$$
$$\sum_{i=1}^{a}\sum_{j=1}^{b}T_{ij\cdot}^2=144^2+145^2+\cdots+138^2=349303.$$

由公式计算得
$$T_{\cdots}=\sum_{i=1}^{a}\sum_{j=1}^{b}\sum_{k=1}^{n}X_{ijk}=2363,$$
$$p=\frac{1}{abn}\Big(\sum_{i=1}^{a}\sum_{j=1}^{b}\sum_{k=1}^{n}X_{ijk}\Big)^2=\frac{T_{\cdots}^2}{abn}=\frac{2363^2}{32}=174492.78,$$
$$D_A=\frac{1}{bn}\sum_{i=1}^{a}\Big(\sum_{j=1}^{b}\sum_{k=1}^{n}X_{ijk}\Big)^2=\frac{1}{bn}\sum_{i=1}^{a}T_{i\cdot\cdot}^2=\frac{1396507}{8}=174563.375,$$
$$D_B=\frac{1}{an}\sum_{j=1}^{b}\Big(\sum_{i=1}^{a}\sum_{k=1}^{n}X_{ijk}\Big)^2=\frac{1}{an}\sum_{j=1}^{b}T_{\cdot j\cdot}^2=\frac{1396011}{8}=174501.375,$$
$$D=\frac{1}{n}\sum_{i=1}^{a}\sum_{j=1}^{b}\Big(\sum_{k=1}^{n}X_{ijk}\Big)^2=\frac{1}{n}\sum_{i=1}^{a}\sum_{j=1}^{b}T_{ij\cdot}^2=\frac{349303}{2}=174651.50,$$
$$R=\sum_{i=1}^{a}\sum_{j=1}^{b}\sum_{k=1}^{n}X_{ijk}^2=71^2+73^2+\cdots+69^2=174673.$$

接着计算各平方和如下：
$$SS_A=D_A-p=174563.375-174492.78=70.595,$$
$$SS_B=D_B-p=174501.375-174492.78=8.595,$$
$$SS_E=R-D=174673-174651.50=21.50,$$

$$SS_T = R - p = 174673 - 174492.78 = 180.22,$$
$$SS_{A \times B} = SS_T - SS_A - SS_B - SS_E = 180.22 - 70.595 - 8.595 - 21.50 = 79.53.$$

列出方差分析表(表8.14).

表 8.14 方差分析表

来源	平方和	自由度	均方和	F 值	临界值
因素 A	70.595	3	23.532	17.5	$F_{0.01}(3, 16) = 5.292$
因素 B	8.595	3	2.865	2.1	$F_{0.05}(3, 16) = 3.239$
$A \times B$	79.53	9	8.837	6.6	$F_{0.01}(9, 16) = 3.780$
误差	21.50	16	1.344		
总和	180.22	31			

由表 8.14 得

$F_A > F_{0.01}(3, 16) = 5.292$,拒绝 H_{01};

$F_B < F_{0.05}(3, 16) = 3.239$,不拒绝 H_{02};

$F_{A \times B} > F_{0.01}(9, 16) = 3.780$,拒绝 H_{03}.

所以因素 A,即进风温度对试验结果的影响有统计意义;因素 B,即进料速率对试验结果无统计意义;而进风温度与进料速率的交互作用对试验结果的影响有统计意义.

同时需要指出的是,无论是单因素试验还是双因素试验,在处理数据的过程中,由于因素不同,可能会使得某些数据非常大,而另一些数据非常小.在这样的情况下,可以对试验数据进行标准化处理或其他处理,如同时扩大或缩小相同的倍数,同时加上或减去某一数值,都是不会影响方差分析的最终结果的.

第三节 正交试验设计及其统计分析

在实际问题中,影响试验指标的因素往往有很多个,要考察它们就要涉及多因素的试验设计问题.多因素试验遇到的最大困难就是全面试验次数太多,甚至有时让人无法忍受.如果有 10 个因素对指标有影响,每个因素取两个水平进行比较的话,那不同的水平组合就有 $2^{10} = 1024$ 个,若不进行重复则试验次数就为 1024 次.为了减少试验次数,部分试验法就受到了格外的重视.

正交试验设计就是其中一种部分试验设计,它利用了一套现成的规格化的表格——正交表来安排多因素试验.现在正交试验设计方法已经被广泛应用到农业种植、工业设计、医药等各个领域,它已经成为科技工作者和工业工程师的必备知识.

一、正交表及其特点

正交表是正交设计的基本工具,它被用来安排因素及试验.常用的一些正交表已经给出来(见附表7),可以供使用者参考.

正交表用符号 $L_N(q^S)$ 来进行表示,其中 L 表示是正交表,其右下角下标 N 是表示正交表的试验次数或水平组合数,后面括号内的 q 表示的是各因素的水平数,它的右上角上标 S

表示正交表可安排的最大列数．例如，表 8.15 的 $L_4(2^3)$ 正交表，可以用来安排最多 3 个因素，每个因素都是 2 个水平，一共做 4 次试验．

表 8.15　$L_4(2^3)$ 正交表

列号		A	B	$A \times B$
	1	1	1	1
试验号	2	1	2	2
	3	2	1	2
	4	2	2	1

正交表具备两个性质：

(1)任意一列中不同数字的重复数相等；

(2)任意两列中的同行数字构成若干数对，每个数对的重复数相等．

表 8.15 中每一列都是 1 和 2 各出现两次，任意两列的数对(1，1)，(1，2)，(2，1)，(2，2)均出现一次，这样就验证了正交表的两个性质．正交表的这两个特点就决定了用正交表来进行试验的试验点具有均匀分散和整齐可比的特性．

常用的正交表，有二水平的 $L_4(2^3)$，$L_8(2^7)$，$L_{16}(2^{15})$，有三水平的 $L_9(3^4)$，$L_{27}(3^{13})$，也有适合于四水平、五水平及水平数不等的正交表，可以供设计者使用．

二、正交试验设计的步骤

一般采用正交表进行设计的正交试验，大致可以分为以下几个步骤：

1. 定试验指标、挑试验因素、定因素水平

根据试验的目的确定试验指标，挑选影响试验的一些主要因素．在挑选因素时，应该与试验人员、专业人员充分进行沟通，抓住主要因素进行研究．因素选好后，每个因素的水平数可以相等亦可不等，这由研究需要决定．一般重点关注的因素可以多设些水平．

2. 选用合适的正交表，并进行表头设计

根据试验因素、每个因素水平数以及交互作用的考虑来选择合适的正交表．通常选用正交表的时候既不允许裁减试验因素，也不允许缩减试验因素的水平，也就是要求，既能安排所有需要考虑的因素，又能进行尽量少的试验次数．一般地，在选正交表时要求因素水平数与正交表对应的水平数一致，因素个数小于或等于正交表的列数，在满足该要求的前提下，选择试验次数较小的正交表．特别要注意以下两点：

(1)正交表中的自由度：

表的自由度为试验次数减去 1，即 $df_表 = N - 1$，其中 N 是正交表的行数．列的自由度为水平数减去 1，即 $df_列 = q - 1$，其中 q 是正交表该列的水平数．例如，正交表 $L_8(2^7)$ 中，表的自由度为 $df_表 = 8 - 1 = 7$，任意一列的自由度 $df_列 = 2 - 1 = 1$.

(2)因素与交互作用的自由度：

因素的自由度为该因素的水平数减去 1；交互作用的自由度为对应因素的自由度的乘积，即交互作用 $A \times B$ 的自由度为 $df_{A \times B} = df_A \times df_B$. 例如，三水平因素 A 和 B 的交互作用的自由度为 $df_{A \times B} = df_A \times df_B = 2 \times 2 = 4$.

(3)正交表和表头设计要遵循以下原则:

① 因素的自由度应该等于所在列的自由度.

② 交互作用的自由度应该等于交互作用所在列的自由度之和.

③ 所有因素与交互作用的自由度的和都不能超过所选正交表的自由度.

正交表的每一列都可以安排一个因素. 表头设计就是将试验因素分别安排到所选的正交表中的各列当中去的过程. 如果因素间没有交互作用,各个因素可以任意安排到各列中去. 当然,若是条件允许,应该安排到优良性更好的表中. 如果有交互作用的话,那么选择正交表的时候一定要把交互作用看成是一个因素,和原有的试验因素一并加以考虑. 更加值得注意的是,此时的交互作用在表头设计的时候必须严格按照交互作用列表进行配列. 这是在有交互作用的正交设计中的一个重要特点,也是其试验方案设计的非常关键的一步.

每张标准的正交表都有一张与之匹配使用的交互作用列表,专门用来安排交互作用. 例如,一张标准正交表 $L_8(2^7)$ 的交互作用列表见表 8.16.

表 8.16 正交表 $L_8(2^7)$ 交互作用列表

列号	1	2	3	4	5	6	7
1	(1)	3	2	5	4	7	6
2		(2)	1	6	7	4	5
3			(3)	7	6	5	4
4				(4)	1	2	3
5					(5)	3	2
6						(6)	1

表中所有数字都是正交表的列号,括号内的数字表示各因素所占的列,任意两个括号列纵横所交的数字表示这两个括号列所表示的因素的交互作用列. 由 $L_8(2^7)$ 的交互作用列表可知若将某一因素 A 安排在第 2 列,另一个因素 B 安排在第 4 列,那么因素 A 和因素 B 的交互作用列就在第 6 列,即将交互作用 $A \times B$ 当成一个因素安排在第 6 列. 这样就可以把试验因素和所要考察的交互作用都安排在正交表中的相应列中进行表头设计.

表头设计的时候特别要注意就是一定要避免出现混杂现象. 混杂现象就是在正交表的某一列上出现两个因素,或两个交互作用,或一个因素和一个交互作用的情况. 可见表 8.17 的混杂例子. 此种情况下表 8.17 的表头设计是失败的.

表 8.17 含有混杂现象的表头设计

表头设计	A	B	$A \times B$ $C \times D$	C			D
列号	1	2	3	4	5	6	7

例 8.3.1 某制药厂为研究提高抗生素发酵单位的试验,共有 8 个试验因素,各 3 个水平,并考虑交互作用 $A \times B$, $A \times C$,应该选取哪个合适的正交表?

解 各因素均 3 水平,可选取 3 水平的正交表 $L_9(3^4)$, $L_{27}(3^{13})$ 等,但是考虑有 8 个因素和两个交互作用 $A \times B$, $A \times C$,那么其所有因素及其考虑的交互作用的自由度为 25,所以应该选用刚好超过自由度为 25 的三水平正交表 $L_{27}(3^{13})$.

例 8.3.2 提高某种杀虫剂的收率，需要进行试验，经过分析，影响它的因素有四个，分别是反应温度 A、反应时间 B、原料配比 C、真空度 D. 根据实际经验表明，反应温度和反应时间的交互作用对收率亦有较大影响. 试验所考察的因素均考虑为二水平，因素水平表见表 8.18，请问应该如何选择正交表及其表头设计？

表 8.18　因子水平表

因素	一水平	二水平
A：反应温度（单位：℃）	60	80
B：反应时间（单位：h）	2.5	3.5
C：原料配比	1.1 : 1	1.2 : 1
D：真空度（单位：kPa）	50	60

解 计算所有因素及其交互作用的自由度为 5，且每个因素均为二水平，可以选择二水平的正交表 $L_8(2^7)$，它的自由度为 7，大于所有因素及其交互作用的自由度 5. 那么其表头设计时，可以先将有交互作用的因素 A、B 放在表头上，现在将因素 A 与 B 分别放在第一列和第二列，那么根据交互作用列表查得其交互作用 $A \times B$ 应该放在第三列中，其余的因素 C 和 D 分别放在其余空白列上即可，譬如将因素 C 和 D 放在第四列和第七列上. 现在就形成了如下的表头设计：

表头设计	A	B	$A \times B$	C			D
列号	1	2	3	4	5	6	7

3. 确定试验方案并进行试验

根据表头设计，将试验各个水平的具体值按照水平"对号入座"的方法填到所选用的正交表中，得出试验方案，试验方案表中，每一行都是一种试验组合条件，有多少行就表示有多少种试验组合. 如果试验选用的正交表中每一列都被安排试验因素，从而无法对试验结果进行方差分析，因为无法估算试验误差. 此时若采用更大正交表的话，那么试验的处理组合急剧增加，所以可以采用重复试验的办法或重复取样的办法来处理. 例 8.3.2 的试验设计方案见表 8.19.

表 8.19　杀虫剂的收率试验方案计划表

试验号	反应温度（单位：℃）	反应时间（单位：h）	原料配比	真空度（单位：kPa）
1	(1)60	(1)2.5	(1)1.1 : 1	(1)50
2	(1)60	(1)2.5	(2)1.2 : 1	(2)60
3	(1)60	(2)3.5	(1)1.1 : 1	(2)60
4	(1)60	(2)3.5	(2)1.2 : 1	(1)50
5	(2)80	(1)2.5	(1)1.1 : 1	(2)60
6	(2)80	(1)2.5	(2)1.2 : 1	(1)50
7	(2)80	(2)3.5	(1)1.1 : 1	(1)50
8	(2)80	(2)3.5	(2)1.2 : 1	(2)60

三、正交试验设计的统计分析

正交试验的结果的统计分析可以分为直观分析和方差分析．

1. 直观分析

例 8.3.3 前述的杀虫剂的收率试验的正交试验结果列于表 8.20，试直观分析．

表 8.20　杀虫剂的收率试验的正交试验结果

表头设计	A	B	$A\times B$	C	D			y
列号 试验号	1	2	3	4	5	6	7	
1	1	1	1	1	1	1	1	86
2	1	1	1	2	2	2	2	95
3	1	2	2	1	1	2	2	91
4	1	2	2	2	2	1	1	94
5	2	1	2	1	2	1	2	91
6	2	1	2	2	1	2	1	96
7	2	2	1	1	2	2	1	83
8	2	2	1	2	1	1	2	88
T_1	366	368	352	351	361	359	359	$T=724$
T_2	358	356	372	373	363	365	365	$\bar{y}=90.5$
$\bar{y}_1$	91.5	92	88	87.75	90.25	89.75	89.75	$\sum y_i^2=65668$
$\bar{y}_2$	89.5	89	93	93.25	90.75	91.25	91.25	
R	2	3	5	5.5	0.5	1.5	1.5	

解　(1)逐列计算 1 水平之和 T_1 与 2 水平之和 T_2，如：

第一列因素 A 的 1 水平之和：$T_1=86+95+91+94=366$．

第一列因素 A 的 2 水平之和：$T_2=91+96+83+88=358$．

其余列同理求之．

(2)逐列计算各水平均值，如：

第一列因素 A 的 1 水平均值：$\bar{y}_1=\dfrac{T_1}{N/2}=\dfrac{366}{4}=91.5$．

第一列因素 A 的 2 水平均值：$\bar{y}_2=\dfrac{T_2}{N/2}=\dfrac{358}{4}=89.5$．

其余列同理求之．

(3)计算各列的水平均值的极差 R．极差 R 是最大值减去最小值的差值．

第一列极差 $R=\max\{\bar{y}_1,\bar{y}_2\}-\min\{\bar{y}_1,\bar{y}_2\}=91.5-89.5=2$．

其余列同理求之．

(4)比较极差，确定各因子或交互作用对试验结果的影响大小．

根据极差大小值的排序，我们知道除去第 5 列和第 6 列的空白列，剩余的因素或交互作用的极差按照从大到小的排列顺序为因素 C、交互作用 $A\times B$、因素 B、因素 A、因素 D．

(5)水平选优和组合选优.

由于在本例中的杀虫剂的收率是越高越好，因此选取各因子的水平均值越高越好，从而得各因子的最好水平分别是 A_1，B_1，C_2，D_2，各因子最优组合为 $A_1 B_1 C_2 D_2$，也是正交表中试验指标最高的. 但是由于交互作用 $A \times B$ 也存在，此时应该再看 $A \times B$ 的组合搭配表 8.21.

表 8.21　$A \times B$ 的组合搭配表

	A_1	A_2
B_1	$(86+95)/2=90.5$	$(91+96)/2=93.5$
B_2	$(91+94)/2=92.5$	$(83+88)/2=85.5$

从组合搭配表来看应该选择最优组合为 $A_2 B_1 C_2 D_2$，但是该组合的试验并未在正交表中进行试验，所以它与各因子最优组合 $A_1 B_1 C_2 D_2$ 之间的比较只能通过追加一次试验 $A_2 B_1 C_2 D_2$ 来进行比较，以确定两个组合哪个更好.

2. 方差分析

(1)平方和与自由度的分解：

在方差分析的平方和计算中，若因素只有 2 水平，此时其平方和 $SS = \dfrac{(T_1 - T_2)^2}{N}$，其中，$T_1$ 和 T_2 分别为该因素两个水平的各自和，N 为整个试验的次数.

$$SS_T = \sum_{i=1}^{n} y^2 - \frac{T^2}{N} = 65668 - \frac{724^2}{8} = 146,$$

$$SS_A = \frac{(T_1 - T_2)^2}{N} = \frac{(366 - 358)^2}{8} = 8,$$

$$SS_B = \frac{(T_1 - T_2)^2}{N} = \frac{(368 - 356)^2}{8} = 18,$$

$$SS_{A \times B} = \frac{(T_1 - T_2)^2}{N} = \frac{(372 - 352)^2}{8} = 50,$$

$$SS_C = \frac{(T_1 - T_2)^2}{N} = \frac{(351 - 373)^2}{8} = 60.5,$$

$$SS_D = \frac{(T_1 - T_2)^2}{N} = \frac{(359 - 365)^2}{8} = 4.5,$$

$$SS_E = SS_T - SS_D - SS_{A \times B} - SS_C - SS_B - SS_A = 5.0,$$

$$df_T = N - 1 = 8 - 1 = 7,$$

$$df_A = df_B = df_C = df_D = 2 - 1 = 1, \quad df_{A \times B} = df_A \times df_B = 1.$$

(2)列方差分析表检验：见表 8.22.

表 8.22　方差分析表

来源	平方和	自由度	均方和	F 值	临界值
因素 A	8.0	1	8.0	3.2	$F_{0.05}(1, 2)=18.513$
因素 B	18.0	1	18.0	7.2	
$A \times B$	50.0	1	50.0	20*	

（续）

来源	平方和	自由度	均方和	F 值	临界值
因素 C	60.5	1	60.5	24.2*	
因素 D	4.5	1	4.5	1.8	
误差	5.0	2	2.5		
总和	146.0	7			

从上述方差分析表中，可以看到在检验水平 $\alpha=0.05$ 下，因素 C 和交互作用 $A\times B$ 对于试验指标有显著影响.

（3）最优水平组合：

对于显著因素 C，其最优水平为 C_2. 对于交互作用 $A\times B$，还是需要看其组合搭配表，从表 8.21 看到，其最优水平组合为 A_2B_1. 而对于不显著因素 D，则可任取水平.

综上所述，可知最佳水平是 $A_2B_1C_2$，即反应温度在 80℃，反应时间为 2.5h，原料配比在 1.2/1. 对于不显著因素 D，真空度在 $50\sim60$kPa 间都是可以选取的，从实际出发，取 60kPa 可以节约时间.

习 题 八

1. 表 8.23 是小白鼠在接种不同类型菌型的伤寒杆菌后的存活天数，试问接种这 3 种菌型后平均存活天数是否有显著差异？

表 8.23

菌型	存活天数										
Ⅰ	2	4	3	2	4	7	7	2	5	4	
Ⅱ	5	6	8	5	10	7	12	6	6		
Ⅲ	7	11	6	6	7	9	5	10	6	3	10

2. 在土壤、施肥等其他条件基本相当的试验田上种植 3 个品种的高粱，每个品种种植了 5 个小区，产量的试验数据（单位：kg）见表 8.24.

表 8.24

高粱品种 小区	高粱 1	高粱 2	高粱 3
小区 1	41	65	45
小区 2	47	57	51
小区 3	41	54	56
小区 4	49	72	48
小区 5	57	64	48

试问这 3 种高粱之间的产量是否有显著差异？

3. 为了研究不同的田间管理方法对草莓产量的影响，选择 6 块不同的地块，每个地块分成 3 个小区，随机安排 3 种田间管理方法，试验结果见表 8.25.

表 8.25

管理 B　　地块 A	B_1	B_2	B_3
A_1	71	73	77
A_2	90	90	92
A_3	59	70	80
A_4	75	80	82
A_5	65	60	67
A_6	82	86	85

试分析不同的管理方法和不同的地块对草莓产量的影响.

4. 为了研究不同的种植密度和化肥使用量对大麦产量的影响，将种植密度 A 设置了 3 个水平，将化肥的使用量设置了 5 个水平，交叉分组，重复 4 次，产量结果列于表 8.26 中，试分析种植密度和化肥使用量对大麦产量的影响.

表 8.26

化肥使用量 B　　种植密度 A	1	2	3	4	5
1	27, 29 26, 26	26, 25 24, 29	31, 30 31, 30	30, 30 30, 31	25, 25 26, 24
2	30, 30 28, 29	28, 27 26, 25	31, 31 30, 32	32, 34 33, 32	28, 29 28, 27
3	33, 33 34, 32	33, 34 34, 35	35, 33 37, 35	35, 34 33, 35	30, 29 31, 30

5. 对水稻品种、栽培和施肥进行研究，所选因素及水平见表 8.27.

表 8.27

因素　　水平	A 品种	B 插值规格	C 硫酸铵(kg/亩)
1	珍珠矮	6×3	15
2	广零二	8×25	10

选用正交表 $L_8(2^7)$，并考察每两个因素之间的交互作用，表头设计为

列号	1	2	3	4	5	6	7
因素	A	B	A×B	C	A×C	B×C	

得到各个试验田的产量依次为 388，385，447，439，381，394，385，399，

(1)试进行直观分析；(2)试进行方差分析；(3)对以上两种结果进行比较.

第九章 相关分析与回归分析

自然科学与社会科学中许多问题的研究，往往归结为弄清楚一些变量之间的联系，这种联系一般表现为两种：确定性关系和非确定性关系．确定性关系就是函数关系 $y=f(x)$，当协变量 x（可以是向量）给定之后，响应变量就会随着函数关系而唯一确定．对非确定性关系，我们先看一个例子：在其他条件均相同的条件下，水稻亩产量 Y 和施肥量 X 之间有密切的关系，但 X 不能严格地确定 Y，即使是施肥量相同，水稻亩产量也不尽相同．这种变量之间的非确定性关系称为**相关关系**或**依存关系**．在存在相关关系的变量中，Y 是随机变量，而 X 可以是随机变量，也可以是非随机变量．在统计学中把函数中因变量的变量 Y 称为**响应变量**，把自变量 X 称为**解释变量**或**协变量**，变量间的相关关系不能用完全确切的函数形式表示，但在平均意义下有一定的定量关系表达式，寻找并建立这种定量关系表达式的过程就叫作**回归**．回归这个术语是由英国著名统计学家高尔顿（Francis Galton），在 19 世纪末期研究孩子及他们的父母的身高时提出来的．高尔顿发现身材高的父母，他们的孩子也高．但这些孩子平均起来并不像他们的父母那样高．对于比较矮的父母的情形也类似：他们的孩子比较矮，但这些孩子的平均身高要比他们的父母的平均身高高．高尔顿把这种孩子的身高向中间值靠近的趋势称为一种回归效应，而他发展的研究两个数值变量的方法称为回归分析．一旦建立了回归模型，除了对各种变量间的关系有了进一步的定量解释之外，还可以利用该模型通过解释变量对响应变量做**预测**，这里所说的预测，是用解释变量的值通过回归模型对响应变量的值进行估计．回归分析中最简单的就是线性回归分析．按照解释变量个数的不同，分为一元线性回归分析和多重线性回归分析．为了叙述方便，本章把样本的观测值也称为样本，在符号使用上不加以区分，均用 y_1，y_2，…，y_n 等表示，何时表示定值则由上下文而定．

第一节 定量变量的相关分析

一、相关分析散点图

相关分析是研究现象之间是否存在某种依存关系，并对具体有依存关系的现象探讨其相关方向以及相关程度，是研究随机变量之间的相关关系的一种统计方法．

识别变量间相关关系的最简单直观的方法是**散点图法**．所谓散点图就是将变量 X 与 Y 的观测值 $(x_i, y_i)(i=1, 2, …, n)$ 在平面直角坐标系中标出，得到 n 个点，这种图称为散点图．通过散点图呈现出的特征，来判断变量之间是否存在相关关系，以及相关的形式、相关的方向和相关的程度等，如图 9.1 所示．为做回归分析做准备，如果两个变量没有关系，谈不上建立回归模型．

二、样本相关系数

虽然散点图有助于识别变量间的相关关系，但它无法对这种关系进行精确的计量，因此

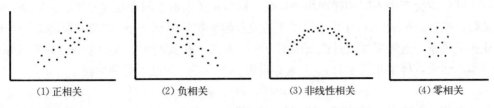

(1) 正相关   (2) 负相关   (3) 非线性相关   (4) 零相关

图 9.1

在初步判定变量间存在相关关系的基础上，通常还要计算相关关系的度量指标．我们已在第四章中讨论过两个总体 X 与 Y 之间用它们的相关系数

$$\rho = \frac{\mathrm{Cov}(X, Y)}{\sqrt{\mathrm{Var}(X)}\sqrt{\mathrm{Var}(Y)}}$$

来度量它们的线性相关程度，现在的任务是通过 n 个独立同分布的观测值 $(x_i, y_i)(i=1, 2, \cdots, n)$，如何对 ρ 做估计，事实上，用矩法估计可得到应用最广泛的**样本相关系数**：

  统计量

$$r = \frac{\sum\limits_{i=1}^{n}(x_i - \bar{x})(y_i - \bar{y})}{\sqrt{\sum\limits_{i=1}^{n}(x_i - \bar{x})^2 \sum\limits_{i=1}^{n}(y_i - \bar{y})^2}}$$

称为随机变量 X 与 Y 的皮尔逊(Pearson)样本相关系数，r 的大小能够反映变量 X 与 Y 之间**线性关系的密切程度**．

  与 ρ 一样，样本相关系数的范围在 -1 到 1 之间，即 $-1 \leqslant r \leqslant 1$；如果变量 Y 与 X 之间存在相关关系，则 $-1 < r < 1$. 结合散点图分析，我们可得到关于 r 的一些重要结果：

  当 $r > 0$ 时，各点趋势接近一条直线，当 X 增大时，Y 线性增大，此时称为**正相关**，它表示 X，Y 变化的方向一致(图 9.1(1))；

  当 $r < 0$ 时，各点趋势也接近一条直线，当 X 增大时，Y 线性减小，此时称为**负相关**，它表示 X，Y 变化的方向相反(图 9.1(2))；

  当 $r = 0$ 或 $r \rightarrow 0$ 时，n 个点可能毫无规律(图 9.1(4))，也有可能呈现出某种曲线趋势(图 9.1(3))，此时称 X 与 Y(线性)不相关，特别要注意到 r 反映的关系仅仅是线性相关关系，实践中，当 $r = 0$ 或 $r \rightarrow 0$ 时，并不一定表示 X 与 Y 无关系，只不过不是线性的关联罢了，如图 9.1(3)中，它有很密切的抛物线关联；

  当 $r = 1$ 或 $r = -1$ 时，n 个点完全在一条上升或下降的直线上，此时，称变量 Y 与 X 之间是线性函数关系．

  经过计算，我们可得到简化计算公式：

$$r = \frac{\sum\limits_{i=1}^{n}(x_i - \bar{x})(y_i - \bar{y})}{\sqrt{\sum\limits_{i=1}^{n}(x_i - \bar{x})^2 \sum\limits_{i=1}^{n}(y_i - \bar{y})^2}} = \frac{\sum\limits_{i=1}^{n}x_i y_i - n\bar{x}\bar{y}}{\sqrt{\left[\sum\limits_{i=1}^{n}x_i^2 - n(\bar{x})^2\right]\left[\sum\limits_{i=1}^{n}y_i^2 - n(\bar{y})^2\right]}}.$$

(9.1)

三、相关系数的统计推断

我们通过样本值得到的样本相关系数 r 只不过是总体相关系数 ρ 的估计值，从同一总体

抽取的不同样本会产生不同的样本相关系数，样本相关系数之间存在变异性．一般地，样本相关系数 r 绝对值越大，X 与 Y 的线性相关关系越密切，但到底 $|r|$ 的值要取多大，才算具备线性相关关系，这需要用统计推断说明．另一方面，在实践中，人们常问总体相关系数 ρ 是否为零，然而，样本相关系数 $r \neq 0$ 未必说明 ρ 不为零，为此，必须检验

$$H_0: \rho = 0, \quad H_1: \rho \neq 0.$$

为了对相关系数做假设检验，我们首先假设 X 与 Y 服从正态分布，然后找出样本相关系数的分布，从而确定它的拒绝域 $\{|r| \geq c\}$，c 为临界值．有两种常用的检验方法：

一是直接根据样本相关关系 r 的分布，在 $H_0: \rho = 0$ 的假设下构造的临界值表（附表 6），在给出了检验水平 $\alpha = 0.05$ 或 0.01，且自由度为 $n-2$ 下，查相关系数的临界值 r_α，其拒绝域为 $\{|r| \geq r_\alpha\}$．当 $|r| > r_{0.05}$ 或 $|r| > r_{0.01}$ 时，拒绝 $H_0: \rho = 0$，即认为 X 与 Y 之间的线性相关关系有统计意义，X 与 Y 存在相关关系；否则，X 与 Y 之间的线性相关关系没有统计意义，X 与 Y 不存在相关关系．

二是采用 t 检验，在 $H_0: \rho = 0$ 的假设下，

$$\frac{r-0}{\sqrt{\dfrac{1-r^2}{n-2}}} \sim t(n-2),$$

故可用 t 检验法对 $H_0: \rho = 0$ 做假设检验，以判断 X, Y 之间是否存在线性相关关系．

应注意到：

(1) 样本相关系数 r 是对变量 X 与 Y 的相关关系 ρ 的估计，它只反映了两个变量间的线性相关关系，而不是反映其他函数关系是否存在．

(2) 线性相关关系与因果关系是不同的，相关系数很大未必表示变量间存在因果关系．比如，有人对北欧某地的小学生进行一次抽样，测得他们的绘画成绩 y_i，同时也测他们的体重 x_i，人们发现 $(x_i, y_i)(i = 1, 2, \cdots, n)$ 的相关系数超过 0.8，接近 1，表明 x 与 y 呈现高度相关性．然而，谁也不会得出一个荒谬的结论："想要一个小孩绘画出色吗？你只需要将他喂成一个小胖子就成了"．其实，它们之所以高度相关，其间涉及一个混杂因素——年龄的影响，所以研究两个变量相关性时，要注意它们是否同时受第三个变量的影响，避免得出荒唐的结论．总之，不要将相关性与因果关系等同起来，有些变量的相关性可有因果关系，但有许多变量的相关性并无因果关系．

(3) 把两个从逻辑上不存在联系的变量放在一起做相关分析没有意义，在统计上称为"虚假相关"．

(4) 相关分析与回归分析在实际应用中有密切关系．然而在回归分析中，所关心的是一个随机变量 Y 对另一个（或一组）随机变量 X 的依赖关系的函数形式．而在相关分析中，所讨论的变量的地位一样，分析侧重于随机变量之间的种种相关特征．当 X, Y 之间不具备线性相关关系时，就无所谓什么回归直线了．

例 9.1.1 已知大黄蜂在飞行时翅膀肌肉的温度将会升高，一位昆虫学家想知道翅膀肌肉的温度是否与肌肉的工作量之间有线性关系．他用大黄蜂胸部（翅膀肌肉所在位置）的温度作为翅膀肌肉温度的一个标志，用腹部的重量作为飞行时肌肉工作量的一个标志，随机抽取 20 只大黄蜂作为一个样本，在飞行后，测量大黄蜂的胸部温度 X（单位：℃）和腹部重量 Y（单位：mg），测量结果见表 9.1.

表 9.1

X	101.6	240.4	180.9	390.2	360.3	120.8	180.5	330.7	395.4	194.1
Y	37.0	39.7	40.5	42.6	42.0	39.1	40.2	37.8	43.1	40.2
X	135.2	210.0	240.6	145.7	168.3	192.8	305.2	378.0	165.9	303.1
Y	38.8	41.9	39.0	39.0	38.1	40.2	43.1	39.9	39.6	40.8

试计算 X，Y 之间的样本相关系数，并对其做统计推断.

解 用所给数据进行表格计算，见表 9.2.

表 9.2

编号	x_i	y_i	x_i^2	y_i^2	$x_i y_i$
1	101.6	37	10322.56	1369	3759.2
2	240.4	39.7	57792.16	1576.09	9543.88
3	180.9	40.5	32724.81	1640.25	7326.45
4	390.2	42.6	152256	1814.76	16622.52
5	360.3	42	129816.1	1764	15132.6
6	120.8	39.1	14592.64	1528.81	4723.28
7	180.5	40.2	32580.25	1616.04	7256.1
8	330.7	37.8	109362.5	1428.84	12500.46
9	395.4	43.1	156341.2	1857.61	17041.74
10	194.1	40.2	37674.81	1616.04	7802.82
11	135.2	38.8	18279.04	1505.44	5245.76
12	210	41.9	44100	1755.61	8799
13	240.6	39	57888.36	1521	9383.4
14	145.7	39	21228.49	1521	5682.3
15	168.3	38.1	28324.89	1451.61	6412.23
16	192.8	40.2	37171.84	1616.04	7750.56
17	305.2	43.1	93147.04	1857.61	13154.12
18	378	39.9	142884	1592.01	15082.2
19	165.9	39.6	27522.81	1568.16	6569.64
20	303.1	40.8	91869.61	1664.64	12366.48
$\sum$	4739.7	802.6	1295879.09	32264.56	192154.74

根据表格提供的数据求得

$$\overline{x} = \frac{4739.7}{20} \approx 237.0, \quad \overline{y} = \frac{802.6}{20} \approx 40.1,$$

利用公式(9.1)得相关系数

$$r = \frac{\sum\limits_{i=1}^{20} x_i y_i - 20\overline{x}\,\overline{y}}{\sqrt{\left[\sum\limits_{i=1}^{20} x_i^2 - 20(\overline{x})^2\right]\left[\sum\limits_{i=1}^{20} y_i^2 - 20(\overline{y})^2\right]}}$$

$$=\frac{192154.74-20\times237.0\times40.1}{\sqrt{(1295879.09-20\times237.0^2)(32264.56-20\times40.1^2)}}\approx0.626.$$

现对当 X 与 Y 之间的线性相关系数做假设检验:

假设 $H_0: \rho=0$, $H_1: \rho\neq0$.

方法 1 分别给定检验水平 $\alpha=0.05$ 与 $\alpha=0.01$,自由度 $n-2=18$,查相关系数临界值表(附表 6),求得临界值 $r_{0.05}(18)=0.4438$,$r_{0.01}(18)=0.5614$,则有

$$|r|=626>r_{0.01}=0.561.$$

方法 2 分别给定检验水平 $\alpha=0.05$ 与 $\alpha=0.01$,自由度 $n-2=18$,查 t 分布表得 $t_{0.025}(18)=2.101$,$t_{0.005}(18)=2.878$,而

$$\frac{r-0}{\sqrt{\dfrac{1-r^2}{n-2}}}=\frac{0.626}{\sqrt{\dfrac{1-0.626^2}{20-2}}}\approx3.407>t_{0.005}(18).$$

所以拒绝 H_0,即在检验水平 $\alpha=0.01$ 下 X 与 Y 之间存在线性相关关系. 易见两种方法的检验结果是一致的. 黄蜂的胸部温度 X 与胸部重量 Y 呈现正相关关系.

第二节　一元线性回归分析

一、一元线性回归模型

先看一个实例.

例 9.2.1 某纤维材料的耐热性能好坏主要依赖于指标缩醛化度来衡量,该指标越高说明耐热性能越好. 在生产过程中,影响缩醛化度的重要因素是甲醛浓度. 为了找出两者之间的相关关系,做了一批试验,获得数据见表 9.3.

表 9.3　纤维材料的耐热性试验结果

甲醛浓度 x(g/L)	18	20	22	24	26	28	30
缩醛化度 y(mol·%)	26.86	28.35	28.75	28.87	29.75	30.00	30.36

若重复上述试验,在同一甲醛浓度 x 下所获得缩醛化度 y 都是不完全一样的,也就表明 x 和 y 之间不能完全用一个完全确定的函数关系来表示. 为了研究它们之间是否有相关关系,可以先在直角坐标系下作图,如图 9.2 所示.

从图 9.2 中,大致看出随着甲醛浓度 x 的增加,缩醛化度 y 也在增加,并且发现这些点(x_i,y_i),$i=1$,2,$\cdots$,7 都比较接近一条直线,但又不完全在直线上. 导致这些点(x_i,y_i),$i=1$,2,$\cdots$,7 与直线偏离的原因是在生产过程和试验过程中,还有一些未知的不可控的因素存在,导致试验结果 y_i 在变化.

现在我们把这个试验结果 y_i 看成由两部分组成,一部分是由关于 x_i 的线性函数引起的,记为 $\beta_0+\beta_1x_i$,另外一部分则是由随机因素引起的,记

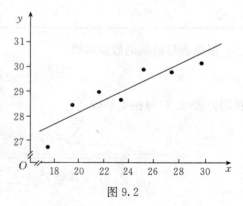

图 9.2

作 ε_i. 因此试验结果 y_i 与解释变量 x_i 之间的关系就表示为

$$y_i = \beta_0 + \beta_1 x_i + \varepsilon_i. \tag{9.2}$$

由于我们将 ε_i 看成是随机误差，且各 ε_i 相互独立，那么一般来说假定随机误差服从正态分布 $N(0, \sigma^2)$ 是较为合理的. 从而由(9.2)式知

$$y_i \sim N(\beta_0 + \beta_1 x_i, \sigma^2). \tag{9.3}$$

一般地，对于可观测的非随机变量的解释变量 x 的每一个取值，对应的响应变量 y 就是一个服从正态分布的随机变量. 将上述结果总结为数学模型如下：

$$\begin{cases} y = \beta_0 + \beta_1 x + \varepsilon (\beta_1 \neq 0), \\ \varepsilon \sim N(0, \sigma^2), \end{cases} \tag{9.4}$$

其中 β_0，β_1，σ^2 均为未知参数，(9.4)式称为一元线性回归模型，ε 称为随机误差.

由(9.4)式可知 $y \sim N(\beta_0 + \beta_1 x, \sigma^2)$，于是其数学期望

$$\mu(x) = E(y) = \beta_0 + \beta_1 x (\text{其中 } \beta_1 \neq 0) \tag{9.5}$$

称为回归函数.

综合上面讨论知，上述线性模型除满足 $E(\varepsilon) = 0$ 外实际上还满足下面三条假设：

(1)正态性，即 $\varepsilon_i \sim N(0, \sigma^2)$ 或 $y_i \sim N(\beta_0 + \beta_1 x_i, \sigma^2)$，$i = 1, 2, \cdots, n$.

(2)等方差，即 $\mathrm{Var}(\varepsilon_i) = \sigma^2$，$i = 1, 2, \cdots, n$.

(3)独立性，要求不同次的试验或观察误差互不相关，即 $\mathrm{Cov}(\varepsilon_i, \varepsilon_j) = 0$，$i \neq j$.

其中，(2)、(3)称为高斯—马尔可夫假设，它构成了对试验与观察的基本要求，在实际应用中，这些假设往往是近似成立的，故在以后的讨论中，我们总是假定这些假设成立.

我们对一元线性回归模型主要讨论如下三项问题：

(1)对参数 β_0，β_1 和 σ^2 进行点估计，估计量 $\hat{\beta}_0$，$\hat{\beta}_1$ 称为回归系数，而 $\hat{y} = \hat{\beta}_0 + \hat{\beta}_1 x$ 称为经验回归直线方程，其图形相应地称为经验回归直线.

(2)在模型(9.4)下对 $\hat{\beta}_0$，$\hat{\beta}_1$ 做统计推断，并检验 Y 与 X 之间是否线性相关.

(3)利用求得的经验回归直线，通过 X 对 Y 进行预测和控制.

二、回归参数的估计及其性质

根据观测值 (x_i, y_i)，$i = 1, 2, \cdots, n$ 进行线性回归，目标是要找一条直线 $y = \beta_0 + \beta_1 x$ 来适当代表那些点的趋势，这就要在所有可能的直线中进行挑选. 首先是确定选择这条直线的标准，当然，标准可以很多，结果也不尽相同，这里介绍的最小二乘法回归. 最小二乘法是统计学中估计未知参数的一种重要方法，"二乘"在古汉语中是平方的意思，最小二乘法回归就是要寻找一条直线使得所有点到该直线的垂直距离的平方和最小，下面我们具体讨论它.

假设我们分别用 $\hat{\beta}_0$ 和 $\hat{\beta}_1$ 去估计 β_0 和 β_1，从而得到一条直线

$$\hat{y} = \hat{\beta}_0 + \hat{\beta}_1 x, \tag{9.6}$$

称(9.6)式为拟合回归直线，则样本中任意一点到该直线的垂直距离

$$y_i - \hat{y}_i = y_i - \hat{\beta}_0 - \hat{\beta}_1 x_i$$

就刻画了各观测值 (x_i, y_i) 与回归直线的偏离程度(图 9.3)，记 $\hat{\varepsilon}_i = y_i - \hat{y}_i$，称 $\hat{\varepsilon}_i$ 为**残差**. 我们希望残差能尽可能的小，这样的拟合直线与观测值就越接近. 显然我们可以用绝对残差和来表示这种接近程度

$$\sum_{i=1}^{n} |\hat{\varepsilon}_i| = \sum_{i=1}^{n} |y_i - \beta_0 - \beta_1 x_i|,$$

但是在数学上绝对值函数处理比较繁琐，所以一般采用残差平方和的形式

$$Q(\beta_0, \beta_1) = \sum_{i=1}^{n} \hat{\varepsilon}_i^2 = \sum_{i=1}^{n} (y_i - \beta_0 - \beta_1 x_i)^2. \tag{9.7}$$

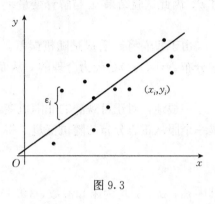

图 9.3

要 $\hat{\beta}_0$ 和 $\hat{\beta}_1$ 使得 (9.7) 式中的 $Q(\beta_0, \beta_1)$ 达到最小，即

$$Q(\hat{\beta}_0, \hat{\beta}_1) = \min_{\beta_0, \beta_1} Q(\beta_0, \beta_1),$$

根据微积分的相关知识，为求得 $Q(\beta_0, \beta_1)$ 的最小值，应将 $Q(\beta_0, \beta_1)$ 对 β_0 和 β_1 分别求偏导数，令其为零，得到方程组

$$\begin{cases} \sum_{i=1}^{n} (y_i - \beta_0 - \beta_1 x_i) = 0, \\ \sum_{i=1}^{n} (y_i - \beta_0 - \beta_1 x_i) x_i = 0. \end{cases} \tag{9.8}$$

方程组 (9.8) 称为正规方程组，化简得到

$$\begin{cases} n\beta_0 + (\sum_{i=1}^{n} x_i)\beta_1 = \sum_{i=1}^{n} y_i, \\ (\sum_{i=1}^{n} x_i)\beta_0 + (\sum_{i=1}^{n} x_i^2)\beta_1 = \sum_{i=1}^{n} x_i y_i, \end{cases}$$

解方程组得

$$\begin{cases} \hat{\beta}_0 = \bar{y} - \hat{\beta}_1 \bar{x}, \\ \hat{\beta}_1 = \dfrac{L_{xy}}{L_{xx}}, \end{cases} \tag{9.9}$$

上式中，$\bar{x} = \dfrac{1}{n} \sum_{i=1}^{n} x_i$，$\bar{y} = \dfrac{1}{n} \sum_{i=1}^{n} y_i$，$L_{xx} = \sum_{i=1}^{n} (x_i - \bar{x})^2$，$L_{xy} = \sum_{i=1}^{n} (x_i - \bar{x})(y_i - \bar{y})$.

上述得到的估计式 (9.9) 称为**最小二乘估计**. 称 $\hat{\beta}_0$，$\hat{\beta}_1$ 为回归系数，由 (9.9) 式决定的直线 $\hat{y} = \hat{\beta}_0 + \hat{\beta}_1 x$ 称为**一元线性回归方程**，简称回归方程.

由 (9.9) 式中的 $\hat{\beta}_0 = \bar{y} - \hat{\beta}_1 \bar{x}$ 知，回归方程 $\hat{y} = \hat{\beta}_0 + \hat{\beta}_1 x$ 一定通过点 $(\bar{x}, \bar{y})$，该点为各散点的中心. 这两点正体现了 $\hat{y} = \hat{\beta}_0 + \hat{\beta}_1 x$ 在平均意义下的定量关系表达式的初衷. 最小二乘估计之所以被广泛应用，是因为它有许多优良的性质，下面的定理给出了最小二乘估计 $\hat{\beta}_0$ 和 $\hat{\beta}_1$ 的一些重要性质.

对 β_0 和 β_1 的估计量 $\hat{\beta}_0$ 和 $\hat{\beta}_1$，由于样本不同时得到的估计量也不同，故这些估计量也是随机变量，它们也有分布，也可以用它们构造检验统计量做统计推断.

定理 9.1 对于一元线性回归模型 (9.4)，若 $\hat{\beta}_0$ 和 $\hat{\beta}_1$ 是 β_0 和 β_1 的最小二乘估计，则

$$\hat{\beta}_0 \sim N\left(\beta_0, \left(\frac{1}{n} + \frac{\bar{x}^2}{L_{xx}}\right)\sigma^2\right), \tag{9.10}$$

$$\hat{\beta}_1 \sim N\left(\beta_1, \frac{1}{L_{xx}}\sigma^2\right). \tag{9.11}$$

定理证明请读者自行完成.

定理 9.1 说明:

(1)$\hat{\beta}_0$，$\hat{\beta}_1$ 是 β_0，β_1 的无偏估计;

(2)同时可得到 $\hat{y}_0$ 是 $E(y_0)=\beta_0+\beta_1 x_0$ 的无偏估计.

事实上，$E(\hat{y}_0)=E(\hat{\beta}_0)+E(\hat{\beta}_1)x_0=\beta_0+\beta_1 x_0=E(y_0)$.

(3)要提高 $\hat{\beta}_0$，$\hat{\beta}_1$ 的精度，则要增大 n，L_{xx}.

为了今后讨论方便，再引进 $L_{yy}=\sum\limits_{i=1}^{n}(y_i-\bar{y})^2$，在实际求回归方程时，常常需要列表计算，将 L_{xx}，L_{xy}，L_{yy} 改写成便于计算的形式

$$L_{xx}=\sum_{i=1}^{n}x_i^2-n\bar{x}^2,\ L_{xy}=\sum_{i=1}^{n}x_iy_i-n\bar{x}\cdot\bar{y},\ L_{yy}=\sum_{i=1}^{n}y_i^2-n\bar{y}^2.$$

σ^2 的无偏估计通常用残差 $\hat{\varepsilon}_i$ 来构造，具体的就是

$$\hat{\sigma}^2=\frac{\sum\limits_{i=1}^{n}\hat{\varepsilon}_i^2}{n-2}. \tag{9.12}$$

我们不加证明的叙述如下事实:

定理 9.2 (1)$\hat{\sigma}^2$ 是 σ^2 的无偏估计;

(2)$\dfrac{(n-2)\hat{\sigma}^2}{\sigma^2}\sim\chi^2(n-2)$，并且 $\hat{\sigma}^2$ 与 $\hat{\beta}_0$ 和 $\hat{\beta}_1$ 是相互独立的.

利用上述结论继续例 9.2.1 中线性回归的计算

例 9.2.2(续例 9.2.1) 求甲醛浓度 x 与缩醛化度 y 的回归方程.

解 设甲醛浓度为 x，缩醛化度为 y，列表格计算数据见表 9.4.

表 9.4

编号	甲醛浓度 x(g/L)	缩醛化度 y(mol%)	x^2	y^2	xy
1	18	26.86	324	721.4596	483.48
2	20	28.35	400	803.7225	567.00
3	22	28.75	484	826.5625	632.50
4	24	28.87	576	833.4769	692.88
5	26	29.75	676	885.0625	773.50
6	28	30.00	784	900.0000	840.00
7	30	30.36	900	921.7296	910.80
合计	168	202.94	4144	5892.0136	4900.16

利用表格求得

$$\bar{x}=\frac{168}{7}=24,\ \bar{y}=\frac{202.94}{7}\approx 28.9914,$$

$$L_{xx}=\sum_{i=1}^{7}x_i^2-n\bar{x}^2=4144-7\times 24^2=112,$$

$$L_{xy}=\sum_{i=1}^{n}x_iy_i-n\bar{x}\,\bar{y}=4900.16-7\times 24\times 28.9914=29.6048,$$

由公式(9.9)得

$$\hat{\beta}_1 = \frac{L_{xy}}{L_{xx}} = \frac{29.6048}{112} = 0.2643, \quad \hat{\beta}_0 = \bar{y} - \hat{\beta}_1\bar{x} = 28.9914 - 0.2643 \times 24 = 22.6482.$$

取 $\hat{\beta}_0 = 22.6482$ 和 $\hat{\beta}_1 = 0.2643$，因此回归方程为

$$\hat{y} = 22.6482 + 0.2643x.$$

分别求出各样本点的残差 $\hat{\varepsilon}_i = y_i - \hat{y}_i$，列出表 9.5.

表 9.5

x	18	20	22	24	26	28	30
$\hat{y}$	27.4057	27.9343	28.4629	28.9914	29.5200	30.0486	30.5771
y	26.86	28.35	28.75	28.87	29.75	30.00	30.36
$\hat{\varepsilon}$	-0.5457	0.4157	0.2871	-0.1214	0.2300	-0.0486	-0.2171

$$
\begin{aligned}
\hat{\sigma}^2 &= \frac{\sum\limits_{i=1}^{n} \hat{\varepsilon}_i^2}{n-2} \\
&= \frac{1}{5}\big[(-0.5457)^2 + (0.4157)^2 + (0.2871)^2 + (-0.1214)^2 + \\
&\quad (0.2300)^2 + (-0.0486)^2 + (-0.2171)^2\big] \\
&= 0.1340,
\end{aligned}
$$

故参数 σ^2 的无偏估计为 $\hat{\sigma}^2 = 0.1340$.

三、回归系数的统计推断

对于任何两个变量 x 和 y，只要我们对它们进行 n 次观测，得到数据 (x_i, y_i)，$i = 1$, 2, $\cdots$, n 之后，就可利用(9.9)式计算得到回归方程 $\hat{y} = \hat{\beta}_0 + \hat{\beta}_1 x$. 但这样得到的回归方程不一定有意义. 故在使用回归方程做进一步的分析之前，首先要对回归方程是否有意义做出判断. 在一元线性模型 $y = \beta_0 + \beta_1 x$ 中，Y 与 X 的关系主要是通过参数 β_1 连接的，参数 β_1 的意义就是：若解释变量 X 增加一个单位，响应变量 Y 的平均值增加 β_1，如果 $\beta_1 = 0$，则说明 Y 与 X 之间并无线性关系，如果 $\beta_1 \neq 0$，则说明 Y 与 X 之间无线性关系，故必须做假设检验：

$$H_0: \beta_1 = 0, \quad H_1: \beta_1 \neq 0.$$

当原假设成立时，回归直线的斜率就是零，即表明响应变量 y 与解释变量 x 之间并无线性关系存在. 下面介绍该假设检验最常用的检验方法：F 检验法(方差分析法).

观测值 y_i，$i = 1$, 2, $\cdots$, n 之间的差异主要来自两个方面：一是解释变量不同；二是其他因素的影响. 为了检验哪个才是主要因素，就必须把这两部分的差异从总的差异中分解出来. 观测值 y_i，$i = 1$, 2, $\cdots$, n 之间的差异，可以用 y_i 与其均值 $\bar{y}$ 的离差平方和来表示，称为**总的离差平方和**，记作

$$SS_T = \sum_{i=1}^{n} (y_i - \bar{y})^2 = L_{yy}. \tag{9.13}$$

和上一章的方差分析总的离差平方和的分解式类似，可以推得

$$SS_T = \sum_{i=1}^{n} (y_i - \bar{y})^2 = \sum_{i=1}^{n} (\hat{y}_i - \bar{y})^2 + \sum_{i=1}^{n} (y_i - \hat{y}_i)^2, \tag{9.14}$$

即写成 $$SS_T = SS_R + SS_E,$$

其中，

$$SS_R = \sum_{i=1}^{n} (\hat{y}_i - \bar{y})^2 = \hat{\beta}_1 L_{xy} \tag{9.15}$$

称为**回归平方和**，它是由解释变量 x 的变化而引起的差异.

$$SS_E = \sum_{i=1}^{n} (y_i - \hat{y}_i)^2 = L_{yy} - \hat{\beta}_1 L_{xy} = Q(\hat{\beta}_0, \hat{\beta}_1) \tag{9.16}$$

称为**剩余平方和**，它是由试验误差以及其他未加控制的因素引起的.

通过上述分解，我们把观测值 y_i，$i=1$，2，$\cdots$，n 之间的差异即总离差平方和从数量上分成了回归平方和与剩余平方和. 在原假设 $H_0: \beta_1 = 0$ 成立时，可以证明 $\frac{SS_T}{\sigma^2} \sim \chi^2(n-1)$，$\frac{SS_R}{\sigma^2} \sim \chi^2(1)$，$\frac{SS_E}{\sigma^2} \sim \chi^2(n-2)$，且 $\frac{SS_R}{\sigma^2}$ 与 $\frac{SS_E}{\sigma^2}$ 相互独立，故构造 F 统计量及其分布为

$$F = \frac{SS_R}{SS_E/(n-2)} \sim F(1, n-2). \tag{9.17}$$

给定检验水平 α，查对应的 F 分布表，得其临界值 $F_\alpha(1, n-2)$. 计算 F 统计量的值，判断是否落入拒绝域 $F \geqslant F_\alpha(1, n-2)$，若是，则拒绝原假设 $H_0: \beta_1 = 0$，否则，就接受原假设.

由此列出方差分析表，见表 9.6.

表 9.6　一元线性回归的方差分析表

来源	平方和	自由度	均方和	F 值	临界值
回归	$SS_R = \sum_{i=1}^{n} (\hat{y}_i - \bar{y})^2$	1	$MS_R = SS_R/1$	$F = \frac{MS_R}{MS_E}$	$F_\alpha(1, n-2)$
残差	$SS_E = \sum_{i=1}^{n} (y_i - \hat{y}_i)^2$	$n-2$	$MS_E = SS_E/(n-2)$		
总和	$SS_T = \sum_{i=1}^{n} (y_i - \bar{y})^2$	$n-1$			

现在用上述方法对例 9.2.2 的回归方程进行检验，给定检验水平 $\alpha = 0.05$，结果见方差分析表(表 9.7).

表 9.7　例 9.2.2 回归方程的方差分析表

来源	平方和	自由度	均方和	F 值	临界值
回归	7.8229	1	7.8229	58.36	$F_{0.05}(1, 5) = 6.608$
残差	0.6702	5	0.1340		
总和	8.4931	6			

因为 $F > F_{0.05}(1, 5)$，故拒绝原假设，即认为线性回归方程成立，也就是说甲醛浓度 x 与缩醛化度 y 的确存在线性关系：$\hat{y} = 22.6482 + 0.2643x$.

还有其他两种检验法：t 检验法与相关系数检验法.

首先，来看 t 检验法，由定理 9.1 和定理 9.2 的结论知道

$$\hat{\beta}_1 \sim N\left(\beta_1, \frac{1}{L_{xx}}\sigma^2\right),$$

$$\frac{(n-2)\hat{\sigma}^2}{\sigma^2} \sim \chi^2(n-2),$$

且两者相互独立，于是当原假设 $H_0: \beta_1 = 0$ 成立时，有

$$t = \frac{\hat{\beta}_1}{\hat{\sigma}/\sqrt{L_{xx}}} \sim t(n-2), \tag{9.18}$$

其中 $\hat{\sigma} = \sqrt{SS_E/(n-2)}$，给定检验水平 α，其拒绝域为 $|t| > t_{\alpha/2}(n-2)$，这就是 t 检验法．事实上，由 t 分布与 F 分布之间的关系（见例 5.3.3）：$[t(n-2)]^2 = F(1, n-2)$ 可知

$$t^2 = \frac{\hat{\beta}_1^2}{\hat{\sigma}^2/L_{xx}} = \frac{\hat{\beta}_1 L_{xy}}{\hat{\sigma}^2} = \frac{SS_R}{SS_E/(n-2)} = F \sim F(1, n-2).$$

显然 t 检验法与之前的 F 检验法是等价的．

最后，看相关系数检验法，在第一节我们已用于做相关性检验：$H_0: \rho = 0$．现讨论它与检验 $H_0: \beta_1 = 0$ 是等价的．由样本相关系数计算公式：

$$r = \frac{\sum_{i=1}^{n}(x_i - \bar{x})(y_i - \bar{y})}{\sqrt{\sum_{i=1}^{n}(x_i - \bar{x})^2 \sum_{i=1}^{n}(y_i - \bar{y})^2}},$$

将上式变成如下形式：

$$r = \frac{L_{xy}}{\sqrt{L_{xx}L_{yy}}} = \hat{\beta}_1 \sqrt{\frac{L_{xx}}{L_{yy}}}.$$

可见，相关系数 r 与 $\hat{\beta}_1$ 有相同的符号．相关系数与 $Q(\beta_0, \beta_1)$ 的关系表达式如下：

$$Q(\beta_0, \beta_1) = (1 - r^2)L_{yy}. \tag{9.19}$$

从 (9.19) 式可以看出，当 $|r|$ 越接近 1 时，$Q(\beta_0, \beta_1)$ 越接近零，这时表明各观测值点几乎在回归直线上，换言之，此时两个变量 X 和 Y 的观测值之间的线性关系是存在的，反之，当 $|r|$ 越接近零时，$Q(\beta_0, \beta_1)$ 就越大，各观测值点越来越远离回归直线，则它们的线性关系不存在．事实上，可以证明 r 与 F 有如下关系：

$$F = (n-2)\frac{r^2}{1-r^2}. \tag{9.20}$$

当 F 较大时，即等价于 $|r|$ 接近于 1，故相关系数检验法与之前的 F 检验法是等价的．

如同线性相关系数 $r = 0$，并不说明变量 x 和 y 不存在关联一样，如果检验结论是不拒绝原假设 $H_0: \beta_1 = 0$，也并不代表变量 x 和 y 一定不存在相关关系，而是只能说变量 x 和 y 不存在线性相关关系罢了，因为接受原假设 $H_0: \beta_1 = 0$ 的可能性有多种．其中一种可能性是变量 x 和 y 有某种曲线趋势的关联（图 9.1(3)），但绝对不是线性函数关系，这是非线性回归所讨论的问题．

现在我们引入一个与相关系数 r 有关的统计量 r^2（或记为 R^2），称为确定系数，可以证明 $SS_R = r^2 SS_T$，于是，得到 $r^2 = \dfrac{SS_R}{SS_T}$，这说明 r^2 就是回归离差平方和占总离差平方和的百分比，它建立了相关系数与回归之间的联系，又通过具体数量大小反映了回归的贡献大小，这是回归分析中一个十分有用的统计量，因检验有时也会犯错，若补充计算一下其确定系数值，如果 r^2 远远小于 0.5，说明由 x 引起 Y 的变化部分不足 50%，此时若求出 Y 依 x 变化

的线性回归方程，就没多大的实用价值了．

四、回归方程的预测和控制

建立回归方程的重要目的是预测和控制响应变量 y 的值，预测的前提是回归方程必须是有效的．所谓预测，就是对解释变量的可取范围内的任何一个 x_0，对响应变量相应的取值 y_0 的一个估计；所谓控制，就是通过控制解释变量的取值来把响应变量的值限制在指定范围内．

1. 点预测

设回归方程为 $\hat{y}=\hat{\beta}_0+\hat{\beta}_1 x$，对于在可取范围内给定的解释变量值 x_0，用 $\hat{\beta}_0+\hat{\beta}_1 x_0$ 作为相应的响应变量的预测值，记为 $\hat{y}_0=\hat{\beta}_0+\hat{\beta}_1 x_0$，这种方法就是**点预测**．注意到，若用已建立的回归方程做预测，如果解释变量值 x_0 在建立回归方程时所用的解释变量数据的范围之外做预测，要特别慎重，一般要求点 x_0 不能外推得太远．

2. 区间预测

所谓区间预测，就是对于在可取范围内给定的解释变量值 x_0，响应变量的取值 y_0 有一个置信度为 $1-\alpha$ 的区间，称为预测区间，即找到包含 y_0 的区间 $(t_1，t_2)$，使其满足

$$P\{t_1<y_0<t_2\}=1-\alpha.$$

对于一元线性回归模型，可以证明

$$y_0-\hat{y}_0\sim N\Big(0，\ \sigma^2\Big(1+\frac{1}{n}+\frac{(x_0-\bar{x})^2}{L_{xx}}\Big)\Big). \tag{9.21}$$

又由 (9.12) 式和定理 9.2 可知 $\hat{\sigma}^2=\dfrac{SS_E}{n-2}$ 且 $\dfrac{(n-2)\hat{\sigma}^2}{\sigma^2}\sim\chi^2(n-2)$，故构造 T 统计量及其分布为

$$T=\frac{y_0-\hat{y}_0}{\hat{\sigma}\sqrt{1+\dfrac{1}{n}+\dfrac{(x_0-\bar{x})^2}{L_{xx}}}}\sim t(n-2)， \tag{9.22}$$

其中 $\hat{\sigma}=\sqrt{\dfrac{SS_E}{n-2}}$，于是对于给定的置信度 $1-\alpha$，有

$$P\{|T|<t_{\alpha/2}(n-2)\}=1-\alpha,$$

即

$$P\{\hat{y}_0-\delta(x_0)<y_0<\hat{y}_0+\delta(x_0)\}=1-\alpha,$$

其中

$$\delta(x_0)=t_{\alpha/2}(n-2)\hat{\sigma}\sqrt{1+\frac{1}{n}+\frac{(x_0-\bar{x})^2}{L_{xx}}},$$

因此 y_0 的置信度为 $1-\alpha$ 的预测区间为

$$(\hat{y}_0-\delta(x_0)，\ \hat{y}_0+\delta(x_0)).$$

对于任意的 x，根据样本的观测值可得出两条曲线方程：

$$y_1(x)=\hat{y}(x)-\delta(x)， \tag{9.23}$$
$$y_2(x)=\hat{y}(x)+\delta(x)， \tag{9.24}$$

这两条曲线将回归直线 $\hat{y}=\hat{\beta}_0+\hat{\beta}_1 x$ 夹在中间，形成一条宽窄不等的带域，该带域在 $x=\bar{x}$ 处最窄，如图 9.4 所示．

例 9.2.3（续例 9.2.2）　当甲醛浓度 $x=27$ 时，所获得缩醛化度 y 的 95% 的预测区间．

解 根据前面讨论的结果，回归方程为 $\hat{y}=22.6482+0.2643x$，而且该方程显著，故可用来做预测．当 $x=27$ 时，根据回归方程得到点预测值为 $\hat{y}_0=29.7843$．

现在已知 $\alpha=0.05$，$n=7$，查 t 分布表可知 $t_{0.025}(5)=2.571$，而之前通过表 9.5 知 $\hat{\sigma}^2=0.1340$，对数据计算得

$$L_{xx}=\sum_{i=1}^{n}(x_i-\bar{x})^2=112,\quad (x_0-\bar{x})^2=9,$$

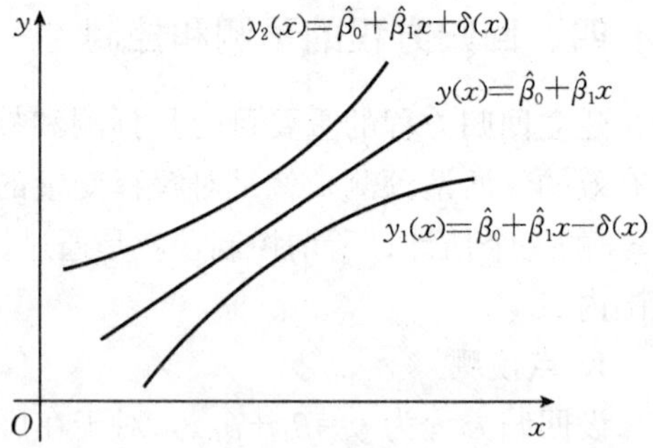

图 9.4　预测区间

故根据公式

$$\delta(x_0)=t_{\alpha/2}(n-2)\hat{\sigma}\sqrt{1+\frac{1}{n}+\frac{(x_0-\bar{x})^2}{L_{xx}}},$$

得

$$\delta=2.571\times\sqrt{0.1340}\times\sqrt{1+\frac{1}{7}+\frac{9}{112}}=1.0409,$$

故

$$y_1(27)=29.7843-1.0409=28.7434,$$
$$y_2(27)=29.7843+1.0409=30.8252,$$

因此得甲醛浓度 $x=27$ 时，缩醛化度 y 的 95% 的预测区间为 $(28.7434,30.8252)$．

在 x_0 与 $\bar{x}$ 比较接近且样本容量 n 较大时，可以对 (9.23) 式和 (9.24) 式取近似值．此时有

$$t_{\alpha/2}(n-2)\approx u_{\alpha/2}\text{和}\sqrt{1+\frac{1}{n}+\frac{(x_0-\bar{x})^2}{L_{xx}}}\approx 1,$$

则 y_0 的置信度为 $1-\alpha$ 的置信区间可近似表示为

$$(\hat{y}_0(x)-u_{\alpha/2}\cdot\hat{\sigma},\ \hat{y}_0(x)+u_{\alpha/2}\cdot\hat{\sigma}). \tag{9.25}$$

例 9.2.4　设计算机维修时间为 Y（单位：min），计算机中需要维修或者更换的电子元件个数为 X（单位：个）．抽取一个维修记录的样本，数据见表 9.8．

表 9.8

X(个)	1	2	3	4	5	5	6	6	8	9	9	10
Y(min)	23	29	49	64	74	87	96	97	119	149	145	166

(1) 求回归方程 $\hat{y}=\hat{\beta}_0+\hat{\beta}_1 x$；

(2) 用相关系数法对所求的回归方程做显著性检验（$\alpha=0.05$），并求出其确定的系数；

(3) 如果一台计算机需要维修的配件个数为 6，预测修理需要的时间；

(4) 对所求的回归方程做实际应用的解释．

解　(1) 根据样本数据，用最小二乘法估计 $\hat{\beta}_0$，$\hat{\beta}_1$ 的值．

$$\hat{\beta}_1=\frac{\sum_i x_i y_i-12\bar{x}\bar{y}}{\sum_i x_i^2-12(\bar{x})^2}=\frac{7631-12\times\frac{67}{12}\times 91.5}{469-12\times\left(\frac{67}{12}\right)^2}=15.81,$$

$$\hat{\beta}_0=\bar{y}-\hat{\beta}_1\bar{x}=91.5-15.81\times\frac{67}{12}=3.24,$$

将 $\hat{\beta}_0$，$\hat{\beta}_1$ 的值代入得到回归方程为

$$\hat{y}=3.24+15.81x.$$

(2)对所建立的 y 对 x 的回归方程进行线性相关性检验：

原假设为 H_0：$\beta_1=0$，选用统计量 $r=\dfrac{L_{xy}}{\sqrt{L_{xx}L_{yy}}}$，并利用回归计算的结果计算 $|r|$：

因为　　$L_{yy}=\sum\limits_{i=1}^{12}y_i^2-12\,(\bar{y})^2=24013$，$L_{xy}=\sum\limits_{i=1}^{12}x_iy_i-12\bar{x}\bar{y}=1500.5$，

$$L_{xx}=\sum_{i=1}^{12}x_i^2-12(\bar{x})^2=469-12\times\left(\frac{67}{12}\right)^2=94.92,$$

所以　　　　　　　　　$$|r|=\left|\frac{1500.5}{\sqrt{24013\times94.92}}\right|\approx0.994.$$

查相关系数检验表(附表6)得到 $r_{0.05}(10)=0.576$，因为 $|r|>r_{0.05}(10)$，故拒绝 H_0，即可认为 y 对 x 的回归方程有效或线性相关性有统计意义，其确定系数 $R^2\approx0.988$.

(3)经检验说明：回归方程 $\hat{y}=3.24+15.81x$ 有效，可以用于预测．当 $x_0=6$ 时，修理这台计算机需要的时间大致为

$$3.24+15.81\times6=98.1(\min).$$

(4)根据所建立的回归方程可做如下粗略的解释：

① 当计算机需要修理或更换的配件为 x 个时，修理的平均时间为

$$\hat{y}=3.24+15.81x(\min);$$

② 计算机需要修理或更换的配件每增加 1 个时，平均修理时间会增加 15.81min；

③ 其确定系数 $R^2\approx0.988$，说明 x 的变化可以解释 y 变化的 98.8%.

3. 控制

预测的反问题就是控制问题，即如果要求将响应变量 y 的取值范围控制在一定范围内，那么解释变量 x 的取值应该控制在哪一个范围内？控制的前提也必须满足回归方程显著．在这里就只考虑样本量较大的情形，而一般的情形亦可用类似的方法讨论．

假设现在需要控制响应变量 y 的取值范围在 (y_1,y_2) 内，可利用近似区间(9.25)，令

$$y_1=\hat{y}_0-u_{\alpha/2}\cdot\hat{\sigma}=\hat{\beta}_0+\hat{\beta}_1x_1-u_{\alpha/2}\cdot\hat{\sigma},$$
$$y_2=\hat{y}_0+u_{\alpha/2}\cdot\hat{\sigma}=\hat{\beta}_0+\hat{\beta}_1x_2+u_{\alpha/2}\cdot\hat{\sigma},$$

解出上述方程得

$$x_1=\frac{y_1-\hat{\beta}_0+u_{\alpha/2}\cdot\hat{\sigma}}{\hat{\beta}_1},\tag{9.26}$$

$$x_2=\frac{y_2-\hat{\beta}_0-u_{\alpha/2}\cdot\hat{\sigma}}{\hat{\beta}_1}.\tag{9.27}$$

当 $\hat{\beta}_1>0$ 时，解释变量 x 的控制范围为 (x_1,x_2)；当 $\hat{\beta}_1<0$ 时，解释变量 x 的控制范围为 (x_2,x_1)，在实际应用中要实践控制，必须要满足响应变量 y 的取值范围在 (y_1,y_2) 的区间长度超过 $2u_{\alpha/2}\cdot\hat{\sigma}$，否则控制区间不存在．

五、可线性化的一元非线性回归方程

在实际问题中，有时两个变量间的关系并不是线性关系，需要借助于专业背景知识和散

点图，来帮助选择恰当的曲线方程，然后通过适当的变量代换，把非线性方程转化为线性回归方程，确定未知参数．

为了便于读者选择恰当的曲线类型，下面列举了一些常用的曲线方程，并给出了相应的线性回归的转换公式．

1. 双曲线 $\dfrac{1}{y}=a+\dfrac{b}{x}$

令 $y'=\dfrac{1}{y}$，$x'=\dfrac{1}{x}$，则有 $y'=a+bx'$．

2. 幂函数曲线 $y=ax^b$

令 $y'=\ln y$，$x'=\ln x$，$a'=\ln a$，则有 $y'=a'+bx'$．

3. 指数函数曲线 $y=a\mathrm{e}^{bx}$

令 $y'=\ln y$，$a'=\ln a$，则有 $y'=a'+bx$．

4. 负指数函数曲线 $y=a\mathrm{e}^{\frac{b}{x}}$

令 $y'=\ln y$，$x'=\dfrac{1}{x}$，$a'=\ln a$，则有 $y'=a'+bx'$．

5. 对数曲线 $y=a+b\ln x$

令 $x'=\ln x$，则有 $y=a+bx'$．

6. S 形曲线（Logistic 曲线）$y=\dfrac{K}{1+A\mathrm{e}^{-\lambda x}}$（参阅图 9.5）.

令 $y'=\ln\left(\dfrac{K-y}{y}\right)$，$a=\ln A$，则有

$$y'=a-\lambda x;$$

或令 $y'=\ln\left(\dfrac{y}{K-y}\right)$，$a=-\ln A$，则有

$$y'=a+\lambda x.$$

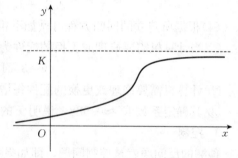

图 9.5　S 形曲线图

例 9.2.5　电容器充电达某电压值时为时间的计算原点，此后电容器串联一电阻放电，测定各时刻的电压 u，测量结果见表 9.9.

表 9.9

时间 t(s)	0	1	2	3	4	5	6	7	8	9	10
电压 u(V)	100	75	55	40	30	20	15	10	10	5	5

若 u 与 t 的关系为 $u=u_0\mathrm{e}^{-ct}$，其中 u_0，c 未知，求 u 对 t 的回归方程．

解　$u=u_0\mathrm{e}^{-ct}$，两端取对数得 $\ln u=\ln u_0-ct$．

令 $y=\ln u$，$\beta_0=\ln u_0$，$\beta_1=-c$，$x=t$，则 $y=\beta_0+\beta_1 x$，关于 y 及 x 有下列数据：

x	0	1	2	3	4	5	6	7	8	9	10
y	4.6	4.3	4.0	3.7	3.4	3	2.7	2.3	2.3	1.6	1.6

计算得　　　　　$n=11$，$\bar{x}=5$，$L_{xx}=110$，$\bar{y}=3.045$，$L_{yy}=10.867$，

$$L_{xy}=133.1-11\times5\times3.045=-34.38,$$

故 $\qquad\qquad \hat\beta_1 = -0.313, \hat\beta_0 = \bar y - \hat\beta_1 \bar x = 4.61,$

从而 $\hat c = 0.313$，$\hat u_0 = 100.48$，得 u 对 t 的回归方程为

$$u = 100.48 e^{-0.313t}.$$

现在对该回归方程进行检验，见其方差分析表（表 9.10）.

表 9.10　回归方程的方差分析表

来源	平方和	自由度	均方和	F 值	临界值
回归	10.758	1	10.758	896.5	$F_{0.05}(1, 9) = 5.17$
残差	0.109	9	0.012		
总和	10.867	10			

故在检验水平 $\alpha = 0.05$ 下，回归方程 $u = 100.48 e^{-0.313t}$ 有效.

第三节　多重线性回归分析

在实际问题中，影响一个试验的结果的因素常常不止一个，这就需要研究一个响应变量 y 与多个解释变量 x_1，x_2，$\cdots$，x_p 之间的相关关系. 研究该问题的常用方法就是多重回归分析方法. 而多重回归分析中最常用的就是多重线性回归分析，它是一元线性回归的推广.

一、多重线性回归模型

设影响响应变量 y 的解释变量的个数为 p 个，分别记为 x_1，x_2，$\cdots$，x_p，通过 n 次观测取得样本观测值为 $(x_{i1}, x_{i2}, \cdots, x_{ip}, y_i)$，$i = 1, 2, \cdots, n$. 所谓多重线性回归模型是指这些解释变量对响应变量的影响是线性的，即

$$y = \beta_0 + \beta_1 x_1 + \beta_2 x_2 + \cdots + \beta_p x_p + \varepsilon, \quad \varepsilon \sim N(0, \sigma^2), \qquad (9.28)$$

其中 β_0，β_1，β_2，$\cdots$，β_p，σ^2 是与 x_1，x_2，$\cdots$，x_p 无关的未知参数，ε 为 y 中无法用 x_1，x_2，$\cdots$，x_p 表示的各种复杂因素的误差，这个模型就称为多重线性回归的数学模型.

由于样本的观测值分别是 $(x_{i1}, x_{i2}, \cdots, x_{ip}, y_i)$ $(i = 1, 2, \cdots, n)$，则有

$$\begin{cases} y_1 = \beta_0 + \beta_1 x_{11} + \beta_2 x_{12} + \cdots + \beta_p x_{1p} + \varepsilon_1, \\ y_2 = \beta_0 + \beta_1 x_{21} + \beta_2 x_{22} + \cdots + \beta_p x_{2p} + \varepsilon_2, \\ \cdots\cdots\cdots\cdots\cdots\cdots\cdots\cdots\cdots\cdots\cdots\cdots \\ y_n = \beta_0 + \beta_1 x_{n1} + \beta_2 x_{n2} + \cdots + \beta_p x_{np} + \varepsilon_n, \end{cases}$$

其中 ε_1，ε_2，$\cdots$，ε_n 相互独立，且 $\varepsilon_i \sim N(0, \sigma^2)$，$i = 1, 2, \cdots, n$. 令

$$\boldsymbol{Y} = \begin{bmatrix} y_1 \\ y_2 \\ \vdots \\ y_n \end{bmatrix}, \quad \boldsymbol{X} = \begin{bmatrix} 1 & x_{11} & x_{12} & \cdots & x_{1p} \\ 1 & x_{21} & x_{22} & \cdots & x_{2p} \\ \vdots & \vdots & \vdots & & \vdots \\ 1 & x_{n1} & x_{n2} & \cdots & x_{np} \end{bmatrix}, \quad \boldsymbol{\beta} = \begin{bmatrix} \beta_0 \\ \beta_1 \\ \vdots \\ \beta_p \end{bmatrix}, \quad \boldsymbol{\varepsilon} = \begin{bmatrix} \varepsilon_1 \\ \varepsilon_2 \\ \vdots \\ \varepsilon_n \end{bmatrix},$$

则上述数学模型可用矩阵形式表示为

$$\begin{cases} \boldsymbol{Y} = \boldsymbol{X\beta} + \boldsymbol{\varepsilon}, \\ \boldsymbol{\varepsilon} \sim N(0, \sigma^2 \boldsymbol{E}_n), \end{cases} \qquad (9.29)$$

其中 $X_{n\times(p+1)}$ 称为设计矩阵，$Y_{n\times1}$ 称为响应向量，$\beta_{n\times1}$ 称为系数向量，ε 是 n 维随机误差向量，它的分量间相互独立，E_n 是 n 阶单位矩阵.

二、最小二乘估计

与一元线性回归类似，我们亦采用最小二乘法估计参数 β_0，β_1，β_2，$\cdots$，β_p，引入偏差平方和

$$Q(\beta_0, \beta_1, \cdots, \beta_p) = \sum_{i=1}^{n}(y_i - \beta_0 - \beta_1 x_{i1} - \beta_2 x_{i2} - \cdots - \beta_p x_{ip})^2,$$

最小二乘估计就是求 $\hat{\boldsymbol{\beta}} = (\hat{\beta}_0, \hat{\beta}_1, \cdots, \hat{\beta}_p)^{\mathrm{T}}$，使得

$$Q(\hat{\beta}_0, \hat{\beta}_1, \cdots, \hat{\beta}_p) = \min_{\boldsymbol{\beta}} Q(\beta_0, \beta_1, \cdots, \beta_p).$$

因为 $Q(\beta_0, \beta_1, \cdots, \beta_p)$ 是 β_0，β_1，$\cdots$，β_p 的非负二次型，故其最小值一定存在. 根据多重微积分的极值原理，令

$$\begin{cases} \dfrac{\partial Q}{\partial \beta_0} = -2\sum_{i=1}^{n}(y_i - \beta_0 - \beta_1 x_{i1} - \cdots - \beta_p x_{ip}) = 0, \\ \dfrac{\partial Q}{\partial \beta_j} = -2\sum_{i=1}^{n}(y_i - \beta_0 - \beta_1 x_{i1} - \cdots - \beta_p x_{ip})x_{ij} = 0, \quad j = 1, 2, \cdots, p, \end{cases}$$

上述方程组称为**正规方程组**，可用矩阵表示为

$$X^{\mathrm{T}}X\boldsymbol{\beta} = X^{\mathrm{T}}Y. \tag{9.30}$$

在系数矩阵 $X^{\mathrm{T}}X$ 可逆的情况下，可解得

$$\hat{\boldsymbol{\beta}} = (X^{\mathrm{T}}X)^{-1}X^{\mathrm{T}}Y, \tag{9.31}$$

$\hat{\boldsymbol{\beta}}$ 就是 $\boldsymbol{\beta}$ 的最小二乘估计，即 $\hat{\boldsymbol{\beta}}$ 为多重线性回归方程

$$\hat{y} = \hat{\beta}_0 + \hat{\beta}_1 x_1 + \cdots + \hat{\beta}_p x_p \tag{9.32}$$

的回归系数，其中 β_j 称为响应变量 y 关于解释变量 x_j 的偏回归系数.

三、多重线性回归模型的有效性检验

1. 多重线性回归方程的统计检验

在求出多重线性回归方程(9.32)后，接下来就自然而然的讨论这个方程的回归效果是否显著. 响应变量与解释变量之间是否的确存在线性相关关系呢? 这就要对该多重线性回归模型做进一步的假设检验.

提出原假设与备择假设如下：

$$H_0: \beta_1 = \beta_2 = \cdots = \beta_p = 0, \ H_1: \beta_1, \beta_2, \cdots, \beta_p \text{ 中至少有一个不为零}.$$

$$\tag{9.33}$$

与一元线性回归模型的检验类似，亦采用 F 检验法，即方差分析法来对上述假设进行检验. 考察响应变量的观测值 y_i，$i = 1, 2, \cdots, n$ 的总离差平方和 SS_T，对其进行分解：

$$SS_T = \sum_{i=1}^{n}(y_i - \bar{y})^2 = \sum_{i=1}^{n}(\hat{y}_i - \bar{y})^2 + \sum_{i=1}^{n}(y_i - \hat{y}_i)^2, \tag{9.34}$$

即写成

$$SS_T = SS_R + SS_E,$$

其中，

$$SS_R = \sum_{i=1}^{n} (\hat{y}_i - \bar{y})^2 \tag{9.35}$$

称为回归平方和,

$$SS_E = \sum_{i=1}^{n} (y_i - \hat{y}_i)^2 = \sum_{i=1}^{n} \left(y_i - \hat{\beta}_0 - \sum_{j=1}^{p} \hat{\beta}_i x_{ij} \right)^2 \tag{9.36}$$

称为剩余平方和.

SS_R 反映了回归值的分散程度, 它是由响应变量与解释变量间的线性相关关系引起的. SS_E 反映了观测值 y_i, $i=1, 2, \cdots, n$ 偏离回归直线的程度, 由观测随机误差等随机因素造成的. 同样, 我们可以证明, 如果在原假设 $H_0: \beta_1 = \beta_2 = \cdots = \beta_p = 0$ 成立的条件下, 则有 $\dfrac{SS_T}{\sigma^2} \sim \chi^2(n-1)$, $\dfrac{SS_R}{\sigma^2} \sim \chi^2(p)$, $\dfrac{SS_E}{\sigma^2} \sim \chi^2(n-p-1)$, 且 $\dfrac{SS_R}{\sigma^2}$ 与 $\dfrac{SS_E}{\sigma^2}$ 相互独立. 由此构造 F 统计量及其分布为

$$F = \frac{SS_R / p}{SS_E / (n-p-1)} \sim F(p, n-p-1). \tag{9.37}$$

如果响应变量 y 与解释变量 x_i, $i=1, 2, \cdots, p$ 之间的线性关系有统计意义, 则 SS_R 值会较大, 因此得到的 F 值较大, 反之则会 F 值较小. 由此根据给定的检验水平 α, 查得对应的 F 分布的临界值 $F_\alpha(p, n-p-1)$. 如果 $F > F_\alpha(p, n-p-1)$, 则拒绝原假设, 即认为响应变量 y 与解释变量 x_i, $i=1, 2, \cdots, p$ 之间的线性关系有统计意义, 反之则接受原假设, 即认为响应变量 y 与解释变量 x_i, $i=1, 2, \cdots, p$ 之间不存在线性关系. 具体见方差分析表(表 9.11).

表 9.11 多重线性回归的方差分析表

来源	平方和	自由度	均方和	F 值	临界值
回归	$SS_R = \sum_{i=1}^{n} (\hat{y}_i - \bar{y})^2$	p	$MS_R = \dfrac{SS_R}{p}$	$F = \dfrac{MS_R}{MS_E}$	$F_\alpha(p, n-p-1)$
残差	$SS_E = \sum_{i=1}^{n} (y_i - \hat{y}_i)^2$	$n-p-1$	$MS_E = \dfrac{SS_E}{n-p-1}$		
总和	$SS_T = \sum_{i=1}^{n} (y_i - \bar{y})^2$	$n-1$			

2. 多重线性回归方程的回归系数的统计检验

与一元线性回归模型不同的是, 在多重线性回归方程显著的时候, 并不是所有的解释变量对响应变量都有显著的影响, 此时需要进一步检验每个偏回归系数 β_j, $j=1, 2, \cdots, p$ 是否亦为零. 提出 p 个原假设与备择假设如下:

$$\begin{cases} H_{0j}: \beta_j = 0, \\ H_{1j}: \beta_j \neq 0, \end{cases} j=1, 2, \cdots, p. \tag{9.38}$$

在原假设 H_{0j} 成立的条件下, 仿照一元线性回归模型中的 t 检验方法, 构造 T 统计量及其分布为

$$T_j = \frac{\hat{\beta}_j}{\hat{\sigma} \sqrt{c_{jj}}} \sim t(n-p-1), \tag{9.39}$$

其中 c_{jj} 为矩阵 $X^T X$ 对角线上的第 j 个元素，$\hat{\sigma} = \sqrt{SS_E / (n-p-1)}$.

给定检验水平 α，若 $|T_j| > t_{\alpha/2}(n-p-1)$，$j=1,2,\cdots,p$，则拒绝原假设 H_{0j}，即认为解释变量 x_j 对响应变量 y 的影响没有统计意义.

3. 确定系数

我们在一元回归时已介绍过确定系数的概念，在多重回归中确定系数仍为

$$R^2 = \frac{SS_R}{SS_T},$$

它用以反映多重回归模型能在多大的程度解释响应变量 Y 的变异性，也反映了所有解释变量 $X_1,X_2,\cdots,X_k$ 解释响应变量 Y 变异的百分比，其取值范围是 $0 \leqslant R^2 \leqslant 1$，当 $R^2 \to 1$ 时，表示样本数据较好地拟合了回归模型，当 $R^2 \to 0$ 时，表示样本数据不能拟合为线性回归模型. 同时，我们把 $R = \sqrt{\dfrac{SS_R}{SS_T}}$ 称为复相关系数，它表示了变量 Y 与 k 个变量 $X_1,X_2,\cdots,X_k$ 的线性相关密切程度.

四、多重线性回归的预测区间

与一元线性回归模型类似，利用求得的线性回归方程

$$\hat{y} = \hat{\beta}_0 + \hat{\beta}_1 x_1 + \cdots + \hat{\beta}_p x_p$$

对响应变量做出预测. 可以证明，在给定的任意解释变量的观测点 $X_0 = (x_1^0, x_2^0, \cdots, x_p^0)^T$，可计算对应的点预测值 $\hat{y}_0$，并根据给定的检验水平 α，查 t 分布表得临界值为 $t_{\alpha/2}(n-p-1)$，则置信度为 $1-\alpha$ 的预测区间为

$$\hat{y}_0 \pm t_{\alpha/2}(n-p-1)\hat{\sigma}\sqrt{1 + X_0^T(X^TX)^{-1}X_0}, \qquad (9.40)$$

其中 $\hat{\sigma} = \sqrt{SS_E/(n-p-1)}$.

在建立了线性回归方程 $\hat{y} = \hat{\beta}_0 + \hat{\beta}_1 x_1 + \cdots + \hat{\beta}_p x_p$ 后，除了做预测外，还要注重回归系数的解释，一般地，β_i，$i=1,2,\cdots,p$ 的绝对值大对响应变量的影响就大，$\beta_i > 0$ 对响应变量 Y 是正向的影响，$\beta_i < 0$ 对响应变量 Y 是反向的影响.

例 9.3.1 研究某土壤内所含植物可给态磷浓度 Y 与土壤内含无机磷浓度 X_1、土壤内易溶于碳酸钾溶液并受化合物水解的有机磷浓度 X_2 和土壤内溶于碳酸钾但不受水解的有机磷浓度 X_3 之间的关系，做试验所得数据见表 9.12.

表 9.12　土壤试验数据表

Y	X_1	X_2	X_3
0.4	53	158	64
0.4	23	163	60
3.1	19	37	71
0.6	34	157	61
4.7	24	59	54
1.7	65	123	77
9.4	44	46	81
10.1	31	117	93

(续)

Y	X_1	X_2	X_3
11.6	29	173	93
12.6	58	112	51
10.9	37	111	76
23.1	46	114	96
23.1	50	134	77
21.6	44	73	93
23.1	56	168	95
1.9	36	143	54
26.8	58	202	168
29.9	51	124	99

(1)计算出 Y 与 X_1，X_2，X_3 的线性回归方程；

(2)在检验水平 $\alpha = 0.05$ 下，对多重线性回归方程进行统计检验；

(3)若 $X_1 = 50$，$X_2 = 46$，$X_3 = 98$，对 Y 做出置信度为 95％的区间预测.

解 利用表 9.12 写出设计矩阵

$$\boldsymbol{X}_{18\times4} = \begin{bmatrix} 1 & 53 & 158 & 64 \\ 1 & 23 & 163 & 60 \\ \vdots & \vdots & \vdots & \vdots \\ 1 & 58 & 202 & 168 \\ 1 & 51 & 124 & 99 \end{bmatrix}, \quad \boldsymbol{Y}_{18\times1} = \begin{bmatrix} 0.4 \\ 0.4 \\ \vdots \\ 26.8 \\ 29.9 \end{bmatrix},$$

由公式(9.31)得

$$\hat{\boldsymbol{\beta}} = (\boldsymbol{X}^{\mathrm{T}}\boldsymbol{X})^{-1}\boldsymbol{X}^{\mathrm{T}}\boldsymbol{Y} = \begin{bmatrix} -12.252 \\ 0.2123 \\ -0.03901 \\ 0.24675 \end{bmatrix}.$$

由于数据较多，计算量比较大，故一般要通过统计软件完成.

(1)求得的多重回归方程为

$$y = -12.252 + 0.2123x_1 - 0.03901x_2 + 0.24675x_3.$$

(2)回归方程的检验可见方差分析表(表 9.13).

表 9.13 土壤数据的方差分析表

来源	平方和	自由度	均方和	F 值	临界值
回归	981.02	3	327.01	5.93	$F_{0.05}(3,14) = 3.344$
残差	771.94	14	55.14		
总和	1752.96	17			

其确定系数 $R^2 = \dfrac{SS_R}{SS_T} = \dfrac{981.02}{1752.96} = 0.56.$

由此可知，该回归方程显著，即 Y 与 X_1，X_2，X_3 的线性关系存在.

回归系数的检验见表 9.14，从表中可看出，回归方程中，当检验水平 $\alpha = 0.05$ 时，只有解释变量 x_3 对应的回归系数 $\hat{\beta}_3$ 的 T 值是落在拒绝域中的，即 x_3 对 y 的影响有统计意义，而 x_1 和 x_2 对 y 的影响没有统计意义，可以将其删除后重新做一个回归方程.

表 9.14　土壤数据的回归系数检验表

解释变量	最小二乘估计 $\hat{\beta}_i$	$\hat{\beta}_i$ 的标准差	T 值	临界值
X_1	0.2123	0.1448	1.47	2.145
X_2	-0.03901	0.04326	-0.90	2.145
X_3	0.24675	0.07434	3.32	2.145

(3) 当 $X_1 = 50$，$X_2 = 46$，$X_3 = 98$ 时，通过回归方程计算得点估计值 $\hat{y}_0 = 20.75$，将 $t_{\alpha/2}(n-p-1) = t_{0.025}(14) = 2.145$，$\hat{\sigma} = \sqrt{MS_E} = \sqrt{55.14} = 7.4256$，$\sqrt{1 + \boldsymbol{X}_0^T(\boldsymbol{X}^T\boldsymbol{X})^{-1}\boldsymbol{X}_0} = 1.169$，代入公式 (9.40)，计算得其 95% 的预测区间为 (2.13，39.37).

习　题　九

1. 一位植物学家想根据土壤中的含磷量来预测某种黑麦的长势，她选取了四种含磷量水平：2，4，8，16 (百万分之，记为 ppm). 在每种磷含量水平条件下种植四株黑麦，当黑麦开花时，测量它们的干重 (单位：g)，观测数据见表 9.15.

表 9.15

黑麦	含磷量 (ppm)	干重 (g)
1	2	4.1
2	2	3.8
3	2	4
4	2	3.9
5	4	5.2
6	4	4.9
7	4	5
8	4	4.8
9	8	5.7
10	8	5.9
11	8	6
12	8	6.2
13	16	11.7
14	16	8.9
15	16	10.1
16	16	10.3

(1) 求含磷量与干重的样本相关系数；

(2) 用最小二乘估计求出回归方程；

(3) 在检验水平 $\alpha = 0.05$ 下，检验回归方程是否有效；

(4) 预测含磷量为 6 ppm 时小麦的干重，并给出置信度为 95% 的区间估计.

2. 测量不同浓度 x(%)葡萄糖溶液在光电比色计上的消光度 y，得到试验数据见表 9.16.

表 9.16

浓度 x	0	5	10	15	20	25	30
消光度 y	0	0.11	0.23	0.34	0.46	0.57	0.71

试根据结果求出回归方程，并预测葡萄糖溶液浓度在 $x=12$ 时的消光度，及其 95% 的预测区间.

3. 测定某肉鸡的生长过程，每两周记录一次肉鸡重量，数据见表 9.17.

表 9.17

周数 x	2	4	6	8	10	12	14
重量 y	0.3	0.86	1.73	2.2	2.47	2.67	2.8

由经验已知肉鸡的生长曲线为 S 形曲线，极限生长重量值 $K=2.827$，试求重量对时间周数的 S 形曲线回归方程，并检验方程显著性($\alpha=0.01$).

4. 为了检验 X 射线的杀菌作用，用 200kV 的 X 射线照射杀菌，每次照射 6min，照射次数为 x，照射后剩余细菌数为 y，试验数据见表 9.18.

表 9.18

x	1	2	3	4	5	6	7	8	9	10
y	783	621	433	431	287	251	175	154	129	103
x	11	12	13	14	15	16	17	18	19	20
y	72	50	43	31	28	20	16	12	9	7

由经验知道两者的关系为指数函数曲线 $y=ae^{bx}$，

(1)求剩余细菌数 y 与照射次数 x 的曲线回归方程；

(2)在检验水平 $\alpha=0.05$ 下，检验回归方程是否显著.

5. 果园土壤营养含量的高低直接关系到果树的生长、产量和品质的提高. 根据调查分析土壤全氮 x_1、有效磷 x_2、钾 x_3、锌 x_4、硼 x_5(单位均为 ppm)和平均亩产量 y(单位：kg)的相关数据见表 9.19.

表 9.19

编号	x_1	x_2	x_3	x_4	x_5	y
1	1.2800	339.5	47.16	6.33	0.5300	3000
2	1.1580	359.0	20.99	2.59	0.8610	3150
3	0.8349	258.0	33.71	2.69	0.5240	2750
4	0.6700	299.8	76.45	1.97	1.1430	2000
5	0.5415	379.0	49.75	2.51	0.7330	3250
6	1.9000	449.8	61.55	1.47	0.3420	3750

（续）

编号	x_1	x_2	x_3	x_4	x_5	y
7	0.8100	379.0	58.75	1.63	0.4440	2850
8	1.0380	329.8	23.92	5.77	1.2100	3100
9	1.4890	299.8	27.10	3.04	0.7100	2330
10	1.3900	359.0	98.30	2.84	0.6200	3000
11	1.9770	339.5	18.99	1.61	0.6920	4000
12	1.2500	439.0	26.03	2.39	0.2565	4100
13	1.8600	379.0	46.76	14.69	0.7210	4050
14	1.1500	359.0	49.75	5.09	1.1440	2500

（1）求出 y 对 x_1，x_2，x_3，x_4，x_5 的线性回归方程；

（2）对上述线性回归方程进行显著性检验（$\alpha=0.05$）；

（3）对回归系数进行检验（$\alpha=0.05$）；

（4）预测 $x_1=1$，$x_2=300$，$x_3=60$，$x_4=3.5$，$x_5=0.7$ 时的平均亩产量 y 的点估计及其置信度为 95% 的预测区间.

6.（综合案例题）计算机配色（Computer Color Matching，简称 CCM）是指采用计算机实现测色与配方的一种现代化技术，是计算机和色度学的综合运用. 计算机配色系统可在规定的色差范围内，从配方数据库中快速、高效、精准地挑选出质高价廉的配方，成功避免了在传统手工配色过程中多次实验的繁琐和不精确因素. 基于以上原因，计算机配色已经成为染色行业高效发展的重要途径.

计算机配色系统中关键的一步是建立有效的回归模型，通过模型预测配色方案使其与实际染色方案的误差最小.

颜色空间是一个 3 维的数学模型，是用一种形象化的数学方法来表示颜色. 现代工业和生活中人们正在应用着各种各样的颜色空间，以满足不同的应用要求. 常用的几种典型的颜色空间有 CIE 标准色度学系统、RGB 颜色空间、HIS 颜色空间、CMYK 颜色空间以及 CMY 颜色空间.

表 9.20 是研究者得到的实验数据，其中 d_1，d_2，d_3 分别表示活性兰（FBN）、活性红（3BS）以及活性黄（3RS）这三种染料的质量浓度（g/（10g）水），C, M, Y 表示织物的 3 刺激值.

研究者希望用 d_1，d_2，d_3 来预测 C, M, Y 的值，于是需要通过这些数据建立 C, M, Y 与 d_1，d_2，d_3 的回归模型. d_1，d_2，d_3 不一定都对 C, M, Y 产生显著影响.

表 9.20

d_1（FBN）	d_2（3BS）	d_3（3RS）	C	M	Y
0.2	0.6	0.8	130	165	168
0.4	0.2	0.4	152	162	154
0.4	0.4	0.4	153	171	157
0.4	0.8	0.4	154	183	161
0.6	0.4	0.8	165	179	176

（续）

d_1(FBN)	d_2(3BS)	d_3(3RS)	C	M	Y
0.6	0.8	0.4	166	189	167
0.6	1	0.4	165	192	168
0.8	0.2	0.4	171	178	164
0.8	0.4	0.8	172	185	178
0.8	0.6	0.4	173	190	170
0.8	0.6	0.8	173	189	179
1	0.4	0.4	179	190	171
1	0.6	0.4	178	193	172
1	1	0.8	178	198	183

（1）计算 C，M，Y 与 d_1，d_2，d_3 的简单相关系数，由计算结果你有什么粗略的结论；

（2）建立 C 与 d_1，d_2，d_3 的线性回归模型，并对回归系数做显著性检验，试将检验结果与第（1）小题中你的结论进行比较；

（3）建立 M 与 d_1，d_2，d_3 的线性回归模型，并对回归系数做显著性检验，试将检验结果与第（1）小题中你的结论进行比较；

（4）建立 Y 与 d_1，d_2，d_3 的线性回归模型，并对回归系数做显著性检验，试将检验结果与第（1）小题中你的结论进行比较；

（5）建立 C 与 d_1 的线性回归模型和二次多项式回归模型，并对回归系数及方程的显著性做检验，如果应用模型进行预测，你会选择这两个模型中的哪一个，简要说明理由；

（6）建立 M 与 d_1，d_2 的线性回归模型和二次多项式回归模型，并对回归系数及方程的显著性做检验，如果应用模型进行预测，你会选择这两个模型中的哪一个，简要说明理由；

（7）建立 Y 与 d_1，d_2，d_3 的线性回归模型和二次多项式回归模型，并对回归系数及方程的显著性做检验，如果应用模型进行预测，你会选择这两个模型中的哪一个，简要说明理由；

（8）你认为统计知识的学习，特别是回归模型的建立，对你的专业学习有帮助吗？

第十章 SPSS 软件的使用

第一节 SPSS 软件包概述

一、SPSS 软件简介

SPSS 是 IMB 推出的一系列用于统计分析、数据挖掘、预测分析和决策支持的软件产品及相关服务的总称，SPSS 原名是社会科学统计软件包（Statistical Package for the Social Science），2009 年改名为统计产品与服务解决方案（Statistical Product and Service Solutions）．它和 SAS（Statistical Analysis System，统计分析系统）、BMDP（Biomedical Programs，生物医学程序）并称为国际上最有影响的三大统计软件．SPSS 在社会科学、自然科学的各个领域都能发挥巨大作用，并已经应用于经济学、生物学、教育学、心理学、医学以及体育、工业、农业、林业、商业和金融等各个领域．

SPSS 有如下特点：

1. 操作简单

除了数据录入及部分命令程序等少数输入工作需要键盘键入外，大多数操作可通过"菜单""按钮"和"对话框"来完成．

2. 无需编程

具有第四代语言的特点，告诉系统要做什么，无需告诉怎样做．只要了解统计分析的原理，无需通晓统计方法的各种算法，即可得到需要的统计分析结果．对于常见的统计方法，SPSS 的命令语句、子命令及选择项的选择绝大部分由"对话框"的操作完成．因此，用户无需花大量时间记忆大量的命令、过程、选择项．

3. 功能强大

具有完整的数据输入、编辑、统计分析、报表、图形制作等功能．自带 11 种类型 136 个函数．SPSS 提供了从简单的统计描述到复杂的多因素统计分析方法，比如数据的探索性分析、统计描述、列联表分析、二维相关、秩相关、偏相关、方差分析、非参数检验、多元回归、生存分析、协方差分析、判别分析、因子分析、聚类分析、非线性回归、Logistic 回归等．

4. 方便的数据接口

能够读取及输出多种格式的文件．比如由 dBASE、FoxBASE、FoxPRO 产生的 ∗ . dbf 文件，文本编辑器软件生成的 ASCⅡ数据文件，Excel 的 ∗ . xls 文件等均可转换成可供分析的 SPSS 数据文件．能够把 SPSS 的图形转换为 7 种图形文件．结果可保存为 ∗ . txt 及 html 等格式的文件．

5. 灵活的功能模块组合

SPSS for Windows 软件分为若干功能模块，用户可以根据自己的分析需要和计算机的实际配置情况灵活选择．

二、SPSS 的运行环境

到目前为止，SPSS 已成为适合于 Windows，UNIX，Macintosh 及 OS/2 等多种操作系统使用的产品，国内常用的是其适用于 Windows 的版本．本书以 SPSS 19.0 for Windows 标准版为例，适用于 Windows 9X/NT/2000/XP 系统，并在本书后面的内容中简称为 SPSS．

三、系统的启动与退出

将 SPSS 软件在您的计算机上安装完毕后，系统会自动在 Windows 菜单中和桌面上创建快捷方式．双击快捷方式即可进入 SPSS 系统界面，如图 10.1 所示．可选择六种方式进入：

➤ 打开一个已存在的数据源(Open an existing data source)

➤ 打开一个其他类型的文件(Open another type of file)

➤ 运行操作指导(Run the tutorial)

➤ 直接输入数据(Type in data)

➤ 运行一个已存在的文件选项(Run an existing query)

➤ 使用数据库向导来创造一个新的文件选项(Create new query using Database Wizard)

再单击【OK】即可．

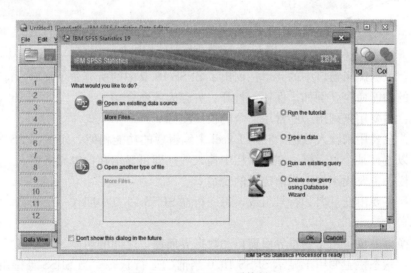

图 10.1　SPSS19.0 系统界面

若要退出 SPSS 系统，可进入界面窗口的"File"下拉菜单中的"Exit"命令，或单击标题栏上的"关闭"按钮退出 SPSS 系统．

四、SPSS 的工作界面

每次进入 SPSS 工作环境，系统都开辟一张新的空白工作表以供存放数据．SPSS 主界面主要有两个，一个是 SPSS 数据编辑窗口，另一个是 SPSS 输出窗口．

（1）数据编辑窗口由标题栏、菜单栏、工具栏、编辑栏、变量名栏、内容区、窗口切换标签页和状态栏组成，如图 10.2 所示．各个栏的功能如下：

数据编辑视图窗口主要用来编辑数据文件，而变量编辑视图窗口则是用来编辑变量，用户必须先定义变量才能在数据编辑窗口中输入数据．

标题栏：SPSS19.0 中的标题栏与其他文字处理软件中的标题栏一样，都是用于显示当前打开文件的名称，及最小化按钮、最大化按钮和关闭按钮．

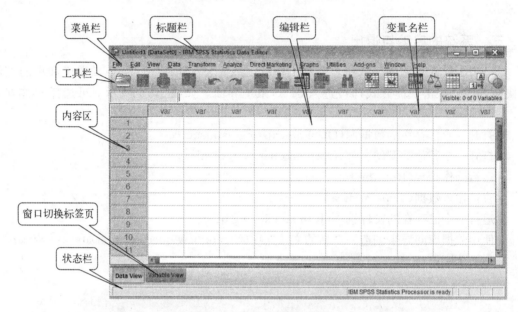

图 10.2　数据编辑窗口界面

菜单栏：数据编辑窗口中的菜单栏列出了 SPSS 19.0 中的所有命令菜单，每个菜单对应于一组相应的功能命令，例如，保存、打开、另存为等命令．

工具栏：主要用来列出一些常用命令的快捷图标．

编辑栏：主要用来输入数据，它与 Excel 中编辑栏的功能相似．如在 SPSS 19.0 中输入数据时，可以选择某个单元格，在编辑栏中输入数据即可显示在该单元格中．

变量名栏：主要用来显示当前定义的变量．

内容区：主要由变量名和行号组成，每一行在 SPSS 19.0 中叫作一个个案．它的组成与 Excel 类似．

窗口切换标签页：用于变量界面窗口和数据界面窗口之间的切换．

状态栏：状态栏主要用于显示 SPSS 19.0 当前的运行状态．当 SPSS 等待用户操作时，会显示 SPSS Statistics Processor is ready 的提示信息．

(2)SPSS 结果输出窗口名为 Output，它是显示和管理 SPSS 统计分析结果、报表及图形的窗口(图 10.3)，左边为索引输出区，右边为详解输出区．读者可以将此窗口中的内容以结果文件 .spv 的形式保存．

五、SPSS 的帮助信息

SPSS19.0 提供了丰富的在线帮助信息，在运行 SPSS 的任何时候，单击"Help"菜单中的"topics"命令，会弹出帮助主题窗口，如图 10.4 所示．在其中选择相关的命令，即可得到

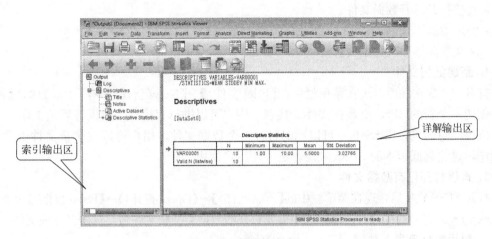

图 10.3　数据输出窗口

所需的各种帮助．还可以利用各种对话框中的"Help"按钮，可以直接获得 SPSS 相应命令的帮助，这是最简单也是最有效的获取帮助的方式．

SPSS 对一些基本模块中的统计提供了 Statistics Coach 帮助，也就是"手把手"式的指导．

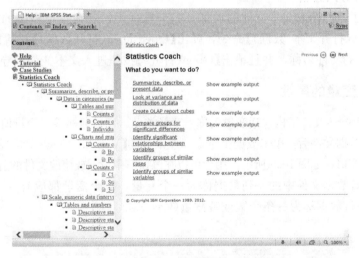

图 10.4　SPSS19.0 在线帮助主题窗口

第二节　SPSS 统计分析前的准备

使用 SPSS 进行统计分析前，首先的工作是将数据输入计算机和定义变量．下面介绍在 SPSS19.0 中数据文件的建立、变量的属性以及数据文件的整理．

一、SPSS 数据文件的建立

SPSS 数据文件的建立可以利用【File(文件)】菜单中的命令来实现．具体来说，SPSS 提供了四种创建数据文件的方法：

➢ 新建数据文件；

➢ 直接打开已有数据文件；

➢ 使用数据库查询；

➢ 从文本向导导入数据文件.

1. 新建数据文件

打开 SPSS 软件后，现在菜单栏中的【File(文件)】→【New(新建)】→【Data(数据)】命令，可以创建一个新的 SPSS 空数据文件. 接着，用户可以进行直接录入数据等后续工作.

值得注意的是，SPSS19.0 可以同时打开多个数据文件，用户可以在多个文件中进行转换操作，这比起低版本的 SPSS 来说，更方便用户使用.

2. 直接打开已有数据文件

打开 SPSS 软件后，现在菜单栏中的【File(文件)】→【Open(打开)】→【Data(数据)】命令，弹出【Open Data(打开数据)】对话框. 选中需要打开的数据类型和文件名，双击打开该文件.

3. 利用数据库导入数据

打开软件后，现在菜单栏中的【File(文件)】→【Open Database(打开数据库)】→【New Query(新建查询)】命令，弹出【Database Wizard(数据库向导)】对话框. 通过这个数据库向导窗口，用户可以选择需要打开的文件类型，并按照窗口上的提示进行相关操作.

4. 文本向导导入数据

SPSS 提供了专门读取文本文件的功能. 打开软件后，现在菜单栏中的【File(文件)】→【Read Text Data(打开文本 数据)】命令，弹出【Open Data(打开数据)】对话框. 这里用户需要选择需要打开的文件名称，并且单击【Open(打开)】按钮进入文本文件向导窗口.

二、SPSS 变量的属性

一个完整的 SPSS 文件结构包括变量名称、变量类型、变量名标签、变量值标签等内容. 用户可以在创建了数据文件后，单击数据浏览窗口左下方的【Variable View(变量视图)】选项卡，进入数据结构定义窗口，如图 10.5 所示，用户可以在该窗口中设定或修改文件的各种属性.

注意：SPSS 数据文件中的一列数据称为一个变量，每个变量都应有一个变量名. SPSS 数据文件中的一行数据称为一条个案或观测量(Case).

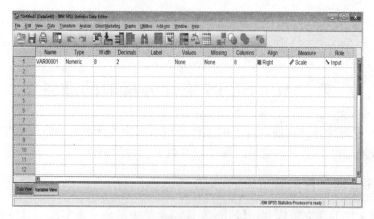

图 10.5 数据结构定义窗口

在图 10.5 窗口中，每一行表示一个变量的定义信息，包括 Name、Type、Width、

Decimal、Label、Values、Missing、Columns、Align、Measure、Role 等.

主要的定义信息如下：

1. 变量名（Name）

SPSS 默认的变量名为 Var00001、Var00002 等，用户也可以根据自己的需要来命名变量. SPSS 变量的命名有一定的规则，具体内容如下：

➢ 变量名必须以字母、汉字或字符@开头，其他字符可以是任何字母、数字或下划线 _ 、@、♯、＄等符号.

➢ 变量最后一个字符不能是句号.

➢ 变量名总长度不能超过 8 个字符（即 4 个汉字）.

➢ 不能使用空白字符或其他特殊字符（如"！""？"等）.

➢ 变量命名必须唯一，不能有两个相同的变量名.

➢ 在 SPSS 中不区分大小写. 例如，HXH，hxh 或 Hxh 对 SPSS 而言，均为同一变量名称.

➢ SPSS 的保留字（Reserved Keywords）不能作为变量的名称，如 ALL、AND、WITH、OR 等.

2. 变量类型（Type）

SPSS 有 8 种不同的变量类型，常用的类型为数值型（Numeric）、日期型（Date）、字符型（String）.

3. 变量宽度（Width）

设置变量的长度，当变量为日期型时无效.

4. 变量小数点位数（Decimal）

设置变量的小数点位数，当变量为日期型时无效，系统默认为两位.

5. 变量标签（Label）

变量标签是对变量名的进一步描述，变量只能由不超过 8 个字符组成，而 8 个字符经常不足以表示变量的含义. 而变量标签可长达 120 个字符，变量标签可显示大小写，需要时可用变量标签对变量名的含义加以解释.

6. 变量值标签（Values）

变量值标签（Values）是对变量的可能取值的含义进行进一步说明. 变量值标签对于数值型变量表示非数值型变量时尤其有用.

定义和修改变量值标签，可以双击要修改值的单元格，如图 10.6 所示，在弹出的对话

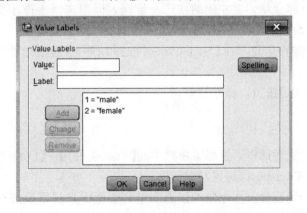

图 10.6　变量值标签对话框

框的【Values(值)】文本框中输入变量值,在【Label(标签)】文本框中输入变量值标签,然后单击【Add(添加)】按钮将对应关系选入下边的白框中.同时,可以单击【Change(改变)】和【Remove(移动)】按钮对已有的标签值进行修改和剔除.最后单击【OK(确定)】按钮返回主界面.

7. 变量缺失值(Missing)

SPSS 提供三种缺失值定义方式.

8. 变量列宽(Columns)

Columns(列)栏主要用于定义列宽,单击其向上和向下的箭头按钮选定列宽度.系统默认宽度等于 8.

9. 变量对齐方式(Align)

Align(对齐)栏主要用于定义变量对齐方式,用户可以选择 Left(左对齐)、Right(右对齐)和 Center(居中对齐).系统默认变量右对齐.

10. 变量测度水平(Measure)

Measure(测度)栏主要用于定义变量的测度水平,用户可以选择 Scale(定距型数据)、Ordinal(定序型数据)和 Nominal(定类型数据).

11. 变量角色(Role)

Role(角色)栏主要用于定义变量在后续统计分析中的功能作用,用户可以选择 Input、Target 和 Both 等类型的角色.

三、SPSS 数据文件的整理

通常情况下,刚刚建立的数据文件并不能立即进行统计分析,这是因为收集到的数据还是原始数据,还不能直接利用分析,此时,需要对原始数据进行进一步的加工、整理,使之更加科学、系统和合理,这项工作在数据分析中称为**统计整理**.【Data(数据)】菜单中的命令主要用于实现数据文件的整理功能,下面介绍几种常用的 SPSS 数据整理功能.

1. 观测量排序

SPSS 操作详解:

➢ Step1:打开观测量排序对话框,选择菜单栏中的【File(文件)】→【Data(数据)】→【Sort Cases(排序个案)】命令,弹出【Sort Cases(排序个案)】对话框.

➢ Step2:选择排序变量,在左侧的候选变量列表框中选择主排序变量,单击右向箭头按钮,将其移动至【Sort by(排序依据)】列表框中.

➢ Step3:选择排序类型,在【Sort Order(排列顺序)】选项组中可以选择变量排列方案.

➢ Step4:单击【OK】按钮,操作结束.

2. 数据的转置

SPSS 操作详解:

➢ Step1:打开转置对话框,选择菜单栏中的【File(文件)】→【Data(数据)】→【Transpose(转置)】命令,弹出【Transpose(转置)】对话框.

➢ Step2:选择转置变量,在左侧的候选变量列表框中选择需要进行转置的变量,单击右向箭头按钮,将其移动至【Variable(s)(变量)】列表框中.

➢ Step3：新变量命名，从左侧的候选变量列表框中可以选择一个变量，应用它的值作为转置后新变量的名称．此时，选择该变量进入【Name Variable(名称变量)】列表框内即可．如果用户不选择变量命名，则系统将自动给转置后的新变量赋予 Var001、Var002…的变量名．

➢ Step4：单击【OK】按钮，操作结束．

注意：数据文件转置后，数据属性的定义都会丢失，因此用户要慎重选择本功能．

3. 文件合并

【Data(数据)】→【Merge Files(合并文件)】菜单中有两个命令选项：【Add Cases(添加个案)】和【Ad d Variables(添加变量)】.

观测量合并的 SPSS 操作详解：观测量合并要求两个数据文件至少应具有一对属性相同的变量，即使它们的变量名不同．具体步骤如下：

➢ Step1：打开观测量合并对话框，选择菜单栏中的【File(文件)】→【Data(数据)】→【Merge Files(合并文件)】→【Add Cases(添加个案)】命令，弹出【Add Cases(添加个案)】对话框．

➢ Step2：选择合并文件，点选【An external SPSS Statistics data file(外部 SPSS Statistics 数据文件)】单选钮，同时单击【Browse】按钮，选中需要合并的文件，并指定文件路径，然后单击【Continue】按钮．

➢ Step3：选择合并方法．

➢ Step4：单击【OK】按钮，操作结束．

变量合并的 SPSS 操作详解：变量合并要求两个数据文件必须具有一个共同的关键变量(Key Variable)，而且这两个文件中的关键变量还具有一定数量的相同的观测量数值．

➢ Step1：打开变量合并对话框．

➢ Step2：选择合并文件．

➢ Step3：选择合并方法．

➢ Step4：单击【OK】按钮，操作结束．

4. 数据分类汇总

对数据进行分类汇总就是按指定的分类变量值对所有的观测量进行分组，对每组观测量的变量求描述统计量，并生成分组数据文件．例如，将一个工厂的数据资料，按照该工厂的各个部门进行分组，并统计各个部门的人员年龄均值、方差等，这些工作就属于数据分类汇总的范畴．

数据分类汇总的 SPSS 操作详解：

➢ Step1：打开 SPSS 软件，选择菜单栏中的【File(文件)】→【Data(数据)】→【Aggregate(分类汇总)】命令，弹出【Aggregate Data(汇总数据)】对话框．

➢ Step2：选择分类变量，在左侧的候选变量列表框中选择一个或多个变量作为分类变量，将其移入【Break Variable(s)(分组变量)】列表框中．

➢ Step3：选择汇总变量，在左侧的候选变量列表框中选择一个或多个变量作为汇总变量，将其移入【Summaries of Variable(s)(变量摘要)】列表框中．

➢ Step4：选择汇总函数，在【Summaries of Variable(s)(变量摘要)】列表框中可以选择相应汇总变量，此时可以单击下方的【Function】按钮，打开如图 10.7 所示的对话框．

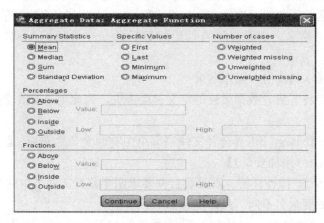

图 10.7　汇总函数对话框

➢ Step5：选择汇总结果保存方式，在【Save(保存)】选项组中可以选择汇总结果的保存方式．

➢ Step6：大规模数据的排序选择，勾选【Options for Very Large Datasets(适用于大型数据集的选项)】复选框，可以对含有大规模数据的数据文件进行汇总之前的排序工作，这样能使得后续操作更有效率．

➢ Step7：完成上述操作后，单击【OK】按钮，操作结束．

5. SPSS 数据的计算和变换

在数据分析中，经常要根据一些已知的数据变量计算新的变量．例如，根据历年的产量数据资料计算产量的发展速度，根据人口数据计算人口的出生率、死亡率等．不仅如此，还需要进行不同类型变量之间的转换，如将数值型变量转化为字符型变量．这些工作都需要利用【Transform(转换)】菜单中的相关命令．

变量计算是数据分析中的重要内容之一．有些时候，收集到的原始数据并不能直接提供给我们许多有用的信息，此时，我们需要将原始数据进行计算变换，生成有用的新的变量．例如，根据职工的基本工资、各类保险、公积金等，计算职工的实际月收入；根据购房客户的贷款总额和按揭方案评价客户的潜在风险等．

SPSS 操作详解：

➢ Step1：打开 SPSS 软件，选择菜单栏中的【File(文件)】→【Transform(转换)】→【Compute(计算)】命令，弹出【Compute(计算)】对话框．

➢ Step2：定义新变量及其类型，在【Target Variable(目标变量)】文本框中，用户需要定义目标函数名，它可以是一个新变量名，也可以是已经定义的变量名．单击下方的【Type&Label】按钮，弹出类型和标签对话框．

➢ Step3：输入计算表达式，可以使用计算器板或键盘将计算表达式输入到【Numeric Expression(数值表达式)】文本中．如果用户需要调用函数，可以从右侧的【Function(函数)】列表中选择，系统提供了数学函数、逻辑函数、日期函数等．

➢ Step4：条件样本选择，单击【If】按钮．

➢ Step5：单击【OK】按钮，操作结束．

6. 变量重新赋值

SPSS 的【Transform(转换)】菜单中有【Recode into Same Variable(重新编码为相同变量)】和【Recode into Different Variable(重新编码为不同变量)】两个命令可以实现重新赋值功能，它们分别表示重新赋值到同一变量或不同变量．下面以空气质量等级的划分为例，说明【Recode into Different Variable(重新编码为不同变量)】命令重新赋值功能．

例 10. 2. 1　表 10.1 是我国部分城市 2005 年空气质量的指标数据，请对不同城市的空气质量等级进行划分．

表 10.1　我国部分城市 2005 年空气质量的指标数据

	地区	可吸入颗粒物	二氧化硫	二氧化氮	天数
1	北　京	0.141	0.050	0.066	234
2	天　津	0.106	0.076	0.047	298
3	石家庄	0.132	0.054	0.041	283
4	太　原	0.139	0.077	0.020	245
5	呼和浩特	0.097	0.050	0.041	312
6	沈　阳	0.118	0.054	0.036	317
7	长　春	0.099	0.026	0.035	340
8	哈尔滨	0.104	0.042	0.056	301
9	上　海	0.088	0.061	0.061	322
10	南　京	0.110	0.052	0.054	304
11	杭　州	0.112	0.060	0.058	301
12	合　肥	0.095	0.018	0.025	329
13	福　州	0.072	0.016	0.042	349
14	南　昌	0.089	0.050	0.031	339
15	济　南	0.128	0.060	0.024	262
16	郑　州	0.109	0.059	0.039	300
17	武　汉	0.119	0.054	0.050	271

解　SPSS 操作详解：

➢ Step1：打开重新赋值对话框，选择菜单栏中的【File(文件)】→【Transform(转换)】→【Recode into Different Variable(重新编码为不同变量)】命令．

➢ Step2：选择重新赋值变量和输出变量，在左侧的候选变量列表框中选择"天数"变量进入【In put Variable－＞Output Variable(输入变量－＞输出变量)】列表框，同时在【Output Variable(输出变量)】文本框中，填写输出赋值变量名称"等级天数"，同时单击【Change】按钮进行赋值转换，结果如图 10.8 所示．

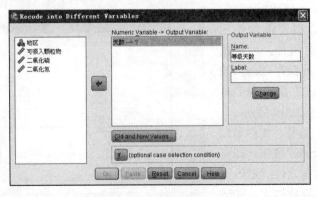

图 10.8　重新赋值对话框

➢ Step3：设置重新赋值规则，单击【Old and New Values】按钮，结果如图 10.9 所示．

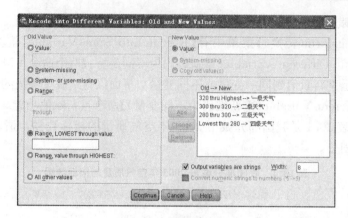

图 10.9　重新赋值规则

➤ Step4：单击【OK】按钮，操作结束，结果见表 10.2.

表 10.2　不同城市的空气质量等级划分结果

地区	可吸入颗粒物	二氧化硫	二氧化氮	天数	等级天数
北　京	.141	.050	.066	234	四级天气
天　津	.106	.076	.047	298	三级天气
石家庄	.132	.054	.041	283	三级天气
太　原	.139	.077	.020	245	四级天气
呼和浩特	.097	.050	.041	312	二级天气
沈　阳	.118	.054	.036	317	二级天气
长　春	.099	.026	.035	340	一级天气
哈尔滨	.104	.042	.056	301	二级天气
上　海	.088	.061	.061	322	一级天气
南　京	.110	.052	.054	304	二级天气
杭　州	.112	.060	.058	301	二级天气
合　肥	.095	.018	.025	329	一级天气
福　州	.072	.016	.042	349	一级天气
南　昌	.089	.050	.031	339	一级天气
济　南	.128	.060	.024	262	四级天气
郑　州	.109	.059	.039	300	二级天气
武　汉	.119	.054	.050	271	四级天气

四、数据文件的保存

在录入数据时，应及时保存数据，防止数据丢失，以便再次使用该数据．保存方法有两种：一是选择菜单栏中"File"下的保存（Save）或另存（Save as）即可；二是单击工具栏的保存图标．如图 10.10 所示.

用户确定盘符、路径、文件名以及文件格式后单击"Save"按钮，即可保存为指定类型的数据文件．SPSS 支持的常见的数据文件存放格式：SPSS（＊.sav），SPSS/PC＋（＊.sys），Excel 97 through 2003（＊.xls）等．

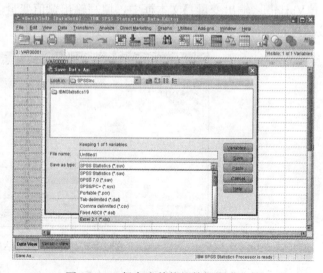

图 10.10　保存为其他的数据格式文件

第三节　SPSS 描述性统计分析命令

SPSS 的许多模块均可完成描述性分析，但专门为该目的而设计的几个模块则集中在【Descriptive Statistics】菜单中，最常用的是列在最前面的四个过程，本书重点介绍前三个过程，即：

> Frequencies：产生频数表．

> Descriptives：进行基本的统计描述分析．

> Explore：探索性分析．

一、Frequencies 过程

Frequencies 过程是专门为产生频数表而设计的．它不仅可以产生详细的频数表，还可以按要求给出某百分位点的数值以及常用的条图、饼图等统计图．同时，还可以进行分位数、描述集中趋势的基本统计量等计算功能．

> Step1：打开主窗口，选择菜单栏中的【Analyze(分析)】→【Descriptive Statistics(描述性统计)】→【Frequencies(频率)】命令，弹出【Frequencies(频率)】对话框．

> Step2：在【Frequencies(频率)】对话框的左侧的候选变量列表框中，选取一个或多个待分析变量，将它们移入右侧的【Variable(s)(变量)】列表框中．

> Step3：勾选【Display frequency tables(显示频率表格)】复选框，输出频数分析表．

> Step4：单击【Statistics】按钮，在弹出的对话框中设置输出各类基本统计量结果，如图 10.11 所示．

图 10.11 统计量的含义是：四分位数(Quartiles)、十分位数(Cut points for 10 equal groups)、百分位数(Percentile(s))、均数(Mean)、中位数(Median)、众数(Mode)、总和(Sum)、标准差(Std. deviation)、方差(Variance)、全距(Range)、最小值(Minimum)、最大值(Maximum)、标准误差(S. E. mean)、偏度系数(Skewness)和峰度系数(Kurtosis)．

> Step5：单击【Charts】按钮，在弹出的对话框中设置输出图形结果．

图的类型有：柱状图(Bar charts)、饼图(Pie charts)和直方图(Histograms)，图的取值类型有：频数(Frequencies)、百分数(Percentages)．如图 10.12 所示．

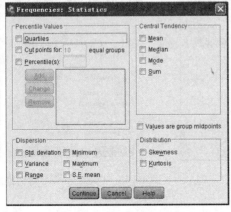

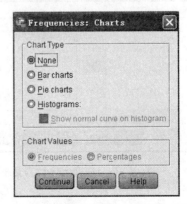

图 10.11　Statistics 对话框　　　　　图 10.12　Charts 对话框

➤ 单击【OK】按钮，结束操作，SPSS 软件自动输出结果．

二、Descriptives 过程

Descriptives 过程是连续资料统计描述应用最多的一个过程，它可对变量进行描述性统计分析计算，并列出一系列相应的统计指标，这和 Frequencies 相比并无不同．但该过程还有个特殊功能，就是可将原始数据转换成标准化值，并以变量的形式保存．

具体操作步骤：选择菜单栏中的【Analyze（分析）】→【Descriptive Statistics（描述性统计）】→【Descriptives（描述）】命令，弹出【Descriptives（描述）】对话框．

例 10.3.1 实例图文分析奥斯卡获奖者的年龄，数据如下：

男演员：32，37，36，32，51，53，33，61，35，45，55，39，76，37，42，40，32，60，38，56，48，48，40，43，62，43，42，44，41，56，39，46，31，47，45，60；

女演员：50，44，35，80，26，28，41，21，61，38，49，33，74，30，33，41，31，35，41，42，37，26，34，34，35，26，61，60，34，24，30，37，31，27，39，34．

解 SPSS 操作详解：

➤ Step1：打开对话框（图 10.13）．

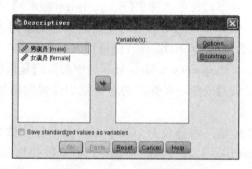

图 10.13　Dvescriptives 对话框之一

➤ Step2：选择分析变量（图 10.14）．

➤ Step3：选择输出描述性统计量（图 10.15）．

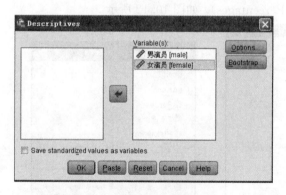

图 10.14　Dvescriptives 对话框之二

图 10.15　Dvescriptives 对话框之三

➤ 单击【Continue】→【OK】按钮，结束操作，SPSS 软件自动输出结果．

实例结果及分析(表 10.3)：

表 10.3　奥斯卡获奖者的年龄结果

		男演员	女演员	Valid N (listwise)
Statistic	N	36	36	36
Statistic	Range	45	59	
Statistic	Minimum	31	21	
Statistic	Maximum	76	80	
Statistic	Mean	45.14	38.94	
Statistic	Std. Deviation	10.406	13.546	
Statistic	Skewness	.898	1.503	
Std. Error		.393	.393	
Statistic	Kurtosis	.704	2.111	
Std. Error		.768	.768	

三、Explore 过程

SPSS 中的 Explore 过程用于计算指定变量的探索性统计量和有关的图形，它既可以对观测量整体分析，也可以进行分组分析．从这个过程可以获得箱线图、茎叶图、直方图、各种正态检验图、频数表、方差齐性检验等结果，以及对非正态或正态非齐性数据进行变换，并表明和检验连续变量的数值分布情况．

仍用例 10.3.1 中的数据来介绍 Explore 过程的主要操作步骤．

➤ Step1：选择菜单栏中的【Analyze(分析)】→【Descriptive Statistics(描述性统计)】→【Explore(探索)】命令，弹出【Explore(探索)】对话框，如图 10.16 所示．

图 10.16　Explore 主对话框

➤ Step2：选择分析变量．在【Explore(探索)】对话框左侧的【候选变量】清单中，选取一个或多个待分析变量，将它们移入右侧的【Dependent List(因变量列表)】列表框中，表示要进行探索性分析的变量．

➤ Step3：选取分组变量．在【Explore(探索)】对话框的候选变量列表框中，可以选取一个或多个分组变量，将它们移入右侧的【Factor List(因子列表)】列表框中．分组变量的选择可以将数据按该变量中的观测值进行分组分析，如果选择的分组变量不止一个，那么会以分组变量的不同取值进行组合分组.

➢ Step4：选择输出类型. 在【Explore(探索)】对话框下面的【Display】选项组中可以选择输出项. Both：输出图形以及描述性统计量；Statistics：只输出描述统计量(包括 95% 的置信区间等)；Plots：只输出图形. 如图 10.17 所示.

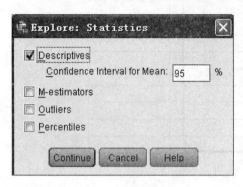 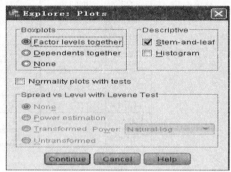

图 10.17　Explore 的 Statistics 和 Plots 对话框

➢ Step5：选择缺失值的处理方式. 在【Explore(探索)】对话框中还可以单击【Options】按钮，在弹出的对话框中确定对待缺失值的方式. 如图 10.18 所示.

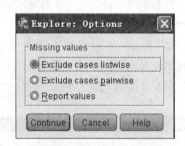

图 10.18　Explore 的处理缺失值对话框

➢ 单击【Continue】→【OK】按钮，结束操作，SPSS 软件自动输出结果.(结果略)

第四节　SPSS 概率计算

SPSS 的 PDF 与非中心 PDF 函数族提供了相关分布的分布律或概率密度函数，CDF 与非中心 CDF 函数族提供了相关分布的分布函数，而逆 DF 函数族则给出了相应分布的分位数.

一、随机变量的概率值计算

格式见表 10.4.

说明：

(1)Noncentral PDF 为非中心的分布律或概率密度函数，本书不做要求.

(2)quant 指待分析变量，n 指样本个数，prob 指概率，mean 是均值，stddev 是标准差，min 是区间下限，max 是区间上限，shape 是指数分布的参数 λ，df 是自由度，df1 指 F

分布的第一自由度，df2 指 F 分布的第二自由度．

表 10.4　常见分布的 SPSS 分布律或概率密度函数

分布名	PDF & Noncentral PDF（分布律或概率密度函数）
二项分布	Pdf. Binorm（quant，n，prob）
泊松分布	Pdf. Poisson（quant，mean）
均匀分布	Pdf. Uniform（quant，min，max）
指数分布	Pdf. Exp（quant，shape）
正态分布	Pdf. Normal（quant，mean，stddev）
t 分布	Pdf. T（quant，df）
F 分布	Pdf. F（quant，df1，df2）
卡方分布	Pdf. Chisq（quant，df）

例 10.4.1　产生一个二项分布列 $B(5，0.2)$，并在屏幕上直接显示出来．

解　SPSS 操作过程：定义变量 x，输入 0，1，2，3，4，5，点击【Transform \Compute variable】，定义计算公式 PDF.BINOM（x，5，0.2），计算结果赋值给 y，并点击 OK，过程如图 10.19 所示，屏幕结果显示（图 10.20）．

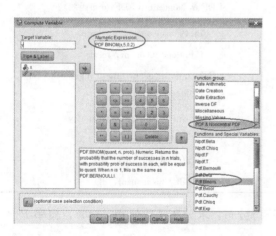

图 10.19　产生二项分布 $B(5，0.2)$的 SPSS 过程　　图 10.20　二项分布 $B(5，0.2)$
　　　　　　　　　　　　　　　　　　　　　　　　　　　　　　　的 SPSS 结果

例 10.4.2　产生一个正态分布 $N(0.8，4)$，并在屏幕上显示其图形．

解　SPSS 操作过程：

Step 1：用 Excel 产生从 -8 到 9.6，步长为 0.1 的数组，即 $-8:0.1:9.6$．

Step 2：从 SPSS 中读取 Excel 中的新建数据组，File \Open \Data，如图 10.21 所示．

Step 3：使用【Transform \Compute variable】，定义计算公式 PDF. NORMAL（X，0.8，2），计算结果赋值给 y．

Step 4：选择【Graphs \Legacy dialogs \Scatter \Dot】，再选【Simple scatter】后，设置如图 10.22 所示．

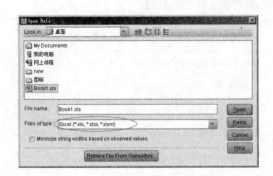

图 10.21 读取 Excel 数据

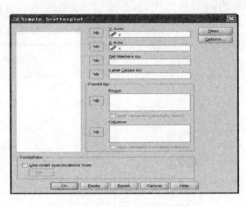

图 10.22 简单散点图对话框

屏幕显示略.

二、随机变量的分布函数值计算

格式见表 10.5.

表 10.5 常见分布的 SPSS 分布函数

分布名	CDF & Noncentral CDF(分布函数)
二项分布	Cdf. Binorm(quant，n，prob)
泊松分布	Cdf. Poisson(quant，mean)
均匀分布	Cdf. Uniform(quant，min，max)
指数分布	Cdf. Exp(quant，shape)
正态分布	Cdf. Normal(quant，mean，stddev)
t 分布	Cdf. T(quant，df)
F 分布	Cdf. F(quant，df1，df2)
卡方分布	Cdf. Chisq(quant，df)

例 10.4.3 随机变量 X 服从标准正态分布，求分布函数值 $\Phi(1.96)$，概率 $P\{-1.56 < X < 2.21\}$.

解 ① 定义变量 x，输入 1.96，点击【Transform \Compute variable】，定义计算公式 Cdf. Normal(x，0，1)，计算结果赋值给 y，再点击【OK】.

计算结果为 $\Phi(1.96) = 0.9750$.

② 定义变量 x，赋值 2.21，定义变量 y，赋值 -1.56，点击【Transform \Compute variable】，定义计算公式 Cdf. Normal(x，0，1) - Cdf. Normal(y，0，1)，计算结果赋值给 z，并点击【OK】.

计算结果为 $P\{-1.56 < X < 2.21\} = 0.9271$.

三、随机变量的上下侧分位数

格式见表 10.6.

表 10.6　常见分布的 SPSS 分位数

分布名	Inverse DF
均匀分布	Idf. Uniform(prob，min，max)
指数分布	Idf. Exp(p，shape)
正态分布	Idf. Normal(prob，mean，stddev)
t 分布	Idf. T(prob，df)
F 分布	Idf. F(prob，df1，df2)
卡方分布	Idf. Chisq(prob，df)

例 10.4.4　随机变量 X 服从 F 分布，且 $F=F(2，9)$，求 $p=0.1$ 时的上下侧分位数.

解　SPSS 操作过程：定义变量 x，输入 2，定义变量 y，输入 9，点击【Transform \ Compute variable】，定义计算公式 Idf. F(0.95，2，9)，计算概率 0.05 的分位数，结果赋值给 F1，并点击【OK】；同样的步骤计算概率 0.95 的分位数，结果赋值给 F2.

计算结果是：$F(2，9)$ 的双侧 0.10 分位数为 0.05159（下侧分位数）和 4.25649（上侧分位数）.

第五节　SPSS 参数区间估计

一、单个正态总体均值 μ 的区间估计

1. 已知总体方差，正态总体均值 μ 的置信度为 $1-\alpha$ 的区间估计

对于总体方差已知，正态总体均值 μ 的区间估计，SPSS 没有提供现成的模块，应根据其计算公式 $\left[\bar{X}-u_{\alpha/2}\dfrac{\sigma_0}{\sqrt{n}}，\bar{X}+u_{\alpha/2}\dfrac{\sigma_0}{\sqrt{n}}\right]$ 来完成，现以下例说明其操作过程.

例 10.5.1　从长期生产实践知道，某厂生产的灯泡使用寿命 $X \sim N(\mu，100^2)$（单位：h），现从该厂生产的一批灯泡中随机抽取 5 只，测得其使用寿命如下：1455，1502，1370，1610，1430，试对这些灯泡的平均使用寿命 μ 做区间估计.（$\alpha=0.05$）

解　SPSS 操作如下：

Step1：定义变量 x1～x5，输入 5 个数据，如图 10.23 所示.

	x1	x2	x3	x4	x5
1	1455	1502	1370	1610	1430

图 10.23　输入原始数据

Step2：点击【Transform \ Compute variable】，在【Function group】下找到【Statistical】并单击，在【Functions and Special Variables】下找到【Mean】并单击，在【Numeric Expression】框中输入计算均值的函数为 MEAN(x1，x2，x3，x4，x5)，结果赋值给 y，点击【OK】，均值结果为 y=1473.4.

Step3：点击【Transform \ Compute variable】，根据区间估计的计算公式，在【Numeric

Expression】框中输入 y＋IDF. NORMAL(0.975，0，1) * 100 / SQRT(5)，结果赋值给 x _ upper，点击【OK】，得到 95％ CI 上限为 1561.05.

Step4：置信下限的操作过程与 Step3 类似，只需要在【Numeric Expression】框中输入 y－IDF. NORMAL(0.975，0，1) * 100 / SQRT(5)，结果赋值给 x _ lower，点击【OK】，得到 95％ CI 下限为 1385.75.

即在 95％的置信水平，这批灯泡的平均使用寿命的范围为[1385.75，1561.05].

2. 总体方差未知，正态总体均值 μ 的区间估计

对于总体方差未知，正态总体均值 μ 的区间估计，SPSS 提供现成的操作模块：Analyze \Descriptive Statistics \Explore.

例 10.5.2 已知某种树的木材横纹抗压力服从正态分布，现随机抽取该种木材 10 件，做横纹抗压力试验，获取数据为（单位：kg/cm^2）：482，493，457，471，510，446，435，418，394，496，试求该种木材的平均横纹抗压力的置信水平为 95％的置信区间.

解 SPSS 操作如下：

Step1：定义变量 x，输入 10 个数据.

Step2：按【Analyze \Descriptive Statistics \Explore】顺序单击，把 x 放到【Dependent list】中，【Display】选项仅选择【Statisitcs】，再点击【Statistics…】，默认选项不变，点击【Continue】，点击【OK】.

SPSS 结果显示：该种木材的平均横纹抗压力的置信水平为 95％的置信区间为[433.60，486.80].

二、单个正态总体方差的区间估计

对单个正态总体方差的区间估计，SPSS 没有现成的操作模块，应根据区间估计的计算公式来完成，现以下例说明其操作过程.

单个正态总体方差的区间估计的计算公式为

(1)μ 已知，σ^2 的置信度为 $1-\alpha$ 的置信区间为

$$\left[\frac{\sum_{i=1}^{n}(X_i-\mu_0)^2}{\chi_{\alpha/2}^2(n)}, \frac{\sum_{i=1}^{n}(X_i-\mu_0)^2}{\chi_{1-\alpha/2}^2(n)}\right].$$

(2)μ 未知，σ^2 的置信度为 $1-\alpha$ 的置信区间为

$$\left[\frac{(n-1)S^2}{\chi_{\alpha/2}^2(n-1)}, \frac{(n-1)S^2}{\chi_{1-\alpha/2}^2(n-1)}\right].$$

例 10.5.3 设玉米的株高服从正态分布，今测得某品种 9 株玉米的株高（单位：cm）分别为 170，270，180，250，270，290，270，230，170，求该品种玉米株高方差的置信水平为 95％的置信区间.

解 本题是 μ 未知，SPSS 操作过程如下：

Step1：定义变量 x，输入 9 个数据，如图 10.24 所示.

Step2：点击【Analyze \Descriptive Statistics \Frequencies】，把变量 x 选入【Variable (s)框中，不勾选【Display frequency tables】，点击【Statistics】，勾选【Dispersion】下的【Variance】，点击【Continue】，点击【OK】，在 Output 窗口得到结果 S^2，如图 10.25 所示.

Step3：点击【Transform \ Compute variable】，根据区间估计的计算公式，在【Numeric Expression】框中输入(9－1) * 2300/IDF. CHISQ(0. 025，8)，结果赋值给 x _ upper，点击【OK】，得到 95% CI 上限为 8441. 41.

	x
1	170
2	270
3	180
4	250
5	270
6	290
7	270
8	230
9	170

图 10. 24　原始数据

Frequencies

Statistics

x

N	Valid	9
	Missing	0
Variance		2300.000

图 10. 25　S^2 结果

Step4：置信下限的操作过程与 Step3 类似，只需要在【Numeric Expression】框中输入(9－1) * 2300/IDF. CHISQ(0. 975，8)，结果赋值给 x _ lower，点击【OK】，得到 95% CI 下限为 1049. 36.

所以该品种玉米株高方差的置信水平为 95%的置信区间为[1049. 36，8441. 41].

第六节　SPSS 假设检验

一、单个总体的参数假设检验

1. 已知方差，对正态总体均值 μ 的检验

对单个正态总体，方差已知的总体均值 μ 的检验，SPSS 没有现成的操作模块，应根据公式算出统计量 U，再根据统计量 U 来计算尾概率值 P-value.

U 统计量的计算公式为 $U=\dfrac{\overline{X}-\mu_0}{\sigma/\sqrt{n}}\sim N(0,1)$.

对给的显著水平 α，尾概率值 P-value 的判断原则是：当 $P\leqslant\alpha$ 时，拒绝原假设 H_0，接受备择假设 H_1；当 $P>\alpha$ 时，接受原假设 H_0.

例 10. 6. 1　根据已往的经验可知，某地鱼塘单位平均产量遵从正态分布 $N(500,5^2)$，现随机抽取 10 口鱼塘，测得各鱼塘产量(单位：kg)为

495，510，505，495，503，492，502，505，497，506，

问该地各鱼塘产量是否正常？($\alpha=0.05$)

解　SPSS 操作过程：

Step1：定义变量 x，输入 10 个数据 .

Step2：点击【Analyze \ Descriptive Statistics \ Frequencies】，把变量 x 选入【Variable (s)】框中，不勾选【Display frequency tables】，点击【Statistics】，勾选【Central Tendency】下的【Mean】，点击【Continue】，点击【OK】，在 Output 窗口显示均值为 501.

Step3：点击【Transform \ Compute variable】，在【Numeric Expression】框中输入计算公

式 ABS((501−500)/(5/SQRT(10)))，结果赋值给 U，并点击【OK】，得到 $U=0.63$.

Step4：计算 P 值，公式为 $2*[1−\Phi(0.63)]$，点击【Transform \ Compute variable】，在【Numeric Expression】框中输入 $2*(1−CDF.NORMAL(0.63,0,1))$，结果赋值给 P，并点击【OK】，得到 $P=0.5286$.

结论：因为 $P=0.5286>0.05$，故接受原假设，该地各鱼塘产量正常.

2. 总体方差未知，对正态总体均值 μ 的检验

对于总体方差未知的正态总体均值 μ 的检验，SPSS 提供了现成的操作模块：Analyze \ Compare means \ One-sample t test.

例 10.6.2 啤酒厂罐装啤酒每瓶 750mL，每天开工时需要检验罐装生产线是否正常工作，根据经验知道，啤酒容量服从正态分布. 某日开工后，抽查了 9 瓶啤酒，容量为 748，752，755，747，753，755，745，744，758，试问此生产线是否正常工作？（取显著水平 $\alpha=0.05$）

解 SPSS 操作过程：

Step1：定义变量 x，输入 9 个数据.

Step2：按【Analyze \ Compare means \ One-sample t test】顺序单击，选择 x 到【Test variable(s)】中，Test value 中的 0 改为 750，点击【OK】.

在 Output 窗口显示结果如下（只列出主要结果）：

One‑Sample Test

	Test Value=750					
					95% Confidence Interval of the Difference	
	t	df	Sig. (2 - tailed)	Mean Difference	Lower	Upper
x	.472	8	.650	.778	−3.02	4.58

结果解释："Test Value=750"表示假设 H_0：$\mu=\mu_0=750$，H_1：$\mu\neq\mu_0=750$ 是双侧检验；"t"表示 t 统计量的值；"df"表示自由度；"Sig.（2 - tailed）"表示双边尾概率值 P-value；"Mean Difference"表示样本均值（750.778）与总体均值（750）之差；"95% Confidence Interval of the Difference"表示均值差的 95% 置信区间.

结论：因为 $P=0.65>0.05$，所以不能拒绝 H_0，即很大的可能认为此生产线正常工作.

例 10.6.3 现对某地区 21 个集市的鸡蛋价格进行调查，每 500g 的售价（单位：元）分别为 3.03，3.31，3.24，3.82，3.30，3.16，3.84，3.10，3.90，3.18，3.88，3.22，3.28，3.34，3.62，3.28，3.22，3.54，3.30. 已知往年的平均售价一直稳定在 3.25 元/（500g），且服从正态分布，能否认为该地区当前的鸡蛋售价明显高于往年？（$\alpha=0.05$）

解 本题的检验假设为 H_0：$\mu=3.25$，H_1：$\mu>3.25$，是单边检验中的右边检验.

值得注意的是，在 SPSS 中只有总体方差未知均值 μ 的双边检验的现成操作模块，没有单边检验的操作模块，"Sig.（2 - tailed）"表示的是双边尾概率 P 值，要计算单边检验的 P 值，只需要将双边尾概率 P 值除以 2，即单边检验 P 值的计算公式是：Sig.（2 - tailed）/2.

则本题的 SPSS 操作过程与例 10.6.2 一样，在 Output 窗口显示结果如下（只列出主要结果）：

One – Sample Test

	Test Value＝3.25					
	t	df	Sig. (2 – tailed)	Mean Difference	95％ Confidence Interval of the Difference	
					Lower	Upper
x	2.647	20	.015	.15571	.0330	.2784

结论：由于本题是右边检验，因此 P – value＝Sig. (2 – tailed)/2＝0.015/2＝0.0075＜0.05，所以拒绝 H_0，即认为该地区当前的鸡蛋售价明显高于往年.

二、两个正态总体均值的假设检验

SPSS 提供现成的操作模块来完成两个独立正态总体均值的假设检验：【Analyze(分析)】→【Compare Means(比较均值)】→【Independent-Samples T Test(独立样本 T 检验)】；对于两个配对正态总体均值的假设检验，SPSS 的操作过程是：【Analyze(分析)】→【Compare Means(比较均值)】→【Paired-Samples T Test(配对样本 T 检验)】.

1. 两个独立正态总体均值的假设检验

例 10.6.4　设有种植玉米的甲、乙两个农业试验区，各分为 10 个小区，各小区的面积相同，除甲区各小区增施磷肥外，其他试验条件均相同，两个试验区的玉米产量(单位：kg)如下(假设玉米产量服从正态分布，且有相同的方差)：

甲区：65，60，62，57，58，63，60，57，60，58；

乙区：59，56，56，58，57，57，55，60，57，55，

试判别磷肥对玉米产量有无显著影响？($\alpha＝0.05$)

解　SPSS 操作过程：

Step1：定义两个变量，分别为 x 和 group，输入数据，格式如图 10.26 所示.

Step2：按【Analyze \Compare means \Independent-Samples T Test】顺序单击，选择 x 到【Test variable(s)】中，选择【group】到【Grouping variable】中.

Step3：单击【Define Groups】，选择【Use specified values】选项，在 Group 1 中输入 1，在 Group 2 中输入 2，如图 10.27 所示.

图 10.26　输入数据

图 10.27　Define Groups 定义框

Step4：单击【Continue】，返回【Independent-Samples T Test】对话框，单击【OK】完成分析．

结果分析：在 Output 窗口显示结果如下（只列出主要结果）：

Independent Samples Test

		Levene's Test for Equality of Variances		t-test for Equality of Means						
		F	Sig.	t	df	Sig. (2-tailed)	Mean Difference	Std. Error Difference	95% Confidence Interval of the Difference	
									Lower	Upper
x	Equal variances assumed	1.714	.207	3.034	18	.007	3.000	.989	.923	5.077
	Equal variances not assumed			3.034	14.918	.008	3.000	.989	.891	5.109

在本例中，F 的 P 值为 $0.207 > 0.05$，不能拒绝方差相等的假设，可以认为甲、乙两个农业试验区的玉米产量方差无显著差异；然后看方差相等时的 t 检验结果，也就是第一行"Equal variance assumed"的 t 检验结果，t 统计量为 3.034，其对应的 P 值为 $0.007 < 0.05$，则拒绝原假设，即磷肥对玉米产量有显著影响．另外，从两个样本的均值差的 95% 置信区间看，区间跨 0，这也说明磷肥对玉米产量有显著的影响．

例 10.6.5 某物在处理前与处理后分别抽样分析其含脂率如下：

处理前：$0.19, 0.18, 0.21, 0.30, 0.41, 0.12, 0.27$；

处理后：$0.15, 0.13, 0.07, 0.24, 0.19, 0.06, 0.08, 0.12$，

假定处理前后该物的含脂率都服从正态分布，问处理后该物的含脂率是否显著的降低？（取显著水平为 0.05）

解 根据题意，本例的假设是：$H_0：\mu_1 = \mu_2$，$H_1：\mu_1 > \mu_2$，此外，本例同样是两个独立正态总体均值的假设检验，因此本例的 SPSS 操作过程与例 10.6.4 一样，但本例是单侧检验，所以均值检验的 P 值计算公式是：Sig.(2-tailed)/2．

SPSS 结果如下：

Independent Samples Test

		Levene's Test for Equality of Variances		t-test for Equality of Means						
		F	Sig.	t	df	Sig. (2-tailed)	Mean Difference	Std. Error Difference	95% Confidence Interval of the Difference	
									Lower	Upper
x	Equal variances assumed	1.375	.262	2.676	13	.019	.11000	.04110	.02120	.19880
	Equal variances not assumed			2.800	10.099	.026	.11000	.04231	.01584	.20416

在本例中 F 的 P 值为 $0.262 > 0.05$，不能拒绝方差相等的假设，可以认为该物品在处理

前后的含脂率的方差无显著差异；然后看方差相等时的 t 检验结果，t 统计量的 P 值为 $0.019/2=0.0095<0.05$，则拒绝原假设，即处理后该物品的含脂率有明显的降低．

2. 两个配对正态总体均值的假设检验

例 10.6.6 为了比较两种烟草花叶病毒的致病能力，选用 8 株烟草，在每一株的第二片叶子上其中半边涂上病毒甲，另半边涂上病毒乙．待病发后，调查得叶片所发生的病斑数如下：

涂病毒甲半边叶的病斑数：9，17，31，18，7，8，20，10；

涂病毒乙半边叶的病斑数：10，11，18，14，6，7，17，5，

问两种烟草花叶病毒的致病能力是否相同？（取显著水平为 0.05）

解 本例是配对试验条件下两个总体均值检验（正态、小样本），假设检验为

$$H_0：\mu_1-\mu_2=0, \ H_1：\mu_1-\mu_2\neq 0.$$

SPSS 操作过程：

Step1：定义两个变量，分别为 x 和 y，输入数据，格式如图 10.28 所示．

Step2：按【Analyze \ Compare means \ Paired - Samples T Test】顺序单击，选择 x1 和 x2 到【Paired variables】中，如图 10.29 所示．

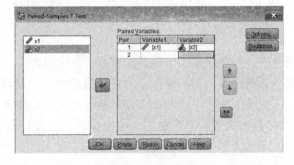

图 10.28　输入数据　　　　　图 10.29　Paired - Samples T Test 对话框

Step3：单击【OK】完成分析．

SPSS 结果如下：

T - Test

［DataSet0］

Paired Samples Statistics

		Mean	N	Std. Deviation	Std. Error Mean
Pair 1	x1	15.00	8	8.177	2.891
	x2	11.00	8	4.957	1.753

Paired Samples Correlations

		N	Correlation	Sig.
Pair 1	x1 & x2	8	.899	.002

Paired Samples Test

	Paired Differences					t	df	Sig. (2 - tailed)
			Std. Error Mean	95% Confidence Interval of the Difference				
	Mean	Std. Deviation		Lower	Upper			
Pair 1　x1 - x2	4.000	4.309	1.524	.397	7.603	2.625	7	.034

结果解析：从 Paired Samples Statistics 结果表中可以看出，涂病毒甲、乙半边叶病斑数的平均值分别是 15 和 11，均值差是 4，计算出的 t 统计量为 2.625，P - value＝0.034，比显著水平 0.05 要小，则拒绝原假设，即两种烟草花叶病毒的致病能力不相同.

从配对样本 t 检验的实现思路不难看出，配对样本 t 检验问题是通过转化成单样本 t 检验问题来实现的，即检验两配对样本的差值样本均值是否与零存在显著差异. 这种方案必然要求样本配对，个案数目相同且次序不能随意更改.

三、标准差的检验

1. 单个正态总体（μ 未知）的标准差的检验

例 10.6.7　一个混杂的小麦品种，其株高的标准差为 14cm，经提纯后随机抽取 10 株，它们的株高（单位：cm）为

$$90，105，101，95，100，100，101，105，93，97，$$

试问经提纯后的群体是否比原群体整齐（$\alpha＝0.01$）？

解　这是均值未知，对方差进行单边检验，假设为

$$H_0：\sigma＝14，\quad H_1：\sigma＜14(\alpha＝0.01).$$

SPSS 没有现成的操作模块，应根据公式算出统计量 χ^2，再根据统计量 χ^2 来计算尾概率值 P - value，P - value＝Sig.（2 - tailed）/2.

χ^2 统计量的计算公式为 $\chi^2＝\dfrac{(n-1)S^2}{\sigma_0^2}\sim\chi^2(n-1)$.

SPSS 操作过程：

Step1：定义变量 x，输入 10 个数据.

Step2：按【Analyze \Descriptive Statistics \Descriptives】顺序单击，打开【Descriptives】主对话框，单击 x 放到【Variable(s)】中，再单击【Options…】，只选择【Variance】，点击【Continue】，点击【OK】，得到样本方差为 24.233.

Step 3：点击【Transform \Compute variable】，输入计算公式（10－1）＊24.233/14＊2，结果赋值给 y，并点击【OK】，得到 y 值为 1.1115.

Step 4：计算 P 值. 点击【Transform \Compute variable】，输入计算公式 CDF. CHISQ(y，9)/2（或者（1－SIG. CHISQ(1.113，9)）/2），结果赋值给 P，并点击【OK】，得到 $P＝0.0004$.

结论：因为 $P＝0.0004＜0.01$，所以拒绝原假设 $H_0：\sigma＝14$，即可认为经提纯后的群体比原群体整齐.

2. 均值未知的两个正态总体的标准差的检验

例 10.6.8　某植物在用处理方法 A 与处理方法 B 做试验，分别抽取样本分析其高度如下：

处理 A：349，346，352，345，341，348，339，347，344，341，349，346，345，

342，348，344，345，350；

处理 B：338，335，345，330，350，339，335，345，338，342，331，354，336，347，340，343，339，339，

问用处理方法 B 与处理方法 A，该植物的高度的标准差是否有差异？（$\alpha=0.05$）

解 $H_0：\sigma_1=\sigma_2$，$H_1：\sigma_1\neq\sigma_2$.

SPSS 没有现成的操作模块，应根据公式算出统计量 F，再根据统计量 F 来计算尾概率值 P - value.

F 统计量的计算公式为 $F=\dfrac{S_X^2}{S_Y^2}\sim F(n_1-1，n_2-1)$.

SPSS 操作过程：

Step1：定义变量 x，y，输入数据.

Step2：按【Analyze \ Descriptive Statistics \ Descriptives】顺序单击，打开【Descriptives】主对话框，单击 x 和 y 放到【Variable(s)】中，再单击【Options…】，只选择【Variance】，点击【Continue】，点击【OK】，得到 x 和 y 的样本方差分别为 11.899 和 39.059.

Step 3：点击【Transform \ Compute variable】，输入计算公式 11.899/39.059，结果赋值给 F，并点击【OK】，得到 F 值为 0.3046.

Step 4：计算 P 值. 点击【Transform \ Compute variable】，输入计算公式 $1-$SIG. F(17，17)，结果赋值给 P，并点击【OK】，得到 $P=0.0094$.

结论：因为 $P=0.0094<0.01$，所以拒绝原假设 $H_0：\sigma_1=\sigma_2$，即可认为用处理方法 B 与处理方法 A，该植物的高度的标准差有显著差异.

第七节　SPSS 方差分析

一、单因素试验的方差分析

SPSS 提供现成的单因素方差分析模块：【Analyze（分析）】→【Compare Means（比较均值）】→【One-Way ANOVA（单因素 ANOVA）】命令，弹出【One-Way ANOVA（单因素 ANOVA）】对话框.

例 10.7.1 茶叶中的叶酸是 B 族维生素的一种，如今研究 4 种不同的茶叶，分别记作 A_1，A_2，A_3，A_4，它们的叶酸含量数据见表 10.7.

表 10.7　叶酸含量试验表

茶叶	叶酸含量						
A_1	7.9	6.2	6.6	8.6	8.9	10.1	9.6
A_2	5.7	7.5	9.8	6.1	8.4		
A_3	6.4	7.1	7.9	4.5	5.0	4.0	
A_4	6.8	7.5	5.0	5.3	6.1	7.4	

现在要研究这 4 种茶叶的叶酸含量是否有差异.（$\alpha=0.05$）

解 SPSS 操作过程：

Step 1：定义变量 A 和 x，输入数据，部分数据输入格式如图 10.30 所示．

Step 2：按【Analyze \ Compare means \ One-way anova】顺序单击，单击 x 放到【Dependent list】中，单击 A 放到【Factor】中，点击【OK】．

结果如下：

ANOVA

	Sum of Squares	df	Mean Square	F	Sig.
Between Groups	23.496	3	7.832	3.749	.028
Within Groups	41.778	20	2.089		
Total	65.273	23			

	A	x
1	1	7.9
2	1	6.2
3	1	6.6
4	1	8.6
5	1	8.9
6	1	10.1
7	1	9.6
8	2	5.7
9	2	7.5
10	2	9.8
11	2	6.1
12	2	8.4
13	3	6.4
14	3	7.1
15	3	7.9
16	3	4.5
17	3	5.0
18	3	4.0
19	4	6.8
20	4	7.5

图 10.30　部分输入数据

从 ANOVA 结果表可以看出，方差检验的 F 值为 3.749，P 值为 0.028，小于显著性水平 0.05，表示拒绝原假设，即认为这 4 种茶叶的叶酸含量在 $\alpha = 0.05$ 水平下有显著差异．

二、双因素试验的方差分析

SPSS 提供现成的多因素方差分析的模块：【Analyze（分析）】→【General Linear Model（一般线性模型）】→【Univariate（单变量）】命令，弹出【Univariate（单变量）】对话框．

例 10.7.2　为了解三种不同配比的饲料对仔猪生长的影响的差异，对三种不同品种的猪各选三头进行试验，分别测得其三个月间体重增加量如下表．假定其体重增长量服从正态分布，且各种配合的方差相等，试分析不同的饲料与不同的品种对猪的生长有无显著性影响？

表 10.8　不同配比饲料仔猪三月增重（斤）

因素 A ＼ 因素 B	B_1	B_2	B_3	$T_i.$	$\bar{X}_i.$
A_1	51	56	45	152	50.7
A_2	53	57	49	159	53.0
A_3	52	58	47	157	52.3
$T.j$	156	171	141	$T=468$	
$\bar{X}.j$	52.0	57.0	47.0		$\bar{X}=52.0$

解　SPSS 操作过程：

Step 1：定义变量 A、B 和 x，输入数据，部分数据输入格式如图 10.31 所示．

Step 2：在【Analyze】菜单【General Linear Model】中选择【Univariate】命令．

Step 3：在弹出的【Univariate】对话框中，选择"x"变量，使之添加到【Dependent Variable】框中，选择"A""B"变量，使之添加到【Fixed Factor】框中，再点击【Model】．

Step 4：在弹出的【Model】对话框中，选择【Custom（自定义模型）】，【Type】中选择

【Main effects】，把 A、B 选进【Model】框中，设置如图 10.32 所示，点击【Continue】，并点击【OK】.

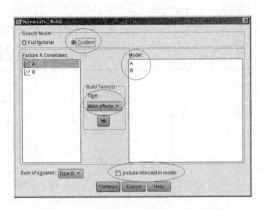

	A	B	x
1	1	1	51
2	1	2	56
3	1	3	45
4	2	1	53
5	2	2	57
6	2	3	49
7	3	1	52
8	3	2	58
9	3	3	47

图 10.31　输入部分数据格式　　　　　图 10.32　Univariate：Model 对话框

主要结果如下：

Tests of Between‐Subjects Effects

Dependent Variable：x

Source	Type III Sum of Squares	df	Mean Square	F	Sig.
Model	24494.667[a]	5	4898.933	5878.720	.000
A	8.667	2	4.333	5.200	.077
B	150.000	2	75.000	90.000	.000
Error	3.333	4	.833		
Total	24498.000	9			

a. R Squared＝1.000(Adjusted R Squared＝1.000)

　　这是 SPSS 两因素方差分析的主要结果．由于本例中的因素 A 和 B 没有交互作用，因此在 Model 对话框中是选择了自定义模型，所以总的离差平方和分为两部分：变量 A 和 B 对因变量的独立作用部分和随机变量影响部分．

　　由 ANOVA 表可知，因素 A 的 F 值为 5.2，对应的 P 值为 0.077，大于显著水平 0.05，说明不同配比的饲料对猪的体重增加无显著影响；因素 B 的 F 值为 90，对应的 P 值为 0.000，小于显著水平 0.05，说明不同品种的差异对猪体重的影响显著．

第八节　SPSS 线性回归分析

　　SPSS 提供了现成的回归分析模块：选择菜单栏中的【Analyze(分析)】→【Regression(回归)】→【Linear(线性)】命令，弹出【Linear Regression(线性回归)】对话框，这是线性回归分析的主操作窗口．

　　例 10.8.1　研究某土壤内所含植物可给态磷浓度 Y 与土壤内含无机磷浓度 X_1、土壤内易溶于碳酸钾溶液并受化合物水解的有机磷浓度 X_2 和土壤内溶于碳酸钾但不受水解的有机

磷浓度 X_3 之间的关系，做试验所得数据见表 10.9.

(1)计算出 Y 与 X_1，X_2，X_3 的线性回归方程；

(2)在检验水平 $\alpha = 0.05$ 下，对多重线性回归方程进行统计检验；

(3)若 $X_1 = 50$，$X_2 = 46$，$X_3 = 98$ 时，对 Y 做出置信度为 95% 的区间预测.

表 10.9　土壤试验数据表

Y	X_1	X_2	X_3
0.4	53	158	64
0.4	23	163	60
3.1	19	37	71
0.6	34	157	61
4.7	24	59	54
1.7	65	123	77
9.4	44	46	81
10.1	31	117	93
11.6	29	173	93
12.6	58	112	51
10.9	37	111	76
23.1	46	114	96
23.1	50	134	77
21.6	44	73	93
23.1	56	168	95
1.9	36	143	54
26.8	58	202	168
29.9	51	124	99

解　SPSS 操作过程：

Step1：定义变量 x1、x2、x3 和 y，输入数据.

Step2：点击【Analyze/Regression/Linear】.

Step3：在【Linear Regression(线性回归)】对话框左侧的候选变量列表框中选择变量 y，将其添加至【Dependent(因变量)】列表框中，选择变量 x1、x2、x3，将其添加至【Independent(s)】(自变量)列表框中，点击【OK】.

主要结果如下：

ANOVA

Model		Sum of Squares	df	Mean Square	F	Sig.
1	Regression	981.024	3	327.008	5.931	.008
	Residual	771.941	14	55.139		
	Total	1752.964	17			

Coefficients

Model		Unstandardized Coefficients		Standardized Coefficients	t	Sig.
		B	Std. Error	Beta		
1	(Constant)	−12.252	7.276		−1.684	.114
	x1	.212	.145	.285	1.466	.165
	x2	−.039	.043	−.176	−.902	.382
	x3	.247	.074	.656	3.319	.005

从上面结果可知：

(1)由回归方程显著性检验知该回归方程是显著的.

(2)计算得多元回归方程为
$$Y = -12.252 + 0.212X_1 - 0.039X_2 + 0.247X_3.$$

(3)由系数检验部分可以看出，常数项、变量 X_1、X_2 的 P 值都大于 0.05，说明这三项不显著，可以认为其作用不大，将它们删除，只保留 X_3，重新构造的多元回归方程为
$$Y = 0.158X_3.$$

习题参考答案

习 题 一

1. (1)$\Omega=\{(H，H)，(H，T)，(T，H)，(T，T)\}$；(2)$\Omega=\{3，4，6，\cdots，17，18\}$；

   (3)$\Omega=\{(红，白)，(红，黄)，(白，黄)\}$；(4)$\Omega=\{T，HT，HHT，HHHT，\cdots\}$；

   (5)$\Omega=\{0，1，2，\cdots\}$；(6)$\Omega=\{t\,|\,t\geqslant0\}$.

2. (1)$A\overline{B}\overline{C}$；(2)$(A\cup B)\overline{C}$；(3)$\overline{ABC}$(或$\overline{A}\cup\overline{B}\cup\overline{C}$)；(4)$A\overline{B}\overline{C}\cup\overline{A}B\overline{C}\cup\overline{A}\overline{B}C$；

   (5)$A\cup B\cup C$.

3. A：至少有一次取到白球；$\overline{A}$：没有一次取到白球；$\overline{B}$：最多有两次取到白球；

   $A_2\cup B_3$：第二、第三次至少有一次取到白球.

4. (1)、(3)、(5)成立，(2)、(4)不成立.

5. (1)$P(A)=\dfrac{C_3^1}{C_8^1}=\dfrac{3}{8}$，$P(B)=\dfrac{C_5^1}{C_8^1}=\dfrac{5}{8}$；

   (2)$P(C)=\dfrac{C_5^2}{C_8^2}=\dfrac{5}{14}\approx0.357$，$P(D)=\dfrac{C_3^1C_5^1}{C_8^2}=\dfrac{15}{28}\approx0.536$；

   (3)$P(E)=\dfrac{C_3^3\times C_5^2}{C_8^5}\approx0.179$.

6. $P(A)=\dfrac{28}{45}$，$P(B)=\dfrac{1}{45}$，$P(C)=\dfrac{16}{45}$，$P(D)=\dfrac{1}{5}$.

7. $P(A)=\dfrac{1}{2}$，$P(B)=\dfrac{1}{2}$，$P(C)=\dfrac{1}{6}$.

8. 0.0846.　9. 0.067.　10. (1)0.1512；(2)0.000001.

11. 0.7745，0.2112，0.0141，0.0002.　12. $\dfrac{9}{28}$.

13. (1)$\dfrac{4}{33}$；(2)$\dfrac{10}{33}$.　14. $\dfrac{3}{10}$，$\dfrac{3}{5}$.　15. $\dfrac{3}{5}$.

16. $A=\{$至少有两人生日相同$\}$，则$\overline{A}=\{\,r$个人的生日都不同$\}$，

$$P(\overline{A})=\frac{P_{365}^r}{365^r}，\quad P(A)=1-\frac{P_{365}^r}{365^r}.$$

17. $\dfrac{5}{9}$.　18. $\dfrac{17}{25}$.　19. 0.121.　20. $\dfrac{1}{4}$.　21. 95%.

22. $1-p$.　23. (1)0.3，0.6；(2)0，0.3.

24. 提示：因为$P(AB)=P(A)+P(B)-P(A\cup B)$.

25. 0.15，0.5，0.1，0.5.

26. $\dfrac{2}{3}$.　27. 0.214，0.375，0.633.

28. (1)0.988；(2)0.829.　29. 0.0083.　30. (1)0.3；(2)0.58.

31. 0.6.　　32. 1/12.　　33. $\dfrac{9}{13}$.　　34. (1)0.72；(2)0.98；(3)0.26.　　35. $\dfrac{3}{5}$.

36. 相同.　　37. (1)0.973；(2)0.75.

38. (1)0.275；(2)$\dfrac{19}{55}$.　　39. $\dfrac{2p}{p+1}$.

40. $\dfrac{23}{32}$.　　41. 0.212.　　42. 92%.

43. 0.2768.　　44. 0.727.

45. 用第一种工艺得到的优等品的概率大.

46. $\dfrac{36}{91}$.　　47. $\dfrac{2}{3}$，$\dfrac{1}{3}$.

习　题　二

1.

X	3	4	5
P	0.1	0.3	0.6

2. (1)是；(2)不是.

3. $P\{X=k\}=\dfrac{C_M^k C_{N-M}^{n-k}}{C_N^n}(k=0,\ 1,\ 2,\ \cdots,\ n).$

4. (1)$\dfrac{1}{5}$；(2)$\dfrac{1}{5}$；(3)$\dfrac{1}{5}$.

5. (1)

X	1	2	3	4
P	$\dfrac{7}{10}$	$\dfrac{7}{30}$	$\dfrac{7}{120}$	$\dfrac{1}{120}$

 (2)$P\{X=k\}=\dfrac{7}{10}\left(\dfrac{3}{10}\right)^{k-1}(k=1,\ 2,\ \cdots).$

6. (1)$P\{X=k\}=C_5^k(0.8)^k(0.2)^{5-k}(k=0,\ 1,\ 2,\ 3,\ 4,\ 5)$；(2)$P\{X\geqslant1\}=0.99968.$

7. $\lambda=2$，$P\{X=4\}=\dfrac{2}{3}e^{-2}.$　　8. (1)$a=1$；(2)$a=e^{-\lambda}.$

9.

X	0	1	2	3
P	$\dfrac{1}{2}$	$\left(\dfrac{1}{2}\right)^2$	$\left(\dfrac{1}{2}\right)^3$	$\left(\dfrac{1}{2}\right)^3$

10. $P\{X=k\}=C_5^k(0.6)^k(0.4)^{5-k}(k=0,\ 1,\ \cdots,\ 5).$

11. 至少配备 4 名工人.　　12. (1)$\dfrac{1}{2}$；(2)$\dfrac{e-1}{2e}$；(3)e^{-5}.

13. (1)2；(2)0.4；(3)$\dfrac{\sqrt{2}}{2}$；(4)0.6；(5)$F(x)=\begin{cases}0, & x\leqslant0, \\ x^2, & 0<x\leqslant1, \\ 1, & x>1.\end{cases}$

14. $F(x)=\begin{cases}0, & x<-1, \\ \dfrac{1}{6}, & -1\leqslant x<0, \\ \dfrac{1}{2}, & 0\leqslant x<1, \\ 1, & x\geqslant1.\end{cases}$

15. (1)0.8647，0.1353；(2)$f(x)=\begin{cases}e^{-x}, & x\geqslant 0,\\ 0, & x<0.\end{cases}$

16. (1)$A=\dfrac{1}{2}$，$B=\dfrac{1}{\pi}$；(2)$\dfrac{1}{2}$；(3)$f(x)=\dfrac{1}{\pi(1+x^2)}$ $(-\infty<x<+\infty)$.

17. $a=1$，$b=-1$，$c=0$.

18. $F(x)=\begin{cases}0, & x<-\dfrac{\pi}{2},\\[2mm] \dfrac{1+\sin x}{2}, & -\dfrac{\pi}{2}\leqslant x\leqslant\dfrac{\pi}{2},\\[2mm] 1, & x>\dfrac{\pi}{2}.\end{cases}$

19. (1)$\dfrac{1}{\theta}$；(2)$\theta\ln 2$.　20. 0.6.　21. $\dfrac{4}{7}$.

22. $f(x)=\begin{cases}\dfrac{1}{b-a}, & a\leqslant x\leqslant b,\\[2mm] 0, & 其他.\end{cases}$　23. $\dfrac{20}{27}$.　24. (1)$f(x)=\begin{cases}\dfrac{1}{4}, & 2\leqslant x<6,\\[2mm] 0, & 其他;\end{cases}$　(2)$\dfrac{3}{4}$.

25. 0.9996，0.0038.　26. (1)$k=1.28$；(2)$k=-1.65$.

27. $c=3$.　28. (1)$\sigma=303$；(2)$\sigma=606$.

29. 0.9544.　30. (1)0.0693；(2)0.0831.　31. 86.45.

32. $f_Y(y)=\begin{cases}3(1-y)^2, & 0<y<1,\\ 0, & 其他.\end{cases}$　33. (1)0.81855；(2)0.9940；(3)0.6915.

习　题　三

1. (1)$A=\dfrac{1}{\pi^2}$，$B=\dfrac{\pi}{2}$，$C=\dfrac{\pi}{2}$，$\dfrac{1}{16}$；

   (2)$f(x,\ y)=\dfrac{\partial^2 F}{\partial x\,\partial y}=\dfrac{6}{\pi^2(4+x^2)(9+y^2)}$.

2. (1)$(X,\ Y)$的联合分布列为

X＼Y	0	1
-1	$\dfrac{1}{6}$	0
0	$\dfrac{1}{3}$	$\dfrac{1}{2}$

   (2)$(X,\ Y)$的联合分布函数为

$$F(x,\ y)=\begin{cases}0, & x<-1\ 或\ y<0,\\[2mm] \dfrac{1}{6}, & -1\leqslant x<0,\ y\geqslant 0,\\[2mm] \dfrac{1}{2}, & x\geqslant 0,\ 0\leqslant y<1,\\[2mm] 1, & x\geqslant 0,\ y\geqslant 1.\end{cases}$$

3. (1)联合分布列为

Y \ X	0	1	2	3
0	0	0	$\frac{3}{35}$	$\frac{2}{35}$
1	0	$\frac{6}{35}$	$\frac{12}{35}$	$\frac{2}{35}$
2	$\frac{1}{35}$	$\frac{6}{35}$	$\frac{3}{35}$	0

(2)$\frac{9}{35}$.

4. $(X，Y)$ 联合分布列为

Y \ X	0	1	2	3
1	0	$\frac{3}{8}$	$\frac{3}{8}$	0
3	$\frac{1}{8}$	0	0	$\frac{1}{8}$

则 $(X，Y)$ 对 X 的边缘分布列为

X	0	1	2	3
P	$\frac{1}{8}$	$\frac{3}{8}$	$\frac{3}{8}$	$\frac{1}{8}$

$(X，Y)$ 对 Y 的边缘分布列为

Y	1	3
P	$\frac{3}{4}$	$\frac{1}{4}$

5. (1)$k=12$；(2)$F(x，y)=\begin{cases}(1-\mathrm{e}^{-3x})(1-\mathrm{e}^{-4y})，& x>0，y>0，\\ 0，& 其他；\end{cases}$ (3)0.95.

6. $\frac{65}{72}$，$\frac{17}{24}$.

7. $\frac{1}{2}$.

8. $f(x，y)=\begin{cases}4，&(x，y)\in D，\\ 0，&其他，\end{cases}$

$$F(x，y)=\begin{cases}0， & x<-\frac{1}{2}或y<0，\\ y(4x+2-y)， & -\frac{1}{2}\leqslant x<0，0\leqslant y<2x+1，\\ (2x+1)^2， & -\frac{1}{2}\leqslant x<0，y\geqslant 2x+1，\\ y(2-y)， & x\geqslant 0，0\leqslant y<1，\\ 1， & x\geqslant 0，y\geqslant 1.\end{cases}$$

9. $F_X(x) = \frac{1}{\pi}\left(\frac{\pi}{2} + \arctan\frac{x}{2}\right)$, $-\infty < x < +\infty$, $F_Y(y) = \frac{1}{\pi}\left(\frac{\pi}{2} + \arctan\frac{y}{3}\right)$, $-\infty < y < +\infty$；X 和 Y 相互独立.

10. $\alpha = \frac{2}{9}$, $\beta = \frac{1}{9}$.

11. (1) $f_X(x) = \begin{cases} \dfrac{x}{2}, & 0 \leqslant x \leqslant 2, \\ 0, & 其他, \end{cases}$ $f_Y(y) = \begin{cases} 3y^2, & 0 \leqslant y \leqslant 1, \\ 0, & 其他; \end{cases}$

(2) X 与 Y 是相互独立的.

12. $f(x, y) = \begin{cases} 1, & (x, y) \in G, \\ 0, & 其他; \end{cases}$ $f_X(x) = \begin{cases} 1 - \dfrac{x}{2}, & 0 \leqslant x \leqslant 2, \\ 0, & 其他, \end{cases}$

$f_Y(y) = \begin{cases} 2(1-y), & 0 \leqslant y \leqslant 1, \\ 0, & 其他; \end{cases}$ X 与 Y 不是相互独立的.

13. $f(x, y) = \begin{cases} \dfrac{3}{4}, & 0 \leqslant x \leqslant 1, \ y^2 \leqslant x, \\ 0, & 其他; \end{cases}$ $f_X(x) = \begin{cases} \dfrac{3}{2}\sqrt{x}, & 0 \leqslant x \leqslant 1, \\ 0, & 其他, \end{cases}$

$f_Y(y) = \begin{cases} \dfrac{3}{4}(1-y^2), & |y| \leqslant 1, \\ 0, & 其他; \end{cases}$ X 与 Y 不是相互独立的.

14. (1) 相互独立；(2) 不相互独立.

15. $f_Z(z) = \begin{cases} 0, & z < 0, \\ 1 - e^{-z}, & 0 \leqslant z < 1, \\ (e-1)e^{-z}, & z \geqslant 1. \end{cases}$

16. $f_Z(z) = \begin{cases} \dfrac{1}{2\sigma^2} e^{-\frac{z}{2\sigma^2}}, & z \geqslant 0, \\ 0, & z < 0. \end{cases}$

17. $f_Z(z) = \begin{cases} 4z e^{-2z}, & z \geqslant 0, \\ 0, & z < 0. \end{cases}$

习 题 四

1. $E(X) = 0.9$, $E(X^2) = 1.7$, $\mathrm{Var}(X) = 0.89$.

2. $E(X) = 0.301$, $\mathrm{Var}(X) = 0.322$, $\sqrt{\mathrm{Var}(X)} = 0.567$.

3. $E(X) = 1500$.

4. $E(X) = 0$, $\mathrm{Var}(X) = 2$.

5. $E(T) = \dfrac{1}{\lambda}$, $\mathrm{Var}(T) = \dfrac{1}{\lambda^2}$.

6. $E(Z) = 3$.

7. $E(Y) = \dfrac{3\pi}{4}$, $\mathrm{Var}(Y) = \dfrac{9\pi^2}{20}$.

8. $E(4X + Y^2 + 5) = 11.2$.

9. $E(Y^2)=\dfrac{4}{3\lambda^2}$.

10. $E(Y)=T[1-e^{\lambda(e^{-a}-1)}]$.

11. $E(Y)=5.20896$.

12. $E(X)=0.6$，$\mathrm{Var}(X)=0.46$.

13. $\mathrm{Var}(Y)=\dfrac{8}{9}$.

14. $(1)E(X)=1.6$，$E(Y)=1.5$；$(2)\mathrm{Var}(X)=0.24$，$\mathrm{Var}(Y)=0.25$；$(3)\rho_{XY}=-0.48$.

15. $E(X)=\dfrac{4}{5}$，$E(Y)=\dfrac{2}{5}$，$E(XY)=\dfrac{1}{3}$.

16. $E(X)=\dfrac{7}{6}$，$E(Y)=\dfrac{7}{6}$，$\mathrm{Cov}(X,Y)=-\dfrac{1}{36}$，$\rho_{XY}=-\dfrac{1}{11}$.

17. $\mathrm{Var}(X+Y)=85$，$\mathrm{Var}(X-Y)=37$.   18. 略.

19. $(1)E(Z)=29$，$\mathrm{Var}(Z)=109$；$(2)E(Z)=29$，$\mathrm{Var}(Z)=109$；

     $(3)E(Z)=29$，$\mathrm{Var}(Z)=94$.

20. $E(Z)=1.1$.

21. $\mathrm{Var}(Z)=\dfrac{2}{9}$.

22. $\rho_{XY}=-\dfrac{\sqrt{3}}{3}$.

23. $(1)U$ 和 V 的联合分布律为

U \ V	0	1
0	$\dfrac{1}{4}$	0
1	$\dfrac{1}{4}$	$\dfrac{1}{2}$

     $(2)\rho_{UV}=\dfrac{1}{\sqrt{3}}$.

24. $P\{5200<X<9400\}\geqslant\dfrac{8}{9}$.

25. 0.9772.

26. 0.9624.

27. $[925, 1075]$.

28. $P\{X>1920\}=0.2119$.

29. $P\{X\geqslant30\}=0.0062$.

30. 254.

31. $(1)0$；$(2)0.995,0.5,0.005$.

32. 2.

33. $(1)f_V(v)=F_V'(v)=\begin{cases}2e^{-2v}, & v>0,\\ 0, & v\leqslant0;\end{cases}$ $(2)E(U+V)=2$.

34. (1) $f_Y(y) = \begin{cases} \dfrac{3}{8\sqrt{y}}, & 0 < y < 1, \\ \dfrac{1}{8\sqrt{y}}, & 1 \leqslant y < 4, \\ 0, & \text{其他}; \end{cases}$ (2) $\text{Cov}(X, Y) = \dfrac{2}{3}$; (3) $F\left(-\dfrac{1}{2}, 4\right) = \dfrac{1}{4}$.

习 题 五

1. (1) $P(X_1 = x_1, X_2 = x_2, \cdots, X_n = x_n) = p^{\sum\limits_{i=1}^{n} x_i} (1-p)^{n - \sum\limits_{i=1}^{n} x_i}$;

(2) $E(\overline{X}) = p$, $D(\overline{X}) = \dfrac{1}{n} p(1-p)$.

2. (1) $f(x_1, x_2, \cdots, x_n) = \prod\limits_{i=1}^{n} (\lambda e^{-\lambda x_i}) = \lambda^n e^{-\lambda \sum\limits_{i=1}^{n} x_i}$;

(2) $E(\overline{X}) = \dfrac{1}{\lambda}$, $D(\overline{X}) = \dfrac{1}{n\lambda^2}$.

3. 0.8293.

4. 0.1336.

5. (1) $\dfrac{1}{3}$, 自由度为2; (2) $\sqrt{\dfrac{3}{2}}$, 自由度为3.

6. (1)0.1; (2)0.25; (3)0.408.

7. 190.

8. 略.

习 题 六

1. 体重 X 的均值的估计值为 $\hat{\mu} = 68$, 体重 X 的方差的估计值为 $\hat{\sigma}^2 = 138.5$.

2. $\hat{\lambda} = \dfrac{1}{\overline{X}}$ 或 $\hat{\lambda} = \sqrt{\dfrac{n}{\sum\limits_{i=1}^{n} (X_i - \overline{X})^2}}$.

3. 矩估计 $\hat{p} = \dfrac{1}{\overline{X}}$, 最大似然估计 $\hat{p} = \dfrac{1}{\overline{X}}$.

4. 矩估计 $\hat{p} = \dfrac{\overline{X}}{N}$, 最大似然估计 $\hat{p} = \dfrac{\overline{X}}{N}$.

5. 矩估计 $\hat{\theta} = \dfrac{\overline{X}}{1 - \overline{X}}$, 最大似然估计 $\hat{\theta} = -\dfrac{n}{\sum\limits_{i=1}^{n} \ln X_i}$.

6. 矩估计 $\hat{\theta} = \dfrac{3}{2} - \overline{X}$, 最大似然估计 $\hat{\theta} = \dfrac{N}{n}$.

7. (1) $\hat{\mu}_1$, $\hat{\mu}_2$, $\hat{\mu}_4$ 无偏; (2)无偏估计中 $\hat{\mu}_4$ 的方差最小.

8. (1) $A = \dfrac{2}{\sqrt{2\pi}}$; (2) σ^2 的最大似然估计量为 $\hat{\sigma}^2 = \dfrac{1}{n} \sum\limits_{i=1}^{n} (X_i - \mu)^2$.

9. $\hat{\theta} = \sqrt[m]{\dfrac{\sum\limits_{i=1}^{n} t_i^m}{n}}$.

10. 提示：按照无偏估计量的定义证明.

11. [487.97，515.36].

12. (1)[1790.18，2109.83]；(2)[221.61，464.31].

13. 62，106(注：分位数分别取 1.96，2.57).

14. 385.

15. [202.85，2369.44].

16. [719.07，5066.26].

17. [−0.8986，0.01856].

18. [0.2474，4.3886].

19. [−0.100812，2.90081].

20. [0.7681，0.9119].

21. [2.4795，3.3205].

习　题　七

1. 拒绝原假设，即认为包装机工作不正常.

2. 接受原假设，即认为这批农药的含磷量的均值为 3.25.

3. 拒绝原假设，即认为男生身高上有了明显的变化.

4. 拒绝原假设，即认为该批原木的平均直径低于 12cm.

5. 接受原假设，即认为该葡萄的方差未发生变化.

6. 接受原假设，即认为该水稻亩产量的方差未变.

7. 拒绝原假设，即认为新工艺炼出的铁水含碳量的方差不为 0.108^2.

8. 拒绝原假设，即认为这批产品不能出厂.

9. 接受原假设，即认为改良前后石榴籽的含水率没有发生变化.

10. 接受原假设，即认为两个总体的方差相同.

11. 接受原假设，即认为一页的印刷错误个数服从泊松分布.

12. 拒绝原假设，即三种配方生产出来的产品质量有差异.

13. 先做方差检验 F 检验，F 值为 1.15，未落入拒绝域，故认为两个样本方差相等；再做两个样本在方差相等假设下的均值检验 t 检验，t 值为 −10.89，落在拒绝域内，故认为水稻品种的亩产量平均值的差异具有统计意义.

习　题　八

1. $F=6.897$，有显著差异.

2. $F=8.195$，有显著差异.

3. $F_A=17.80$，$F_B=4.39$，管理方法和地块均有显著差异.

4. $F_A=129.20$，$F_B=42.375$，$F_{A\times B}=5.15$，种植密度、化肥使用量及其交互作用均对大麦产量有显著影响.

5. 略.

习　题　九

1. (1)$r=0.969$；(2)$\hat{w}=2.958+0.443p$，其中 w 表示干重，p 表示含磷量；(3)显著；

   (4)5.62，(4.18，7.05).

2. $\hat{y}=-0.00571+0.0234x$，$y(12)=0.27543$，预测区间(0.25254，0.29832).

3. $\hat{y}=\dfrac{2.827}{1+19.9614e^{-0.51997x}}$，$\alpha=0.01$ 时，回归方程显著.

4. $\hat{y}=1051.4232e^{-0.2473x}$，$\alpha=0.05$ 时，回归方程显著.

5. (1)$\hat{y}=1113+356x_1+6.29x_2-9.16x_3+40.0x_4-557x_5$；

   (2)$\alpha=0.05$ 时，回归方程显著；

   (3)$\alpha=0.05$ 时，回归系数 $\hat{\beta}_2$ 显著，其余不显著；

   (4)2558，(1515，3601).

6. 略.

附表

附表 1　标准正态分布函数 $\Phi(x)$ 数值表

$$\Phi(x) = \int_{-\infty}^{x} \frac{1}{\sqrt{2\pi}} e^{-\frac{t^2}{2}} \, dt$$

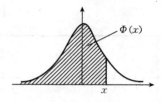

x	.00	.01	.02	.03	.04	.05	.06	.07	.08	.09
0.0	.5000	.5040	.5080	.5120	.5160	.5199	.5239	.5279	.5319	.5359
0.1	.5398	.5438	.5478	.5517	.5557	.5596	.5636	.5675	.5714	.5753
0.2	.5793	.5832	.5871	.5910	.5948	.5987	.6026	.6064	.6103	.6141
0.3	.6179	.6217	.6255	.6293	.6331	.6368	.6406	.6443	.6480	.6517
0.4	.6554	.6591	.6628	.6664	.6700	.6736	.6772	.6808	.6844	.6879
0.5	.6915	.6950	.6985	.7019	.7054	.7088	.7123	.7157	.7190	.7224
0.6	.7257	.7291	.7324	.7357	.7389	.7422	.7454	.7486	.7517	.7549
0.7	.7580	.7611	.7642	.7673	.7704	.7734	.7764	.7794	.7823	.7852
0.8	.7881	.7910	.7939	.7967	.7995	.8023	.8051	.8078	.8106	.8133
0.9	.8159	.8186	.8212	.8238	.8264	.8289	.8315	.8340	.8365	.8389
1.0	.8413	.8438	.8461	.8485	.8508	.8531	.8554	.8577	.8599	.8621
1.1	.8643	.8665	.8686	.8708	.8729	.8749	.8770	.8790	.8810	.8830
1.2	.8849	.8869	.8888	.8907	.8925	.8944	.8962	.8980	.8997	.9015
1.3	.9032	.9049	.9066	.9082	.9099	.9115	.9131	.9147	.9162	.9177
1.4	.9192	.9207	.9222	.9236	.9251	.9265	.9279	.9292	.9306	.9319
1.5	.9332	.9345	.9357	.9370	.9382	.9394	.9406	.9418	.9429	.9441
1.6	.9452	.9463	.9474	.9484	.9495	.9505	.9515	.9525	.9535	.9545
1.7	.9554	.9564	.9573	.9582	.9591	.9599	.9608	.9616	.9625	.9633
1.8	.9641	.9649	.9656	.9664	.9671	.9678	.9686	.9693	.9699	.9706
1.9	.9713	.9719	.9726	.9732	.9738	.9744	.9750	.9756	.9761	.9767
2.0	.9772	.9778	.9783	.9788	.9793	.9798	.9803	.9808	.9812	.9817
2.1	.9821	.9826	.9830	.9834	.9838	.9842	.9846	.9850	.9854	.9857
2.2	.9861	.9864	.9868	.9871	.9875	.9878	.9881	.9884	.9887	.9890
2.3	.9893	.9896	.9898	.9901	.9904	.9906	.9909	.9911	.9913	.9916
2.4	.9918	.9920	.9922	.9925	.9927	.9929	.9931	.9932	.9934	.9936
2.5	.9938	.9940	.9941	.9943	.9945	.9946	.9948	.9949	.9951	.9952
2.6	.9953	.9955	.9956	.9957	.9959	.9960	.9961	.9962	.9963	.9964
2.7	.9965	.9966	.9967	.9968	.9969	.9970	.9971	.9972	.9973	.9974
2.8	.9974	.9975	.9976	.9977	.9977	.9978	.9979	.9979	.9980	.9981
2.9	.9981	.9982	.9982	.9983	.9984	.9984	.9985	.9985	.9986	.9986

x	3.0	3.2	3.5	4.0	5.0
$\Phi(x)$	0.998650	0.999313	0.999767	0.99996831	0.99999971

附表 2　泊松分布表

设 $X \sim P(\lambda)$，表中给出概率

$$P\{X \geqslant x\} = \sum_{k=x}^{\infty} \frac{\lambda^k e^{-\lambda}}{k!}$$

x \ λ	0.02	0.04	0.06	0.08	0.10	0.15	0.20	0.25
0	1.000	1.000	1.000	1.000	1.000	1.000	1.000	1.000
1	0.020	0.039	0.058	0.077	0.095	0.139	0.181	0.221
2		0.001	0.002	0.003	0.005	0.010	0.018	0.026
3						0.001	0.001	0.002

x \ λ	0.30	0.35	0.40	0.45	0.50	0.55	0.60	0.65
0	1.000	1.000	1.000	1.000	1.000	1.000	1.000	1.000
1	0.259	0.295	0.330	0.362	0.393	0.423	0.451	0.478
2	0.037	0.049	0.062	0.075	0.090	0.106	0.122	0.139
3	0.004	0.006	0.008	0.011	0.014	0.018	0.023	0.028
4			0.001	0.001	0.002	0.002	0.003	0.004
5								0.001

x \ λ	0.70	0.75	0.80	0.85	0.90	0.95	1.0	1.1
0	1.000	1.000	1.000	1.000	1.000	1.000	1.000	1.000
1	0.503	0.528	0.551	0.573	0.593	0.613	0.632	0.667
2	0.156	0.173	0.191	0.209	0.228	0.246	0.264	0.301
3	0.034	0.041	0.047	0.055	0.063	0.071	0.080	0.100
4	0.006	0.007	0.009	0.011	0.013	0.016	0.019	0.026
5	0.001	0.001	0.001	0.002	0.002	0.003	0.004	0.005
6							0.001	0.001

x \ λ	1.2	1.3	1.4	1.5	1.6	1.7	1.8	1.9
0	1.000	1.000	1.000	1.000	1.000	1.000	1.000	1.000
1	0.699	0.727	0.753	0.777	0.798	0.817	0.835	0.850
2	0.337	0.373	0.408	0.442	0.475	0.507	0.537	0.566
3	0.121	0.143	0.167	0.191	0.217	0.243	0.269	0.296
4	0.034	0.043	0.054	0.066	0.079	0.093	0.109	0.125
5	0.008	0.011	0.014	0.019	0.024	0.030	0.036	0.044
6	0.002	0.002	0.003	0.004	0.006	0.008	0.010	0.013
7			0.001	0.001	0.001	0.002	0.003	0.003
8							0.001	0.001

（续）

λ x	2.0	2.2	2.4	2.6	2.8	3.0	3.2	3.4
0	1.000	1.000	1.000	1.000	1.000	1.000	1.000	1.000
1	0.865	0.889	0.909	0.926	0.939	0.950	0.959	0.967
2	0.594	0.645	0.692	0.733	0.769	0.801	0.829	0.853
3	0.323	0.377	0.430	0.482	0.531	0.577	0.620	0.660
4	0.143	0.181	0.221	0.264	0.308	0.353	0.397	0.442
5	0.053	0.072	0.096	0.123	0.152	0.185	0.219	0.256
6	0.017	0.025	0.036	0.049	0.065	0.084	0.105	0.129
7	0.005	0.007	0.012	0.017	0.024	0.034	0.045	0.058
8	0.001	0.002	0.003	0.005	0.008	0.012	0.017	0.023
9			0.001	0.001	0.002	0.004	0.006	0.008
10					0.001	0.001	0.002	0.003
11								0.001

λ x	3.6	3.8	4.0	4.2	4.4	4.6	4.8	5.0
0	1.000	1.000	1.000	1.000	1.000	1.000	1.000	1.000
1	0.973	0.978	0.982	0.985	0.988	0.990	0.992	0.993
2	0.874	0.893	0.908	0.922	0.934	0.944	0.952	0.960
3	0.967	0.731	0.762	0.790	0.815	0.837	0.857	0.875
4	0.485	0.527	0.567	0.605	0.641	0.674	0.706	0.735
5	0.294	0.332	0.371	0.410	0.449	0.487	0.524	0.560
6	0.156	0.184	0.215	0.247	0.280	0.314	0.349	0.384
7	0.073	0.091	0.111	0.133	0.156	0.182	0.209	0.238
8	0.031	0.040	0.051	0.064	0.079	0.095	0.113	0.133
9	0.012	0.016	0.021	0.028	0.036	0.045	0.056	0.068
10	0.004	0.006	0.008	0.011	0.015	0.020	0.025	0.032
11	0.001	0.002	0.003	0.004	0.006	0.008	0.010	0.014
12	0.001	0.001	0.001	0.001	0.002	0.003	0.004	0.005
13					0.001	0.001	0.001	0.002
14								0.001

附表 3 χ^2 分布上侧分位数表

设 χ^2 服从自由度为 n 的 χ^2 分布，本表列出使得

$$P\{\chi^2 > \chi_\alpha^2(n)\} = \alpha$$

的 $\chi_\alpha^2(n)$.

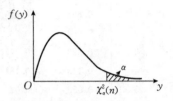

n \ α	0.995	0.99	0.975	0.95	0.9	0.1	0.05	0.025	0.01	0.005
1	0.000	0.000	0.001	0.004	0.016	2.706	3.841	5.024	6.635	7.879
2	0.010	0.020	0.051	0.103	0.211	4.605	5.991	7.378	9.210	10.597
3	0.072	0.115	0.216	0.352	0.584	6.251	7.815	9.348	11.345	12.838
4	0.207	0.297	0.484	0.711	1.064	7.779	9.488	11.143	13.277	14.860
5	0.412	0.554	0.831	1.145	1.610	9.236	11.070	12.832	15.086	16.750
6	0.676	0.872	1.237	1.635	2.204	10.645	12.592	14.449	16.812	18.548
7	0.989	1.239	1.690	2.167	2.833	12.017	14.067	16.013	18.475	20.278
8	1.344	1.647	2.180	2.733	3.490	13.362	15.507	17.535	20.090	21.955
9	1.735	2.088	2.700	3.325	4.168	14.684	16.919	19.023	21.666	23.589
10	2.156	2.558	3.247	3.940	4.865	15.987	18.307	20.483	23.209	25.188
11	2.603	3.053	3.816	4.575	5.578	17.275	19.675	21.920	24.725	26.757
12	3.074	3.571	4.404	5.226	6.304	18.549	21.026	23.337	26.217	28.300
13	3.565	4.107	5.009	5.892	7.041	19.812	22.362	24.736	27.688	29.819
14	4.075	4.660	5.629	6.571	7.790	21.064	23.685	26.119	29.141	31.319
15	4.601	5.229	6.262	7.261	8.547	22.307	24.996	27.488	30.578	32.801
16	5.142	5.812	6.908	7.962	9.312	23.542	26.296	28.845	32.000	34.267
17	5.697	6.408	7.564	8.672	10.085	24.769	27.587	30.191	33.409	35.718
18	6.265	7.015	8.231	9.390	10.865	25.989	28.869	31.526	34.805	37.156
19	6.844	7.633	8.907	10.117	11.651	27.204	30.144	32.852	36.191	38.582
20	7.434	8.260	9.591	10.851	12.443	28.412	31.410	34.170	37.566	39.997
21	8.034	8.897	10.283	11.591	13.240	29.615	32.671	35.479	38.932	41.401
22	8.643	9.542	10.982	12.338	14.041	30.813	33.924	36.781	40.289	42.796
23	9.260	10.196	11.689	13.091	14.848	32.007	35.172	38.076	41.638	44.181
24	9.886	10.856	12.401	13.848	15.659	33.196	36.415	39.364	42.980	45.558
25	10.520	11.524	13.120	14.611	16.473	34.382	37.652	40.646	44.314	46.928
30	13.787	14.953	16.791	18.493	20.599	40.256	43.773	46.979	50.892	53.672

附表 4   t 分布上侧分位数表

设 T 服从自由度为 n 的 t 分布，本表列出使得

$$P\{T>t_\alpha(n)\}=\alpha$$

的 $t_\alpha(n)$.

n \ α	0.10	0.05	0.025	0.01	0.005	0.0025	0.001	0.0005
1	3.078	6.314	12.71	31.82	63.66	127.3	318.3	636.6
2	1.886	2.920	4.303	6.965	9.925	14.09	22.33	31.60
3	1.638	2.353	3.182	4.541	5.841	7.453	10.21	12.92
4	1.533	2.132	2.776	3.747	4.604	5.598	7.173	8.610
5	1.476	2.015	2.571	3.365	4.032	4.773	5.894	6.869
6	1.440	1.943	2.447	3.143	3.707	4.317	5.208	5.959
7	1.415	1.895	2.365	2.998	3.499	4.029	4.785	5.408
8	1.397	1.860	2.306	2.896	3.355	3.833	4.501	5.041
9	1.383	1.833	2.262	2.821	3.250	3.690	4.297	4.781
10	1.372	1.812	2.228	2.764	3.169	3.581	4.144	4.587
11	1.363	1.796	2.201	2.718	3.106	3.497	4.025	4.437
12	1.356	1.782	2.179	2.681	3.055	3.428	3.930	4.318
13	1.350	1.771	2.160	2.650	3.012	3.372	3.852	4.221
14	1.345	1.761	2.145	2.624	2.977	3.326	3.787	4.140
15	1.341	1.753	2.131	2.602	2.947	3.286	3.733	4.073
16	1.337	1.746	2.120	2.583	2.921	3.252	3.686	4.015
17	1.333	1.740	2.110	2.567	2.898	3.222	3.646	3.965
18	1.330	1.734	2.101	2.552	2.878	3.197	3.610	3.922
19	1.328	1.729	2.093	2.539	2.861	3.174	3.579	3.883
20	1.325	1.725	2.086	2.528	2.845	3.153	3.552	3.850
21	1.323	1.721	2.080	2.518	2.831	3.135	3.527	3.819
22	1.321	1.717	2.074	2.508	2.819	3.119	3.505	3.792
23	1.319	1.714	2.069	2.500	2.807	3.104	3.485	3.768
24	1.318	1.711	2.064	2.492	2.797	3.091	3.467	3.745
25	1.316	1.708	2.060	2.485	2.787	3.078	3.450	3.725
26	1.315	1.706	2.056	2.479	2.779	3.067	3.435	3.707
27	1.314	1.703	2.052	2.473	2.771	3.057	3.421	3.689
28	1.313	1.701	2.048	2.467	2.763	3.047	3.408	3.674
29	1.311	1.699	2.045	2.462	2.756	3.038	3.396	3.660
30	1.310	1.697	2.042	2.457	2.750	3.030	3.385	3.646
40	1.303	1.684	2.021	2.423	2.704	2.971	3.307	3.551
60	1.296	1.671	2.000	2.390	2.660	2.915	3.232	3.460
100	1.290	1.660	1.984	2.364	2.626	2.871	3.174	3.390
∞	1.282	1.645	1.960	2.326	2.576	2.807	3.090	3.290

附表 5 F 分布上侧分位数表

设 F 服从自由度为 n_1，n_2 的 F 分布，本表列出使得
$$P\{F > F_\alpha(n_1,\ n_2)\} = \alpha$$
的 $F_\alpha(n_1,\ n_2)$.

附表 5.1 F 分布上侧分位数表（$\alpha = 0.1$）

n_2＼n_1	1	2	3	4	5	6	8	12	24	∞
1	39.86	49.50	53.59	55.83	57.24	58.20	59.44	60.71	62.00	63.33
2	8.53	9.00	9.16	9.24	9.29	9.33	9.37	9.41	9.45	9.49
3	5.54	5.46	5.36	5.32	5.31	5.28	5.25	5.22	5.18	5.13
4	4.54	4.32	4.19	4.11	4.05	4.01	3.95	3.90	3.83	3.76
5	4.06	3.78	3.62	3.52	3.45	3.40	3.34	3.27	3.19	3.10
6	3.78	3.46	3.29	3.18	3.11	3.05	2.98	2.90	2.82	2.72
7	3.59	3.26	3.07	2.96	2.88	2.83	2.75	2.67	2.58	2.47
8	3.46	3.11	2.92	2.81	2.73	2.67	2.59	2.50	2.40	2.29
9	3.36	3.01	2.81	2.69	2.61	2.55	2.47	2.38	2.28	2.16
10	3.29	2.92	2.73	2.61	2.52	2.46	2.38	2.28	2.18	2.06
11	3.23	2.86	2.66	2.54	2.45	2.39	2.30	2.21	2.10	1.97
12	3.18	2.81	2.61	2.48	2.39	2.33	2.24	2.15	2.04	1.90
13	3.14	2.76	2.56	2.43	2.35	2.28	2.20	2.10	1.98	1.85
14	3.10	2.73	2.52	2.39	2.31	2.24	2.15	2.05	1.94	1.80
15	3.07	2.70	2.49	2.36	2.27	2.21	2.12	2.02	1.90	1.76
16	3.05	2.67	2.46	2.33	2.24	2.18	2.09	1.99	1.87	1.72
17	3.03	2.64	2.44	2.31	2.22	2.15	2.06	1.96	1.84	1.69
18	3.01	2.62	2.42	2.29	2.20	2.13	2.04	1.93	1.81	1.66
19	2.99	2.61	2.40	2.27	2.18	2.11	2.02	1.91	1.79	1.63
20	2.97	2.59	2.38	2.25	2.16	2.09	2.00	1.89	1.77	1.61
21	2.96	2.57	2.36	2.23	2.14	2.08	1.98	1.87	1.75	1.59
22	2.95	2.56	2.35	2.22	2.13	2.06	1.97	1.86	1.73	1.57
23	2.94	2.55	2.34	2.21	2.11	2.05	1.95	1.84	1.72	1.55
24	2.93	2.54	2.33	2.19	2.10	2.04	1.94	1.83	1.70	1.53
25	2.92	2.53	2.32	2.18	2.09	2.02	1.93	1.82	1.69	1.52
26	2.91	2.52	2.31	2.17	2.08	2.01	1.92	1.81	1.68	1.50
27	2.90	2.51	2.30	2.17	2.07	2.00	1.91	1.80	1.67	1.49
28	2.89	2.50	2.29	2.16	2.06	2.00	1.90	1.79	1.66	1.48
29	2.89	2.50	2.28	2.15	2.06	1.99	1.89	1.78	1.65	1.47
30	2.88	2.49	2.28	2.14	2.05	1.98	1.88	1.77	1.64	1.46
40	2.84	2.44	2.23	2.09	2.00	1.93	1.83	1.71	1.57	1.38
60	2.79	2.39	2.18	2.04	1.95	1.87	1.77	1.66	1.51	1.29
120	2.75	2.35	2.13	1.99	1.90	1.82	1.72	1.60	1.45	1.19
∞	2.71	2.30	2.08	1.94	1.85	1.77	1.67	1.55	1.38	1.00

附表 5.2 F 分布上侧分位数表（α＝0.05）

n_2 \ n_1	1	2	3	4	5	6	8	12	24	∞
1	161.4	199.5	215.7	224.6	230.2	234.0	238.9	243.9	249.1	254.3
2	18.51	19.00	19.16	19.25	19.30	19.33	19.37	19.41	19.45	19.50
3	10.13	9.55	9.28	9.12	9.01	8.94	8.85	8.74	8.64	8.53
4	7.71	6.94	6.59	6.39	6.26	6.16	6.04	5.91	5.77	5.63
5	6.61	5.79	5.41	5.19	5.05	4.95	4.82	4.68	4.53	4.36
6	5.99	5.14	4.76	4.53	4.39	4.28	4.15	4.00	3.84	3.67
7	5.59	4.74	4.35	4.12	3.97	3.87	3.73	3.57	3.41	3.23
8	5.32	4.46	4.07	3.84	3.69	3.58	3.44	3.28	3.12	2.93
9	5.12	4.26	3.86	3.63	3.48	3.37	3.23	3.07	2.90	2.71
10	4.96	4.10	3.71	3.48	3.33	3.22	3.07	2.91	2.74	2.54
11	4.84	3.98	3.59	3.36	3.20	3.09	2.95	2.79	2.61	2.40
12	4.75	3.88	3.49	3.26	3.11	3.00	2.85	2.69	2.50	2.30
13	4.67	3.80	3.41	3.18	3.02	2.92	2.77	2.60	2.42	2.21
14	4.60	3.74	3.34	3.11	2.96	2.85	2.70	2.53	2.35	2.13
15	4.54	3.68	3.29	3.06	2.90	2.79	2.64	2.48	2.29	2.07
16	4.49	3.63	3.24	3.01	2.85	2.74	2.59	2.42	2.24	2.01
17	4.45	3.59	3.20	2.96	2.81	2.70	2.55	2.38	2.19	1.96
18	4.41	3.55	3.16	2.93	2.77	2.66	2.51	2.34	2.15	1.92
19	4.38	3.52	3.13	2.90	2.74	2.63	2.48	2.31	2.11	1.88
20	4.35	3.49	3.10	2.87	2.71	2.60	2.45	2.28	2.08	1.84
21	4.32	3.47	3.07	2.84	2.68	2.57	2.42	2.25	2.05	1.81
22	4.30	3.44	3.05	2.82	2.66	2.55	2.40	2.23	2.03	1.78
23	4.28	3.42	3.03	2.80	2.64	2.53	2.37	2.20	2.01	1.76
24	4.26	3.40	3.01	2.78	2.62	2.51	2.36	2.18	1.98	1.73
25	4.24	3.38	2.99	2.76	2.60	2.49	2.34	2.16	1.96	1.71
26	4.22	3.37	2.98	2.74	2.59	2.47	2.32	2.15	1.95	1.69
27	4.21	3.35	2.96	2.73	2.57	2.46	2.30	2.13	1.93	1.67
28	4.20	3.34	2.95	2.71	2.56	2.44	2.29	2.12	1.91	1.65
29	4.18	3.33	2.93	2.70	2.54	2.43	2.28	2.10	1.90	1.64
30	4.17	3.32	2.92	2.69	2.53	2.42	2.27	2.09	1.89	1.62
40	4.08	3.23	2.84	2.61	2.45	2.34	2.18	2.00	1.79	1.51
60	4.00	3.15	2.76	2.52	2.37	2.25	2.10	1.92	1.70	1.39
120	3.92	3.07	2.68	2.45	2.29	2.17	2.02	1.83	1.61	1.25
∞	3.84	2.99	2.60	2.37	2.21	2.09	1.94	1.75	1.52	1.00

附表 5.3　F 分布上侧分位数表(α＝0.025)

n_1 / n_2	1	2	3	4	5	6	8	12	24	∞
1	647.8	799.5	864.2	899.6	921.8	937.1	956.7	976.7	997.2	1018
2	38.51	39.00	39.17	39.25	39.30	39.33	39.37	39.41	39.46	39.50
3	17.44	16.04	15.44	15.10	14.88	14.73	14.54	14.34	14.12	13.90
4	12.22	10.65	9.98	9.60	9.36	9.20	8.98	8.75	8.51	8.26
5	10.01	8.43	7.76	7.39	7.15	6.98	6.76	6.52	6.28	6.02
6	8.81	7.26	6.60	6.23	5.99	5.82	5.60	5.37	5.12	4.85
7	8.07	6.54	5.89	5.52	5.29	5.12	4.90	4.67	4.42	4.14
8	7.57	6.06	5.42	5.05	4.82	4.65	4.43	4.20	3.95	3.67
9	7.21	5.71	5.08	4.72	4.48	4.32	4.10	3.87	3.61	3.33
10	6.94	5.46	4.83	4.47	4.24	4.07	3.85	3.62	3.37	3.08
11	6.72	5.26	4.63	4.28	4.04	3.88	3.66	3.43	3.17	2.88
12	6.55	5.10	4.47	4.12	3.89	3.73	3.51	3.28	3.02	2.72
13	6.41	4.97	4.35	4.00	3.77	3.60	3.39	3.15	2.89	2.60
14	6.30	4.86	4.24	3.89	3.66	3.50	3.29	3.05	2.79	2.49
15	6.20	4.77	4.15	3.80	3.58	3.41	3.20	2.96	2.70	2.40
16	6.12	4.69	4.08	3.73	3.50	3.34	3.12	2.89	2.63	2.32
17	6.04	4.62	4.01	3.66	3.44	3.28	3.06	2.82	2.56	2.25
18	5.98	4.56	3.95	3.61	3.38	3.22	3.01	2.77	2.50	2.19
19	5.92	4.51	3.90	3.56	3.33	3.17	2.96	2.72	2.45	2.13
20	5.87	4.46	3.86	3.51	3.29	3.13	2.91	2.68	2.41	2.09
21	5.83	4.42	3.82	3.48	3.25	3.09	2.87	2.64	2.37	2.04
22	5.79	4.38	3.78	3.44	3.22	3.05	2.84	2.60	2.33	2.00
23	5.75	4.35	3.75	3.41	3.18	3.02	2.81	2.57	2.30	1.97
24	5.72	4.32	3.72	3.38	3.15	2.99	2.78	2.54	2.27	1.94
25	5.69	4.29	3.69	3.35	3.13	2.97	2.75	2.51	2.24	1.91
26	5.66	4.27	3.67	3.33	3.10	2.94	2.73	2.49	2.22	1.88
27	5.63	4.24	3.65	3.31	3.08	2.92	2.71	2.47	2.19	1.85
28	5.61	4.22	3.63	3.29	3.06	2.90	2.69	2.45	2.17	1.83
29	5.59	4.20	3.61	3.27	3.04	2.88	2.67	2.43	2.15	1.81
30	5.57	4.18	3.59	3.25	3.03	2.87	2.65	2.41	2.14	1.79
40	5.42	4.05	3.46	3.13	2.90	2.74	2.53	2.29	2.01	1.64
60	5.29	3.93	3.34	3.01	2.79	2.63	2.41	2.17	1.88	1.48
120	5.15	3.80	3.23	2.89	2.67	2.52	2.30	2.05	1.76	1.31
∞	5.02	3.69	3.12	2.79	2.57	2.41	2.19	1.94	1.64	1.00

附表 5.4　F 分布上侧分位数表($\alpha=0.01$)

n_1 n_2	1	2	3	4	5	6	8	12	24	∞
1	4052	4999	5403	5625	5764	5859	5981	6106	6234	6366
2	98.50	99.01	99.17	99.25	99.30	99.33	99.36	99.42	99.46	99.50
3	34.12	30.81	29.46	28.71	28.24	27.91	27.49	27.05	26.60	26.12
4	21.20	18.00	16.69	15.98	15.52	15.21	14.80	14.37	13.93	13.46
5	16.26	13.27	12.06	11.39	10.97	10.67	10.29	9.89	9.47	9.02
6	13.74	10.92	9.78	9.15	8.75	8.47	8.10	7.72	7.31	6.88
7	12.25	9.55	8.45	7.85	7.46	7.19	6.84	6.47	6.07	5.65
8	11.26	8.65	7.59	7.01	6.63	6.37	6.03	5.67	5.28	4.86
9	10.56	8.02	6.99	6.42	6.06	5.80	5.47	5.11	4.73	4.31
10	10.04	7.56	6.55	5.99	5.64	5.39	5.06	4.71	4.33	3.91
11	9.65	7.20	6.22	5.67	5.32	5.07	4.74	4.40	4.02	3.60
12	9.33	6.93	5.95	5.41	5.06	4.82	4.50	4.16	3.78	3.36
13	9.07	6.70	5.74	5.20	4.86	4.62	4.30	3.96	3.59	3.16
14	8.86	6.51	5.56	5.03	4.69	4.46	4.14	3.80	3.43	3.00
15	8.68	6.36	5.42	4.89	4.56	4.32	4.00	3.67	3.29	2.87
16	8.53	6.23	5.29	4.77	4.44	4.20	3.89	3.55	3.18	2.75
17	8.40	6.11	5.18	4.67	4.34	4.10	3.79	3.45	3.08	2.65
18	8.29	6.01	5.09	4.58	4.25	4.01	3.71	3.37	3.00	2.57
19	8.18	5.93	5.01	4.50	4.17	3.94	3.63	3.30	2.92	2.49
20	8.10	5.85	4.94	4.43	4.10	3.87	3.56	3.23	2.86	2.42
21	8.02	5.78	4.87	4.37	4.04	3.81	3.51	3.17	2.80	2.36
22	7.94	5.72	4.82	4.31	3.99	3.76	3.45	3.12	2.75	2.31
23	7.88	5.66	4.76	4.26	3.94	3.71	3.41	3.07	2.70	2.26
24	7.82	5.61	4.72	4.22	3.90	3.67	3.36	3.03	2.66	2.21
25	7.77	5.57	4.68	4.18	3.86	3.63	3.32	2.99	2.62	2.17
26	7.72	5.53	4.64	4.14	3.82	3.59	3.29	2.96	2.58	2.13
27	7.68	5.49	4.60	4.11	3.78	3.56	3.26	2.93	2.55	2.10
28	7.64	5.45	4.57	4.07	3.75	3.53	3.23	2.90	2.52	2.06
29	7.60	5.42	4.54	4.04	3.73	3.50	3.20	2.87	2.49	2.03
30	7.56	5.39	4.51	4.02	3.70	3.47	3.17	2.84	2.47	2.01
40	7.31	5.18	4.31	3.83	3.51	3.29	2.99	2.66	2.29	1.80
60	7.08	4.98	4.13	3.65	3.34	3.12	2.82	2.50	2.12	1.60
120	6.85	4.79	3.95	3.48	3.17	2.96	2.66	2.34	1.95	1.38
∞	6.64	4.60	3.78	3.32	3.02	2.80	2.51	2.18	1.79	1.00

附表 5.5　F 分布上侧分位数表($\alpha = 0.005$)

n_1 / n_2	1	2	3	4	5	6	8	12	24	∞
1	16211	20000	21615	22500	23056	23437	23925	24426	24940	25465
2	198.5	199.0	199.2	199.2	199.3	199.3	199.4	199.4	199.5	199.5
3	55.55	49.80	47.47	46.19	45.39	44.84	44.13	43.39	42.62	41.83
4	31.33	26.28	24.26	23.15	22.46	21.97	21.35	20.70	20.03	19.32
5	22.78	18.31	16.53	15.56	14.94	14.51	13.96	13.38	12.78	12.14
6	18.63	14.54	12.92	12.03	11.46	11.07	10.57	10.03	9.47	8.88
7	16.24	12.40	10.88	10.05	9.52	9.16	8.68	8.18	7.65	7.08
8	14.69	11.04	9.60	8.81	8.30	7.95	7.50	7.01	6.50	5.95
9	13.61	10.11	8.72	7.96	7.47	7.13	6.69	6.23	5.73	5.19
10	12.83	9.43	8.08	7.34	6.87	6.54	6.12	5.66	5.17	4.64
11	12.23	8.91	7.60	6.88	6.42	6.10	5.68	5.24	4.76	4.23
12	11.75	8.51	7.23	6.52	6.07	5.76	5.35	4.91	4.43	3.90
13	11.37	8.19	6.93	6.23	5.79	5.48	5.08	4.64	4.17	3.65
14	11.06	7.92	6.68	6.00	5.56	5.26	4.86	4.43	3.96	3.44
15	10.80	7.70	6.48	5.80	5.37	5.07	4.67	4.25	3.79	3.26
16	10.58	7.51	6.30	5.64	5.21	4.91	4.52	4.10	3.64	3.11
17	10.38	7.35	6.16	5.50	5.07	4.78	4.39	3.97	3.51	2.98
18	10.22	7.21	6.03	5.37	4.96	4.66	4.28	3.86	3.40	2.87
19	10.07	7.09	5.92	5.27	4.85	4.56	4.18	3.76	3.31	2.78
20	9.94	6.99	5.82	5.17	4.76	4.47	4.09	3.68	3.22	2.69
21	9.83	6.89	5.73	5.09	4.68	4.39	4.01	3.60	3.15	2.61
22	9.73	6.81	5.65	5.02	4.61	4.32	3.94	3.54	3.08	2.55
23	9.63	6.73	5.58	4.95	4.54	4.26	3.88	3.47	3.02	2.48
24	9.55	6.66	5.52	4.89	4.49	4.20	3.83	3.42	2.97	2.43
25	9.48	6.60	5.46	4.84	4.43	4.15	3.78	3.37	2.92	2.38
26	9.41	6.54	5.41	4.79	4.38	4.10	3.73	3.33	2.87	2.33
27	9.34	6.49	5.36	4.74	4.34	4.06	3.69	3.28	2.83	2.29
28	9.28	6.44	5.32	4.70	4.30	4.02	3.65	3.25	2.79	2.25
29	9.23	6.40	5.28	4.66	4.26	3.98	3.61	3.21	2.76	2.21
30	9.18	6.35	5.24	4.62	4.23	3.95	3.58	3.18	2.73	2.18
40	8.83	6.07	4.98	4.37	3.99	3.71	3.35	2.95	2.50	1.93
60	8.49	5.79	4.73	4.14	3.76	3.49	3.13	2.74	2.29	1.69
120	8.18	5.54	4.50	3.92	3.55	3.28	2.93	2.54	2.09	1.43
∞	7.88	5.30	4.28	3.72	3.35	3.09	2.74	2.36	1.90	1.00

附表6　相关系数的临界值表

$$P\{|r|>r_a\}=\alpha$$

n \ α	0.100	0.050	0.020	0.010	0.001
1	0.9877	0.9969	0.9995	0.9999	1.0000
2	0.9000	2.9500	0.9800	0.9900	0.9990
3	0.8054	0.8783	0.9343	0.9587	0.9912
4	0.7293	0.8114	0.8822	0.9172	0.9741
5	0.6694	0.7545	0.8329	0.8745	0.9507
6	0.6215	0.7067	0.7887	0.8343	0.9249
7	0.5822	0.6664	0.7498	0.7977	0.8982
8	0.5494	0.6319	0.7155	0.7646	0.8721
9	0.5214	0.6021	0.6851	0.7348	0.8471
10	0.4973	0.5760	0.6581	0.7079	0.8233
11	0.4762	0.5529	0.6339	0.6835	0.8010
12	0.4575	0.5324	0.6120	0.6614	0.7800
13	0.4409	0.5139	0.5923	0.6411	0.7603
14	0.4259	0.4973	0.5742	0.6226	0.7420
15	0.4124	0.4821	0.5577	0.6055	0.7246
16	0.4000	0.4683	0.5425	0.5897	0.7084
17	0.3887	0.4555	0.5285	0.5751	0.6932
18	0.3783	0.4438	0.5155	0.5614	0.6787
19	0.3687	0.4329	0.5034	0.5487	0.6652
20	0.3598	0.4227	0.4921	0.5368	0.6524
25	0.3233	0.3809	0.4451	0.4869	0.5874
30	0.2960	0.3494	0.4093	0.4487	0.5541
35	0.2746	0.3246	0.3810	0.4182	0.5189
40	0.2573	0.3044	0.3578	0.3932	0.4896
45	0.2428	0.2875	0.3384	0.3721	0.4648
50	0.2306	0.2732	0.3218	0.3541	0.4433
60	0.2108	0.2500	0.2948	0.3248	0.4078
70	0.1954	0.2319	0.2737	0.3017	0.3799
80	0.1829	0.2172	0.2565	0.2830	0.3568
90	0.1726	0.2050	0.2422	0.2673	0.3375
100	0.1638	0.1946	0.2301	0.2540	0.3211

附表 7 常用正交表

$L_4(2^3)$

列号 试验号	1	2	3
1	1	1	1
2	1	2	2
3	2	1	2
4	2	2	1

注：任意两列间的交互作用为另外一列.

$L_8(2^7)$

列号 试验号	1	2	3	4	5	6	7
1	1	1	1	1	1	1	1
2	1	1	1	2	2	2	2
3	1	2	2	1	1	2	2
4	1	2	2	2	2	1	1
5	2	1	2	1	2	1	2
6	2	1	2	2	1	2	1
7	2	2	1	1	2	2	1
8	2	2	1	2	1	1	2

$L_8(2^7)$ 二列间的交互作用

列号 试验号	1	2	3	4	5	6	7
1	(1)	3	2	6	4	7	6
2		(2)	1	5	7	4	5
3			(3)	7	6	5	4
4				(4)	1	2	3
5					(5)	3	2
6						(6)	1

$L_8(2^7)$ 表头设计

试验号＼列号	1	2	3	4	5	6	7
3	A	B	A×B	C	A×C	B×C	
4	A	B	A×B C×D	C	A×C B×D	B×C A×D	D
4	A	B C×D	A×B	C B×D	A×C	D B×C	A×D
5	A D×E	B C×D	A×B C×E	C B×D	A×C B×E	D A×E B×C	E A×D

$L_{12}(2^{11})$

试验号＼列号	1	2	3	4	5	6	7	8	9	10	11
1	1	1	1	1	1	1	1	1	1	1	1
2	1	1	1	1	1	2	2	2	2	2	2
3	1	1	2	2	2	1	1	1	2	2	2
4	1	2	1	2	2	1	2	2	1	1	2
5	1	2	2	1	2	2	1	2	1	2	1
6	1	2	2	2	1	2	2	1	2	1	1
7	2	1	2	2	1	1	2	2	1	2	1
8	2	1	2	1	2	2	2	1	1	1	2
9	2	1	1	2	2	2	1	2	2	1	1
10	2	2	2	1	1	1	1	2	2	1	2
11	2	2	1	2	1	2	1	1	1	2	2
12	2	2	1	1	2	1	2	1	2	2	1

$L_{16}(2^{15})$

试验号＼列号	1	2	3	4	5	6	7	8	9	10	11	12	13	14	15
1	1	1	1	1	1	1	1	1	1	1	1	1	1	1	1
2	1	1	1	1	1	1	1	2	2	2	2	2	2	2	2
3	1	1	1	2	2	2	2	1	1	1	1	2	2	2	2
4	1	1	1	2	2	2	2	2	2	2	2	1	1	1	1
5	1	2	2	1	1	2	2	1	1	2	2	1	1	2	2
6	1	2	2	1	1	2	2	2	2	1	1	2	2	1	1
7	1	2	2	2	2	1	1	1	1	2	2	2	2	1	1
8	1	2	2	2	2	1	1	2	2	1	1	1	1	2	2
9	2	1	2	1	2	1	2	1	2	1	2	1	2	1	2
10	2	1	2	1	2	1	2	2	1	2	1	2	1	2	1
11	2	1	2	2	1	2	1	1	2	1	2	2	1	2	1
12	2	1	2	2	1	2	1	2	1	2	1	1	2	1	2
13	2	2	1	1	2	2	1	1	2	2	1	1	2	2	1
14	2	2	1	1	2	2	1	2	1	1	2	2	1	1	2
15	2	2	1	2	1	1	2	1	2	2	1	2	1	1	2
16	2	2	1	2	1	1	2	2	1	1	2	1	2	2	1

$L_{16}(2^{15})$ 二列间的交互作用表

列号\试验号	1	2	3	4	5	6	7	8	9	10	11	12	13	14	15
1	(1)	3	2	5	4	7	6	9	8	11	10	13	12	15	14
2		(2)	1	6		4	5	10	11	8	9	14	15	12	13
3			(3)	7	6	5	4	11	10	9	8	15	14	13	12
4				(4)	1	2	3	12	13	14	15	8	9	10	11
5					(5)	3	2	13	12	15	14	9	8	11	10
6						(6)	1	14	15	12	13	10	11	8	9
7							(7)	15	14	13	12	11	10	9	8
8								(8)	1	2	3	4	5	6	7
9									(9)	3	2	5	4	7	6
10										(10)	1	6	7	4	5
11											(11)	7	6	5	4
12												(12)	1	2	3
13													(13)	3	2
14														(14)	1

$L_{16}(2^{15})$ 表头设计

列号\试验号	1	2	3	4	5	6	7	8	9	10	11	12	13	14	15
4	A	B	A×B	C	A×C	B×C		D	A×D	B×D		C×D			
5	A	B	A×B	C	A×C	B×C	D×E	D	A×D	B×D	C×E	C×D	B×E	A×E	E
6	A	B	A×B		A×C	B×C		D	A×D	B×D	E	C×D	F		C×E
			D×E		D×E	E×F			B×E	A×E		A×F			B×F
									C×F						
7	A	B	A×B	C	A×C	B×C		D	A×D	B×D	E	C×D	F	G	C×E
			D×E		D×F	E×F			B×E	A×E		A×F			B×F
			F×G		E×G	D×G			C×F	C×G		B×G			A×G
8	A	B	A×B	C	A×C	B×C	H	D	A×D	B×D	E	C×D	F	G	C×E
			D×E		D×F	E×F			B×E	A×E		A×F			B×F
			F×G		E×G	D×G			C×F	C×G		B×G			A×G
			C×G		B×H	A×H			G×H	F×H		F×H			D×H

$L_9(3^4)$

列号\试验号	1	2	3	4
1	1	1	1	1
2	1	2	2	2
3	1	3	3	3
4	2	1	2	3
5	2	2	3	1
6	2	3	1	2
7	3	1	3	2
8	3	2	1	3
9	3	3	2	1

注：任意两列间的交互作用为另外两列．

$L_{18}(3^7)$

列号 试验号	1	2	3	4	5	6	7
1	1	1	1	1	1	1	1
2	1	2	2	2	2	2	2
3	1	3	3	3	3	3	3
4	1	1	1	2	2	3	3
5	1	2	2	3	3	1	1
6	1	3	3	1	1	2	2
7	1	1	2	1	3	2	3
8	1	2	3	2	1	3	1
9	1	3	1	3	2	1	2
10	2	1	3	3	2	2	1
11	2	2	1	1	3	3	2
12	2	3	2	2	1	1	3
13	2	1	2	3	1	3	2
14	2	2	3	1	2	1	3
15	2	3	1	2	3	2	1
16	2	1	3	2	3	1	2
17	2	2	1	3	1	2	3
18	2	3	2	1	2	3	1

参 考 文 献

陈希孺，2018. 概率论与数理统计[M]. 北京：科学出版社.

戴维·R，2016. 商务与经济统计[M]. 安德森著，雷平，译. 北京：机械工业出版社.

韩明，2019. 概率论与数理统计[M].5 版. 上海：同济大学出版社.

何书元，2006. 概率论[M]. 北京：北京大学出版社.

李贤平，2010. 概率论基础[M]. 北京：高等教育出版社.

刘金山，2011. 概率论[M].2 版. 北京：中国农业出版社.

茆诗松，王静龙，濮晓龙，2006. 高等数理统计[M]. 北京：高等教育出版社.

茆诗松，吕晓玲，2016. 数理统计学[M]. 北京：中国人民大学出版社.

盛骤，谢式千，潘承毅，2008. 概率论与数理统计[M].4 版. 北京：高等教育出版社.

盛骤，谢式千，潘承毅，2008. 概率论与数理统计习题全解指南[M].4 版. 北京：高等教育出版社.

王启华，史宁中，耿直，2010. 现代统计研究基础[M]. 北京：科学出版社.

夏强，刘金山，2018. 概率论与数理统计[M]. 北京：人民邮电出版社.

谢尔登·罗斯，2020. 概率论基础教程[M]. 北京：机械工业出版社.

张国权，刘金山，2015. 应用概率统计[M]. 北京：中国农业出版社.

图书在版编目（CIP）数据

应用概率统计 / 肖莉，张国权主编 . —2 版 . —北京：中国农业出版社，2022.12（2024.12 重印）
普通高等教育农业农村部"十三五"规划教材　全国高等农林院校"十三五"规划教材
ISBN 978 - 7 - 109 - 30224 - 2

Ⅰ.①应…　Ⅱ.①肖…　②张…　Ⅲ.①概率统计－高等学校－教材　Ⅳ.①O211

中国版本图书馆 CIP 数据核字（2022）第 218335 号

中国农业出版社出版

地址：北京市朝阳区麦子店街 18 号楼
邮编：100125
责任编辑：魏明龙
版式设计：杜　然　责任校对：刘丽香
印刷：北京通州皇家印刷厂
版次：2015 年 2 月第 1 版　　2022 年 12 月第 2 版
印次：2024 年 12 月第 2 版北京第 2 次印刷
发行：新华书店北京发行所
开本：787mm×1092mm　1/16
印张：18.5
字数：465 千字
定价：43.90 元

版权所有·侵权必究
凡购买本社图书，如有印装质量问题，我社负责调换。
服务电话：010 - 59195115　010 - 59194918